光盘界面

案例欣赏

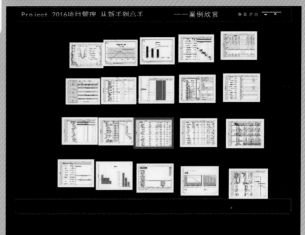

案例欣赏

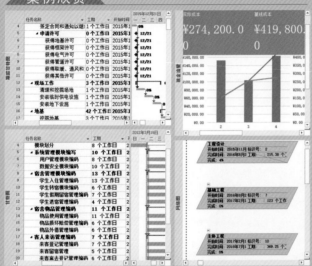

素材下载

视频文件

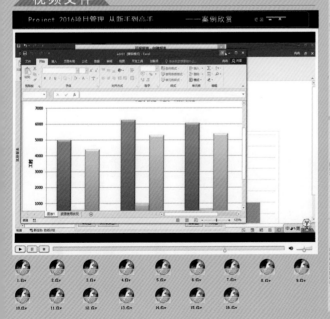

1

比较报表项目

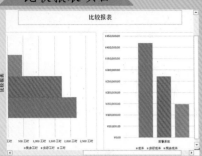

财务进度报表

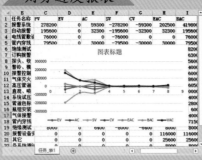

策划营销项目

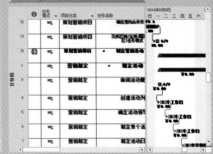

洗衣机研发项目

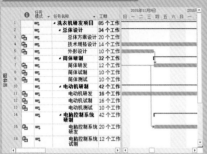

关键任务报表

通信大楼施工项目

住宅建设项目

成本汇总报表

美化报警系统项目

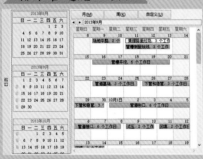

排水管道施工项目

新产品研发项目

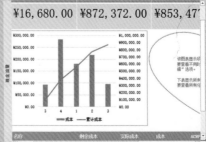

分析信息化项目

信息化项目

现金流量报表

资源工时可用性报表

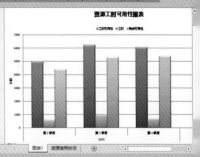

从新手到高手

Project

2016 中文版项目管理

从新手到高手

张晋延 曹明颜 编著

清华大学出版社

北京

内 容 简 介

Project 2016 是微软公司所研发的办公软件之一，也是目前市场中主流的项目管理软件。本书以案例为主，由浅入深、图文并茂地介绍了 Project 2016 的操作方法与使用技巧。全书共分为 18 章，内容涵盖了 Project 2016 学习路线图、管理项目文档、管理项目任务、管理项目资源、管理项目成本、管理多重项目、管理项目报表、美化项目文档、跟踪项目进度、分析与调整项目、记录项目信息、分析财务进度、自定义项目、安装 Project Server、设置 Project Server 服务器、沟通与协作管理等内容。

本书将枯燥乏味的基础知识与案例相融合，秉承了基础知识与实例相结合的特点。通过本书的学习，使读者不仅可以掌握 Project 2016 的知识点，还可以将本书中的经典案例应用到实际工作中。本书简单易懂、内容丰富、结构清晰、实用性强、案例经典，适合于项目管理人员、办公自动化人员、高校师生及计算机培训人员使用，同时也是 Project 爱好者的必备参考书。

本书封面贴有清华大学出版社防伪标签，无标签者不得销售。

版权所有，侵权必究。举报：010-62782989，beiqinquan@tup.tsinghua.edu.cn。

图书在版编目（CIP）数据

Project 2016 中文版项目管理从新手到高手/张晋延，曹明颜编著. —北京：清华大学出版社，2016
（2022.12重印）
（从新手到高手）
ISBN 978-7-302-43554-9

Ⅰ. ①P… Ⅱ. ①张… ②曹… Ⅲ. ①企业管理 – 项目管理 – 应用软件 Ⅳ. ①F270②TP317

中国版本图书馆 CIP 数据核字（2016）第 081980 号

责任编辑：冯志强
封面设计：杨玉芳
责任校对：胡伟民
责任印制：刘海龙

出版发行：清华大学出版社
　　　　网　　　址：http://www.tup.com.cn, http://www.wqbook.com
　　　　地　　　址：北京清华大学学研大厦 A 座　　　　邮　　编：100084
　　　　社 总 机：010-83470000　　　　邮　　购：010-62786544
　　　　投稿与读者服务：010-62776969，c-service@tup.tsinghua.edu.cn
　　　　质量反馈：010-62772015，zhiliang@tup.tsinghua.edu.cn
印 装 者：三河市龙大印装有限公司
经　　销：全国新华书店
开　　本：190mm×260mm　印　张：24.25　插　页：1　字　数：710 千字
　　　　附光盘 1 张
版　　次：2016 年 10 月第 1 版　　　　印　次：2022 年 12 月第 6 次印刷
定　　价：59.80 元

产品编号：069150-01

前　言

Project 2016 是微软公司最新推出的项目管理软件，不仅可以创建和跟踪项目，对项目进行监视、合并及优化，还可以通过设置、管理与应用 Project Server 2016，方便、快捷地在 Project Web App 网站中规划、管理项目工作，掌握错综复杂的项目变动因素，进行科学的项目规划，为项目投资者节省预算成本。

本书以 Project 2016 中的实用知识出发，配以大量实例，采用案例贯穿知识点的讲解方法，详细介绍了 Project 2016 中的基础应用知识与高级使用技巧。每一章都配有丰富的插图说明，生动具体、浅显易懂，使用户能够迅速上手，轻松掌握功能强大的 Project 2016 在日常生活与办公中的应用，为工作和学习带来事半功倍的效果。

1．本书内容介绍

全书系统全面地介绍 Project 2016 的应用知识，每章都提供了丰富的实用案例，用来巩固所学知识。本书共分为 18 章，内容概括如下：

第 1 章全面介绍 Project 2016 学习路线图，包括项目管理概述、项目管理基础、Project 2016 概述、Project 2016 新增功能、Project 2016 快速入门、Project 2016 中的视图和表等内容。

第 2 章全面介绍启动项目、设置项目、设置项目日历、设置日程和日历选项、保护和保存项目文档等内容。

第 3 章全面介绍管理项目任务，包括创建项目任务、组织任务、设置任务信息、设置任务的相关性、记录与调整任务等内容。

第 4 章全面介绍管理项目资源，包括项目资源概述、创建资源、设置资源、分配资源、调整资源等内容。

第 5 章全面介绍管理项目成本，包括项目成本管理概述、设置项目成本、查看项目成本、分析项目成本、调整项目成本等内容。

第 6 章全面介绍管理多重项目，包括合并资源、更新资源库、管理共享资源、合并项目、创建项目链接、创建多项目信息同步等内容。

第 7 章全面介绍管理项目报表，包括项目报表概述、创建预定义报表、创建可视报表、创建自定义可视报表、创建预定义可视报表、美化预定义报表、打印报表等内容。

第 8 章全面介绍美化项目文档，包括美化工作表区域、美化图表区域、美化图表型视图、插入图形和组件等内容。

第 9 章全面介绍跟踪项目进度，包括理解跟踪进度、设置跟踪方式、跟踪项目日程、跟踪项目成本、跟踪项目工时、更新与查看项目进度、监视项目进度等内容。

第 10 章全面介绍分析与调整项目，包括调整资源问题、调整日程安排、解决项目问题、分析项目成本、显示成本差异等内容。

第 11 章全面介绍记录项目信息，包括理解记录项目、记录项目的实际信息、记录项目的成本信息、计划更新项目、打印项目等内容。

第 12 章全面介绍分析财务进度，包括使用挣值分析表、查看进度指数、查看成本指数、使用盈余分析可视报表、分析项目信息等内容。

第 13 章全面介绍自定义项目，包括自定义视图、自定义表、自定义显示、自定义选项、使用宏等内容。

第 14~16 章全面介绍 Project Server 2016 的安装与管理内容，包括安装 SharePoint Server 2016、创建 PWA 网站、设置用户和权限、设置企业数据、设置时间和任务、设置工作流与项目信息、发布项目、使用 Project Server 规划工作、管理 Project Server 项目等内容。

第 17~18 章全面介绍 Project 2016 综合案例，通过新产品研发和策划营销项目案例系统全面地介绍使用 Project 2016 管理项目的具体操作方法与技巧。

2．本书主要特色

❑ **系统全面，超值实用** 全书提供了 37 个练习案例，通过示例分析、设计过程讲解 Project 2016 的应用知识。每章穿插大量提示、分析、注意和技巧等栏目，构筑了面向实际的知识体系。采用了紧凑的体例和版式，相同的内容下，篇幅缩减了 30%以上，实例数量增加了 50%。

❑ **串珠逻辑，收放自如** 统一采用三级标题灵活安排全书内容，摆脱了普通培训教程按部就班讲解的窠臼。每章都配有扩展知识点，便于用户查阅相应的基础知识。内容安排收放自如，方便读者学习图书内容。

❑ **全程图解，快速上手** 各章内容分为基础知识和实例演示两部分，全部采用图解方式，图像均做了大量的裁切、拼合、加工，信息丰富，效果精美，阅读体验轻松，上手容易。让读者在书店中翻开图书的第一感就获得强烈的视觉冲击，与同类书在品质上拉开距离。

❑ **书盘结合，相得益彰** 本书使用 Director 技术制作了多媒体光盘，提供了本书实例的完整素材文件和全程配音教学视频文件，便于读者自学和跟踪练习图书内容。

❑ **新手进阶，加深印象** 全书提供了 61 个基础实用案例，通过示例分析、设计应用全面加深对 Project 2016 的基础知识应用方法的讲解。在新手进阶部分，每个案例都提供了操作简图与操作说明，并在光盘中配以相应的基础文件，以帮助用户完全掌握案例的操作方法与技巧。

3．本书的对象

本书从 Project 2016 的基础知识入手，全面介绍了 Project 2016 面向应用的知识体系。本书制作了多媒体光盘，图文并茂，能有效吸引读者学习。本书适合高职高专院校学生学习使用，也可作为计算机办公应用用户深入学习 Project 2016 的培训和参考资料。

参与本书编写的人员除了封面署名人员之外，还有于伟伟、王翠敏、吕咏、冉洪艳、刘红娟、谢华、夏丽华、谢金玲、张振、卢旭、王修红、扈亚臣、程博文、方芳、房红、孙佳星、张彬、张慧、马海霞、王志超、张莹、张书艳等人。由于时间仓促，水平有限，疏漏之处在所难免，敬请各位读者朋友批评指正。

编　者

2016 年 8 月

目　　录

第1章

Project 2016 学习路线图

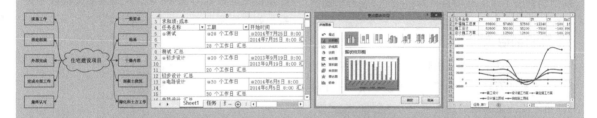

Project 2016 是微软公司最新推出的集实用性、功能性与灵活性于一体的项目管理软件，在项目管理领域中占据着重要地位。它不仅可以控制简单或复杂的项目、安排项目任务和资源，以及安排和追踪项目活动；还可以通过团队协同作业这一功能，来解决团队和企业级的项目管理中所遇到的项目共享这一难题。

在学习 Project 2016 软件的应用之前，需要先了解项目管理及 Project 2016 软件的基础知识，以帮助熟悉项目管理的操作流程及 Project 2016 的界面内容、视图和表的功能等基础知识。

Project

1.1 项目管理概述

在学习 Project 2016 之前，用户还需要先了解一下项目管理的基础知识。顾名思义，项目管理是项目与管理的组合，而如何使用管理方式更好地管理项目，是众多学者和管理者共同探讨的话题。本小节将重点介绍项目和项目管理的基本概念、应用领域，以及与 Project 2016 之间的协作应用。

1.1.1 项目管理简介

项目管理的核心是基于某个目标，通过采用一系列的管理手段完成项目目标的过程。项目管理的基础包括项目概念和项目管理概念两个方面。

1. 项目的概念

"项目"这个概念从古代沿用至今，已存在几千年。秦朝的万里长城的修建就可以看成是一个项目，古埃及的金字塔的建造也是一个项目。在我国，项目有时候也被称为"工程"，建造三峡大坝称为"三峡工程"，其实它就是一个典型的项目。除此之外，还有日常众多的楼房建造、路面建设等一些建筑工程，也可称为项目。

每个项目都会创造独特的产品、服务或成果，而项目产出可以是有形的，也可以是无形的。项目可以在组织的任何层面上开展，它可能只涉及到一个人或一个组织单页，也可能会涉及到很多人或很多个组织单页。

综上所述，可以把项目看作是指一系列独特的、复杂的并相互关联的活动，这些活动必须在特定的时间、预算、资源的限定内依据规范完成。其参数，主要包括范围、质量、成本、时间与资源。

项目通常具有下列一些基本特征。

- 实现一个或一组特定的目标
- 受到预算、时间和资源的限制
- 具有复杂性和一次性
- 满足客户需求

2. 项目管理的概念

项目管理，是第二次世界大战后期发展起来的

技术之一，最早源于美国，后来于 20 世纪 50 年代由华罗庚教授引入中国。它是"管理科学与工程"学科的分支，是基于管理原则的一套计算方法，主要用于计划、评估、控制工作活动，保证按时、按预算、依据规范达到理想的最终效果。

任何项目在管理的过程中都会受到时间要素、成本要素及范围要素三大要素的限制。时间要素表示完成项目所需用的时间，成本要素表示完成的项目所需要的人员、设备及材料的费用，而范围要素表示项目的目标与任务。这三大要素之间的限制关系，如下图所示。

1.1.2 项目管理的发展

通过上述介绍，用户已大体了解了项目及项目管理的定义，下面将详细介绍项目管理的发展过程及相关软件。

1. 项目管理的发展历程

项目管理，是两千多年前发展起来的管理技术，主要经历了萌芽、形成、传播及发展 4 个阶段。

	说　明
萌芽阶段	□ 20 世纪 30 年代之前为项目管理的萌芽阶段 □ 人们凭借经验与直觉按照项目的形式进行运作 □ 如中国的长城、古罗马的尼姆水道、埃及的金字塔等

续表

	说　明
形成阶段	□ 20世纪30年代至50年代为项目管理的形成阶段 □ 在此阶段中，传统的项目及项目管理的概念主要起源于建筑行业 □ 人们开始使用"甘特图"进行项目的规划与控制 □ 例如，中国的"曼哈顿"原子弹计划，美国的"阿波罗"载人登月计划等
传播阶段	□ 20世纪50年代至70年代末尾项目管理的传播阶段 □ 在此阶段中开始开发和推广网络计划技术 □ 此计划克服了"甘特图"的缺陷，可以放映项目进程中各项工作之间的逻辑关系，并且可以事先进行科学安排
发展阶段	□ 20世纪70年代末至现在为项目管理的发展阶段 □ 其主要特点是项目管理范围的扩大 □ 例如电信、软件、金融及信息等领域

2．项目管理软件的概述

随着项目管理的普及，市场上的项目管理软件也越来越多。项目管理软件，根据应用对象大致可以分为工程类和非工程类项目管理软件。其中，工程类项目管理软件通常具有材料管理的功能。

工程类的项目管理软件根据研发地区可以分为国外和国内项目管理软件。其中，国外的项目管理软件通常包括 P3、Artemis Viewer、Open WorkBench、OpenPlan 等，而国内的项目管理软件包括新中大软件、邦荣科技 PM2、建文软件等。其中，工程类项目管理软件的具体情况，如下表

所示。

软件名称	公司	说明
P3	Primavera	企业级管理软件，应用于高端的项目管理，并侧重于多个事件的业务串联管理
Open WorkBench	NIKU	是基于Windows的桌面应用软件，具有强大的项目计划安排和项目管理能力
OpenPlan	Welcom	企业级管理软件，提供标准的WBS、RBS和OBS模板
SureTrak	Primavera	适用于中小企业，是简化的P3，采用了国际标准的项目管理工具，可以组织丰富的视图与报表，快速进行进度计算
Project	Microsoft	为微软推出的全球比较知名的PM（项目管理）软件，目前最新版本为Project 2016
邦永科技 PM2	邦永科技	为集团多项管理为依托的多行业、多版本的集团化项目管理软件，具有实用性、可靠性、安全性和易用性等特点
易建工程项目管理软件	易建科技有限公司	该软件以成本管理为核心、以进度计划为主线、以合同管理为载体，适用于建筑领域的综合型项目管理软件

1.1.3　项目管理的特征与要素

随着项目管理的广泛应用，各种不同的产品会应用于不同的项目。但是，所有的项目都具有相同的六大特征及三大要素。

1．项目管理的要素

项目管理的三大要素主要包括时间要素、成本要素及效果要素。其中，时间要素表示完成的时间

要快,成本要素表示完成的成本要低,效果要素表示完成后的整体情况要好。

2．项目管理的特征

一般情况下,项目管理具有目标的确定性、独特性、约束性和一致性等 6 个特征,如下所表示。

特征	说　明
目标性的确定性	表示项目必须具有明确的目标,主要包括时间性目标、成果性目标、约束性目标等。目标的确定性,允许修改,并且具有一个变动幅度
独特性	表示每个项目都具有自身的特点,都具有唯一的独特性。因为项目具有独特性,所以所有的项目都是独一无二的

续表

特征	说　明
约束性	表示项目会受到时间、资源及成本的限制。一个项目的开始时间与完成时间,必须符合项目的规划时间,同时为了保证项目的顺利完成,还必须符合资源及成本规划或基准的约束
一次性	表示项目有明确的起点和重点,是不能照搬或复制的工作
整体性	表示项目中的所有活动都是相关联的一个整体,不能多出也不能缺少
不可挽回性	决定了项目的不可挽回性。也就是说,项目不能像其他事情那样可以反复进行,一旦失败将无法重新进行原项目

1.2　项目管理基础

通过上面的学习,用户已经对项目管理有了基本的了解,但在实际项目管理过程中,还需要了解和掌握项目管理的流程、概念、工具和基本原理等一些项目管理基础知识。

1.2.1　项目管理的流程及领域

随着社会的发展,信息技术越来越被重视,而项目管理技术也逐渐信息化。在对项目管理技术进行信息化之前,还需要先了解一下项目管理的关键流程及相关应用领域。

1．项目管理的关键流程

项目管理的流程,决定了项目的发展方向与最终目标。如果想掌控项目的发展及目标,需要掌握下述 11 个关键流程。

流　程	说　明
生命周期	一个项目的生命周期,是从定义项目目标、制订项目计划、发布项目计划、跟踪项目进度、调整计划及完成项目的过程。项目周期具有可变性,例如会随着项目、业务及客户要求的改变而改变
方法论	方法是项目的纪律,为项目的开展制订了清晰的界限。项目的方法会因项目的改变而改变

续表

流　程	说　明
项目定义	项目定义是对项目进行详细的书面描述。项目定义主要包括章程、数据表、目标陈述、回报、预算目标及风险等内容
合同与采购管理	合同与采购管理是管理项目实施过程中的合同及采购情况。由于合同与采购管理是项目的着手点,所以需要及早明确合同内的责任及细节,同时还需要记录采购中的评估与接收标准、要求与规定等
项目的规划、执行与跟踪	项目的规划、执行与跟踪,即制订规划、执行与跟踪流程,从而激励员工的积极性与自主性
变化管理	变化管理,即是在技术性项目中制订变化管理流程
风险管理	风险管理,即是制订出一套完善的风险管理流程。利用流程寻找风险,从而避免严重的项目问题
质量管理	质量管理,即是质量管理流程,主要保证项目的质量标准,促使项目遵守报告、评估等要求
问题管理	问题管理,即是在项目的资源、工期等方面为项目的问题管理制订流程。同时,可以为项目建立跟踪流程,记录问题

续表

流程	说　明
决策	决策，即是建立决策流程，为项目管理建立一个强有力的支持
信息管理	信息管理，即是为项目建设一个信息平台，方便项目信息的交流及管理

2．项目管理的知识领域

作为项目的管理者，需要具备并掌握广泛的知识与能力，以便对项目进行计划、组织、评估、控制等有效的管理。项目管理所涉及的领域主要包括以下九大领域。

项目范围管理	为了实现项目的目标，而控制项目工作内容的管理过程，主要包括范围的界定、范围的规划及范围的调整等工作。
项目时间管理	确保项目最终按时完成的一系列的管理过程，主要包括活动界定、活动安排、进度安排及时间控制等工作。
项目成本管理	为了将项目的各项成本及费用控制在预算之内的管理过程，主要包括资源的配置、费用的控制等工作。
项目质量管理	为了确保项目的质量所实施的一系列的管理过程，主要包括质量规划、质量控制等工作。
人力资源管理	为了更大发挥项目关系人的能力与积极性的管理过程，主要包括组织的规划、团队的建设等工作。
项目沟通管理	为了确保收集及传输项目信息实施的一系列管理过程，主要包括沟通规划、信息传输、进度报告等工作。
项目风险管理	为解决项目实施过程中所涉及或可能遇到不确定因素的管理过程，主要包括风险识别、风险量化、风险控制等工作。
项目采购管理	为了获取项目实施组织之外的资源或服务所实施的一系列的管理过程，主要包括采购计划、选择资源、合同管理等工作。
项目集成管理	为了协调与配合项目各项工作的综合性与全局性所实施的一系列的管理过程，主要包括项目集成计划的制订、项目集成计划的实施等工作。

1.2.2　项目管理中的概念与工具

项目管理是一门学科，不仅可以监督项目，而且还可以提供控制项目的管理方法。通过项目管理，可以组织项目中的任务，并进行系统化管理。

一般情况下，项目管理需要经历日程安排、预算、资源管理、进度跟踪与报告等过程。下面，将介绍一些在项目管理中所使用的概念与工具。

1．关键路径

关键路径可以标记项目中的相关联的任务。这些任务是影响计算项目完成日期的一系列任务。由于关键路径为最小任务计算工期，定义最早、最迟开始与结束日期，所以关键路径还可直接决定项目的大小，有助于确保项目的按时完成。

一般情况下，可通过下列方法来组成关键路径：

- **步骤一**　将项目中的各项任务视为具有时间属性的结点，从项目的起点到终点进行有序排列。
- **步骤二**　用具有方向性的线段标出各结点的关系，使之成为一个有方向的网络图。
- **步骤三**　用正、递推算法计算任务的最早与最晚开始时间，以及最早与最晚结束时间，并结束各个活动的时差。
- **步骤四**　找出时差为零的路线，该路线即为关键路径。

其中，关键路径具有以下特点：

- **决定项目的工期**　关键路径中的活动持续时间直接决定了项目的工期，而所有活动的持续时间的总和即为项目的工期。
- **决定工时的延迟**　关键路径中的任何一个任务都为关键任务，其中任意一个任务的延迟都会决定整个项目的工时延迟。
- **影响项目的完成时间**　关键路径中的耗时决定项目的完成时间，当缩短关键路径的总耗时，会缩短总工期，反之则延长总工期。

关键路径既具有相对性，也具有可变性。在一定情况下，关键路径可变为非关键路径，而非关键路径也可以变为关键路径。

2．可宽延时间

"可宽延时间"表示在不影响其他任务或项目完成日期的前提下，任务可延迟的时间。当用户清楚项目排列中的可宽延时间时，可在无时差的阶段，移动其他过多时差阶段中的任务。

"可用可宽延时间"表示在不延迟后续任务的情况下，可以延迟的时间。使用"可用时差"域可以决定任务是否具有可延迟的时间。

"可宽延的总时间"表示在不延迟项目完成的情况下，任务可延迟的时间。其中，"总时差"可以为正数，也可以为负数。为正数时表示任务可宽延，为负数时表示未为任务排定足够的时间。

3．工期和里程碑

在项目管理中，大多数任务需要在特定的时间段内完成，而完成任务所需要的时间被称为工期。为准确跟踪每个任务的进度，也为了能按时完成整个工程，可不断尝试将项目中比较长的任务分解为多个工期较短的任务。

在项目中，还有部分任务不需要在特定的时间段内完成，也就是该部分任务的工期为零，只表示时间中的一个点，该任务被称为里程碑。里程碑只用于标记项目中的关键时刻。

1.2.3 项目管理的基本原理

在实际项目运作过程中，由于缺乏正确的管理方法，往往会遇到进度拖延、费用超支等问题。在深入学习项目管理方法之前，用户还需要先了解一下项目管理的工作内容、三坐标管理及项目管理的组织与领导的基础知识。

1．项目管理的工作内容

一般情况下，项目管理可以分为 C、D、E、F4 个阶段。其中，各阶段的具体内容如下表所示。

阶段	含　义	工 作 内 容
C	概念阶段	调查研究、收集数据、确定目标、资源预算、确定风险等级等内容
D	开发阶段	确定成员、界定范围、制订计划、工作结构分解等内容
E	实施阶段	建立项目组织、执行 WBS 工作、监督项目、控制项目等内容
F	结束阶段	评估与验收、文档总结、清理资源、解散项目组等内容

通过对项目管理工作内容的归纳，可将项目管理的工作内容分为可行性研究、工作结构分解、三坐标管理与项目评估 4 个方面的工作。

2．三坐标管理

由于项目实施过程中的进度、费用与质量之间存在相互协调、相互制约与相互适应的关系，所以项目的进度管理、费用管理与质量管理被称为三坐标管理。

其中，项目的进度管理是项目按期完工的保证，主要分为编制进度计划与控制计划两部分，其具体内容如下表所示。

方　面	内　容
编制进度计划	项目分解、工作序列、评估工作时间、安排进度等内容
控制计划	作业控制、控制项目总进度、控制项目主进度、控制项目详细进度等内容

项目的费用管理包括资源计划、费用估计、费用预算、费用控制等方面，是项目按照预算计划完成的保证。其具体内容如下表所示。

方面	内　容	方　法	结　果
资源计划	工作分解结构、项目进度计划、历史信息等内容	数学模型法、头脑风暴法等	资源的需求计划、资源的相关描述等
费用估计	资源需求计划、资源单位价格、费用表格等	类比分析法、参数模型法、估计法等	项目总资源费用与明细
费用预算	工作分解结构、费用评估值、项目进度计划表等	类比分析法、参数模型法、估计法等	获得费用线等
费用控制	费用预算值、实施执行报告、增减预算的请求等	费用控制系统、附加计划等	修订费用估计、更新费用预算、估计项目总费用等

项目的质量管理包括质量计划、质量保证、质量控制等内容，是确保项目按照设计计划完成的保

证。其具体内容如下表所示。

方面	内　容	方　法	结果
质量计划	质量方针、产品与范围陈述、规则标准等	利益与成本分析、制作实施标准等	质量管理计划、操作说明等
质量保证	质量管理计划、操作说明等	质量审核与质量计划所采用的方法	保证质量、质量改进等
质量控制	质量管理计划、操作描述、具体工作结果等	统计样本、控制图表、趋势分析等	质量改进措施、完成监察表、过程调整等

3．项目管理的组织与领导

在项目管理中，合理的组织结构与领导方法，是项目正常完成的重要基础。

1）组织设计原则

项目管理的组织设计，主要包括以下原则：

❑ **目标一致性** *需要建立保证与协调的目标体系。*

❑ **有效的管理幅度与层次** *管理幅度与管理层次成反比效果，为避免管理信息的迟滞，还需要扩大管理幅度，减少管理层次。*

❑ **责权对等** *在项目管理的实施过程中，需*要将责任与权力进行对等分配，确保管理人员工作的积极性。

❑ **集分权相结** *根据项目的具体情况，需要确保集权与分权的合理分配。*

2）组织结构形式

项目的组织结构形式主要包括传统式与矩阵组织式两种结构形式。其中，传统式的组建结构形式又包括直线式、职能式与直线职能式 3 种形式。直线式是按级别直接领导的结构样式，例如厂长直接领导主任，而主任则直接领导组长。而职能式是多头领导的结构样式。直线职能式是直接领导与职能领导的结合结构样式。

矩阵组织形式是可以运用多个部门人员，同时进行多个项目的一种结构方式。在该结构方式中，同一个人员可以参与多个项目。新成立的项目组是一个临时组织，即不属于行政组织，也不与行政组织并列。

3）项目管理的领导

在项目管理中，领导类人员需要发挥项目决策、指挥、协调、激励等方面的作用。其中，领导权力的类型主要包括强制权、奖励权、法定权、专长权与影响权 5 种权力类型。

另外，根据领导控制与影响程度，可将领导方式划分为集权型、民主型与放任型 3 种类型。

1.3　Project 2016 概述

Project 2016 是微软公司推出的项目规划与管理软件，并以强大的功能、优美的界面吸引了众多用户，成为各领域最受欢迎的项目管理软件。在本小节中，将详细介绍 Project 2016 的组成，以及 Project 2016 的工作界面。

1.3.1　Project 2016 的工作界面

Project 2016 为用户提供了一个新颖、独特且简易操作的用户界面。如下图所示，其工作界面与 Office 其他组件的工作界面大致相同，也是由标题栏、功能区、选项组、状态栏及工作区组成，唯一的区别便是 Project 2016 的工作区是由数据编辑区与视图区组合而成。

Project 窗口的最上方是由快速访问工具栏、标题栏与窗口控制按钮组成，下面是功能区，然后是由数据区与图表区组合而成的工作表区。其具体情况，如下所述。

1．标题栏、快速访问工具栏和窗口控制按钮

标题栏位于窗口的最上方，用于显示文件名称。左侧为快速访问工具栏，右侧为窗口控制按钮，中间显示程序与当前运行的文件名称。

左侧的快速访问工具栏主要用于存放一些常用命令，用户可根据使用习惯添加或删除工具栏中的命令，以达到快捷操作命令的目的。

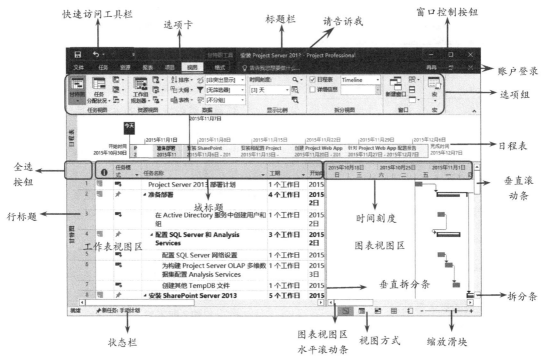

而右侧的窗口控制按钮，主要用于缩小、放大和关闭 Project 2016 窗口。Project 2016 版在窗口控制按钮处新增加了一个用户登录功能。

2．选项卡和选项组

在 Project 2016 中，主要包括文件、任务、资源、项目、视图等选项卡。为了便于用户对每个视图格式的设置，Project 2016 特意在选项卡的末尾处添加视图设置工具选项卡。例如，当用户将视图切换到【甘特图】视图时，该选项卡则显示为【甘特图工具】选项卡，而将视图切换到【资源工作表】视图时，该选项卡则显示为【资源工作表工具】选项卡。

3．日程表

Project 2016 中在视图中自动显示日程表，用户可以通过增加任务到日程表的方法，以图表的形式显示任务的时间段。用户可通过禁用【视图】选项卡【拆分视图】选项组中的【日程表】复选框的方法，来隐藏视图中的日程表功能。

4．工作表视图区

工作表视图区主要用于显示项目管理中有关任务的各项信息，包括任务名称、开始时间、完成时间和工期等信息。其具体内容如下所示。

- ❑ **全选按钮**　单击该按钮，可选择 Project 2016 中的整个数据编辑区。

- ❑ **域标题**　类似于 Excel 中的列标题，为 Project 2016 工作表视图中每列顶部的灰色区域，单击域标题可选择该列。

- ❑ **行标题**　为每行左侧的灰色区域，任务工作表和资源工作表的行标题通常包含每项任务或资源的标识号。

- ❑ **水平拆分条**　双击或拖动该按钮可以将工作表视图水平拆分成两部分，拆分任务视图时，将在底部显示"任务窗体"视图；而拆分资源视图时，将在底部显示"资源窗体"视图。

5．图表视图区

图表视图区主要用于显示甘特图、资源图表、资源使用状况、任务分配状况视图中的以图形显示的任务或资源信息，主要内容如下所述。

- ❑ **时间刻度**　在甘特图、资源图表、任务分配状况、资源使用状况视图顶部包含时间刻度的灰色分割宽线，时间刻度下方的区域显示了以图表方式表示的任务或资源信息。

- □ **垂直拆分条**　用于分割甘特图、资源图表、资源使用状况、任务分配状况视图中的表与图表部分，或图例与图表部分。
- □ **滚动条**　分为垂直滚动条、图表视图区水平滚动条与数据视图区水平滚动条，主要用来视图区域及整个文档的显示内容。

6．状态栏

位于界面的底部，主要显示当前的操作或模式状态。在状态栏中，包含了下列内容。

- □ **任务模式**　主要用来设置新任务的工作模式，包括手动计划和自动计划两种模式。
- □ **缩放滑块**　位于状态栏的最右侧，可快速缩放视图的时间分段部分，可用于甘特图、网络图、日历视图以及所有的图形视图中。
- □ **视图方式**　用来切换工作表的视图模式，包括甘特图、任务分配状况、工作组规划器、资源工作表与报告 5 种模式。

1.3.2　Project 2016 版本介绍

微软公司于 2015 年 9 月正式推出了 Project 2016 版本。Project 2016 根据使用者和项目计划方案，将版本划分为项目经理、小组成员和 PMO 和高管人员 3 种类型 6 种版本。各版本的具体情况如下所述。

1．Project 2016 标准版

Project 2016 标准版提供了最新最便捷的功能，可以帮助用户快速入门、提高效率和生产力。同时，还可以帮助用户轻松创建现代化的报表，从而达到高效衡量进度并与团队和利益相关者沟通项目细节的目的。

在该版本中，用户可以利用 Office.com 中的最新 Project 模板，或从 Backstage 中访问最近使用过的文件和位置，在快速开始工作的同时保持项目的井然有序。

另外，在该版本中用户还可以使用甘特图中任

务路径的突出显示功能，来了解项目的汇总情况。同时，利用报告工具和 Office 体验，以及快速组织和链接任务、创建项目计划和日程表等功能，来协助用户始终掌控项目计划。

除此之外，在该版本中，用户还可以通过多个日程表视图和报表等功能，深入地了解任务规划、资源分配、成本费率和团队协作等项目细节，以帮助用户更好地沟通项目进度，及时取得项目成果。

2．Project 2016 精简版

Project 2016 精简版是一款面向团队成员的配套产品，主要用于管理任务、开展协作和提交时间表。

该版本具有时间表、管理任务、添加问题和风险、协作、随处访问等主要功能。各功能的具体情况如下所述。

- □ **时间表**　支持团队查看时间表、输入工时、递交时间表，以及添加和删除任务。
- □ **管理任务**　团队成员可以报告任务进度、添加新任务、分配现有任务或将其任务分配给其他成员。
- □ **添加问题和风险**　团队成员可以添加有关项目问题和风险信息，并允许其将风险和问题链接到计划中的具体任务中。
- □ **协作**　团队成员可以存储和处理项目文档、查看组织内的其他项目，以及查看已提交审批的更新等。
- □ **随处访问**　团队成员可以在任何位置使用任何设备访问项目资源。

3．Project 2016 专业版

Project 2016 专业版内置了有效管理重要项目的创新方法，它不仅可以通过 Office 365 或 SharePoint 从任意位置中开展当前的项目，而且还可以通过无缝集成的 Skype for Business 功能，在 Project 2016 专业版内呼叫团队成员或向其发送即时消息，从而实现即时沟通。

Project 2016 专业版除了具有 Project 2016 标准版和上述的诸多功能之外，还具有"预测项目变化"和"改进日常协作"的功能。

其中，"预测项目变化"功能可以利用任务路径分析在实际问题发生之前发现项目中潜在的问题，以及使用工作组规划器等工具查看和更正潜在的问题。除此之外，还可以通过设置任务的"非活动"状态，进行模拟情景分析，无须再重新创建整个项目计划。

而"改进日常协作"功能不仅可以与 Office、Office 365、SharePoint 和 Skype for Business 完美配合，而且还可以将其内容轻松复制到 PowerPoint 和电子邮件等 Office 应用程序中，以及将其保存到 Office 365 和 SharePoint 中。除此之外，该版本还可以同步 Project 与 Office 365 或 SharePoint 之间的任务列表，以帮助用户从任意位置快速向团队提供项目信息，并轻松获得其更改信息。

4．Project Server

Project Server 具有本地解决方案的功能，适用于组合管理（PPM）和日程工作，该版本需要与 SharePoint 2013 协作进行。在该版本中，团队成员、项目参与者和业务决策者可以从任何位置来启动工作，以及划分项目组合投资优先级。

在该版本中，用户可以选择多种设备和浏览器来查看、编辑、提交和协作处理项目、项目组合和日程工作，或者借助 PWA（Project Web App）中的日程安排功能有效规划和管理任务。

另外，在该版本中用户可以在 Visio 和 SharePoint Designer 中创建工作流，标准化项目进展或拒绝、改进监管和控制。同时，还可以将 SharePoint 中的任务列表升级为 PWA 中的企业项目；以及将 Exchange 中的日历信息传送到 Project Server 中，简化项目日程安排和任务的状态更新，同时加强了任务的共享能力。

利用该版本用户还可通过 Skype for Business 实现无缝沟通，以及召开群组会议、收发即时消息、共享屏幕和工作区。除此之外，还可以通过 PWA 资源中心优化利用率并规划分配，以及利用 PWA 中的 Active Directory (AD)同步功能来选择 AD 组等诸多功能。

5．Project Online

Project Online 具有联机解决方案的功能，适于项目组合管理(PPM) 和日常工作。Project Online 主要通过 Office 365 提供的功能，支持从任何位置、任何设备中进入项目和排列项目组合投资优先级。

该版本除了具有 Microsoft Project Server 的诸多功能之外，还可以利用摘要仪表板制定决策，以及通过 Excel Services 访问挖掘和聚合多个维度的数据；以及利用 SharePoint Online 中的搜索功能，可以执行日常工作和项目和查找正确的信息。除此之外，该版本还具有同步 Project Online 和 SharePoint Online 任务列表、在 Visio 和 SharePoint Designer 中创建工作流，以及将 SharePoint Online 任务列表升级为 Project Online 中的企业项目等功能。

6．Project Pro for Office 365

Project Pro for Office 365 通过 Office 365 订阅最新版本的 Project 专业版。该版本除了可以使用 Project 专业版中的所有功能之外，还允许各用户在多达五台运行 Windows 10、Windows 8 或 Windows 7 的电脑上安装 Project，并且保证在订阅期间自动安装更新（包括功能和安全更新）。除了自动安装更新之外，用户还可以使用集中化策略延后安装，以方便用户测试更新与系统的兼容性。

在该版本中，用户还可以通过 Microsoft Skype for Business 或 Microsoft Lync 和 Skype for Business Online 提供的状态和即时消息（IM）与 Office 365 进行集成。

通过上述描述，用户已经初步了解了 Project 2016 各版本的具体情况。每种版本功能的比较情况，如下表所述。

功　　能	项目经理			小组成员	PMO 和高管人员	
	Project Pro for Office 365	Project 专业版	Project 标准版	Project 精简版	Project Online	Project Server
完整安装 Project 应用程序	◉ 最多 5 台 PC	◉ 仅限 1 台 PC	◉ 仅限 1 台 PC	○	○	○

续表

功　　能	项目经理			小组成员	PMO 和高管人员	
	Project Pro for Office 365	Project 专业版	Project 标准版	Project 精简版	Project Online	Project Server
项目日程安排和成本核算	●	●	●	○	○	○
管理任务	●	●	●	●	●	●
报告和商业智能	●	●	●	●	●	●
共享文档	○	○	○	●	●	●
利用 Skype for Business 状态开展协作	●	●	●	●	●	●
管理资源	●	●	●	●	●	●
SharePoint 任务同步	●	●	●	●	●	●
Project Online 和 Project Server 同步	●	●	○	○	●	●
即点即用部署	●	○	○	○	○	○
版本升级	●	○	○	○	○	○
提交时间表	○	○	○	○	●	●
需求管理	○	○	○	○	●	●
项目组合选择和优化	○	○	○	○	●	●

表注：○=无　●=有

Project

1.4　Project 2016 的新增功能

　　Project 2016 是一款功能强大的项目管理软件，可以直观地安排项目任务和资源，以及安排和追踪项目活动。最新版本的 Project 2016 不仅在主题颜色上有所改进，而且在其资源调度和日程表等方面也增加和改进了不少功能。

1.4.1　更灵活的日程表功能

　　Project 2016 更改了日程表功能，用户不仅可以利用多个日程表来展示工作的不同阶段或类别，而且还可以单独为每个日程表设置开始时间和结束时间，以便可以更清晰地描绘所涉及的工作的总体情况。

　　在 Project 2016 中，执行【任务】|【视图】|【甘特图】|【日程表】命令，显示日程表视图。然后，执行【日程表工具】|【插入】|【日程表条形图】命令，即可添加多个日程表。

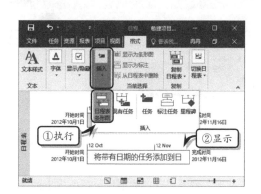

　　同时，用户还可以在日程表中设置时间范围，并通过【字体】选项组来设置日程表的颜色和字体格式。

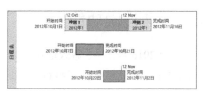

1.4.2 改进的资源调度控制功能

在项目管理过程中，可以由项目经理来安排一些可用性有限的资源。除此之外，在新版本的 Project 中，用户可以借助 Project 2016 专业版和 Project Online 达成被称为"资源预订"的协议，以确保组织内的资源可以得到恰当且有效的使用。

但是，"资源预订"协议只有使用连接到 Project Online 的 Project 2016 专业版或 Project Pro for Office 365 时，才可以使用。如果用户所使用的 Project 未连接到 Project Online，则该功能会自动隐藏，无法显示在【资源】选项卡中；而 Project 2016 标准版不包含"资源预订"功能。

当资源经理在 Project Online 中设置企业资源时，可以将一些资源标识为在其分配到项目时需要审批的状态。这样一来，项目经理在使用需要审批的资源时，则需要提交包含资源的日期范围、资源特定百分比、小时数等预订请求。

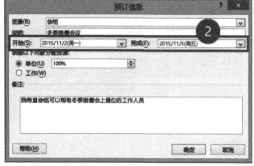

此时，资源经理审阅项目经理所提出的请求，并接受、建议更改或拒绝该请求。而项目经理则可以在 Project 2016 专业版中的新"资源计划"视图中刷新预订状态，来查看资源经理的答复状态。

1.4.3 快速搜索功能

在 Project 2016 版本中，微软增加了 Clippy 的升级版 Tell Me。Tell Me 是全新的 Office 助手，可以帮助用户快速查找或搜索一些帮助。

正常情况下 Clippy 助手如传统搜索栏一样，被当成一项选项放置于界面选项卡栏中。当用户将鼠标移至其上方时，系统会以高亮样式进行显示。

而当用户单击"告诉我您想要做什么"文本框，并输入搜索内容时，系统将会自动弹出搜索列表，帮助用户选择相应的搜索内容。

1.4.4 新增主题颜色

相对于旧版本中的单一主题色彩来讲，Project 2016 版本中新增加了多彩的 Colorful 主题，微软将更多色彩丰富的选择加入其中，包括彩色、深灰色和白色 3 种色彩，其风格与 Modern 应用类似。

用户可通过执行【文件】|【选项】命令，在弹出的对话框中，设置【Office 主题】选项，来选择所需要使用的彩色主题。

当用户在【Project 选项】对话框中，选择 Office 主题样式，并单击【确定】按钮之后，系统将会自

动在当前界面中应用最新的 Office 主题色彩。如下图中所示的主题样式便是"彩色"主题。该主题样式主要以"绿色"来显示【快速访问工具栏】和选项卡区域，而以"灰色"来显示选项组、行标签等区域。

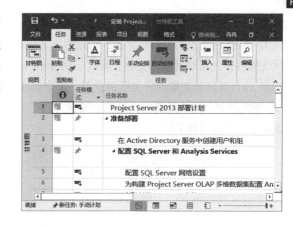

1.5　Project 2016 快速入门

Project 2016 是一款目前最受欢迎的项目管理软件，其目的在于协助项目经理设置项目计划、为任务分配资源、跟踪进度、管理预算和分析工作量。

在使用 Project 2016 管理项目时，用户不仅可以以可视化的工作表和图表方式进行操作，而且还可以根据项目计划输入相应的项目任务、项目资源和项目成本，通过完成项目管理中的最基础的数据输入，来达到跟踪任务、管理预算和分析工作量的目的，从而充分体现了 Project 2016 更为简单、更为快捷的操作特点。下面通过两个项目案例来详细介绍使用 Project 2016 进行项目管理的操作方法。

1.5.1　报警系统项目管理

已知某大楼需要安装自动报警系统,其中施工工期为 120 天，交工日期为 2013 年 11 月 30 日。为保证软件开发项目的顺利完成,需要运用 Project 2016 软件对项目进行科学的管理。在进行"报警系统项目"管理时，用户需要执行下列操作。

（1）收集项目数据，制作报警系统项目的主要步骤。

（2）创建空白项目文档，执行【项目信息】命令，设置项目信息。

（3）执行【更改工作时间】命令，设置项目的工作时间。

（4）输入项目任务和工期，设置任务级别。

（5）链接任务，设置链接类型。

（6）输入项目资源，设置资源类型和费用。

（7）为任务分配资源。

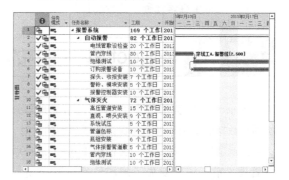

（8）设置项目成本，查看和调整项目成本。

（9）使用视图和报表跟踪项目进度。

（10）使用报表和可视报表分析项目成本。

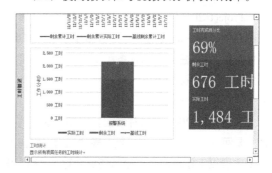

1.5.2　软件开发项目管理

某公司需要开发一款新软件,需要根据客户的需求设计软件的整体功能，并在客户规定的 2013 年 12 月 12 日之前交付软件并进行相应的培训。为保证软件开发项目的顺利完成，需要运用 Project 2016 软件通过创建软件开发项目文档，来启动项目。除此之外，用户还需要执行下列操作，才能完成整个项目的管理工作。

（1）输入项目任务和工期、设置任务级别并链接任务。

（2）创建里程碑任务，并分配任务日历。

（3）输入项目资源，设置资源的费率和日历。

（4）将资源分配给任务，并调整资源。

（5）设置项目的固定成本和实际成本。

（6）查看总成本并调整任务成本。

（7）设置项目的中期计划。

（8）跟踪项目的日程、工时和任务。

（9）对项目进行分组。

（10）显示关键路径，调整日程安排冲突问题。

（11）使用报表和可视报表分析项目成本。

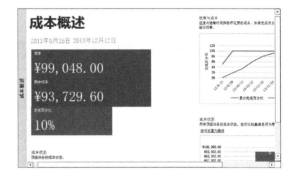

1.6　Project 2016 中的视图和表

Project 2016 为用户提供了用于专业管理与分析项目数据的视图与表，在保证完成项目的同时，达到控制项目费用的目的。在使用 Project 进行项目管理之前，还需要先了解和熟悉一下 Project 2016 中的视图和表。

1.6.1　Project 2016 中的视图

Project 2016 为用户提供了若干种视图，通过视图可帮助用户输入、编辑、分析和显示项目信息。总体上讲，视图主要分为任务类视图与资源类视图两大类 10 多种视图。

1.【甘特图】视图

在 Project 2016 中【甘特图】视图是默认的视图，是可视"甘特图"与"项"表的组合。视图的左侧主要以工作表的形式显示任务名称、工期、开始时间、完成时间、前置任务及资源名称。视图的右侧主要以条形图格式显示任务信息，每个条形图

代表一个任务，条形图与条形图之间的连线表示任务之间的关系。

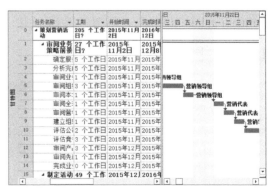

2.【跟踪甘特图】视图

在 Project 2016 中，【跟踪甘特图】视图与【甘特图】视图的外观样式一样，但是【跟踪甘特图】视图中的条形图以上下两种方式进行显示。其中，上方的条形图表示任务的当前计划，下方的条形图表示任务的比较基准。在规划项目时，可以通过上

下两条甘特条来分析实际项目计划偏移原始计划的程度。

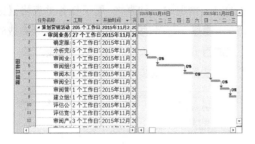

3.【任务分配状况】视图

通过观察，可以发现【任务分配状况】视图的外观像两个并排的工作表，左侧部分显示任务分配状况表，右侧部分显示任务所对应的时间表。通过【任务分配状况】视图，可以查看不同时间下任务的工时与成本。

4.【日历】视图

在【日历】视图中，主要显示一个月或一周内的项目信息。其中，单个任务是以细长蓝色轮廓的条形显示，里程碑任务是以灰色条形进行显示，通过【日历】视图，可以快速查看项目的日程安排。

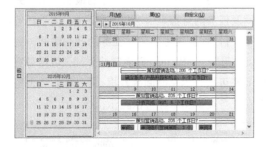

5.【网络图】视图

在 Project 2016 中，【网络图】视图的外观像一个流程图。【网络图】视图中的流程图格式相似于 PERT（计划评审技术）图，一个方框代表一个任务，方框之间的连线代表任务之间的连接状态。

其中显示两条交叉斜线的方框，表示已完成的任务。

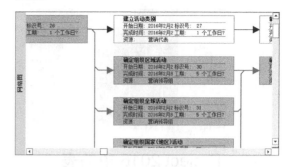

6.【资源工作表】视图

在 Project 2016 中，【资源工作表】视图类似于 Excel 工作表，其工作区视图与甘特图中的工作区视图大体一致，也包括域标题与行标题。【资源工作表】主要用于输入、编辑任务资源，以及设置资源的成本、加班费率与最大单位等资源信息。

7.【资源使用状况】视图

在 Project 2016 中，【资源使用状况】视图类似于【任务分配状况】视图，左侧部分显示资源使用状况表，右侧部分显示资源所对应的时间表，可以根据制订的时间刻度查看每项资源的工时及成本。

8.【资源图表】视图

在 Project 2016 中，切换到【资源图表】视图中。通过观察，可以发现【资源图表】视图是以条形图格式进行显示。其中，蓝色条形图代表工时，而红色条形图代表过度分配。

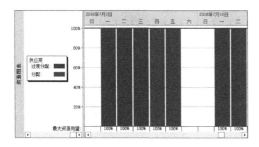

1.6.2 Project 2016 中的表

Project 2016 为用户提供了若干种表，通过表可帮助用户查看、比较及分析项目信息。总体上讲，表主要分为任务类与资源类两大类 27 种表。

1.【差异】表

【差异】表是用于查看任务的开始、完成时间的差异情况的一种表格，属于任务类表格。【差异】表主要显示任务的开始时间、完成时间、比较基准开始时间、比较基准完成时间、开始时间差异及完成时间差异等数据。

2.【成本】表

【成本】表是用于查看任务的具体成本及成本的差异情况的一种表格，属于任务类表格。【成本】表主要显示任务的固定成本、固定成本累算、总成本、比较基准、差异、实际与剩余等数据。

3.【跟踪】表

【跟踪】表是用来显示任务的实际工期、工时成本的完成情况的一种表格，属于任务类表格。【跟踪】表主要显示任务的实际开始时间、实际完成时间、完成百分比、实际完成百分比、实际工期、剩余工期、实际成本及实际工时等数据。

4.【工时】表

【工时】表是用来查看任务的计划工时与实际工时之间的差异情况的一种表格，属于资源类表格。【工时】表主要显示任务的工时、比较基准、差异、实际、剩余及工时完成百分比等数据。

5.【日程】表

【日程】表是用来查看任务的最晚开始、完成时间及任务的可拖延情况的一种表格，属于任务类表格。【日程】表主要显示任务的开始时间、完成时间、最晚开始时间、最晚完成时间、可用可宽延时间及可宽延的总时间等数据。【日程】表也是只能在任务类视图中才可以显示。

6.【挣值】表

【挣值】表是用来显示资源信息分析情况的一种表格，属于资源类表格。【挣值】表主要显示资源信息的计划工时的预算成本、已完成工时的预算成本、已完成工时的实际成本等资源成本、日程、成本差异等数据。

7.【摘要】表

【摘要】表是用来显示任务的成本、工时、工期、完成时间、完成百分比等任务信息的一种表格。通过该表格，可以快速查看各项任务的完成情况。【摘要】表属于任务类表格。

8.【延迟】表

【延迟】表是用来显示资源调配延迟情况的一种表格，属于任务类表格，主要包括任务名称、资源调配延迟、工期、开始时间、完成时间、后续任务、资源名称等项目信息。

1.7 Project 2016 的窗口操作

Project 2016 提供了多窗口模式，允许用户使用两个甚至更多的 Project 窗口，达到同时在不同位置工作的目的，从而提高用户的工作效率。另外，用户还可以通过改变多窗口显示方式的方法，来查看所有窗口中的内容。

1.7.1 新建和重排窗口

新建窗口的作用是为 Project 2016 创建一个与原窗口完全相同的窗口，以便用户对相同的项目计划进行编辑操作。而重排窗口则是以上下并排显示的方式同时显示多个窗口。

1. 新建窗口

在 Project 2016 中，执行【视图】|【窗口】|【新建窗口】命令，系统会自动弹出【新建窗口】对话框，单击【确定】按钮即可创建一个与源文件相同的文档窗口，并以源文件名称加数字 1 的形式

进行命名。

2. 重排窗口

当用户新建窗口，或同时打开多个 Project 窗口时，为了可以同时查看所有的窗口内容，还需要重排窗口。

默认情况下，Project 2016 只显示一个窗口。重排窗口，是以水平方向并排打开多个窗口以便可

以同时查看所有窗口中的内容。

同时打开两个窗口，执行【视图】|【窗口】|【全部重排】命令，并排查看两个文档窗口。

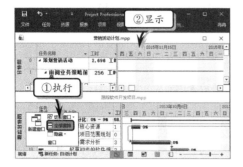

1.7.2 切换窗口

在 Project 2016 中，除了通过重排窗口的方法来查看不同窗口内的数据之外，用户还可以通过切换窗口的方法，来查看不同的窗口。

同时打开多个 Project 文档，并以普通方式显示一个窗口内容。然后，执行【视图】|【窗口】|【切换窗口】命令，在其级联菜单中选择相应的选项即可。

另外，为了便于操作，用户还可以将【切换窗口】命令添加到【快速访问工具栏】中，便于日常操作。在【窗口】选项组中，右击【切换窗口】命令，执行【添加到快速访问工具栏】命令，即可将该命令添加到【快速访问工具栏】中。

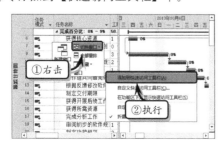

> **注意**
>
> 将【切换窗口】命令添加到【快速访问工具栏】中之后，可右击该命令，执行【从快速访问工具栏删除】命令，删除该命令。

1.7.3 隐藏窗口

当用户同时操作多个 Project 窗口，在不想退出并想取消某个窗口的显示时，可以将该窗口进行隐藏，不仅可以方便查看其他窗口中的数据信息，而且还可以随时调用被隐藏的窗口。

执行【视图】|【窗口】|【隐藏】|【隐藏】命令，即可隐藏当前窗口。

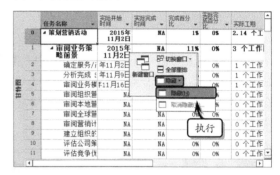

而当用户需要显示被隐藏的窗口时，则需要执行【视图】|【窗口】|【隐藏】|【取消隐藏】命令，在弹出的【取消隐藏】对话框中，选中所需取消隐藏的窗口名称，单击【确定】按钮即可。

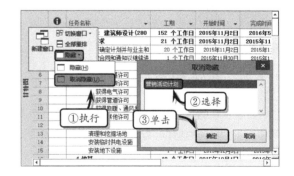

第 2 章

管理项目文档

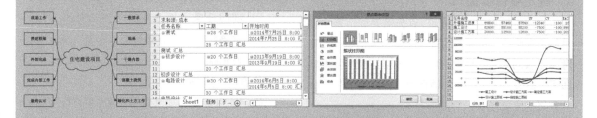

　　管理项目文档是制作项目规划的首要步骤，是提高项目计划编写科学性和准确性的必要条件。在该阶段中，项目经理主要根据项目自身的要求和特点，通过创建项目文档并设置项目的工作时间，来启动项目。另外，为保护项目数据，还需要及时保存和保护所创建的项目文档。除此之外，项目经理在使用 Project 2016 管理项目之前，还需要先收集一些与项目相关的资料，并确定详细的项目任务。本章将详细介绍创建项目文档的基础知识。通过本章的学习，希望用户能快速掌握创建与管理项目任务的方法及技巧。

2.1 启动项目

启动项目包括制定项目章程、项目内部启动会议、项目外部启动会议等诸多内容。在本小节中，将重点介绍有关 Project 部分的项目启动内容，即收集项目数据和创建项目文档。

2.1.1 收集项目数据

在使用 Project 2016 创建项目之前，还需要明确项目的总体目标、项目范围、设置时间限制以及详细任务。

1. 确定项目步骤

为确保项目的顺利完成，首先需要确定整个项目的主要步骤。在确定项目的主要步骤时，不需要考虑步骤的先后顺序，只需要列出项目的主要内容即可。例如，在软件开发项目中，首先需要列出软件开发的主要步骤。

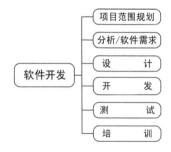

2. 确定项目任务

为项目列出主要步骤之后，还需要将这些步骤分解成更详细的步骤，此时的步骤在项目中被称为任务。例如，分解主要步骤中的"设计"任务。

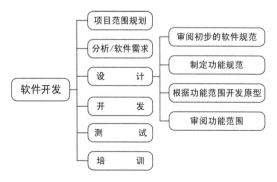

项目任务的细分状态，取决于项目经理对当前项目的熟悉程度。另外，在细分项目任务时，项目经理还需要注意下列几点问题。

- □ **任务的提醒作用** 创建项目任务的主要用途是提醒项目中的主要活动，无须将任务进行更详细的划分，以防导致跟踪日程安排的负担过重。
- □ **里程碑任务** 项目需要利用里程碑任务，标出项目中需要做出重要决定的点，以便保证项目的顺利进行。
- □ **部门任务** 要在项目中显示每个部门所需要执行与了解的任务，以便准确地掌握与汇报项目进度。

3. 设置时间限制

确定项目步骤与项目任务之后，便可以规划项目任务的实施时间了。此时，项目经理需要通过 Project 创建一份日程表，为任务确定并分配相应的实施时间。当总体任务的实施时间超出整个项目的期限时，项目经理可以利用 Project 2016 重新调整每项任务的时间安排。

4. 准备资源

一个完整的项目，除了需要确定项目任务与时间限制之外，还需要为项目准备可用的资源。例如，在软件开发项目中，需要准备分析人员、开发人员、测试人员等资源。除此之外，还需要明确资源的成本。例如，分析人员的成本为小时 200 元。另外，在制订项目计划时，需要明确资源并将资源分配给任务，并预算资源的成本值。

2.1.2 创建项目文档

当用户需要创建项目计划时，需要先创建项目文档。然后，设置项目文档的基础信息，以便确定项目的开始日期、结束日期及排定方式。

1. 创建空白项目文档

启动 Project 组件，系统将自动弹出 Project 新建页面，在该页面中包括"最近使用的文档""打开其他项目"，以及"创建项目文档列表"等内容。此时，用户只需选择【空白文档】选项，即可创建一个空白项目文档。

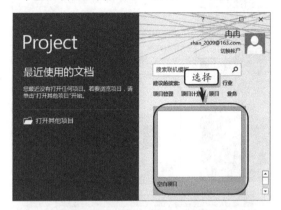

技巧

用户也可以通过按下 Ctrl+N 快捷键，快速创建一个空白项目文档。

除了上述方法之外，用户还可以在 Project 主界面中，单击【快速访问工具栏】中的下拉按钮，在其下拉列表中选择【新建】选项，将该命令添加到"快速访问工具栏"中，然后，单击"快速访问工具栏"中的【新建】按钮，可以快速创建空白项目文档。

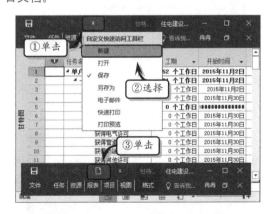

除此之外，在 Project 主界面中，执行【文件】|【新建】命令，在展开的列表中选择【空白项目】选项即可。

2．创建模板文档

模板是一种特殊的项目文档，是 Project 预先设置好任务、资源及样式的特殊文档。通过模板可以创建具有统一规格、统一框架的项目文档。

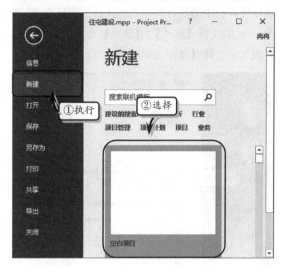

在 Project 2016 中执行【文件】|【新建】命令，在展开的列表框中选择相应的模板文件，例如选择"安装 Project Server 2016"选项。

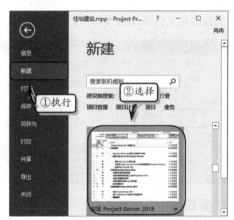

然后，在弹出的页面中将显示所选模板的预览图片，以及提供者和开始日期等信息。此时，用户只需单击【创建】按钮，即可创建该模板文档。

3．根据现有项目创建文档

"根据现有项目创建"文档是根据用户保存在本地计算机中的项目文档来创建新的项目文档。在 Project 中执行【文件】|【新建】命令，在展开的列表框中选择【根据现有项目新建】选项。

然后，在弹出的【根据现有项目新建】对话框中，选择模板文件并单击【打开】按钮即可。

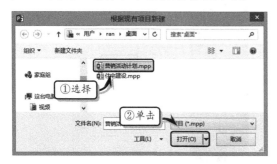

4．根据 Excel 工作簿新建

"根据 Excel 工作簿新建"项目是根据用户保存在本地计算机中的 Excel 工作簿中的项目数据，来创建新的项目文档。在 Project 中，执行【文件】|【新建】命令，在展开的列表框中选择【根据 Excel 工作簿新建】选项。

然后，在弹出的【打开】对话框中，选择 Excel 文件并单击【打开】按钮。

此时，系统会自动弹出【导入向导】对话框，单击【下一步】按钮。在【导入向导-映射】对话框中，选中【新建映射】选项，并单击【下一步】

按钮。

在弹出的【导入向导-导入模式】对话框中，选中【作为新项目】选项，并单击【下一步】按钮。

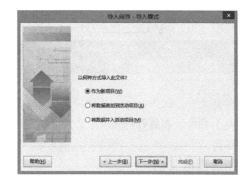

然后，在弹出的【导入向导-映射选项】对话框中，启用【任务】和【资源】复选框，并单击【下一步】按钮。

在弹出的【导入向导-任务映射】对话框中，设置【源工作表名称】选项，并单击【下一步】按钮。

最后，根据向导对话框中的提示，依次单击【下一步】按钮和【完成】按钮即可。

> **提示**
>
> 对于链接到 SharePoint 中的用户来讲，还可以执行【文件】|【新建】命令，选择【根据 SharePoint 新建任务列表】选项，根据 SharePoint 中的数据创建新项目。

2.2　设置项目

在制作项目规划时，系统会默认当前日期为项目的开始日期。为了确保项目目标的实现，需要根据项目的实际开始时间、日常工作时间等要求，定义项目计划的开始时间、常规工作时间与项目属性等内容。

2.2.1　设置项目属性

设置项目属性主要是输入项目标题、主题、人员及单位等信息，简单的记录项目的基础信息。创建项目文档之后，执行【文件】|【信息】命令，选择【项目信息】下拉列表中的【高级属性】选项。

然后，在弹出的【属性】对话框中，激活【摘要】选项卡，然后输入相应的信息，选中【保存预览图片】复选框，单击【确定】按钮即可。

2.2.2 设置项目信息

在利用 Project 2016 创建新项目时，还需要在创建项目任务之前，设置项目的开始日期、完成日期、优先级等项目信息。执行【项目】|【属性】|【项目信息】命令，在弹出的对话框中设置各项信息。

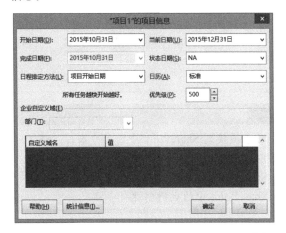

在该对话框中，主要包括下列 8 种选项。

- ❏ **开始日期**　单击其后面的下拉按钮，可以在弹出的日期列表中设置项目的开始日期。所有任务在确定时间或设置相关性之前，都以该日期作为开始日期。

- ❏ **完成日期**　用来设置项目的最后日期，用户可通过将【日程排定方法】选项设置为"项目完成日期"的方法，使"完成日期"变为可用状态。

- ❏ **当前日期**　单击其后面的下拉按钮，可以在弹出的日期列表中设置项目的当前日期。该日期主要为设置生成项目报表与跟踪项目进度提供基准日。

- ❏ **状态日期**　单击其后面的下拉按钮，可以在弹出的日期列表中设置项目的状态日期。该日期主要用于盈余分析及标识"更新项目"中的"在此日期完成"日期。状态日期也会为在 Project 中放置进度线提供日期基准，当该日期为"NA"时，Project 会将当前日期设置为状态日期。

- ❏ **日程排定方式**　表示排定项目日程的开始方式，介于项目开始日期与项目完成日期两种方式之间，即表示从项目开始日期或从项目完成日期开始排定项目日程。

- ❏ **日历**　用于设置项目日程的基准日历，主要包括标准、24 小时与夜班 3 种选项。

- ❏ **优先级**　用于设置项目的优先级，其优先级的值介于 1～1000 之间。当多个项目使用共享资源时，项目的优先级会更好地控制调配资源。

- ❏ **企业自定义域**　在用户使用 Project Server 时，用于向项目级的自定义域或 Project Server 数据库中定义的大纲代码赋值。

在创建新日程安排时，一般会接受该对话框中的默认设置，单击对话框中的【确定】按钮，即可开始创建项目日程了。

2.3 设置项目日历

Project 为用户提供了标准、24 小时、夜班等类型的日历类型。除了使用系统提供的日历类型之外，用户还可以根据项目自身需求新建项目日历，以及通过调整工作周和工作日等方法来调整系统自带的日历，以达到项目计划的特殊需求。

2.3.1 新建日历

执行【项目】|【属性】|【更改工作时间】命令。在弹出的【更改工作时间】对话框中单击【新建日历】按钮。在弹出的【新建基准日历】对话框中，输入日历名称，并设置相应的选项。

在【新建基准日历】对话框中，主要包括下列 3 种选项。

- ❏ **名称**　用于设置新建日历的名称，以区分系统自带的内置日历。

- ❏ **新建基准日历**　选中该单选按钮，可新建一个完全独立的日历。

❏ **复制**　选中该单选按，可依据当前的基准日历新建一个日历副本。可根据其后下拉列表中的标准、夜班、24 小时 3 种基准日历创建日历副本。

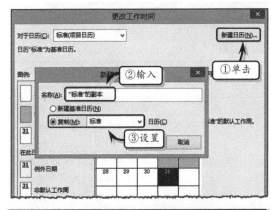

注意

在创建新日历时，最好是复制，而不是更改当前的基准日历。这样，可以方便用户随时使用默认的基准日历。

2.3.2　调整工作周

当新项目每周需要提取固定的小时数来进行维修时，用户则需要在创建新日历之后再调整日历的周时间。执行【项目】|【属性】|【更改工作时间】命令，在弹出的【更改工作时间】对话框中，激活【工作周】选项卡，单击【详细信息】按钮。

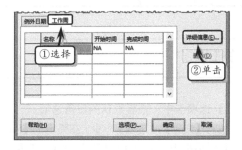

在弹出的【"[默认]"的详细信息】对话框中，选择【星期五】选项，选中【对所列日期设置以下特定工作时间】单选按钮，并在时间列表框中设置开始时间与结束时间。

在【"[默认]"的详细信息】对话框中，主要

包括下列选项。

❏ **将 Project…日期**　用于选择用于默认工作时间（表示为周一至周五，每天早晨 8:00～12:00，下午 1:00～5:00 之间，周末为非工作时间）的日期。日期需要在"选择日期"列表框中选择。

❏ **将所列日期…时间**　用于选择不能排定工时的日期，其日期需要在"选择日期"列表框中选择。该选项将显示在日历中的所有月份中。

❏ **对所列日期…时间**　用于设置整个日程中选定日期中的工作时间，其日期需要在"选择日期"列表框中选择。

❏ **帮助**　单击该按钮，可弹出【Project 帮助】窗口。

单击【确定】按钮后，新项目中每周五上午的工作时间将自动更改为 8:00～12:00 之间，每周五下午的工作时间改为 14:00～17:00 之间，而其他时间将按照"标准（项目日历）"中的时间执行。此时，单击日历中表示星期五的日期，在右侧将会显示所设置的工作时间。

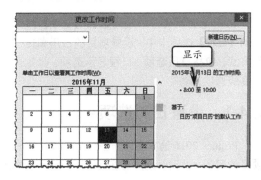

2.3.3　调整工作日

在项目执行过程中，经常会因为某种原因，或因调整岗位，需要让部分员工进行适当的加班或休息。此时，激活【例外日期】选项卡，输入例外日期的名称、开始与完成时间，并单击【详细信息】按钮。

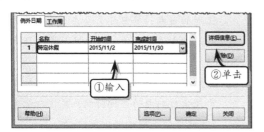

在弹出的【"特定休假"的详细信息】对话框中，设置相应的选项即可。

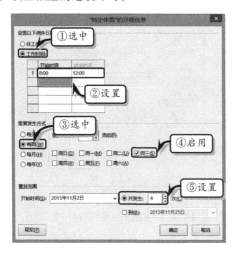

单击【确定】按钮之后，11 月 2 日至 11 月 30 日内的每周周三的工作时间将自动更改为 8:00～12:00 之间，其余时间将自动显示为休假。

在【"特定休假"的详细信息】对话框中，主要包括下列选项。

组	选项	功　能
设置以下例外日期的工作时间	非工作日	表示所设定的例外日期为休息日
	工作时间	选中该选项，可在列表框中设置例外日期的工作时间
重复发生方式	每天	表示所设定日期的发生频率为每天，并设置频率发生相隔的天数
	每周	表示所设定日期的发生频率为每周，并设置频率发生在每周中的具体日，以及相隔的周次
	每月	表示所设定日期的发生频率为每月，并设置频率发生相隔的日期与具体日
	每年	表示所设定日期的发生频率为每年，并设置频率发生的具体年份，以及频率发生的具体月份与具体日
重复范围	开始时间	用于设置例外日期的开始时间
	共发生	可输入或选择任务的重复次数
	到	可输入或选择例外日期的结束日期

2.4　设置项目日程和日历选项

在 Project 2016 中，还可以在【选项】对话框中的【日程】选项卡中，设置项目的日历和日程显示方式，包括日历选项、日程显示选项、排定选项和高级选项。

2.4.1　设置日历选项

Project 2016 通常会以一些默认选项，来显示项目的日历。此时，用户可在【选项】对话框中的【日程】选项卡中，查看默认的日历选项。

执行【文件】|【选项】命令，在弹出的【Project 选项】对话框中，激活【日程】选项卡，在展开的列表中，设置系统默认的日历信息。

2.4.2　设置日程选项

执行【文件】|【选项】命令，在弹出的【Project

选项】对话框中，激活【日程】选项卡，在展开的
列表中，设置日程和日程的排定选项。

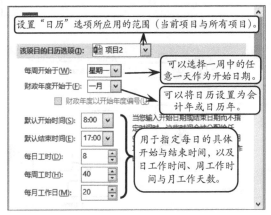

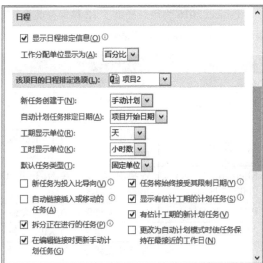

每种选项的具体含义如下所述。

- **显示日程排定信息**　启用该选项，可以显示有关日程不一致的消息。

- **工作分配单位显示为**　用来设置任务分配的显示单位是百分比还是小数。

- **该项目的日程排定选项**　用来设置应用日程选项的范围，是局限于当前项目文档，还是将选项应用于所有的项目文档中。

- **新任务创建于**　用来设置新任务的创建方式，主要包括手动创建与自动创建两种方式。

- **自动计划任务排定日期**　表示是否将任务的排定日期设置为项目的开始日期或当前日期。

- **工期显示单位**　用来设置工期的单位，包括天、分钟数、小时数、周或月数。一般情况下，工期的显示单位为"天"。

- **工时显示单位**　用来设置工时的单位，包括小时数、分钟数、天、周或月数。一般情况下，工时的显示单位为"小时数"。

- **默认任务类型**　用于设置任务的默认类型，包括固定单位、固定工期与固定工时。设置该选项之后的所有新建项目文档，都将以新设置的任务类型为默认类型。

- **新任务为投入比导向**　启用该选项，可以指定排定新任务日程，可使该任务工时在添加或删除工作分配时保持不变。

- **自动链接插入或移动的任务**　启用该选项，可以在剪切、移动或插入任务时再次链接任务。否则，不会创建任务的相关性。另外，该选项只适用于连续-开始任务关系。

- **拆分正在进行的任务**　启用该选项，在任务进度落后或报告进度提前时，允许重新排定剩余工期和工时。

- **在编辑链接时更新手动计划任务**　启用该选项，可以在编辑任务链接时，自动更新手动计划任务。

- **任务将始终接受其限制的日期**　启用该选项，可以指定 Project 根据任务的限制日期排定任务日程。禁用该选项时，可宽限时间为负的任务限制日期根据其与其他任务的链接移动，而不是根据其限制日期排定日程。

- **显示有估计工期的计划任务**　启用该选项，可以在具有估计工期的任何任务的工期单位后显示问号（？）。

- **有估计工期的新计划任务**　启用该选项，可以显示有估计工期的新的计划任务。

- **更改为"自动计划"…工作日**　启用该选项，将任务更改为"自动计划"模式时，其任务将保持在最接近的工作日。

Project 2016

Project 2.5 保存和保护项目文档

创建项目文档之后，为防止文档内容丢失，还需要保存项目文档。另外，对于一些具有保密性的项目来讲，用户可通过设置文档密码的方法，来保护文档内容。

2.5.1 保存项目文档

Project 2016 为用户提供了手动保存和自动保存两种项目文档的保存方法，以方便用户及时保存文档内容。

1. 手动保存项目文档

手动保存项目文档不仅可以随意更改保存文档的类型，而且还可以随意更改文档的保存位置。

执行【文件】|【另存为】命令，在展开的列表中选择【这台电脑】选项，同时选择【桌面】选项，即可将文档保存在本地电脑的桌面中。

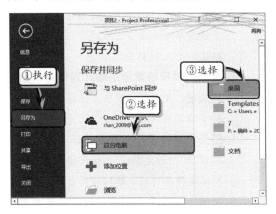

提示

用户还可以通过选择【浏览】选项，将项目文档保存在本地计算机的其他位置。或通过选项【与 SharePoint 同步】或【OneDrive-个人】选项，将项目文档保存在网络位置中。

然后，在弹出的【另存为】对话框中，选择保存位置，设置保存类型和名称，单击【保存】按钮即可。

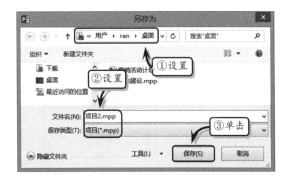

Project 2016 为用户提供了 12 种保存类型，其具体内容及其功能，如下表所示。

类 型	功 能
项目	以默认的格式保存项目文档
Microsoft Project 2007	保存一个与 Project 2007 完全兼容的项目文档
项目模板	将项目文档保存为 Project 模板类型
Microsoft Project 2007 模板	将项目文档保存为 Project 2007 模板类型
PDF 文件	将项目文档保存为 PDF 文件
XPS 文件	将项目文档保存为 XPS 文件
Excel 工作簿	将项目文档保存为 Excel 工作簿类型
Excel 二进制工作簿	将项目文档保存为优化的二进制文件格式的工作簿文件，以提高加载和保存速度
Excel 97-2003 工作簿	将项目文档保存为 Excel97-2003 工作簿类型
文本(以 Tab 分隔)	将项目文档保存为文本文件
CSV（逗号分隔）	将工作簿保存为以逗号分隔的文件
XML 格式	将项目文档保存为可扩展标识语言文件类型

注意

在 Project 中，还可以直接单击【快速访问工具栏】中的【保存】命令，或使用 Ctrl+S 快捷键，保存项目文档。

2. 自动保存项目文档

用户在运用 Project 2016 创建项目计划时，为防止突然断电或电脑故障等意外情况发生所造成的资料丢失现象，还需要设置系统的自动保存功能。

执行【文件】|【选项】命令，在弹出的【Project 选项】对话框中，激活【保存】选项卡。然后，启用【自动保存间隔】复选框，并设置保存间隔时间。

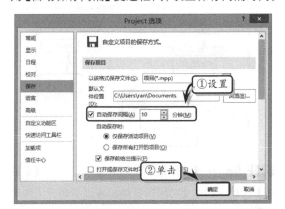

在弹出的【保存选项】对话框中输入保护密码与修改权密码，并单击【确定】按钮。然后，在弹出的【确认密码】对话框中，再次输入保护密码与修改权密码，并单击【确定】按钮。

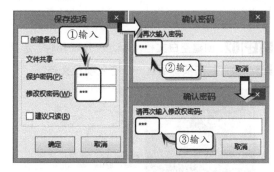

提示

用户还可以单击【默认文件位置】选项中的【浏览】按钮，在弹出的【修改位置】对话框中，选择更改文件的保存位置。

2.5.2　保护项目文档

保护项目文档是通过为项目文档添加打开与修改密码的方法，来限制其他人的访问。

首先，执行【文件】|【另存为】命令，在展开的列表中选择【浏览】选项。在弹出的【另存为】对话框中，单击【工具】下拉按钮，在其列表中选择【常规选项】选项。

单击【保存】按钮后，当用户再次打开该项目文档时，系统将自动弹出【密码】对话框，提示用户输入打开与修改权密码。

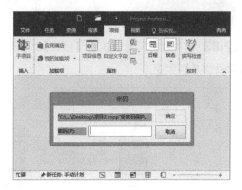

Project 2.6　练习：创建住宅建设项目

某公司需要设计单户住宅项目，根据客户的需求设计住宅的整体功能以及施工方案，并在客户规定的 2016 年 6 月 6 日之前交付软件并进行相应的培训。为保证软件开发项目的顺利完成，需要运用 Project 软件创建项目文档、项目任务、项目日历等。

Project 2016

Project 2016 中文版项目管理从新手到高手

Project 2016 中文版项目管理从新手到高手

操作步骤 >>>>

STEP|01 收集数据。首先，为了便于后期创建项目任务，还需要收集住宅建设项目的主要步骤。

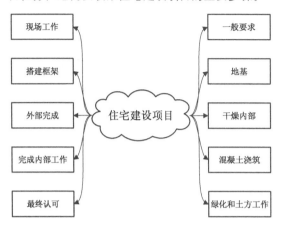

STEP|02 创建空白文档。启动 Project 组件，选择【空白项目】选项，创建一个空白项目文档。

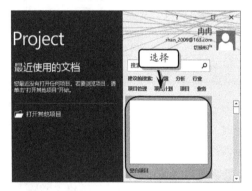

STEP|03 设置项目信息。执行【项目】|【属性】|【项目信息】命令。

STEP|04 在弹出的【项目信息】对话框中，分别设置项目的开始日期、日历、优先级等选项。

STEP|05 设置工作周。执行【项目】|【属性】|【更改工作时间】命令，激活【工作周】选项卡，并单击【详细信息】按钮。

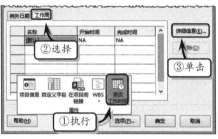

STEP|06 在【选择日期】列表框中，选择【星期五】选项。选中【对所列日期设置以下特定工作时间】选项，并设置工作时间。

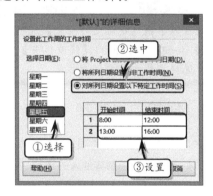

STEP|07 保存项目文档。执行【文件】|【另存为】命令，在展开的列表中选择【浏览】选项。

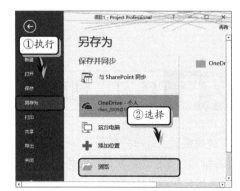

STEP|08 在弹出的【另存为】对话框中，选择保存位置，设置保存类型和名称，单击【工具】下拉按钮，选择【常规选项】选项。

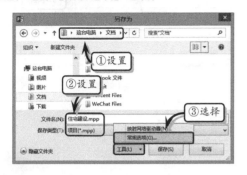

STEP|09 然后，在弹出的【保存选项】对话框中，输入保存和修改密码，单击【确定】按钮，并再次输入确认密码。最后，单击【保存】按钮即可。

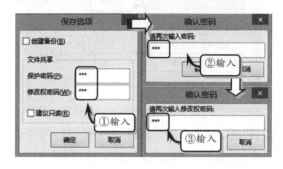

Project 2.7　练习：创建报警系统项目

某大楼需要安装自动报警系统，其交工日期为 2015 年 12 月 30 日。为保证软件开发项目的顺利完成，需要运用 Project 软件创建项目文档，并根据交工日期设置项目的开始时间，以及运用 Project 2016 中的新建日历功能，来设置项目的工作日。

练习要点
- 收集数据
- 设置项目信息
- 创建新日历
- 设置工作日

操作步骤 ▶▶▶▶

STEP|01 收集数据。首先，为了便于后期创建项目任务，还需要收集软件开发项目的主要步骤。

STEP|02 创建空白项目文档。启动 Project 组件，选择【空白项目】选项，创建一个空白项目文档。

STEP|03 设置项目信息。执行【项目】|【属性】|【项目信息】命令，在弹出的【项目信息】对话框中，分别设置项目的完成日期、日历、优先级等选项。

STEP|04 设置项目日历。执行【项目】|【属性】|【更改工作时间】命令，单击【新建日历】按钮。

STEP|05 输入日历名称，选中【复制】单选按钮，并在其下拉列表中选择【标准】选项。

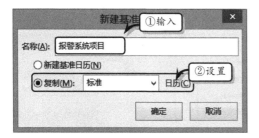

STEP|06 激活【例外日期】选项卡，输入例外日期相应的信息，并单击【详细信息】按钮。

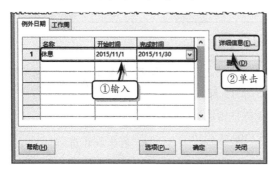

STEP|07 启用【每周】复选框，同时启用【周一】与【周三】复选框。然后，选中【到】单选按钮，并设置例外日期的结束日期。

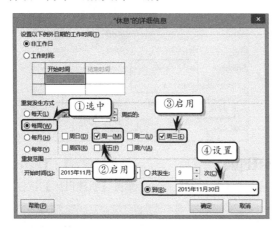

STEP|08 激活【例外日期】选项卡，输入第 2 个例外日期信息，并单击【详细信息】按钮。

STEP|09 选中【工作时间】单选按钮，并按照项目要求设置相应的工作时间选项。

STEP|10 保存项目。执行【文件】|【另存为】命令，在展开的列表中选择【浏览】选项。

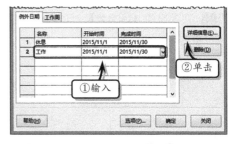

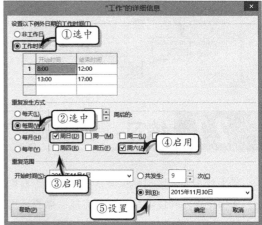

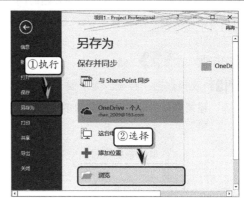

STEP|11 在弹出的【另存为】对话框中，选择保存位置，设置保存类型和名称，单击【保存】按钮即可。

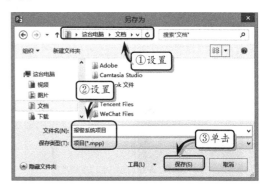

2.8　新手训练营

练习 1：设置项目工时

提示：执行【文件】|【选项】命令，激活【日程】选项卡，将【每日工时】设置为"10"，将【每周工时】设置为"50"，并单击【确定】按钮。

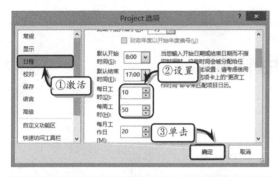

练习 2：设置新任务默认的创建方式

提示：执行【文件】|【选项】命令，激活【日程】选项卡。单击【新任务创建于】下拉按钮，在其下拉列表中选择【自动激活】选项，并单击【确定】按钮。

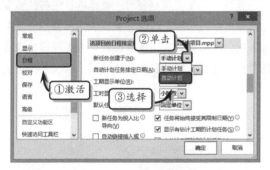

练习 3：设置 Office 主题颜色

提示：执行【文件】|【选项】命令，激活【常规】选项卡，单击【Office 主题】下拉按钮，选择相应的选项即可。

练习 4：创建 PDF/XPS 文档

提示：执行【文件】|【导出】命令，在展开的【导出】列表中选择【创建 PDF/XPS 文档】选项，同时单击【创建 PDS/XPS】按钮。

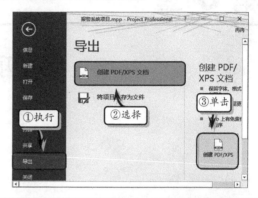

练习 5：创建"简单项目计划"模板文档

提示：在保持联网的情况下，执行【文件】|【新建】命令，在展开的列表中选择【简单项目计划】选项。

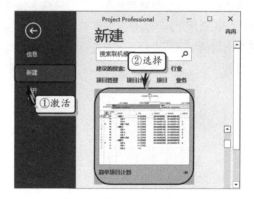

然后，系统会自动弹出创建页面，在该页面中查看项目文档的具体信息，并单击【创建】按钮。

第 **3** 章

管理项目任务

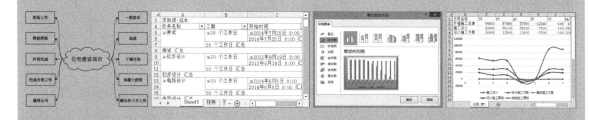

　　项目任务是保证项目顺利完成的基础元素，也是项目管理中的重要组成部分。管理项目任务的首要工作便是创建及编辑项目任务，之后还需要为任务安排具体的执行时间，以保证项目能按照预定时间有序进行。除此之外，为保证项目可以按照预定的顺序来实施，还需要为每项任务设置关键里程碑并建立任务之间的关系。另外，本章还将详细介绍管理项目任务中的查看关联项目的实际情况，以及调整与监视任务信息等基础内容。

Project

3.1　创建项目任务

任务是项目规划必备的元素，是决定项目顺利完成的关键因素。任何项目都需要创建任务，并通过任务带动资源来共同完成项目。

3.1.1　输入任务

一般情况下，用户可以在【甘特图】视图中，或【任务信息】对话框中输入项目任务。除此之外，用户还可以更改任务的输入模式。

1. 在【甘特图】视图中输入

在【甘特图】视图，选择【任务名称】域标题中的第 1 个单元格，在单元格中输入任务名称，按下 "Enter" 键，系统会自动在行标题处显示行号。

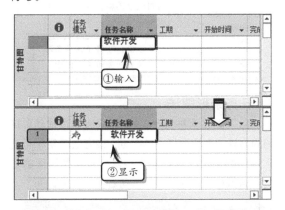

注意

输入任务后，还可以单击其他单元格，使用方向键或 Tab 键，来完成任务名称的输入操作。

当用户输入任务名称后，系统将自动将【任务模式】设置为 "手动计划"，此时还需要输入任务对应的工期、开始时间与完成时间。而当用户将【任务模式】设置为【自动计划】时，输入任务名称后，系统将自动以当前日期显示任务的开始日期与结束日期，用户只需设置任务的工期，完成日期便会自动调整。

2. 在【任务信息】对话框中输入

选择【任务名称】域标题中相应的单元格，执行【任务】|【属性】|【信息】命令，在【常规】选项卡中设置相应的任务信息。

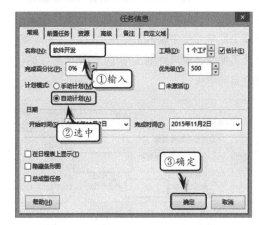

在目前状态下，可设置【任务信息】对话框中的下列选项，其余选项将在后面章节中进行介绍。

- ❏ **名称**　可在文本框中输入任务的名称。
- ❏ **工期**　用来输入或设置任务的工期值，即完成该任务所需要的时间。
- ❏ **估计**　启用该选项，表示设置的工期值为估计工期值，并不是准确的工期值，在工期值的后面将添加一个问号（？）。
- ❏ **完成百分比**　用于设置该任务的完成百分比情况，在本章节中，由于刚创建项目任务，所以该任务的完成百分比情况为空值，表示该任务还未开始是实施。

- ❑ **优先级** 用于设置该任务的优先情况，其值介于 1~1000 之间。
- ❑ **计划模式** 用于设置任务的状态模式，包括手动计划与自动计划两种模式。
- ❑ **未激活** 启用该选项，表示该任务处于未激活状态，在【甘特图】视图中将以灰色显示该任务，并且该任务的名称、工期、开始与结束时间上方将显示灰色横线。

3.1.2 输入任务工期

任务工期又称作"任务工时"，是完成某项任务的工作时间。通过设置每项任务的工期，可以获得项目或每个任务组织的总工期。一般情况下，用户可通过下列 3 种方法安排任务的时间。

1. 视图表法

在【甘特图】视图中的【项】表中，单击【工期】域标题，用户可以发现工期值后面都带有一个问号（？），这表示系统目前使用的是估计工期。当在工期单元格中输入工期值，并按下 Enter 键后，估计工期便会变成计划工期了，工期值后面的问号也会自动消失。

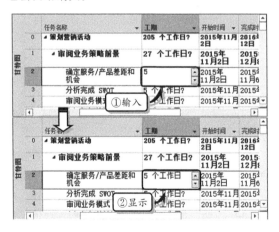

另外，当用户设置完所有子任务的工期值之后，其摘要任务的工期值将会自动显示汇总值。

2. 【任务信息】对话框法

除了可以在【甘特图】视图中输入任务工期之外，还可以通过【任务信息】对话框来设置任务的计划工期或估计工期。

选择任务名称，执行【任务】|【属性】|【信息】命令，在弹出的【任务信息】对话框中，禁用【估计】复选框，输入工期值即可。

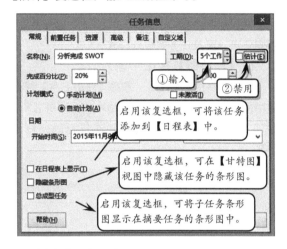

3. 任务条形图法

除了上述两种方法之外，还可以通过拖动条形图的方法，来设置任务的工期，该方法适用于可视化操作的用户。用户只需将鼠标移至条形图的右侧，当鼠标变成 形状时，向右拖动鼠标即可。

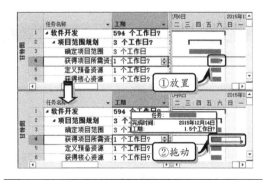

3.1.3　创建里程碑任务

里程碑是标记项目中主要事件的参考点,主要用于监视项目的进度。任何工期为零的任务都将可以显示为里程碑任务,同样用户还可以将任何工期的其他任务标记为里程碑。

1. 工期为零的里程碑任务

默认情况下,凡是工期为零的任务,系统都自动将其标记为里程碑。对于已经输入的任务,只需在任务对应的【工期】单元格中,将工期值更改为"零"即可。

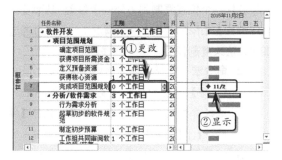

另外,当在已输入任务之间设置里程碑任务时,需要选择插入里程碑任务之下的任务名称,执行【插入】|【里程碑】命令,系统会自动插入一个新任务,并将新任务的工期显示为零。此时,用户只需在插入的新任务中输入任务名称即可。

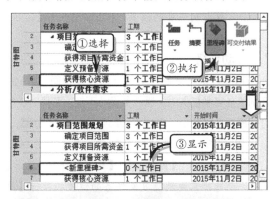

> **注意**
>
> 里程碑任务在【甘特图】视图中不像其它任务那样以"条形图"图形来显示,而是以"菱形"图形进行显示。

2. 工期大于零的里程碑任务

里程碑的工期通常为零,但也不排除工期不为零的里程碑。选择需要设置为里程碑的任务,执行【任务】|【属性】|【信息】命令,激活【高级】选项卡,启用【标记为里程碑】复选框,便可以将具有工期值的任务转化为里程碑任务。

> **注意**
>
> 对于任务工期大于零的里程碑来讲,菱形出现在任务完成时间处。

3.1.4　创建周期性任务

周期性任务是指在一定周期内重复发生的任务。对于按照一定周期重复发生的任务,可以设置为周期性任务。例如,周例会、质量监控等情况。

执行【任务】|【插入】|【任务】|【任务周期】命令,在弹出的【周期性任务信息】对话框中,设置相应的选项即可。

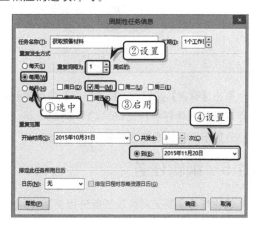

在【周期性任务信息】对话框中，主要包括下列选项。

选　项		功　能
任务名称		用来输入任务的名称
工期		用来输入任务的工期值
重复发生方式	每天	选中该选项，表示周期性任务的发生频率是按指定的天数或工作日数进行显示
	每周	选中该选项，表示周期性任务的发生频率是按指定周数进行显示，并可以设置具体显示的周日
	每月	选中该选项，表示周期性任务的发生频率是按指定的月数进行显示，并可以设置频率发生相隔的日期与具体日
	每年	选中该选项，表示周期性任务的发生频率是按年进行显示，并可以设置频率发生的具体日期，以及每年发生的具体月份与具体周日
重复范围	开始时间	用于输入周期性任务的开始时间
	共发生	可输入或选择周期性任务的重复次数
	到	可输入或选择周期性任务的结束日期
排定此任务所用日历	日历	用于选择排定任务所用的日历标准
	排定…日历	启用该复选框，表示在应用日历时，该日历不与任务的日程排定相关联

单击【确定】按钮后，在【标记】域标题列中将会显示周期性任务标记符号 ↻。同时，将在视图部分显示所有的周期性任务。

3.1.5　编辑任务

编辑任务主要是对某项任务进行复制、移动或插入等操作。

1．复制任务

复制任务是在保持原任务不被更改的状态下，将任务从一个位置复制到另外一个位置，从而使两个任务具有相同的内容。一般情况下，用户可通过下列方法来复制任务。

- ❑ **命令法**　选择需要复制的任务的行，执行【任务】|【剪贴板】|【复制】命令。然后，选择需要放置复制任务的位置，执行【剪贴板】|【粘贴】命令即可。
- ❑ **快捷键法**　选择需要复制的任务行，按 Ctrl+C 快捷键复制任务。然后，选择放置复制任务的位置，按 Ctrl+V 快捷键粘贴任务。
- ❑ **右击鼠标法**　选择需要复制的任务行，右击鼠标执行【复制】命令。然后，选择放置复制任务的位置，右击鼠标执行【粘贴】命令。

2．移动任务

移动任务与复制任务的操作大体相同，唯一的区别便是复制任务时，原任务保持不变；而移动任务时，原任务将会由一个位置移动到另外一个位置。

- ❑ **命令法**　选择需要移动的任务行，执行【任务】|【剪贴板】|【复制】命令。然后，选择需要放置复制任务的位置，执行【剪贴板】|【剪切】命令即可。
- ❑ **快捷键法**　选择需要移动的任务行，按 Ctrl+X 快捷键复制任务。然后，选择放置复制任务的位置，按 Ctrl+V 快捷键粘贴任务。
- ❑ **右击鼠标法**　选择需要移动的任务行，右击鼠标执行【剪切】命令。然后，选择放置复制任务的位置，右击鼠标执行【粘贴】命令。

3．插入任务

插入任务是指在已设置的任务中插入新的任务。首先，选择要在其上方插入新任务的任务，执行【任务】|【插入】|【任务】|【任务】命令即可。

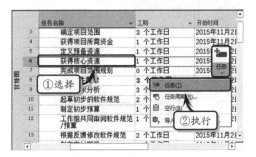

另外，选择要在其上方插入新任务的任务，右击鼠标执行【插入任务】命令，即可插入一个新任务。

此时，系统会自动在所选任务的上方插入一个新任务，并以"<新任务>"名称显示任务，同时以估计工期的方式显示新任务工期。

技巧

用户也可以同时选择多个任务，或同时选择多个任务所在的行，右击鼠标执行【插入任务】命令，或执行【插入】|【任务】|【任务】命令，即可同时插入多个新任务。

4．为任务添加超链接

对于一些需要添加说明性文本的任务，用户可以通过为其添加超链接的方法，为任务添加说明性连接文本。

首先，选择需要添加超链接的任务，右击鼠标执行【超链接】命令。在弹出的【插入超链接】对话框中，选择需要连接的文件。单击【确定】按钮即可。

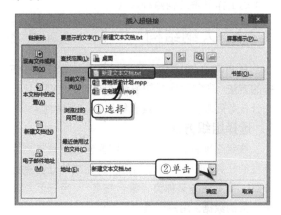

在【插入超链接】对话框中，单击【确定】按钮后，在该任务名称相应对的标记域中，将显示超链接图标。

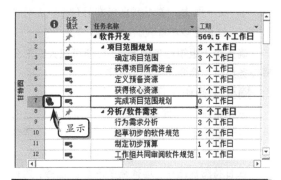

提示

选择包含链接的任务，右击鼠标执行【超链接】|【清除超链接】命令，即可清除任务中的超链接。

Project 2016 中的所有任务默认的级别都为同一级别，为了便于管理任务，还需要对任务进行分级。任务分级，主要包括是为任务创建摘要任务与子任务的大纲结构，以及创建用于报告日程及跟踪成本的工作分解结构两种形式。

3.2.1 大纲结构

在 Project 2016 中，可通过降级和升级项目任务的方法，来创建摘要任务和子任务的大纲，从而细分任务列表，使其更具有组织性与可读性。

1．选择组织方法

在组织项目任务时，可对摘要任务下具有相同特性的任务，或在相同时间范围内完成的任务进行分组。摘要任务又称为"集合任务"，用于汇总其子任务的数据。用户可通过下列两种方法，来组织任务列表。

- ❑ **自上而下**　首先确定主要阶段，再将主要阶段分解为各个任务。
- ❑ **自下而上**　首先列出所有的任务，再将其组合为多个阶段。

确定用于组织任务的方法后，便可以大纲形式将任务组织为摘要任务和子任务。

2．摘要任务和子任务

默认情况下，摘要任务是以粗体显示并已升级，而子任务降级在摘要任务之下。另外，摘要任务也可为它上面其他任务的子任务。

在甘特图视图中，选择需要降级的任务，执行【任务】|【日程】|【降级任务】命令，即可将所选任务降级为子任务。

> **技巧**
>
> 可以使用 Alt+Shift+向左键，或使用 Alt+Shift+向右键对任务进行升级或降级操作。同时，还可以将鼠标放置于任务名称的第一字母或汉字上，当鼠标变成双向箭头时，向右拖动即可降低任务，向左拖动即可升级任务。

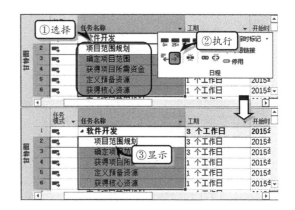

在创建摘要任务和子任务之后，还需要注意以下几点问题。

- ❑ **撤销大纲**　可通过将所有子任务与低级别的摘要任务升级，直到所有任务处于同一级别的方法，来撤销大纲级别。
- ❑ **重排项目阶段**　在大纲日程中便于用户重排项目阶段，而在移动或删除摘要任务时，系统将自动移动或删除与其相关的所有子任务。
- ❑ **删除摘要任务**　当删除摘要任务而只保留其子任务时，需要先将子任务升级到与摘要任务相同的级别。
- ❑ **大纲数字**　在重排任务列表时，所有项的大纲数字将会改变。移动、添加或删除任务时，大纲数字将自动更新。当使用手动输入的自定义编号系统时，则不会自动更新大纲数字。

在 Project 2016 中，并非所有摘要任务的值都表示为子任务值的组合总计。一般情况下，摘要任务汇总了所有包含子任务的最早开始日期到最晚完成日期之前时间段的信息。并且，摘要任务的值处于不可编辑状态，用户可通过修改各个子任务值的方法，来更改摘要任务的值。

3.2.2 工作分解结构

工作分解结构又称为 WBS 代码，该代码是由字母和数字组成, 主要用来表示相关联任务在项目层次结构中所处的位置。另外, WBS 代码类似于大纲数字, 每个任务只有一个 WBS 代码, 该代码是唯一值。

首先, 执行【项目】|【属性】|【WBS】|【定义代码】命令, 在弹出的对话框中设置代码类型即可。

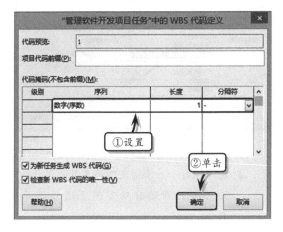

在【"管理软件开发项目任务"中的 WBS 代码定义】对话框中, 主要包括下列选项。

❑ **代码预览**　用于预览所设置代码的样式。
❑ **项目代码前缀**　用于设置项目代码的前缀字母、汉字或数字。

❑ **代码掩码**　用于设置 WBS 代码的序列方式、序列长度与分隔符。其中, 序列方式主要包括数字、大小写字母与字符序列。序列长度包括任意、1~10 之间的数字, 分隔符包括点 (.)、横杠 (-)、加号 (+) 与反斜杠 (/)。
❑ **为新任务生成 WBS 代码**　启用该复选框, 可为新任务生成 WBS 代码。
❑ **检查新 WBS 代码的唯一性**　启用该复选框, 可以检查 WBS 代码是否具有唯一性。

然后, 右击【任务模式】域标题, 执行【插入列】命令, 选择【WBS】选项即可。

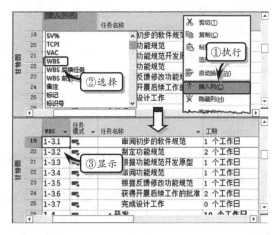

3.3　设置任务信息

在项目管理过程中, 经常根据项目自身的特点设置与之相匹配的任务类型、任务日历与任务限制, 以保证整个项目的顺利完成。

3.3.1　设置任务类型

在 Project 2016 中, 任务类型主要用于控制工时、工期或工作分配单位的更改对另外两种类型的影响。一般情况下, 可在【任务信息】对话框中的【高级】选项卡中, 设置任务的类型。

执行【任务】|【属性】|【信息】命令, 在弹出的【任务信息】对话框中, 设置【任务类型】选项。

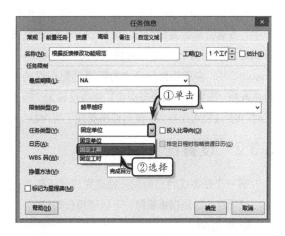

在【任务类型】选项中主要包括固定单位、固

定工期与固定工时 3 种类型，以及投入比导向选项。

1．固定单位

Project 2016 在默认情况下，会自动创建一个被称为固定单位任务的资源动任务。在资源任务的日程安排中，添加资源会缩短任务工期，而减少资源则会延长任务工期。另外，任务中的资源不会随着工时的增加而改变。综上所述，固定单位任务类型是不管任务工时量或工期如何更改，工作分配单位都将保持不变。

2．固定工期

固定工期的任务类型，是一种不受资源数量影响工时的一种任务时间安排类型。在该任务类型中，资源的数量并不能影响该类任务的完成时间；也就是在给任务添加资源时，不光不能缩短任务工期，反而会在一定程度上延长任务的工期。综上所述，固定工期任务类型是不管工时量或分配的资源数量如何更改，任务工期都将保持恒定。

3．固定工时

固定工时的任务类型，是一种保持任务工时数不变的任务时间安排类型。在该任务类型下，Project 2016 会为任务中的资源分配一个可以在规定时间内完成任务的工作量百分比。并且，任务工期会随着资源数量的变化而变化。综上所述，固定工时任务类型是不管任务工期或分配给任务的资源数量如何更改，工时量都将保持不变。

4．投入比导向

投入比导向任务，是在固定工期和固定单位任务中，根据资源数量的变化，来修改分配给任务资源的总工时百分比。当创建投入比导向任务时，Project 2016 会重新为任务中的资源分配相同的工时。另外，当用户将【任务类型】选项设置为"固定工时"时，【投入比导向】复选框将变成不可用状态。

3.3.2　设置任务限制

当一个任务在特定时间开始或完成对于任务的完成或项目的结局很重要时，可以使用日期限制。

1．限制类型

限制类型是用于指定任务的开始或完成期限。

例如，某项任务必须在指定的日期内完成，此时可在【任务信息】对话框中的【高级】选项卡中，将【任务类型】设置为【不得晚于…完成】选项。

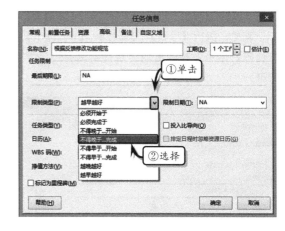

Project 2016 为用户提供了下列 8 种限制类型。

- **越早越好**　表示排定任务尽可能早开始，而任务的开始日期不早于项目的开始日期。

- **必须开始于**　表示任务必须在指定的日期开始。

- **必须完成于**　表示任务必须在指定的日期完成。

- **不得晚于…开始**　表示任务的开始日期不得晚于指定日期，即排定任务在指定日期或指定日期之前开始。

- **不得晚于…完成**　表示任务的完成日期不得晚于指定日期，即排定任务在指定日期或指定日期之前完成。

- **不得早于…开始**　表示任务的开始日期不得早于指定日期，即排定任务在指定日期之后开始。

- **不得早于…完成**　表示任务的完成日期不得早于指定日期，即排定任务在指定日期或指定日期之后完成。

- **越晚越好**　表示排定任务尽可能晚开始，而任务的完成日期不晚于项目的结束日期，并不能延迟后续任务。

综上所述，用户可以发现"必须完成于"与"必须开始于"限制类型表示限制任务在指定日期开始或结束,而其他限制类型则限制任务在特定的时间范围内完成。

2．限制日期

限制日期是限制类型的辅助选项,主要用来指定限制类型的实施时间。默认情况下,Project 将限制日期设置为"NA",表示该任务不受任何限制。

当用户指定了任务的限制类型之后,便可以单击【限制日期】下拉按钮,并在弹出的日期列表中选择相应的日期。

3．期限

当用户不设置任务限制,只标注任务的一个期限时,可以使用 Project 2016 中的"期限"功能。其中,设置期限并不影响任务的排定方式。但是,如果任务的完成日期被安排为晚于期限日期,则将在标记列中显示一个标记(带有惊叹号的红色菱形)。用户可在【任务信息】对话框中,设置任务的期限。

单击【确定】按钮后,将在任务相对应的条形图旁边显示一个下箭头,将鼠标移至下箭头上方时,将自动显示期限信息。

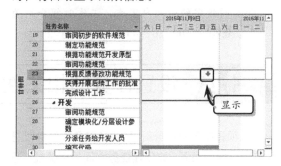

3.3.3　设置任务日历

任务日历是项目任务实施时所使用的日历,不同的项目需要设置不同的日历,以适应项目计划的需求。

在【任务信息】对话框中的【高级】选项卡中,单击【日历】下拉按钮,在其下拉列表中选择相应的选项即可。

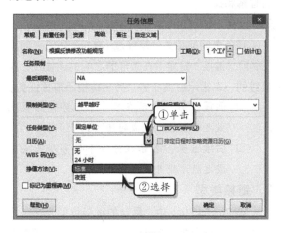

在【日历】选项中,主要涉及到下列 5 种选项。

- ❏ **无**　该选项为默认选项,表示用户未为项目任务应用任何日历。选择该选项后,【排定日程时忽略资源日历】复选框将不可用。

- ❏ **24 小时**　选择该选项,表示项目任务将按 24 小时(0:00～23:59)的标准实施。

- ❏ **标准**　选择该选项,表示项目任务将按照正常工作日实施。即每周工作五天,每天从早晨 8:00 工作到下午 17:00 点，中午 12:00～13:00 为午休时间。

❏ **夜班** 选择该选项，表示项目任务将在夜间指定的时间内实施。工作时间分别为 0:00～3:00 点、4:00～8:00 与 23:00～

23:59。

❏ **排定日程时忽略资源日历** 启用该复选框，表示该任务的日程排定只计入该任务的日历。禁用该复选框，表示该任务的日常排定计入了资源日历。

3.4 设置任务的相关性

在项目中创建任务后，需要链接各项任务以显示它们之间的关系，即创建任务之间的相关性。通过任务的相关性，可以直观地显示每个任务的前置任务、开始与结束时间，它是衡量完成一个项目真实工期的关键因素。

3.4.1 链接任务概述

在链接任务之前，用户还需要先来了解一下任务相关性的一些常用术语和链接类型，以便对其进行理解和操作。

1．任务相关性的常用术语

任务之间的相关性是经过"链接"功能来创建的，而"链接"是显示在条形图之间的连接线。连接线的一端指示后续任务，另一端指示前置任务。

❏ **前置任务** 表示在另一个任务开始或完成之前开始或完成的任务。

❏ **后续任务** 表示在另一个任务开始或完成之后才能开始或完成的任务。

2．链接类型

在 Project 2016 中，默认的链接类型为"完成-开始"。除此之外，Project 2016 还提供了下表中的链接类型。

3.4.2 链接任务

Project 中的链接任务包括视图链接、条形图链接和对话框链接 3 种方法，其具体情况如下所述。

1．视图链接

选择多个子任务，执行【任务】|【日程】|【链接任务】命令，即可为选择的任务创建"完成-开始"类型。

链接类型	说 明	示 例
完成-开始（FS）	前置任务完成后，后续任务才开始。	
开始-开始（SS）	前置任务开始后，后续任务才开始。	
完成-完成（FF）	前置任务完成后，后续任务才完成。	
开始-完成（SF）	前置任务开始后，后续任务才可以完成。	

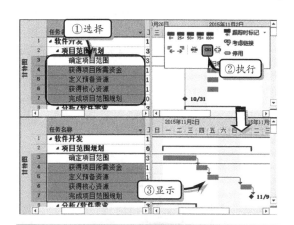

技巧

在选择多个任务时，可通过按住 Ctrl 键的方法选择多个相邻的任务。另外，还可以通过按住 Shift 键的方法选择多个不相邻的任务。

2．条形图链接

除了使用【链接任务】命令创建任务之间的相关性之外，还可以使用拖动条形图的方法，快速创建任务之间的相关性。

首先，将鼠标移至条形图的上方。然后，当鼠标变成四向箭头时，拖动鼠标至其他条形图上，松开鼠标即可创建默认任务链接。

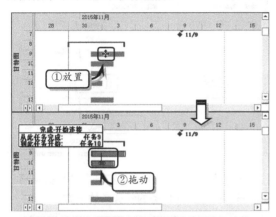

注意

使用该方法创建的任务链接，仍然属于默认类型的"完成-开始"链接类型。

3．对话框链接

除了使用默认的链接类型创建任务的相关性之外，还可以使用【任务信息】对话框，为特定的任务设置其他链接类型的相关性。

执行【任务】|【属性】|【信息】命令，激活【前置任务】选项卡。在【前置任务】列表框中，输入链接任务的相关信息。

在【前置任务】选项卡中，主要包括下列选项。

技巧

链接任务之后，选择相应的任务，执行【任务】|【日程】|【取消链接任务】命令，即可取消任务之间的关联性。

- ❑ **名称**　用于显示或编辑当前任务的名称。
- ❑ **工期**　用于显示或编辑当前任务的工期值。
- ❑ **估计**　启用该复选框，该任务的工期值将由计划工期变成估计工期。
- ❑ **标识号**　用于输入显示该任务前置任务的标识号（ID），即任务名称对应的行号。
- ❑ **任务名称**　可在弹出的下拉列表中选择任务的名称，当用户在"标识号"单元格中输入任务的标识号后，在该单元格中将自动显示标识号对应的任务名称。
- ❑ **类型**　单击其下拉按钮，可在下拉列表中选择相应的链接类型。

在【任务信息】对话框中，单击【确定】按钮，即可在【甘特图】视图中显示新创建的链接类型。

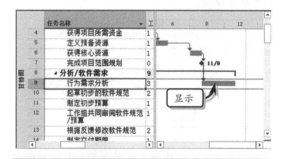

技巧

选择多个需要创建链接的任务，按下 Ctrl+F2 快捷键，便可以快速创建默认类型的任务链接。

3.4.3　延迟/重叠链接任务

延迟任务就是推延任务的开始时间，而重叠任务则是提前任务的开始时间。延迟与重叠任务是调整任务状态、保证项目顺利完成的重要措施之一。

1．延迟链接任务

当前置任务完成之后，后续任务无法按照链接任务安排的时间进行工作时，需要延迟链接任务。

执行【任务】|【属性】|【信息】命令，在弹出的【任务信息】对话框中，激活【前置任务】选项卡。在【延隔时间】微调框中输入延迟时间，单击【确定】按钮即可。

> **技巧**
>
> 链接任务之后，在【甘特图】视图中删除任务相对应的前置任务的 ID，即可解除任务的相关性。

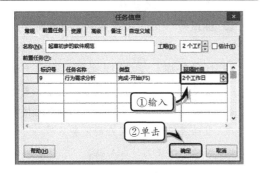

单击【确定】按钮后，在"行为需求分析"与"起草初步的软件规范"任务条之间，将显示延迟时间的连接线。

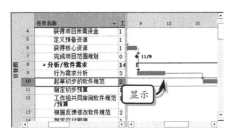

任务之间的连线表示任务之间的延迟时间关系，条形图之间的距离表示前置任务与后续任务之间的延迟时间。

2. 重叠链接任务

在前置任务未完成时，便开始后续任务的工作，称为重叠链接任务。在【任务信息】对话框中，激活【前置任务】选项卡，在【延隔时间】微调框中输入延迟时间即可。

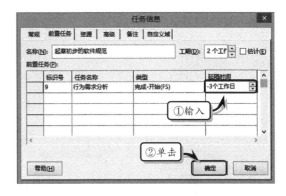

单击【确定】按钮后，当前任务的任务条将自动前移，位于上一任务的任务条的下方。

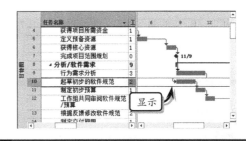

> **技巧**
>
> 用户可以将鼠标移至需要设置重叠链接的任务条形图上，当鼠标变成四向箭头时，向前拖动鼠标即可重叠链接任务。反之，即可延迟链接任务。

3.5 记录与调整任务

创建并链接任务之后，还需要根据系列任务的实施状态记录任务，调整任务关系、拆分任务，以及查找与替换任务。

3.5.1 记录任务

对于具有特殊性的任务，可以通过显示任务详细信息的方法，来记录任务。

选择任务，执行【任务】|【属性】|【信息】命令，在弹出的【任务信息】对话框中，激活【备注】选项卡。然后，在【备注】文本框中输入备注内容，并设置文本格式。

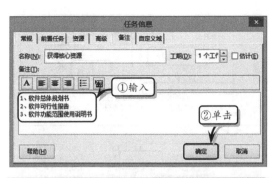

技巧

在【甘特图】视图中，双击任务名称，可快速打开【任务信息】对话框。

单击【确定】按钮后，在【标记】域标题列中将显示备注标记，将鼠标移至该标记上，将显示备注内容。

另外，对于多余而无用的备注来讲，可选择包含该备注的任务名称，执行【任务】|【编辑】|【清除】|【备注】命令，清除已选任务的备注。

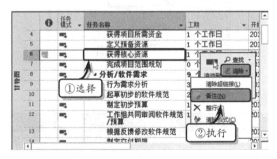

3.5.2　调整任务关系

在项目任务之间创建相关性后，为适应项目调整的需求，应根据任务的执行状态，调整任务之间的链接类型。

1．连接线调整

为任务创建默认类型的链接之后，双击条形图

之间的连接线，可在弹出的【任务相关性】对话框中，设置链接任务的其他类型。

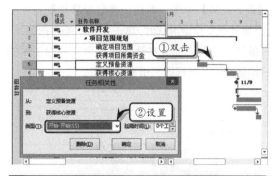

注意

用户也可以通过调整【任务相关性】对话框中的【延隔时间】选项，来调整任务的延迟链接与重叠链接状态。

2．【任务详细信息窗体】窗口调整

除了双击连接线来调整任务的链接类型之外，还可以执行【任务】|【属性】|【详细信息】命令，在【任务详细信息窗体】窗口中的后续任务信息列表中，修改链接类型即可。

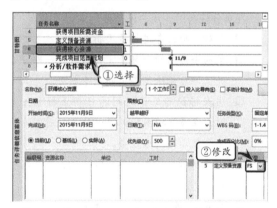

注意

用户也可以在【任务信息】对话框中的【前置任务】选项卡中，调整任务的链接关系。

3.5.3　拆分与停用任务

拆分任务是将一个任务分为两个单独的任务，主要用于中断任务中的工作。停用任务，是取消该任务在项目中的作用。

1. 拆分任务

在【甘特图】视图中，执行【任务】|【日程】|【拆分任务】命令。然后，将鼠标移动到条形图上，当鼠标变成┃▶形状时，单击并拖动条形图区域，将条形图的第二部分拖动到希望再次开始工作的日期处，松开鼠标即可拆分该任务。

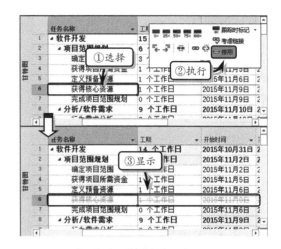

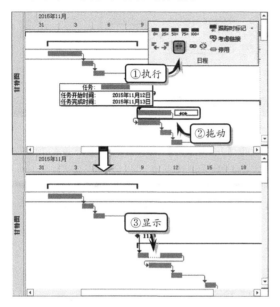

在拆分任务时，用户还需要注意以下几点。

❑ 可对一项任务进行多次拆分。

❑ 拖动条形图的一部分，直到与另一部分合并，即可删除任务中的某个拆分。

❑ 当在标识非工作时间的日历上拆分任务时，在【甘特图】视图中非工作时间内将不会显示为拆分任务。

❑ 当拖动拆分任务的第一部分时，将移动整个任务。

❑ 当拖动拆分任务中除第一部分之外的任意一部分任务时，只能移动该部分任务。

❑ 可以通过修改开始与完成日期的方法，来移动整个任务及其相关部分。

2. 停用任务

选择需要停用的任务，执行【任务】|【日程】|【停用】命令，即可停用该任务。被停用的任务将以灰色显示，并在任务信息上方显示一条横线。

3.5.4 查找与替换任务

Project 2016 还为用户提供了查找与替换任务的功能，以帮助用户在众多复杂的任务列表中，查找并修改具体任务的名称、工期、开始时间、完成时间等任务信息。

1. 查找任务

查找任务是在指定的域内查找指定条件与内容的任务信息。执行【任务】|【编辑】|【查找】|【查找】命令，在弹出的【查找】对话框中，设置各项选项，单击【查找下一个】按钮即可。

在该对话框中，主要包括下列选项。

选　项		说　明
查找内容		用于输入需要查找的内容，如任务名称、工期值、开始日期、完成日期等
查找域	选定	选中该单选按钮，可在后面的下拉列表中选择具体查找的域。该域类型需要与查找内容的类型保持一致性，如，【查找内容】中为任务名称时，该域应选择"名称"域

续表

选　　项		说　　明
查找域	全部可见	选中该选项，可在整个视图中查找需要的内容，不必再根据查找内容选择相同类型的区域
条件		可以设置用来查找所需内容的条件，包括不等于、等于、大于等11种条件
搜索		可以设置搜索内容的方式，包括向下与向上两种搜索方式
区分大小写		启用该复选框，表示在搜索英文状态的内容时，搜索的结果需与搜索内容的大小写匹配
替换		单击该按钮，可以切换到【替换】对话框中
查找下一个		单击该按钮，可以在指定的区域中查找下一个相匹配的内容

在【查找】对话框中，单击【关闭】按钮后，系统将自动选择视图中匹配的内容。

2．替换任务

替换任务是根据查找结果，以新的任务信息替换现有任务信息。执行【任务】|【编辑】|【查找】|【查找】命令，在弹出的【查找】对话框中，设置各项选项，单击【全部替换】按钮即可。

相对于【查找】对话框来讲，在【替换】对话框中，需要注意下列3种选项。

- ❏ **替换为**　用于输入需要替换的任务信息。
- ❏ **全部替换**　单击该选项，可替换指定区域内所有相匹配的内容。
- ❏ **替换**　单击该选项，可替换当前相匹配的单个内容。

3.6　练习：管理报警系统项目任务

启动项目之后，除了创建报警系统项目日历、项目的结束时间以及项目任务等项目信息的方法之外，还需要创建项目任务和工期，以确保项目按计划实施。在本练习中，将详细介绍显示任务分解、为任务分配日历、设置任务的工时等一些激活项目任务的方法，从而获得完成整个项目所需的总工期值。

练习要点

- 输入任务
- 设置任务的级别
- 设置任务工期
- 分配任务日历
- 创建任务链接
- 重叠链接任务

操作步骤 ▶▶▶▶

STEP|01 输入任务。打开项目文档，单击状态栏中的【任务模式】按钮，选择【自动计划】选项。然后，在【任务名称】域标题下输入相应的任务名称。

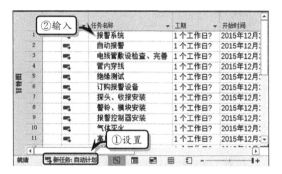

STEP|02 设置任务的级别。选择第 2～23 项任务，执行【任务】|【日程】|【降级任务】命令。

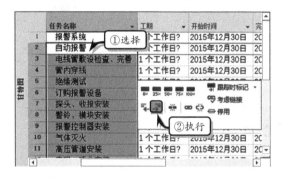

STEP|03 选择第 3～9 项任务，执行【任务】|【日程】|【降级任务】命令。使用同样的方法，分别设置其他任务的级别。

STEP|04 设置任务的工期。选择第 3 个任务相对应的【工期】单元格，输入数字"20"并按下 Enter 键。使用同样的方法，分别为设置其他任务的工期。

STEP|05 分配任务日历。选择第 3 个任务，执行【任务】|【属性】|【信息】命令。激活【高级】选项卡，选择【日历】下拉列表中的"报警系统项目"选项。

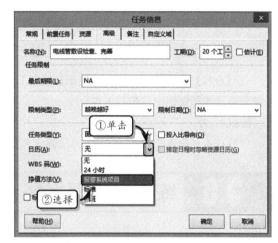

STEP|06 使用同样的方法，为其他任务分配日历。分配日历之后，在【标记】域中将显示日历标记。

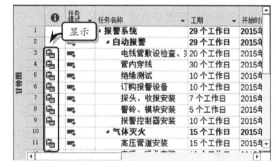

STEP|07 链接任务。选择所有的子任务，执行【任务】|【日程】|【链接任务】命令，链接所有的任务。

STEP|08 调整链接类型。选择"订购报警设备"任务，执行【任务】|【属性】|【信息】命令。

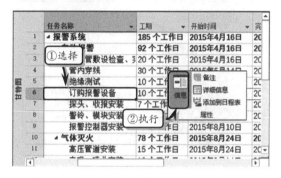

STEP|09 激活【前置任务】选项卡，将【类型】设置为"开始-开始（SS）"。

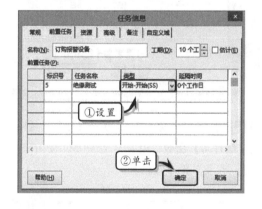

STEP|10 单击【确定】按钮后，执行【编辑】|【滚动到任务】命令，查看该条形图连接线的样式。

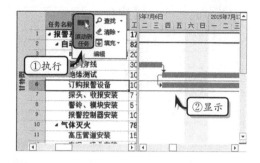

STEP|11 重叠链接任务。选择任务 18，执行【编辑】|【滚动到任务】命令。然后，双击条形图之间的连接线。

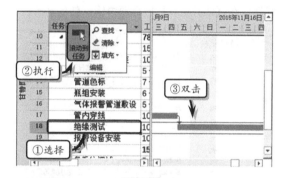

STEP|12 在弹出的【任务相关性】对话框中，将【延隔时间】设置为"-5 个工作日"，并单击【确定】按钮。

3.7　练习：管理住宅建设项目任务

　　为软件开发项目创建任务之后，为确定整个项目所需要的工时，还需为项目任务设置工期值，以及创建任务之间的相关性。另外，为适应特殊任务的实施，还需要设置任务的延迟或重叠时间。在本练习中，将运用 Project 2016 中的任务命令，详细介绍管理住宅建设项目任务的操作方法与技巧。

Project 2016

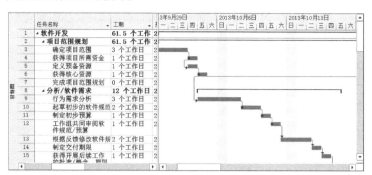

练习要点

- 输入任务
- 组织任务
- 设置任务工期
- 创建里程碑任务
- 链接任务
- 重叠链接任务
- 限制任务
- 调整前置任务

操作步骤 ▶▶▶▶

STEP|01 输入任务。打开项目文档，单击状态栏中的【任务模式】按钮，选择【自动计划】选项。然后，在【任务名称】域标题中输入任务名称。

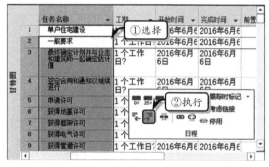

STEP|02 调整列宽。将鼠标移至域标题之间的分割线上，当鼠标变成"十字"形状时，双击鼠标调整列宽。

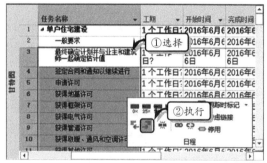

STEP|05 选择任务 6~11，执行【任务】|【日程】|【降级任务】命令，设置 3 级任务。使用同样的方法，设置其他 3 级任务。

STEP|03 设置任务的级别。选择任务 2~109，执行【日程】|【降级任务】命令，设置 1 级任务。

STEP|04 选择任务 3~11，执行【日程】|【降级任务】命令。使用同样的方法，设置其他 2 级任务。

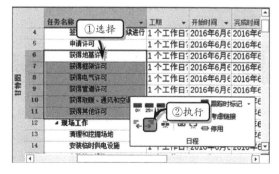

STEP|06 单击 2 级任务前面的折叠按钮，折叠子

任务。此时，用户可以查看整个项目的摘要任务。

STEP|07 设置任务的工期。展开所有的摘要任务，选择第 3 个任务相对应的【工期】单元格，输入数字"20"并按下 Enter 键。使用同样的方法，分别为设置其他任务的工期。

STEP|08 创建里程碑任务。选择任务 6，执行【任务】|【属性】|【信息】命令。

STEP|09 激活【高级】选项卡，将【工期】设置为"0"，禁用【估计】复选框。同时，启用【标记为里程碑】复选框。使用同样的方法，设置其他里程碑任务。

STEP|10 链接任务。选择所有的子任务，执行【任务】|【日程】|【链接任务】命令，创建任务的相

关性。

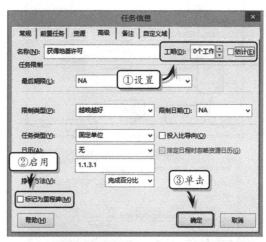

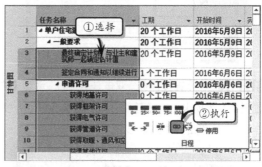

STEP|11 调整前置任务。双击任务 7，激活【前置任务】选项卡，将【前置任务】中的【标识号】更改为"4"。使用同样的方法，调整任务 8~11 的前置任务。

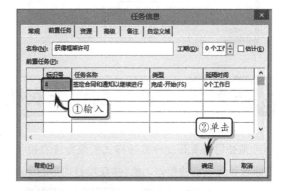

STEP|12 双击任务 13，激活【前置任务】选项卡。在【标识号】列中输入该任务的其他的前置任务。

STEP|13 双击任务 33，激活【前置任务】选项卡。在【标识号】列中输入该任务的其他的前置任务。使用同样方法，设置其他任务的前置任务。

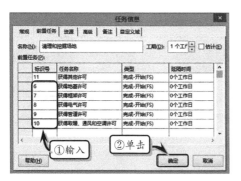

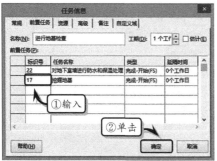

STEP|14 重叠链接任务。双击任务 109，激活【前置任务】选项卡，将【延隔时间】设置为"-2 个工作日"，并单击【确定】按钮。

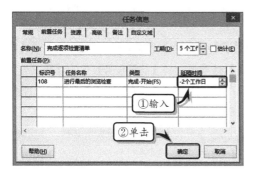

STEP|15 限制任务。选择任务 104，执行【任务】|【属性】|【信息】命令。激活【高级】选项卡，将【限制类型】设置为"不得晚于...完成"，将【限制日期】设置为"2016 年 6 月 9 日"。

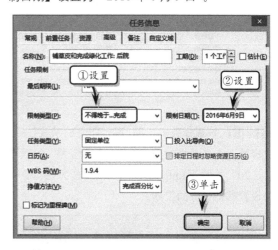

STEP|16 此时，在弹出的【规划向导】对话框中，选中相应的选项，并单击【确定】按钮。

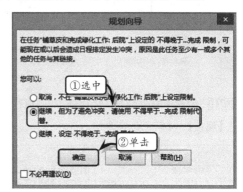

3.8 练习：创建洗衣机研发项目

某公司需要开发一款新样式的滚筒洗衣机，需要根据市场调查需求设计洗衣机的整体功能，并在项目规定的 2016 年 1 月 29 日之前交付产品并进行批量生产。为保证研发项目的顺利完成，研发经理需要运用 Project 2016 软件创建项目文档、项目任务、项目日历等，并通过创建研发项目文档，来启动项目和制订项目任务。

练习要点

- 设置项目信息
- 输入任务
- 组织任务
- 设置任务工期
- 分配任务日历
- 链接任务
- 重叠链接任务

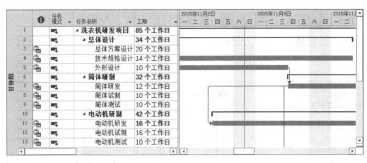

操作步骤 ▶▶▶▶

STEP|01 收集项目信息。研发经理根据市场调查报告，以及整个研发项目资料，制作洗衣机研发项目的主要步骤。

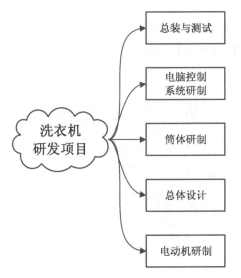

STEP|02 设置项目信息。新建空白项目文档，执行【项目】|【属性】|【项目信息】命令，在弹出的对话框中，设置项目的开始日期。

STEP|03 输入任务。单击状态栏中的【任务模式】按钮，选择【自动计划】选项，并在【任务名称】

域中输入任务名称。

STEP|04 将鼠标移至域标题之间的分割线上，当鼠标变成"十字"形状时，双击鼠标调整列宽。

STEP|05 设置任务的级别。选择任务 2～21，执行【任务】|【日程】|【降级任务】命令，将所选任务将为 2 级任务。

STEP|06 选择任务 3~5，执行【任务】|【日程】|【降级任务】命令，将所选任务降级为 3 级任务。使用同样的方法，设置其他任务的级别。

STEP|07 设置任务的工期。选择第 3 个任务相对应的【工期】单元格，输入数字 "20" 并按下 Enter 键。使用同样的方法，分别为设置其他任务的工期。

STEP|08 分配任务日历。选择第 3 个任务，执行【任务】|【属性】|【信息】命令。激活【高级】选项卡，选择【日历】下拉列表中的 "标准" 选项。

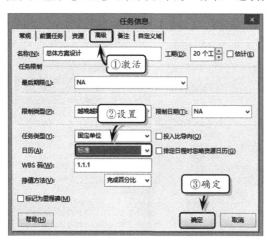

STEP|09 使用同样的方法，为其他子任务分配日历。分配日历之后，在【标记】域中将显示日历标记。

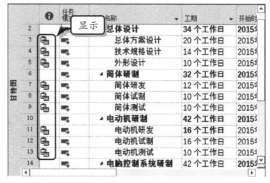

STEP|10 链接任务。选择所有的子任务，执行【任务】|【日程】|【链接任务】命令，链接所有的任务。

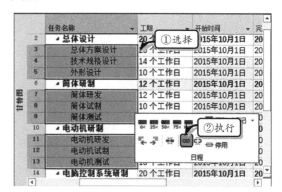

STEP|11 调整链接类型。双击任务 5，激活【前置任务】选项卡，将【类型】设置为 "开始-开始（SS）"。

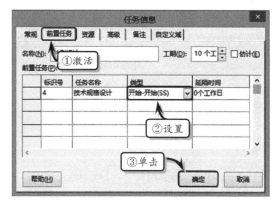

STEP|12 双击任务 15，激活【前置任务】选项卡，将【标识号】更改为 "7"，并将【类型】设置为 "开

始-开始（SS）"。使用同样的方法，设置任务 11 的前置任务和链接类型。

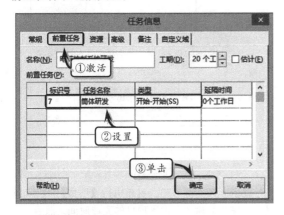

STEP|13 重叠链接任务。选择任务 11，执行【任务】|【编辑】|【滚动到任务】命令，然后双击条形图之间的连接线。

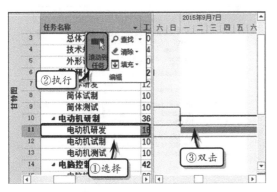

STEP|14 在弹出的【任务相关性】对话框中，将【延隔时间】设置为"-5 工作日"，并单击【确定】按钮。

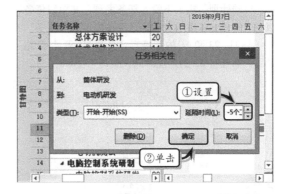

STEP|15 此时，在【甘特图】视图中的第 1 行中，将自动显示该项目的总工期、开始日期与完成日期。

Project 3.9　新手训练营

练习 1：管理外墙施工项目任务

downloads\3\新手训练营\管理外墙施工项目任务

提示：在本练习中，首先在"自动计划"模式下输入任务名称，并分级任务。然后，输入任务工期，并链接各个任务。最后，分别双击任务 13～16 和任务 19～21 的甘特条连接线，将链接方式更改为"开始-开始"方式即可。

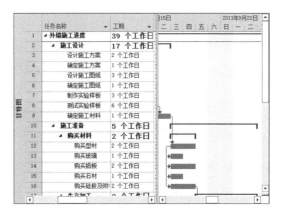

练习 2：管理购房计划项目任务

⊕downloads\3\新手训练营\管理购房计划项目任务

提示：在本练习中，首先确定项目的开始日期，在"自动计划"模式下输入任务名称，并组织任务的级别。然后，链接包含摘要任务在内的所有任务，并将任务 11、23 和 66 的连接方式更改为"开始-开始"。最后，将任务 22 的延隔时间设置为"-50%"。

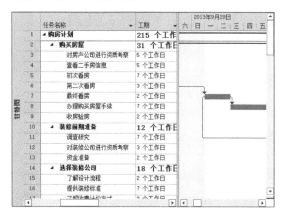

练习 3：管理新产品上市项目任务

⊕downloads\3\新手训练营\管理新产品上市项目任务

提示：在本练习中，首先确定项目的开始日期，在"自动计划"模式下输入任务名称，并组织任务的级别。然后，链接各个任务，并修改具体任务的链接路径。最后，选择所有任务，执行【任务】|【属性】|【添加到日程表】命令，将任务添加到日程表中。

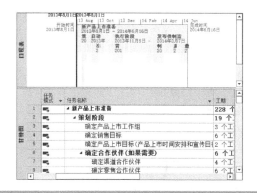

练习 4：管理开办新业务项目任务

⊕downloads\3\新手训练营\管理开办新业务项目任务

提示：在本练习中，首先执行【项目】|【属性】|【项目信息】命令，设置项目的完成时间。然后，在"自动计划"模式下输入任务名称，并组织各级任务。最后，链接各个任务，并更改某个单独任务的链接方式和任务。

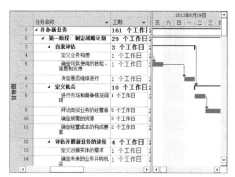

第 **4** 章

管理项目资源

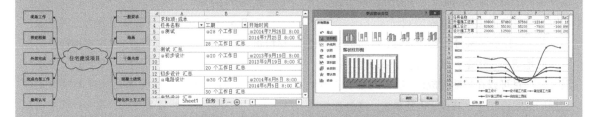

　　项目管理的意义在于监督和控制项目生命周期内的一切活动，管理者不仅需要通过项目任务来控制项目的完成时间，而且还需要通过项目资源来控制项目中的使用费用。而项目中的资源则是用来完成项目任务的人员、材料、设备与成本，是项目实施中的重要组成部分，通过对项目资源的费率、可用性、成本等方面的调配与管理，可以有效、合理地安排资源的使用、分配、计算及管理方案。本章将详细介绍项目资源的创建、记录、分配资源与管理的基础知识与操作方法。

4.1 项目资源概述

项目资源是指项目计划中包含的人员,以及用于完成项目的设备或其他材料等任何事物。在实施项目资源监督与控制项目之前,需要先了解一下资源的基础知识。

4.1.1 资源的工作方式

资源只有被分配给任务时,才会发挥其作用。当资源被分配给任务后,任务的工期会自动做出相应的调整。例如,当为任务分配一个人员资源时,该任务的工期为两天;而当为任务分配两个人员资源时,该任务的工期便会缩短到一天。

另外,当资源被分配给任务后,项目的成本也会相应地增加。但是,当为任务分配更多的资源,而促使项目可以在短期完成时,项目的成本会因为工期的缩短而相应地减少。也就是说,通过缩短项目的工期,来接受更多的项目,或由于缩短工期而获得的奖金,可以弥补项目中因使用更多资源而增加的成本。

将资源分配任务后,可实现下列目的。

❏ **便于跟踪任务** 由于 Project 2016 会标识任务中的资源信息,所以将资源分配给任务后,便于实时跟踪项目任务。

❏ **确定资源的可用性** 可以通过将资源分配给任务,来确定资源不足或剩余资源等资源信息问题,便于项目经理随时调整资源的使用状态。

❏ **确定任务成本** 通过分配资源,可以确定任务的成本,以及项目的总成本。

除此之外,当为任务设置"固定工期"类型时,Project 2016 在计算项目工期时会忽略任务中的资源,即项目根据每项任务的工期计算项目日程。那么,为任务分配资源后,资源的可用性会直接影响项目的工期。另外,由于一项资源可分配于多个任务,所以资源的可用性还依赖于分配该资源的其他任务。

在 Project 2016 中,当将一项资源分配任务,但该资源的工时超出了使用时间时,系统会显示分配给该任务的资源被过度分配。此时,用户还需要通过调整资源,来解决资源过度分配的问题。

4.1.2 资源的类别与成本

在项目管理过程中,用户除了需要了解资源的工作方式之外,还需要了解资源的类别与成本,以方便设置资源费率及分配资源。

1. 资源的类别

在 Project 2016 中,资源主要分为工时资源、材料资源与成本资源 3 种资源类型。每种资源的含义如下所示。

❏ **工时资源** 工时资源是执行工时以完成任务的人员和设备资源,是一种需要消耗时间来完成任务的资源。在设置工时资源时,需要根据工时及任务的灵活性来区分人员资源与设备资源。

❏ **材料资源** 材料资源是一种可消耗材料或供应品的资源,在项目中设置材料资源是为了便于跟踪项目的消耗量及成本额。材料资源会随着项目的进度而消耗,例如建筑项目中的木板、水泥、钢筋等。

❏ **成本资源** 成本资源与材料资源一样,不参与工作,也不影响日程的安排,其主要作用是将成本与任务关联,表示出项目的财务成本。

2. 资源的成本

由于资源包括人员、材料与设备等类型,所以在将资源分配给任务后,Project 2016 便可以根据资源的类型和所设置的费率,来计算任务与项目成本,从而可以帮助项目经理监督与控制项目的资金运作状态。

通过资源成本,还可以控制项目的累加成本,以及控制项目实施中的账单支付信息。另外,通过资源成本还可以掌控所有任务的资源与材料成本，以及项目任意阶段的成本与整个项目的成本。

Project # 4.2 创建资源

虽然任务是决定项目顺利完成的首要因素，但资源却是决定项目成本的关键因素之一。当用户创建项目任务之后，还需要为任务分配相应的资源，以便于监督与控制项目的日程与费用。

4.2.1 创建资源列表

在 Project 2016 项目文档中，视图默认为【甘特图】视图中的【项】表。执行【任务】|【视图】|【甘特图】|【资源工作表】命令，切换到【资源工作表】视图中的【项】表中。

> **注意**
>
> 用户也可以通过执行【资源】|【工作组规划器】|【资源工作表】命令，将视图切换到【资源工作表】视图中。

在【资源名称】单元格中输入资源名称，按下"Tab"键，在【类型】单元格中保持默认设置。然后，按照标题域依次输入资源的其他信息。

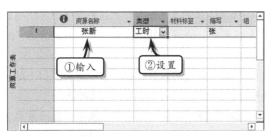

在【资源工作表】视图中，主要包括下列 14

个标题域。

> **注意**
>
> 在创建材料与成本资源时，需要将【类型】设置为"材料"与"成本"。另外，由于材料资源是消耗性资源，所以不需要设置【最大单位】值。

- ❑ **标记** 标记域位于第一列，主要用于显示有关资源不同类型的信息图标，将鼠标指向标记图标时，屏幕将提供更多的信息。
- ❑ **资源名称** 用于输入资源的名称。
- ❑ **类型** 用于指定资源的类型，包括工时、材料与设备 3 种类型。
- ❑ **材料标签** 用于设置材料资源的度量单位，例如将吨用于水泥，将米用于电线等。
- ❑ **缩写** 用于设置资源名称的缩写，或显示 Project 2016 默认的缩写（资源名称的第一个字母）。
- ❑ **组** 用于设置资源所属组的名称，即将具有共同特性的资源分配到一个组中，为排序和筛选提供依据。
- ❑ **最大单位** 用于设置当前时间段资源可用于完成任何任务的最大工时量，其默认值为"100%"。
- ❑ **标准费率** 用于显示或设置资源完成的正常非加倍工时的付费费率，Project 2016 是以小时为单位计算默认费率。
- ❑ **加班费率** 用于设置或显示资源完成的加班工时的支付费率，Project 2016 是以小时为单位计算默认的加班费率。
- ❑ **每次使用成本** 在工时资源类型中，将显示每次使用资源时所进行累算的成本。每次将工时资源单位分配给任务时，该成本都会增加，并且不会根据资源的延续而变化。在材料资源类型中，将显示累算一次的成本，而不考虑单位数量。

❑ **成本累算** 用于确定资源标准成本和加班成本计入或累算到任务成本的方式和时间。其中，"开始时间"选项表示在任务开始时便进行累算；"结束"选项表示直到剩余工时为零时才进行累算；"按比例"选项表示成本基于排定的工时和报告的实际工时进行累算，其计算公式为工时乘以单位成本。

❑ **基准日历** 用于指定资源的日历类型，不仅包括标准、24小时与夜班3个内置日历，还包含用户新创建的日历。基准日历可以确定资源总的可用性和工时容量。

❑ **代码** 表示包含任何要将其作为资源信息的一部分的输入代码、缩写或数字。例如，某公司要使用会计成本代码，可在该域中输入每个资源的成本代码。

❑ **添加新列** 单击该标题域，可快速添加一个指定类型的新列。

4.2.2 创建项目资源

在 Project 2016 中，除了可以在【资源工作表】中输入项目资源之外，还可以利用【资源信息】对话框，来创建项目资源。

1．创建常规资源

执行【资源】|【属性】|【信息】命令，在对话框中输入资源名称及相应的资源信息即可。

> **注意**
>
> 在创建项目资源时，用户还可以在【电子邮件】文本框中输入用于指定该资源的电子邮件地址。

2．创建预算资源

预算资源主要用于对照计划和实际的资源工时、材料或成本跟踪预算的资源工时、材料或成本。例如，当为项目中的一个任务成本做预算时，可为该任务创建一个资源，并将其类型设置为"预算"。即在【常规】选项卡中，启用【预算】复选框。

> **注意**
>
> 当启用【预算】复选框时，对话框中的【电子邮件】、【Windows 账户】选项，以及【资源可用性】列表将变为不可用状态。

在使用预算资源时，用户还需要注意下列问题。

（1）不能将预算资源分配给项目中的单个任务，只能分配给项目中的摘要任务。

（2）将某项资源分配给任务后，无法将该资源更改为预算资源。

（3）对于已作为预算资源的成本资源，只可以在"预算成本"域中输入信息，不可以在"预算工时"域中输入信息。

（4）对于已作为预算资源的工时和材料资源，只可以在"预算工时"域中输入信息，不可以在"预算成本"域中输入信息。

（5）Project 2016 不允许在【资源工作表】视图中输入预算资源的任何成本信息。

（6）可以在【任务分配状况】与【资源使用状况】视图中，通过添加"预算成本"域的方法，为预算资源赋值。

另外，在【常规】选项卡中创建资源时，除了【预算】选项之外，还包括下列两种选项。

❑ **常规** 启用该复选框，表示资源为常规资源。常规资源是可以用技能来标识，而非使用名称的一种资源，主要用于查找实际资源以代替常规资源。

- **非活动资源**　启用该复选框，可指示企业资源为活动或非活动资源。非活动资源标记显示在工作表视图的非活动资源名称旁边，非活动资源不能作为新成员添加到项目工作组。

- **登录账户**　登录账户用于指定为工时资源输入的 Microsoft Windows 用户名。当 Windows 用户登陆到 Microsoft Office Project Server 时，可用来识别和确认该用户是否为授权的 Windows 用户。另外，登录账户域不可用于材料资源。

- **默认工作分配所有者**　默认工作分配所有者用来设置负责输入实际工时或报告工作分配状态的单个用户的名称。另外，"默认工作分配"域不适用于本地（非企业）资源。

4.2.3　编辑资源

为项目创建资源列表后，为适应调整需求，需要对资源进行移动、复制与插入等编辑操作。

1．复制资源

复制资源是在保持原资源不被更改的状态下，将资源从一个位置复制到另外一个位置，从而使两个资源具有相同的内容。一般情况下，用户可通过下列方法，来复制资源。

- **命令法**　选择需要复制资源所在的行，执行【任务】|【剪贴板】|【复制】命令。然后，选择放置位置，执行【剪贴板】|【粘贴】命令即可。

- **快捷键法**　选择需要复制的资源所在的行，按 Ctrl+C 快捷键复制资源。然后，选择放置位置，按 Ctrl+V 快捷键粘贴资源。

- **右击鼠标法**　选择需要复制的资源所在的行，右击执行【复制】命令。然后，选择放置位置，右击执行【粘贴】命令。

2．移动资源

移动资源与复制资源的操作大体相同，唯一的

区别便是复制资源时，原资源保持不变；而移动资源时，原资源将会由一个位置移动到另外一个位置。

- **命令法**　选择需要移动资源所在的行，执行【任务】|【剪贴板】|【剪切】命令。然后，选择放置位置，执行【剪贴板】|【粘贴】命令即可。

- **快捷键法**　选择需要移动的资源所在的行，按 Ctrl+X 快捷键复制资源。然后，选择放置位置，按 Ctrl+V 快捷键粘贴资源。

- **右击鼠标法**　选择需要移动资源所在的行，右击执行【剪切】命令。然后，选择放置位置，右击执行【粘贴】命令。

3．插入资源

选择要在其上方插入新资源的资源名称，执行【资源】|【插入】|【添加资源】|【材料资源】命令，输入资源名称及相应的信息即可。

另外，选择要在其上方插入新资源的资源名称，右击【插入资源】命令，输入资源名称及相应的信息即可。

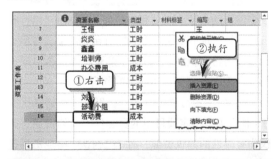

> **技巧**
>
> 用户也可以同时选择多个资源，或同时选择多个资源所在的行，右击【插入资源】命令，即可同时插入多个新资源。

4.3 设置资源

创建资源列表之后，为充分发挥资源的作用，还需要设置资源的可用性与预订类型。另外，还可以通过设置资源的工作时间和费率，来充分发挥项目资源的作用。

4.3.1 设置资源信息

设置资源信息包括设置资源的预订类型、资源的可用性，以及为资源添加备注信息等内容。

1. 预订类型

预订类型是用于指定资源是提交的资源还是建议的资源。执行【资源】|【属性】|【信息】命令，在弹出的【资源信息】对话框中，单击【预订类型】下拉按钮，选择相应的选项即可。其中，"已提交"表示已将资源分配给项目，而"已建议"表示资源还未分配给项目。

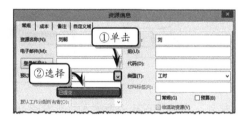

一般情况下，在评估建议的新项目或现有项目的新阶段时，应将资源指定为建议资源。其中，建议资源有助于预测新项目或阶段的成本、可用性和日程安排，而不受建议资源的可用性限制。当用户希望使用特定资源，并希望了解该资源是否可以进行项目工作时，可使用建议的预订类型。

另外，"预订类型"与"已确认"域的区别在于：预订类型指定项目中的资源是提交的资源还是仅为暂时性的建议资源，而"已确认"指定资源是否对工作分配消息作出响应。

2. 资源的可用性

资源的可用性是某个资源在选定时间段上用于完成任何任务的最大工时量，主要用于显示不同时间段上工时可用性的变化。

执行【资源】|【属性】|【信息】命令，在弹出的【资源信息】对话框中的【资源可用性】列表中，设置资源使用的开始时间与可用到时间，以及单位值即可。

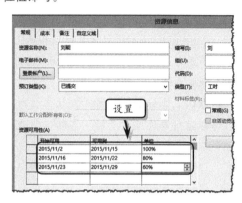

3. 记录资源

对于具有特殊性的资源，可以通过显示资源详细信息的方法，来描述资源。

在【资源信息】对话框中，激活【备注】选项卡。在【备注】文本框中输入备注内容，并设置文本格式。

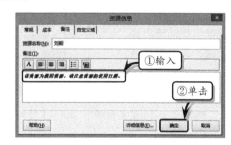

单击【确定】按钮后，在【标记】域标题列中将显示备注标记，将鼠标移至该标记上，将显示备注内容。

4.3.2 更改工作时间

在制作项目规划时，系统已为资源设置好了工作时间，为了使资源按照不同于系统默认的时间工作，项目经理需要单独调整单个资源的工作时间。

1. 更改工作周

在【资源信息】对话框中，单击【常规】选项卡中的【更改工作时间】按钮。在弹出的【更改工作时间】对话框中，激活【工作周】选项卡，并单击【详细信息】按钮。

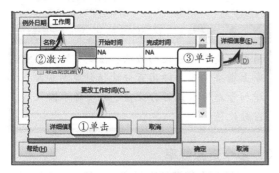

然后，在弹出的对话框中，设置每周具体日期的工作时间。

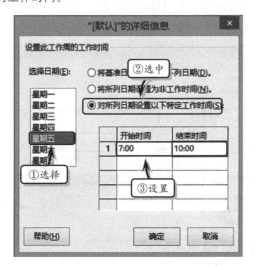

单击【确定】按钮后，该资源在每周五上午的工作时间将自动更改为 7:00～10:00 之间，而其他

时间将按照"标准（项目日历）"中的时间执行。此时，单击日历中表示星期五的日期，在右侧将会显示所设置的工作时间。

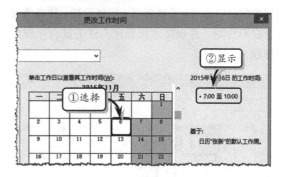

2. 调整休息日

在项目执行过程中，经常会让部分资源进行适当的加班或休息。此时，激活【例外日期】选项卡，输入例外日期的名称、开始与完成时间，并单击【详细信息】按钮。

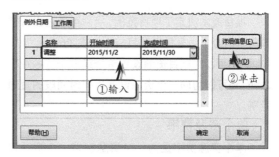

在弹出的【"调整"的详细信息】对话框中，设置相应的选项即可。

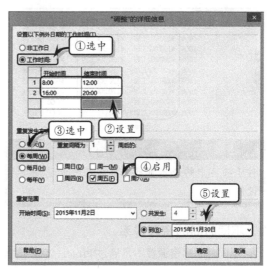

单击【确定】按钮之后，11月内的每周周五的工作时间将自动延迟，其余时间将自动显示为休假。在【更改工作时间】对话框中，选择例外日期包含的日期之后，系统将以"例外日期"独有的颜色显示日期，并以文本提示用户该资源存在例外日期。

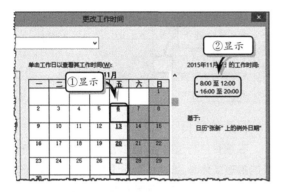

4.3.3 设置资源费率

项目成本决定了项目范围，用户可通过设置资源费率的方法，来显示项目成本。在 Project 2016 中，除了可以为项目资源设置单个或多个资源费率之外，还可以为同一个资源设置不同时间段的资源费率。

1．单个资源费率

单个资源费率是为一个资源设置一个资源费率，在【资源工作表】视图中，直接输入工时资源与材料资源的标准费率或加班费率。

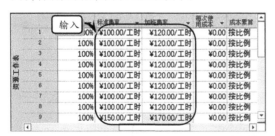

> **注意**
>
> 对于项目中的成本资源，需要在分配资源时设置成本值。

2．不同时间的资源费率

不同时间的资源费率是通过 Project 2016 内置

的资源费率表，为资源设置不同时间段的费率值。执行【资源】|【属性】|【信息】命令，激活【成本】选项卡。在【成本费率表】列表框中，输入不同时间段内的标准费率。

> **注意**
>
> 用户可使用百分比的方法，在现有的资源费率上增减费率。即用百分比值计算新费率，增加费率输入正百分比值，减少费率输入负百分比值。

3．多个资源费率

设置多个资源费率是在成本费率表中设置不同的资源费率。在【资源信息】对话框中，激活【成本】选项卡，在【成本费率表】列表框中设置 A、B、C、D、E 等其他资源费率即可。

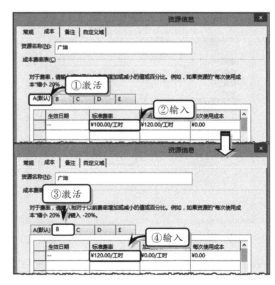

一般情况下，每种资源费率表中都显示费率的生效日期、标准费率、加班费率与每次使用成本。除此之外，在【成本】选项卡中，还包括用于设置成本类型的【成本累算】选项。该选项与【资源工作表】视图中的【成本累算】标题域一样，也包括按比例、开始时间与结束 3 种选项。

Project 4.4　分配资源

在项目计划中，只有将资源赋予任务后，才能充分体现资源的价值。分配资源又称为工作分配，是将一个或多个资源分配给一个或多个任务。不同的资源类型需要使用不同的分配方式。当为项目任务分配资源时，Project 2016 会自动开始计算项目成本。

4.4.1　直接分配

直接分配资源是在【甘特图】视图中，将项目资源分配给任务，也是目前 Project 2016 中最为简单的一种分配方法。

1．分配资源

在【甘特图】视图中，单击任务名称对应的【资源名称】单元格，在其下拉列表中启用资源名称，即可将资源分配给任务。

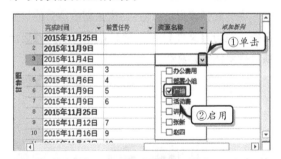

技巧

在【甘特图】视图中分配资源之后，可选择包含资源的单元格，按下 Delete 键即可删除已分配的资源。

2．更改分配资源

在【甘特图】视图中为任务分配完资源，并发现资源被分配错误之后，可单击任务名称对应的【资源名称】单元格，在其下拉列表中禁用所启用的资源名称，再次启用其他资源名称即可。

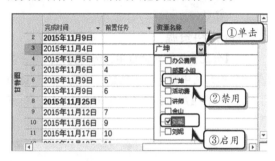

4.4.2　按需分配

虽然，在【甘特图】视图中分配资源比较便捷。但是，却无法精确地分配材料与成本资源。此时，用户还需要在【分配资源】对话框中按照任务需求，精确地分配每项资源。

1．分配工时资源

在【甘特图】视图中，选择任务名称，执行【资源】|【工作分配】|【分配资源】命令。选择资源名称，单击【分配】按钮。

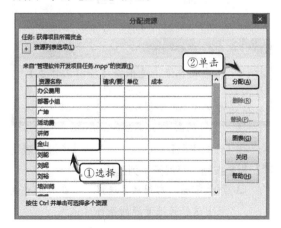

在【分配资源】对话框中，还包括下列 4 种选项。

❑ **删除** 选择已分配的资源，单击该按钮可删除资源分配状态，使资源还原为未分配状态。

❑ **图表** 选择资源名称，单击该按钮，可在弹出的【资源图表】视图中查看资源的分配情况。

❑ **关闭** 单击该按钮，可关闭【分配资源】对话框。

❑ **帮助** 单击该按钮，可弹出【Project 帮助】窗口。

2．分配材料资源

在【分配资源】对话框中，选择材料资源，在【单位】单元格中输入使用数量，按下 Enter 键即可。此时，在【成本】单元格中将自动显示材料资源的成本值。

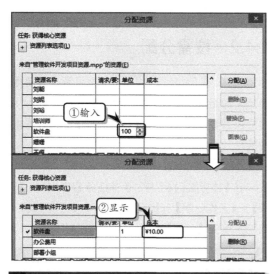

注意

材料资源的成本值，是根据【资源工作表】视图中材料资源的"每次使用成本"值与单位值相乘而来。

在【分配资源】对话框中，单击【资源列表选项】折叠按钮，可展开下列选项。

❑ **筛选依据** 启用该复选框，可在其下拉列表中选择筛选资源的条件（依据）。

❑ **其他筛选器** 单击该按钮，可在弹出的【其他筛选器】对话框中，选择用于筛选资源的条件（依据）。

❑ **可用工时** 启用该复选框，可设置或输入资源的可用工时。

❑ **添加资源** 单击其下拉按钮，可在其下拉列表中选择用于添加资源的方式。其中，主要可通过 Active Directory、通讯簿与 Project Server 添加。

3．分配成本资源

在【分配资源】对话框中，选择成本资源，在【成本】单元格中输入成本值，按下 Enter 键即可。

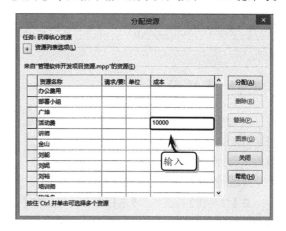

4．分配预算资源

在分配预算资源之前，还需要显示项目的摘要任务。执行【文件】|【选项】命令，启用【显示项目摘要任务】复选框。

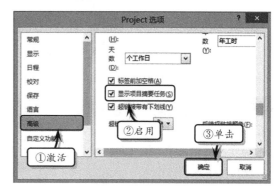

选择项目摘要任务，在【分配资源】对话框中选择预算资源，单击【分配】按钮即可。

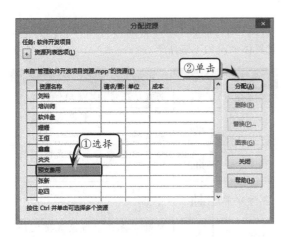

单击【关闭】按钮后，在项目摘要任务相对应的【资源名称】对话框中，将显示已分配的资源名称。

注意

在分配资源时，非预算资源将无法分配给摘要任务，而当用户选择非预算资源时，【分配资源】对话框中的【分配】按钮将不可用。

5. 置换资源

在分配资源时，经常会出现因操作失误或调整任务而出现调整资源分配状态的情况。此时，用户

只需替换已分配的资源即可。

在【分配资源】对话框中，选择已分配的资源，单击【替换】按钮。

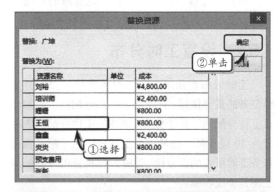

在弹出的对话框中，选择新的资源名称，单击【确定】按钮即可。

注意

在【替换资源】对话框中，成本值为零的资源表示未分配的资源。

Project 4.5 调整资源

为任务分配资源之后，还需要根据资源的具体情况设置资源成本费率，以及设置分布曲线等。

4.5.1 推迟工作时间

当项目受到某些因素的影响时，可通过延迟工作分配的开始时间，来保证项目的顺利完成。

执行【任务】|【视图】|【甘特图】|【任务分配状况】命令。选择为任务分配的资源，执行【格式】|【分配】|【信息】命令。

在弹出的【工作分配信息】对话框中，激活【常规】选项卡，更改【开始时间】选项，单击【确定】按钮即可。

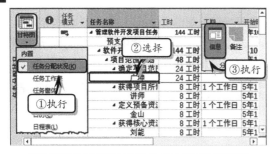

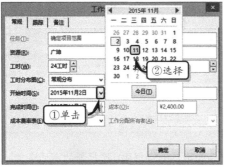

同样的道理，用户还可以推迟资源的完成时间，以及提前资源的工作时间与完成时间。

4.5.2 设置工时分布

工时分布是用来选择工时分布形状以供分配给任务的资源使用，它决定了工作分配的工时如何在工作分配的工期中分布。其中，工作分配的工期分为 10 段，每一段是一个工作日已分配资源的任务工时所占的百分比，工时分布根据工作分配的工期延伸或收缩。

执行【任务】|【视图】|【甘特图】|【任务分配状况】命令。选择为任务分配的资源，执行【格式】|【分配】|【信息】命令。在弹出的【工作分配信息】对话框中，激活【常规】选项卡，单击【工时分布图】下拉按钮，在其下拉列表中选择一种分布选项即可。

Project 2016 为用户提供了 8 种工时分布类型，其具体情况如下表所示。

类 型	图标	说 明
常规分布	无	为默认选项，不使用任何模式
前轻后重		自动以前轻后重模式排定任务日程
前重后轻		自动以前中后轻模式排定任务日程
双峰分布		自动以双峰分布模式排定任务日程
先锋分布		自动以先锋分布模式排定任务日程
后峰分布		自动以后峰分布模式排定任务日程
钟型分布		自动以钟型分布模式排定任务日程
中央加重钟型		自动以中央加重钟型模式排定任务日程

4.5.3 应用成本费率

在【工作分配信息】对话框中，Project 2016 为用户提供了 5 种成本费率，在项目执行中项目经理需要根据实际情况设置不同的成本费率。

用户只需在【工作分配信息】对话框中，单击【成本费率表】下拉按钮，在其下拉列表中选择相应的费率，即可为资源设置不同的成本费率。

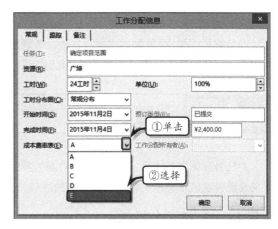

对话框中的【成本费率表】选项中的成本费率，与【资源信息】对话框【成本】选项卡中所设置

的成本值相关联。例如，在【资源信息】对话框中将"广坤"资源的 E 费率中的成本设置为"4800"时，在【任务分配信息】对话框中，将【成本费率】选项设置为"E"时，单击【确定】按钮。再次打开该对话框，该资源的【成本】值将自动更改。

4.6　练习：创建信息化项目

某公司需要进行一项信息化项目的研发和制作，该项目预订在 2015 年 11 月 1 日开工，并于 160 个工作日后完成。为确保项目的顺利完成，也为了监督与控制项目成本，项目经理在收集各个项目信息之后，需要使用 Project 2016 来制作信息化项目计划。在本练习中，将详细介绍创建信息化项目的操作方法和步骤。

练习要点
- 设置项目信息
- 设置项目日历
- 创建任务
- 组织任务
- 设置任务工期
- 创建任务链接
- 创建资源列表
- 分配资源

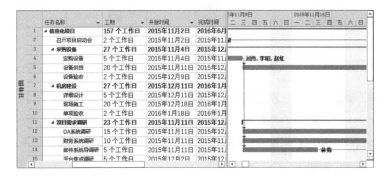

操作步骤 ▶▶▶▶

STEP|01 设置项目信息。新建空白项目文档，执行【项目】|【属性】|【项目信息】命令。

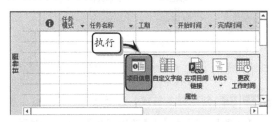

STEP|02 在弹出的【"项目 1"的项目信息】对话框中，分别设置项目的开始日期、日历、优先级等选项。

STEP|03 设置项目日历。执行【项目】|【属性】|【更改工作时间】命令，在弹出的【更改工作时

间】对话框中激活【工作周】选项卡，单击【详细信息】按钮。

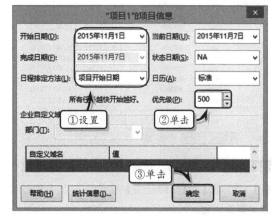

STEP|04 在【选择日期】列表框中，选择【星期

五】选项。选中【对所列日期设置以下特定工作时间】选项，并设置工作时间。

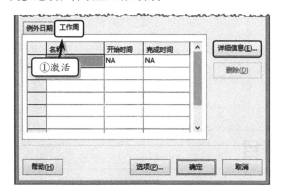

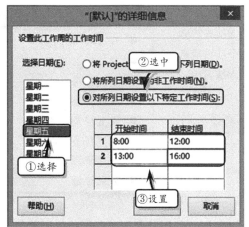

STEP|05 创建任务。单击状态栏中的【任务模式】按钮，在其列表中选择"自动计划"选项。同时，在【任务名称】域标题中输入任务名称。

STEP|06 组织任务。选择任务 2~29，执行【任务】|【日程】|【降级任务】命令，将选中的任务降为第 2 级别。

STEP|07 选择任务 4~6，执行【任务】|【日程】

|【降级任务】命令，将选中的任务降为第 3 级别。使用同样方法，降级其他任务。

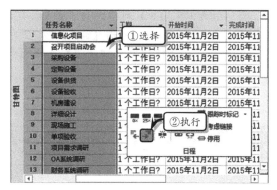

STEP|08 设置任务工期。选择任务 3 对应的【工期】域，输入数字"2"，按下 Enter 键完成工期的输入。使用同样的方法，分别输入其他任务的工期。

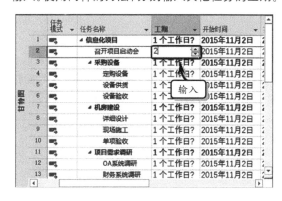

STEP|09 创建任务链接。选择所有的子任务，执行【任务】|【日程】|【链接任务】命令。然后，使用同样的方法，链接所有的摘要任务。

STEP|10 双击任务 8，激活【前置任务】选项卡，在【标识号】单元格中输入"3"，单击【确定】按钮，链接摘要任务。使用同样的方法，修改其他子

任务的前置任务。

的相应信息。

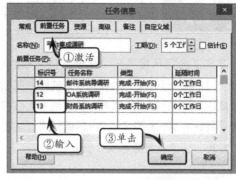

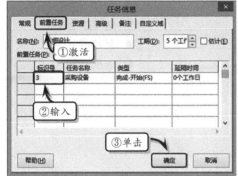

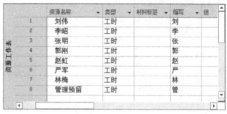

STEP|11 双击任务 7，激活【前置任务】选项卡，在【标识号】单元格中输入"2"，单击【确定】按钮，链接摘要任务。使用同样的方法，链接其他摘要任务。

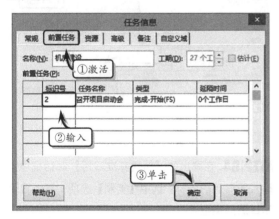

STEP|14 分配资源。执行【任务】|【视图】|【甘特图】命令，切换到【甘特图】视图中。选择任务 2，执行【资源】|【工作分配】|【分配资源】命令。

STEP|15 在弹出的【分配资源】对话框中，选择资源名称，单击【分配】按钮。使用同样的方法，为其他任务分配资源。

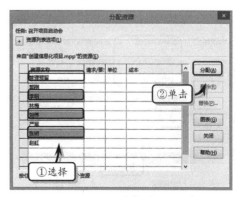

STEP|12 双击任务 15，激活【前置任务】选项卡，在【标识号】单元格中输入其他链接任务，单击【确定】按钮，链接多个任务。

STEP|13 创建资源列表。执行【任务】|【视图】|【甘特图】|【资源工作表】命令，输入每项资源

Project 4.7 练习：创建通信大楼施工项目

某施工公司承接了一个建设通信大楼的项目，该项目预订在 2015 年 11 月 1 日开工。为确保项目的顺利完成，也为了监督与控制项目成本，项目经理在收集各个项目信息之后，决定使用 Project 2016 创建项目计划。在本练习中，将详细介绍创建通信大楼施工项目的信息、日历、任务及资源等项目要素的操作方法。

练习要点

- 设置项目信息
- 设置项目日历
- 创建任务
- 组织任务
- 设置任务工期
- 分配日历
- 创建任务链接
- 创建资源列表
- 分配资源

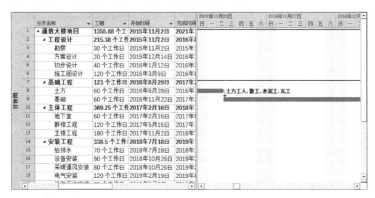

操作步骤 ▶▶▶▶

STEP|01 设置项目信息。新建空白项目文档，执行【项目】|【属性】|【项目信息】命令。

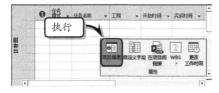

STEP|02 在弹出的【"项目 1"的项目信息】对话框中，分别设置项目的开始日期、日历、优先级等选项。

STEP|03 设置项目日历。执行【项目】|【属性】|【更改工作时间】命令，在弹出的【更改工作时间】对话框中，单击【新建日历】按钮。

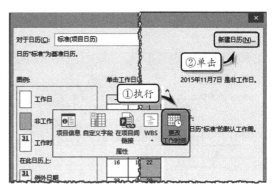

STEP|04 在弹出的【新建基准日历】对话框中，输入新日历的名称，选中【复制】选项，并设置复制日历的类型。

STEP|05 然后，激活【工作周】选项卡，并单击【详细信息】按钮。

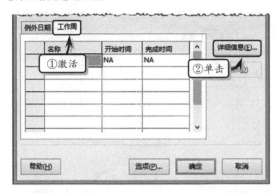

STEP|06 在【选择日期】列表框中，选择【星期五】选项。选中【对所列日期设置以下特定工作时间】选项，并设置工作时间。

STEP|07 创建任务。单击状态栏中的【任务模式】按钮，在其列表中选择"自动计划"选项。在【任务名称】域标题中输入任务名称。

STEP|08 组织任务。选择任务 2~27，执行【任务】|【日程】|【降级任务】命令，将选中的任务降为第 2 级别。

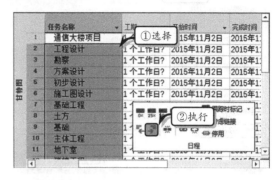

STEP|09 选择任务 3~6，执行【任务】|【日程】|【降级任务】命令，将选中的任务降为第 3 级别。使用同样的方法，分别降级其他任务。

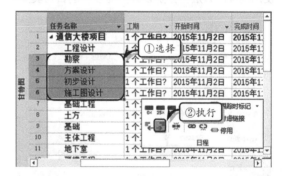

STEP|10 设置任务工期。选择任务 3 对应的【工期】域，输入数字"30"，按下 Enter 键完成工期的输入。使用同样的方法，分别输入其他任务的工期。

STEP|11 创建里程碑。选择任务 15，执行【任务】|【属性】|【信息】命令。激活【高级】选项卡，启用【标记为里程碑】复选框。

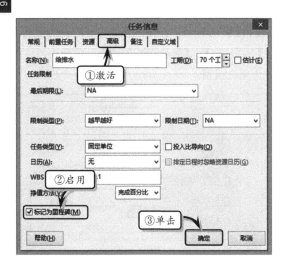

STEP|12 为任务分配日历。双击任务 3,激活【高级】选项卡,将【日历】设置为"施工日历"选项。使用同样的方法,分别设置其他任务的日历类型。

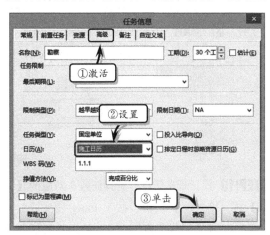

STEP|13 创建任务链接。选择所有的子任务,执行【任务】|【日程】|【链接任务】命令。然后,使用同样的方法,链接所有的摘要任务。

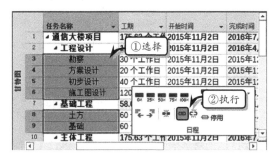

STEP|14 选择任务 17,执行【任务】|【属性】|【信息】命令。激活【前置任务】选项卡,将【类

型】设置为"开始-开始(SS)"选项,并单击【确定】按钮。

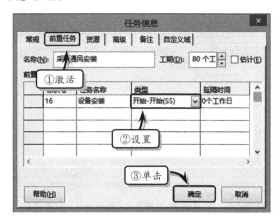

STEP|15 延迟任务。选择任务 22,执行【任务】|【属性】|【信息】命令。激活【前置任务】选项卡,将【延隔时间】设置为"-3 个工作日",并单击【确定】按钮。

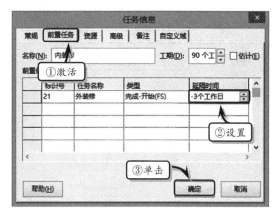

STEP|16 创建资源列表。执行【任务】|【视图】|【甘特图】|【资源工作表】命令,输入每项资源的相应信息。

	ⓘ	资源名称	类型	材料标签	缩写
1		勘察工程师	工时		勘
2		设计工程师	工时		设
3		图纸工程师	工时		图
4		基础工程师	工时		基
5		土方工人	工时		土
6		散工	工时		散
7		水泥工	工时		水
8		钢筋工	工时		钢
9		瓦工	工时		瓦
10		给排水安装工	工时		给

STEP|17 选择最后一个资源,执行【资源】|【属

性】|【信息】命令，启用【预算】复选框，并单击【确定】按钮。

STEP|18 分配资源。切换到【甘特图】视图中，单击任务 3 对的【资源名称】单元格，在其列表中启用资源名称，为任务分配资源。同样方法，为任务分配其他工时资源。

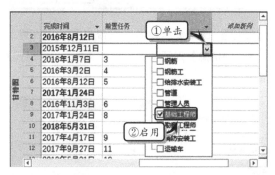

STEP|19 选择任务 6，在【分配资源】对话框中选择"办公费用"资源，在【成本】单元格中输入成本额，按下 Enter 键，为任务分配成本资源。使用同样的方法，为任务分配材料与成本资源。

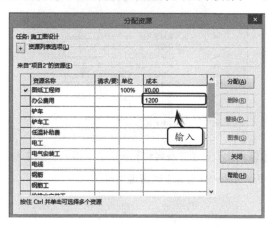

4.8 练习：管理洗衣机研发项目资源

虽然任务是项目中的重要元素，但是仅仅依靠任务是无法完成整个预计项目。此时，项目经理还需要为项目创建项目资源，并将资源赋予任务，在确保项目时间足够的情况下，监督与控制项目的任务成本与总成本。在本练习中，将详细介绍洗衣机研发项目中的资源创建、资源分配以及资源调整等管理资源方面的操作方法与技巧。

练习要点
- 创建资源
- 设置资源的可用性
- 设置资源日历
- 设置资源费率
- 记录资源
- 分配资源
- 调整资源

操作步骤 >>>>

STEP|01 创建工时资源。打开名为"创建洗衣机研发项目的文档，执行【视图】|【资源视图】|【资源工作表】命令，切换到【资源工作表】视图中。

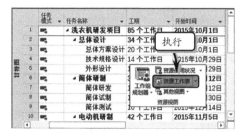

STEP|02 在【资源名称】单元格中输入资源名称，按下 Enter 键完成工时资源的输入。

STEP|03 创建成本资源。在【资源名称】单元格中输入成本资源的名称，按下 Tab 键，将【类型】设置为"成本"。

STEP|04 创建材料资源。在【资源名称】单元格中输入成本资源的名称，按下 Tab 键，将【类型】设置为"材料"。

STEP|05 设置资源的可用性。选择资源 2，执行【资源】|【属性】|【信息】命令，在【资源可用性】列表框中，输入资源的开始可用时间。

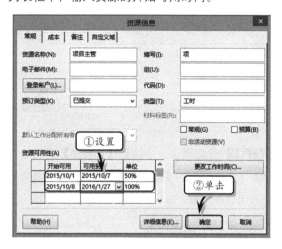

STEP|06 设置资源日历。双击资源 1，在弹出的【资源信息】对话框中，单击【更改工作时间】按钮。

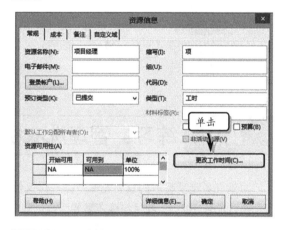

STEP|07 激活【例外日期】选项卡，输入例外日期信息，并单击【详细信息】按钮。

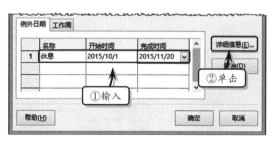

STEP|08 然后，在弹出的【"休息"的详细信息】

对话框中，设置相应的选项，并单击【确定】按钮。

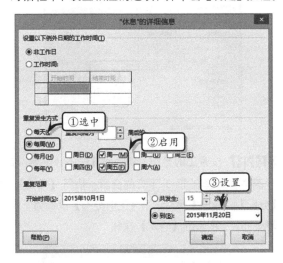

STEP|09 记录资源。选择资源 9，执行【资 源】|【属性】|【信息】命令，激活【备注】选项卡，在【备注】文本框中输入备注内容，并设置文本格式。

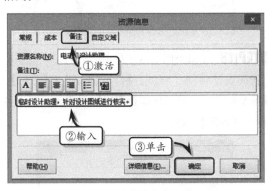

STEP|10 设置单个资源费率。选择资源 1，在【标准费率】单元格中输入数值"300"，按下 Enter 键完成资源费率的输入。使用同样的方法，设置其他资源费率。

STEP|11 设置不同时间段的资源费率。选择资源 3，执行【资源】|【属性】|【信息】命令，在【成本费率表】列表框中，输入不同时间段内的标准费率。

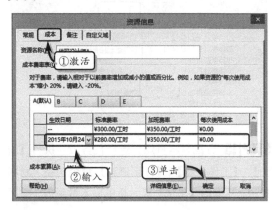

STEP|12 设置多个资源费率。选择资源 10，在【资源信息】对话框中，激活【成本】选项卡，在【B】列表中输入该资源的第 2 个资源费率。

STEP|13 然后，选择【C】标签，在 C 列表中输入第 3 个资源费率，并单击【确定】按钮。

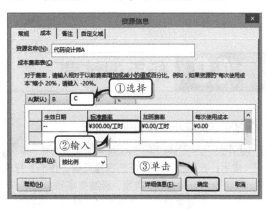

STEP|14 分配工时资源。切换到【甘特图】视图中，单击任务 3 对应的【前置任务】单元格中的下拉按钮，选择资源名称，为其分配资源。

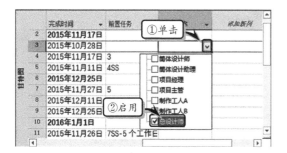

STEP|15 分配材料资源。选择任务 7，执行【资源】|【工作分配】|【分配资源】命令，在"材料费用"资源的【单位】单元格中输入数量值，按下 Enter 键。

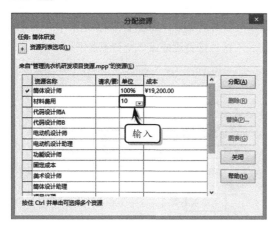

STEP|16 分配成本资源。选择任务 5，在【分配资源】对话框中，选择"固定成本"资源，在【成本】单元格中输入成本值，按下 Enter 键即可。

STEP|17 设置工时分布。切换到【任务分配状况】视图中，选择任务 3 下方的资源，执行【格式】|【分配】|【信息】命令，将【工时分布】设置为"双峰分布"，并单击【确定】按钮。

STEP|18 应用不同的成本费率。选择任务 15 下的"代码设计师 A"资源，执行【格式】|【分配】|【信息】命令，将【成本费率表】设置为"C"，并单击【确定】按钮。

4.9 新手训练营

练习 1：管理外墙施工项目资源

🔘 downloads\4\新手训练营\管理外墙施工项目资源

提示：在本练习中，首先在【资源工作表】视图中，依次输入资源名称、类型、标准费率和加班费率，并将最后一个资源设置为预算资源。然后，将视图切换到【甘特图】视图中，为每个任务分配资源。同时，为摘要任务分配预算资源。

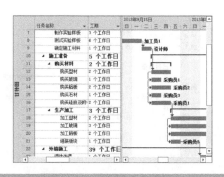

练习 2：管理购房计划项目资源

downloads\4\新手训练营\管理购房计划项目资源

提示：在本练习中，首先在【资源工作表】中输入资源名称，设置资源类型，并输入资源的材料标签文本。然后，设置资源的"最大单位"和"标准费率"。最后，在【甘特图】视图中，将资源分配给各个任务，并在【分配资源】对话框中将材料和成本资源分配给指定的任务。

练习 3：管理新产品上市项目资源

downloads\4\新手训练营\管理新产品上市项目资源

提示：在本练习中，首先在【资源工作表】中输入资源名称、类型、标准费率和加班费率等数据。然后，在【甘特图】视图中，将资源分配给各个任务。最后，在【任务分配状况】视图中，设置任务 7、8和 9 下资源的工时分布形态。

练习 4：管理开办新业务项目任务

downloads\4\新手训练营\管理开办新业务项目任务

提示：本练习中，首先在【资源工作表】视图中输入资源的名称、类型、标准费率和加班费率等数据。然后，在【资源信息】对话框中的【成本】选项卡中，为"商业顾问"资源设置不同的标准费率。最后，在【甘特图】视图中，将各个资源分配给相应的任务，并执行【任务】|【属性】|【详细信息】命令，在不同的视图中查看任务及该任务下资源的详细信息。

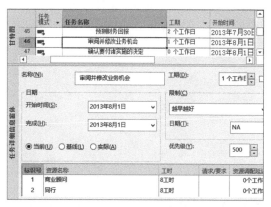

练习 5：管理软件开发项目资源

downloads\4\新手训练营\管理软件开发项目资源

提示：在本练习中，首先在【资源工作表】中输入资源名称，设置资源类型，并输入资源的材料标签文本。然后，设置资源的"最大单位"和"标准费率"。在【甘特图】视图中，将资源分配给各个任务，并在【分配资源】对话框中将材料和成本资源分配给指定的任务。最后，记录资源并调整资源。

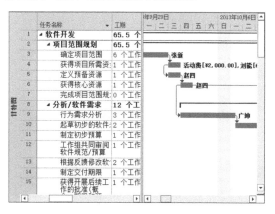

练习 6：管理焦炉管道安装项目资源

downloads\4\新手训练营\管理焦炉管道安装项目资源

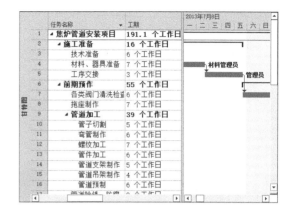

提示：在本练习中，首先在【资源工作表】中输入资源名称，设置资源类型，并输入资源的材料标签文本。然后，设置资源的"最大单位"和"标准费率"。最后，在【甘特图】视图中，将资源分配给各个任务，并在【分配资源】对话框中将材料和成本资源分配给指定的任务。

第 5 章

管理项目成本

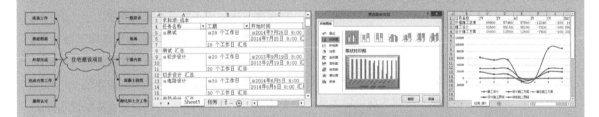

　　项目在实施的具体过程中，会产生各种各样的费用，这些费用统称为项目成本。Project 中的项目成本是由每个任务的成本汇集而成的，而每个任务的成本又是由资源成本和固定成本组合而成。项目成本管理的真正意义在于在控制任务资源的使用情况下，合理地设置项目的固定成本、实际成本，以及检测资源成本，从而可以更好地预测和控制项目成本，以确保项目在预算的约束条件下顺利完成。本章将从简至难地讲解项目成本管理的基础知识与操作方法。

5.1 项目成本管理概述

项目成本管理是在整个项目的实施过程中，为确保项目在批准的预算内尽可能地完成而对所需的各个进程进行管理。在使用 Project 进行项目成本管理之前，还需要事先了解一下成本管理的过程与技术。

5.1.1 项目成本管理过程

项目成本管理主要包括资源规划、成本估算、成本预算与成本控制 4 个过程。每个过程的具体作用，如下所述。

1．资源规划

资源规划是根据项目范围规划与工作分解结构，来确定项目所需资源的种类、数量、规格及时间的过程。其内容主要包括，招聘实施组织人员、项目实施所需要的材料与设备，以及采购方法与计划等内容。

2．成本估算

成本估算是估算完成项目所需要的经费，所需输入的数据包括工作分解结构、资源要求、资源耗用率、商业数据、历史数据等。其评估计算主要包括类比估算、参数模型、自上而下估算法。另外，在进行成本估算时，需要考虑经济环境的影响，以及项目所需要的资源与成本支出情况。

3．成本预算

成本预算又被称为成本规划，是将估算的成本分配到各个任务中的一种过程。在进行成本预算时，应该以各任务的成本估算与进度计划为依据，并采用便于控制项目成本的方法。另外，基准成本计划（批准的成本计划）是测定与衡量成本执行情况的依据。

4．成本控制

成本控制是在保证各项工作在各自的预算范围内进行的一种方法。其中，成本预算是成本控制的基础。

成本控制的基础方法是在项目实施过程中，首先规定各部门定期上报各自的费用情况。然后，由控制部门对各部门的费用进行审核，以保证各种支出的合法性。最后，将已经发生的费用与预算进行比较，分析费用的超支情况，并根据超支情况采取相应的措施加以弥补。在项目结束时，还需要经过财务决算、审查与分析，来确定项目成本目标的达标程度，决定成本管理系统的成效。

成本控制的内容包括监控成本情况与计划的偏差，做好成本分析和评估，并对偏差作出响应；确保所有费用的发生都被记录到成本线上；防止不正确的、不合适的或无效的变更反应到成本线上；需要将审核的变更通知项目干系人；最后还需要监控影响成本的内外部因素。

5.1.2 项目成本管理技术

一般情况下，最常用的成本管理技术包括挣值分析法、类比估算法、参数模型法、自上而下法与软件估算法等。

1．挣值分析法

挣值法又称赢得值法或偏差分析法，是对项目进度和费用进行综合控制的一种有效方法，也是在项目实施中较多使用的一种方法。挣值法可以作为预测、衡量与控制成本的依据。

当用户使用成本累计曲线描述项目中某个时期的累计成本时，并将进度计划按照任务的最早开始、最晚开始或两者之间开始的某个时期开始安排时，会形成各种不同形状的 S 曲线，该曲线被称为"香蕉图"，通过该图可以反映项目进度被允许调整的余地。

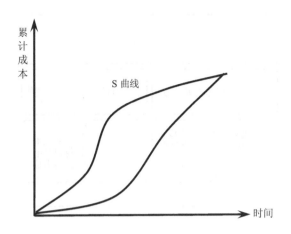

2．类比估算法

类比估算法又被称为自上而下估算法，是一种专家评定法。类比估算法是利用已完成的类似项目的实际成本，来估算当前项目成本的一种估算方法。该方法的估算精度相对较低，只有依靠具有专门知识的团队或个人，依据以前相似的项目进行估算，才能提高估算的精确度。

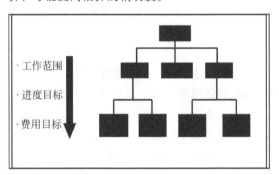

3．参数模型法

参数模型法是将项目的特征参数用于预测项目费用的数学模型中，来预测项目成本。当模型是依赖于历史信息，且模型参数被数量化时，模型可根据项目范围的大小进行比例调整，其预测结果通常是可靠与精确的。

4．自上而下估算法

自下而上估算法是先估计各个任务的成本，然后按工作分解结构的层次从下往上估计出整个项目的总费用。在使用该估算方法时，只有比较准确地估算各个任务的成本，并合理制作出工作分解结构的情况下，才能更精确地编制出成本计划。但是，

该方法的估算工作量比较大，适用于小项目的成本估算。

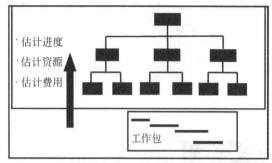

5．估算软件

随着计算机的普及，项目管理软件及办公自动化软件辅助项目费用的估计方法，已被广大管理者所接受。使用项目软件或办公自动化辅助软件，不仅可以加速成本估算与成本的编制速度，而且还可以提供多种方案的成本比较和选择。

5.1.3　资源成本的分类

项目成本按照项目元素可划分为资源成本与固定成本两大类，其中资源成本又可分为工时资源成本与材料资源成本，主要包括标准费率、加班费率、每次使用成本与成本累算。

由于在前面的章节中已经讲解了标准费率、加班费率及每次使用成本的设置方法，所以在本节内主要讲解资源成本的分类方式。

1．工时资源成本

工时资源是由资源费率、资源时间与资源数量组成，其资源的正常与加班工时方面的成本被称为资源的可变成本，而与资源单位数量有关的每次使用成本被称为资源的固定成本。

2．材料资源成本

材料资源成本也是由可变成本与固定成本组合而成，其资源的材料费用与材料用量被称为可变成本；而材料的每次使用成本被称为固定成本。材料的固定成本与材料的使用量无关，该特点区别于工时资源的固定成本。

另外，用户可通过下图详细了解工时资源与材料资源成本的区别。

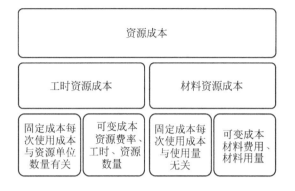

5.2 设置项目成本

项目成本按照项目元素可划分为资源成本与固定成本两大类，但按照成本类型来划分则可分为固定成本、实际成本和预算成本。在前面的章节中，已经详细介绍了资源成本（资源费率）的设置方法，在本小节中，将重点介绍固定成本、实际成本和预算成本，以及成本累算的设置方法。

5.2.1 设置固定成本

固定成本，是一种与任务工时、工期变化无关的项目费用，也就是所有非资源任务开销的成本。另外，项目中的某种管理费也可以作为固定成本。

1．输入子任务的固定成本

在【甘特图】视图中，执行【视图】|【数据】|【表格】|【成本】命令。然后，在任务对应的【固定成本】域中输入固定成本值即可。

为任务输入完固定成本后，Project 2016 会自动显示任务的总成本与剩余成本。

在【成本】表中，主要包括下列信息。

❏ **固定成本**　用于显示或输入所有非资源任务费用。

❏ **固定成本累算**　用于确定固定成本计入任务成本的方式和时间。

❏ **总成本**　用于显示任务、资源或工作分配总的排定成本或计划成本。该值基于分配给该任务的资源的已完成工时所产生的成本，加上剩余工时的计划成本。

❏ **基线**　用于显示某一任务、所有已分配的任务的某一资源或任务上某一资源已完成的工时的总计划成本。该值与保存比较基准时的"成本"域的内容相同。

❏ **差异**　用于显示任务、资源或工作分配的比较基准成本和总成本直接的差异值。其表达式为：成本差异＝成本−比较基准成本。

❏ **实际**　用于显示资源在其任务上已完成

的工时相对应的成本，以及记录的与该任务有关的任务的其他成本。

❑ **剩余** 用于显示剩余的日常安排费用，此费用将在完成剩余工时时产生。其表达式为：剩余成本＝（剩余工时×标准费率）＋剩余加班成本。

2．输入摘要任务的固定成本

在 Project 2016 中，用户可以为摘要任务输入固定成本值，摘要任务的固定成本值并非是所有子任务固定成本的汇总值，而是摘要任务的固定成本值与子任务固定成本值的总和。

例如，子任务的固定成本值总和为"8900"，当为摘要任务输入固定成本值"1000"后，摘要任务的总成本值将自动变为"9900"。

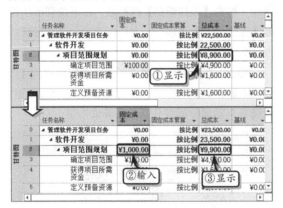

5.2.2 设置实际成本

实际成本是用于显示资源关于任务的已完成工时的成本，以及任何其他任务相关的已记录成本。

1．实际成本的计算方式

实际成本可分为任务类与资源类两类，其每种实际成本的计算方式也不尽相同，具体计算方式如下所述。

❑ **任务类** 实际成本＝（实际工时×标准费率）＋（实际加班工时×加班费率）＋资源每次使用成本＋任务固定成本。

❑ **资源类** 实际成本＝（实际工时×标准费率）＋（实际加班工时×加班费率）＋每次使用成本。

2．更改实际成本值

Project 2016 可以根据任务的完成百分比与实际完成百分比值，自动显示任务与资源的实际成本。在【甘特图】视图中，执行【视图】|【数据】|【表格】|【跟踪】命令，输入任务的完成百分比值和实际完成百分比值，并更改任务的实际成本值即可。

在【跟踪】表中，主要包括下列信息。

❑ **实际开始时间** 根据制定的进度信息，任务或工作分配实际开始的日期和时间。

❑ **实际完成时间** 表示任务或工作分配实际完成的日期和时间。

❑ **完成百分比** 任务的当前状态，表示已经完成的任务工期的百分比。其表达式为：完成百分比＝（实际工时/工时）×100%。

❑ **实际完成百分比** 表示输入的完成百分比值，可作为计算已完成工时的预算成本（BCWP）的替代。

❑ **实际工期** 根据计划工期和当前剩余工时或完成百分比，任务到目前为止的实际工作时间。其表达式为：实际工期＝工期×完成百分比。

❑ **剩余工期** 表示完成一项任务尚未完成的部分所需的时间量，其表达式为：剩余工期＝工期－实际工期。

❑ **实际成本** 表示资源在其任务上已完成的工时相对应的成本，以及记录的与该任务有关的任何其他成本。

❑ **实际工时** 分配给任务的资源已完成的工时量。

	完成百分比	实际完成百分比	实际工期	剩余工期	实际成本	实际工时
0	4%	0%	0.75 个工作日	7.25 个工作日	¥5,400.00	24 工时
1	4%	0%	.75 个工作日	25 个工作日	¥5,400.00	24 工时
2	50%	0%	3 个工作日	3 个工作日	¥5,400.00	24 工时
3	100%	10%	3 个工作日	0 个工作日	¥4,900.00	24 工时
4	0%	0%	1 个工作日	1 个工作日		0 工时
5	0%	0%	1 个工作日	1 个工作日		0 工时
6	0%	0%	1 个工作日	1 个工作日		0 工时
7	0%	0%	0 个工作日	0 个工作日	¥0.00	0 工时
8	0%	0%	0 个工作日	12 个工作日	¥0.00	0 工时
9	0%	0%	0 个工作日	3 个工作日	¥0.00	0 工时

①输入 ②更改

注意

当用户输入任务的实际百分比值时,系统将自动显示该任务的实际成本值。此时,只有在任务完全完成时,也就是当任务的【完成百分比】为100%时,才可以更改实际成本值。

5.2.3 设置预算成本

项目的预算成本与预算资源一样,只能分配给项目的摘要任务。另外,预算成本只能在【任务分配状况】与【资源使用状况】视图中输入。

1.创建预算成本资源

在【资源工作表】视图中,创建一个新资源。然后,执行【资源】|【属性】|【信息】命令,将【类型】设置为"成本",同时启用【预算】复选框。

2.分配预算成本资源

执行【文件】|【选项】命令,在弹出的【Project选项】对话框中,激活【高级】选项卡,启用【显示项目摘要任务】复选框,并单击【确定】按钮。

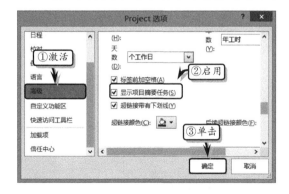

在【甘特图】视图中选择摘要任务,执行【资源】|【工作分配】|【分配资源】命令,选择"总费用"选项,单击【分配】按钮,将预算成本资源

分配给项目的摘要任务。

3.输入预算成本值

执行【视图】|【任务视图】|【任务分配状况】命令,单击【添加新列】列标题,在下拉列表中选择【预算成本】选项,为该视图添加一个"预算成本"列。

然后,在分配给摘要任务的资源所对应的【预算成本】单元格中输入预算成本值,按下 Enter 键,系统将自动显示摘要任务的预算成本值。

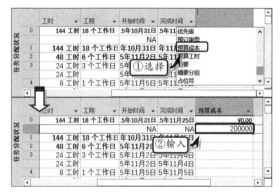

此时,将视图切换到【甘特图】视图中,添加【预算成本】列,在项目摘要任务的【预算成本】单元格中,将显示项目的预算成本值。

另外，将视图切换到【资源工作表】视图中，添加【预算成本】列，在【预算成本】单元格中将显示预算资源的成本值。

> **注意**
>
> 执行【视图】|【资源视图】|【资源使用状况】命令，在视图中添加一个【资源成本】列，也可输入预算资源的成本值。

5.2.4 设置成本的累算方式

在实施项目时，为了准确地计算项目成本，需要根据项目的实际情况设置项目固定成本的累算方式。固定成本的累算方式主要包括开始、结束与按比例 3 种方式。

1．设置现有任务的累算方式

默认情况下，Project 2016 为任务的固定成本设置"按比例"的累算方式。此时，在【甘特图】视图中，执行【视图】|【数据】|【表格】|【成本】命令，切换到"成本"表中。此时，用户只需更改【固定成本累算】单元格中的选项即可。

2．设置资源固定成本的累算方式

同样，Project 2016 将资源成本也设置为"按比例"的累算方式。可以像设置任务固定成本那样，直接在【资源工作表】中的【成本累算】单元格中，更改现有资源成本的累算方式。

另外，在【资源工作表】中，选择某项资源名称，执行【资源】|【属性】|【信息】命令，在【资源信息】对话框中激活【成本】选项卡，可以通过【成本累算】选项，设置当前资源的累算方式。

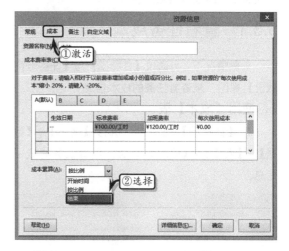

3．更改默认的累算方式

执行【文件】|【选项】命令，激活【日程】选项卡，将【该项目的计算选项】设置为"所有新项目"，然后设置【默认固定成本累算】选项即可。

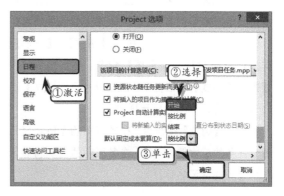

更改默认的累算方式后,再创建新项目时,系统将自动以新设置的累算方式进行计算。

注意

当用户将【该项目的计算选项】设置为当前文档的名称时,表示只有在当前项目中添加新任务时,新任务的固定成本将默认为更改后的累算方式。

Project 5.3 查看项目成本

设置完项目成本之后,为了防止项目的实际成本超出预算成本,需要通过 Project 2016 中的视图来查看项目的成本信息。

5.3.1 查看任务成本

一般情况下,可通过【甘特图】与【任务分配状况】视图,来查看任务的成本信息。

1. 使用【成本】表

在【甘特图】视图中,执行【视图】|【数据】|【表格】|【成本】命令,查看任务的成本信息。

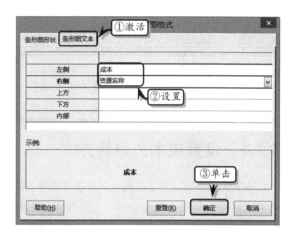

除此之外,在【甘特图】中还可以通过在条形图上显示成本值的方法,达到快速查看任务成本的目的。选择所有的任务,执行【格式】|【条形图样式】|【格式】|【条形图】命令。在弹出的【设置条形图格式】对话框中,激活【条形图文本】选项卡,设置条形图的显示样式。

单击【确定】按钮后,在条形图的左侧将显示每个任务的成本值。同样,在条形图的右侧将显示每个任务的资源名称。

2. 使用【任务分配状况】视图

执行【视图】|【任务视图】|【任务分配状况】命令,右击【详细信息】列,执行【成本】命令,即可在视图中显示每项任务的成本值。

技巧

在【任务分配状况】视图中,执行【视图】|【数据】|【表格】|【成本】命令,即可在视图的左侧显示任务的成本信息。

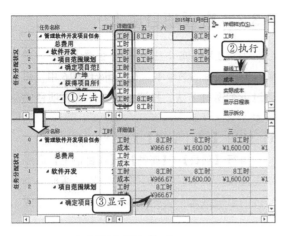

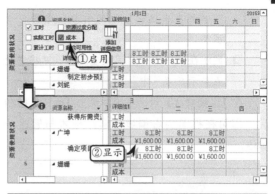

5.3.2　查看资源成本

在 Project 2016 中，管理者可以利用【资源工作表】【资源使用状况】等资源类视图，从资源信息的角度来分析项目成本。

1. 使用【资源工作表】视图

管理者可以使用【资源工作表】视图，来查看资源的总成本。在【资源工作表】视图中，执行【视图】|【数据】|【表格】|【成本】命令，可在"成本"表中查看资源的成本信息。

	资源名称	成本	基线成本	差异	实际成本	剩余成本
1	张新	¥800.00	¥0.00	¥800.00	¥0.00	¥800
2	刘能	¥800.00	¥0.00	¥800.00	¥0.00	¥800
3	赵四	¥800.00	¥0.00	¥800.00	¥0.00	¥800
4	广坤	¥4,800.00	¥0.00	¥4,800.00	¥4,800.00	¥
5	姗姗	¥800.00	¥0.00	¥800.00	¥0.00	¥800
6	刘婉	¥0.00	¥0.00	¥0.00	¥0.00	¥
7	王恒	¥800.00	¥0.00	¥800.00	¥0.00	¥800
8	炎炎	¥800.00	¥0.00	¥800.00	¥0.00	¥800
9	鑫鑫	¥2,400.00	¥0.00	¥2,400.00	¥0.00	¥2,40
10	培训师	¥2,400.00	¥0.00	¥2,400.00	¥0.00	¥2,40
11	办公费用	¥0.00	¥0.00	¥0.00	¥0.00	¥
12	讲师	¥1,600.00	¥0.00	¥1,600.00	¥0.00	¥1,60
13	金山	¥1,600.00	¥0.00	¥1,600.00	¥0.00	¥1,60

2. 使用【资源使用状况】视图

当管理者需要查看或了解每种资源在特定的周期内所产生的成本值与详细成本值时，可在【资源使用状况】视图中执行【格式】|【详细信息】|【成本】命令，在视图的右侧部分查看任务的成本值。

另外，执行【格式】|【详细信息】|【添加详细信息】命令，可在弹出的【详细样式】对话框中，设置需要显示的实际成本与累计成本信息。

在【详细样式】对话框中，主要包括下列选项。

❏ **可用域**　用来显示 Project 2016 中的一些可用域，用于选择需要添加的域。

❏ **显示这些域**　表示当前【资源使用状况】视图中正在使用的域。

❏ **显示**　单击该按钮，可将【可用域】列表框中所选择的域添加到【显示这些域】列表框中，也就是为视图添加域。

❏ **隐藏**　单击该按钮，可删除【显示这些域】列表框中所选择的域。

❏ **移动**　单击【上移】或【下移】按钮，可上下移动【显示这些域】列表框中所选择的域，调整其显示的上下位置。

❏ **字体**　单击其后的【更改字体】按钮，可设置所选域的字体显示格式。

❏ **单元格背景**　单击其后的下拉按钮，可在打开的下拉列表中选择所选域的单元格的背景颜色。

❏ **图案**　单击其后的下拉按钮，可在打开的下拉列表中选择所选域的单元格的背景图案。

❑ **显示在菜单中** 启用该复选框，可将域设置显示在菜单中。

在【详细样式】对话框中，单击【确定】按钮后，即可在视图的右侧显示实际成本与累计成本值。

3．使用【资源图表】视图

对于习惯使用图形方式的用户来讲，可通过【资源图表】视图，来查看资源的成本信息。

在【资源图表】视图中，执行【格式】|【数据】|【图表】命令，在其列表中选择【成本】选项，即可在图表中显示资源的成本数据与图形。同样，选择【累计成本】选项，即可在图表中显示资源的累计成本数据与图形。

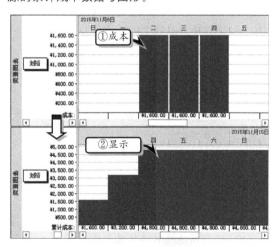

> **技巧**
>
> 双击【资源图表】视图中的时间刻度，可在弹出的【时间刻度】对话框中，设置需要查看成本的特定周期。

5.3.3　查看项目成本

为防止项目成本超出预算，管理者需要时常查看与监视项目的总成本。在 Project 2016 中，可以通过下列两种方法，快速、便捷地查看项目的总成本。

1．使用【统计信息】对话框

执行【项目】|【属性】|【项目信息】命令，单击【统计信息】按钮，在弹出的对话框中查看项目的当前成本、实际成本以及剩余成本等成本情况。

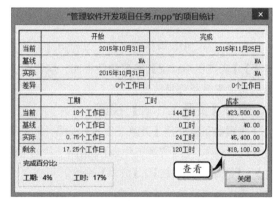

2．使用【成本】表

执行【视图】|【任务视图】|【其他视图】|【其他视图】命令，选择【任务工作表】选项，并单击【应用】按钮。

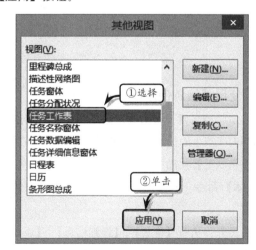

然后，执行【视图】|【数据】|【表格】|【成本】命令，在成本表中查看项目的总成本额。

技巧

用户也可以在【甘特图】视图中的【成本】表，或在【任务分配状况】视图中的【成本】表中，查看项目的总成本额。

5.4 分析与调整项目成本

为了控制项目成本，防止实际成本超出预算成本，也为了避免出现资源过度分配的情况，管理者需要查看与调整项目中的各项成本。

5.4.1 查看超出预算的成本

在项目的实施过程中，为防止过度消耗成本，需要随时查看超出预算的成本。在【任务分配状况】视图中的【成本】表中，执行【视图】|【数据】|【筛选器】命令，在其列表中选择【其他筛选器】选项。

在弹出的对话框中，选择【成本超过预算】选项，并单击【应用】按钮。此时，在视图中将显示成本超过预算的任务。

5.4.2 调整项目成本

调整项目成本包括调整工时资源成本和材料资源成本两部分内容，其具体调整方法如下所述。

1．调整工时资源成本

由于工时资源的成本直接受资源费率、工时与资源数量的影响，所以管理者在保持资源费率不变的情况下，通过调整资源的工时值，来调整工时资源的成本值。

在【任务分配状况】视图中，选择任务下面的资源名称，执行【格式】|【分配】|【信息】命令。在【常规】选项卡中，更改资源的工时值。

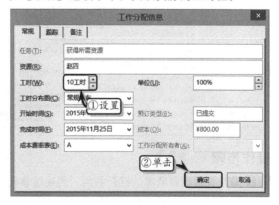

单击【确定】按钮之后，在资源名称前面将显示【智能标记】按钮，单击该按钮并选择相应的选项，即可达到调整工时资源成本的目的。

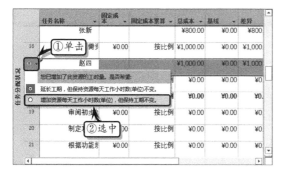

2．调整材料资源成本

材料资源的可变成本是由材料的价格与用量组成的，由于在项目实施之前就已经固定了材料的价格，所以只能通过调整材料的用量，来调整材料资源成本。

在【甘特图】视图中，执行【资源】|【工作分配】|【分配资源】命令，在弹出的对话框中更改材料资源的数量，即可调整材料资源的成本。

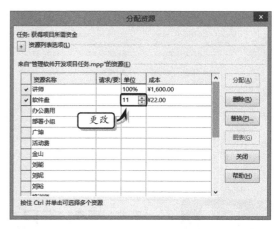

另外，在【资源使用状况】视图中，直接设置材料资源分配任务的"工时"值，即可调整材料资源的成本。

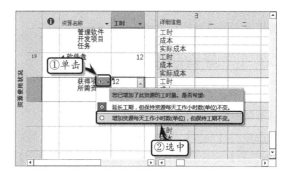

Project 5.5 练习：管理信息化项目成本

在"信息化项目"项目实施过程中，管理者不仅需要合理安排整体费用，而且还需要随时掌控成本资源的使用情况。为了杜绝最终成本大于预算成本的情况发生，保证项目的顺利完成，需要进行项目成本管理。

练习要点

- 设置固定成本
- 设置实际成本
- 设置成本的累算方式
- 查看任务成本信息
- 查看总成本信息
- 调整项目成本

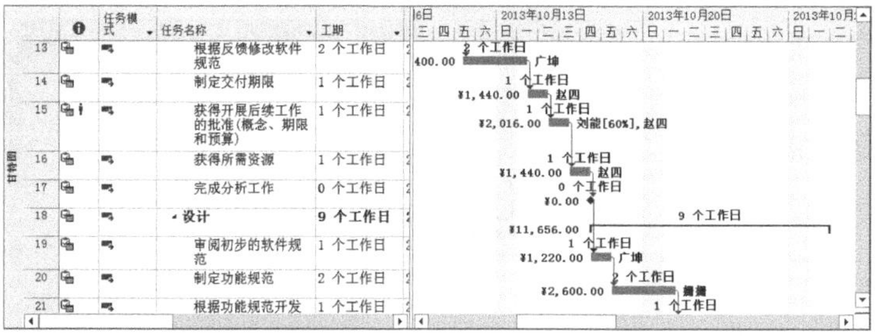

操作步骤 ▶▶▶▶

STEP|01 设置资源成本。打开名为"创建信息化

项目"的文档，切换到【资源工作表】视图中，选择第一个资源，在【标准费率】和【加班费率】单

元格中输入资源费用。使用同样的方法，输入其他资源费用。

	最大单位	标准费率	加班费率	每次使用成
1	100%	￥150.00/工时	￥120.00/工时	
2	100%	￥120.00/工时	￥90.00/工时	
3	100%	￥120.00/工时	￥90.00/工时	
4	100%	￥100.00/工时	￥120.00/工时	
5	100%	￥80.00/工时	￥0.00/工时	
6	100%	￥100.00/工时	￥90.00/工时	
7	100%	￥100.00/工时	￥120.00/工时	
8	100%	￥15,000.00/工时	￥0.00/工时	

资源工作表

输入

STEP|02 设置固定成本。然后，切换到【甘特图】视图中，执行【视图】|【数据】|【表格】|【成本】命令，切换到【成本】表中。

	任务名称	固定成本	固定成本累算	总成本	
1	◢ 信息化项目	￥0.00	按比例	57,600.00	00
2	召开项目启动	￥0.00	按比例	46,240.00	00
3	◢ 采购设备	￥0.00	按比例	52,240.00	00
4	定购设备	￥0.00	按比例	14,000.00	
5	设备供货	￥0.00	按比例	32,000.00	
6	设备验收	￥0.00	按比例	6,240.00	
7	◢ 机房建设	￥0.00	按比例	50,000.00	
8	详细设计	￥0.00	按比例	14,800.00	
9	现场施工	￥0.00	按比例	35,200.00	
10	单项验收	￥0.00	按比例		
11	◢ 项目需求调研	￥0.00	按比例		
12	OA系统调		按比例		
13	财务系统调		按比例	00	

①执行 ②显示

甘特图

STEP|03 选择任务 1，在其对应的【固定成本】单元格中输入固定成本值。使用同样方法，输入其他任务的固定成本值。

	任务名称	固定成本	固定成本累算	总成本	基线
1	◢ 信息化项目	￥0.00	按比例	57,600.00	￥0.00
2	召开项目启动	200	按比例	46,240.00	￥0.00
3	◢ 采购设备	￥0.00	按比例	52,240.00	￥0.00
4	定购设备		按比例	14,000.00	￥0.00
5	设备供货		按比例	32,000.00	￥0.00
6	设备验收		按比例	6,240.00	￥0.00
7	◢ 机房建设	￥0.00	按比例	50,000.00	￥0.00
8	详细设计	￥0.00	按比例	14,800.00	￥0.00
9	现场施工	￥0.00	按比例	35,200.00	￥0.00
10	单项验收	￥0.00	按比例	￥0.00	￥0.00
11	◢ 项目需求调研	￥0.00	按比例	72,880.00	￥0.00
12	OA系统调	￥0.00	按比例	44,400.00	￥0.00
13	财务系统调	￥0.00	按比例	8,000.00	￥0.00

输入

甘特图

STEP|04 设置实际成本。执行【视图】|【数据】|【表格】|【跟踪】命令，切换到【跟踪】表中。

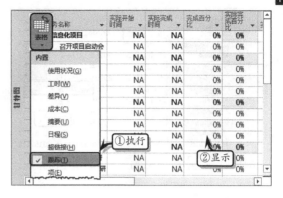

	务名称	实际开始时间	实际完成时间	完成百分比	实际完成百分比
	信息化项目	NA	NA	0%	0%
	召开项目启动会	NA	NA	0%	0%
		NA	NA	0%	0%
		NA	NA	0%	0%
		NA	NA	0%	0%
		NA	NA	0%	0%
		NA	NA	0%	0%
		NA	NA	0%	0%
		NA	NA	0%	0%
		NA	NA	0%	0%
	研	NA	NA	0%	0%

表格 / 内置: 使用状况(G) / 工时(W) / 差异(V) / 成本(C) / 摘要(U) / 日程(S) / 超链接(H) / ✓跟踪(T) / 项(E)

①执行 ②显示 甘特图

STEP|05 然后，单击任务 2 对应的【完成百分比】和【实际完成百分比】单元格，调整任务相对应的完成百分比值。使用同样的方法，调整其他任务的完成百分比值。

	任务名称	实际开始时间	实际完成时间	完成百分比	实际完成百分比
1	◢ 信息化项目	年11月2日	NA	1%	0%
2	召开项目启动会	年11月2日	年11月3日	100%	100%
3	◢ 采购设备	NA	NA	0%	0%
4	定购设备	NA	NA	0%	0%
5	设备供货	NA	NA	0%	0%
6	设备验收	NA	NA	0%	0%
7	◢ 机房建设	NA	NA	0%	0%
8	详细设计	NA	NA	0%	0%
9	现场施工	NA	NA	0%	0%
10	单项验收	NA	NA	0%	0%
11	◢ 项目需求调研	NA	NA	0%	0%
12	OA系统调研	NA	NA	0%	0%
13	财务系统调研	NA	NA	0%	0%

输入 甘特图

STEP|06 设置固定成本的累算方式。执行【视图】|【数据】|【表格】|【成本】命令，更改任务2对应的【固定成本累算】单元格中的选项。

	任务名称	固定成本	固定成本累算	总成本	基线
1	◢ 信息化项目	￥0.00	按比例	58,040.00	￥0.00
2	召开项目启动	￥200.00	按比例	46,440.00	￥0.00
3	◢ 采购设备	￥0.00	开始时间	52,480.00	￥0.00
4	定购设备	￥60.00	按比例	14,060.00	￥0.00
5	设备供货	￥100.00	结束	32,100.00	￥0.00
6	设备验收		按比例	6,320.00	￥0.00
7	◢ 机房建设	￥0.00	按比例	50,000.00	￥0.00
8	详细设计	￥0.00	按比例	14,800.00	￥0.00
9	现场施工	￥0.00	按比例	35,200.00	￥0.00
10	单项验收	￥0.00	按比例	￥0.00	￥0.00
11	◢ 项目需求调研	￥0.00	按比例	72,880.00	￥0.00
12	OA系统调研	￥0.00	按比例	44,400.00	￥0.00
13	财务系统调	￥0.00	按比例	8,000.00	￥0.00

选择 甘特图

STEP|07 显示任务成本。切换到【项】表中，选择所有的子任务，执行【格式】|【条形图样式】|【格式】|【条形图】命令。

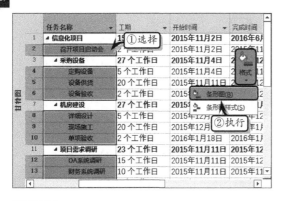

STEP|08 在弹出的【设置条形图格式】对话框中，激活【条形图文本】选项卡，设置条形图的显示成本样式，并单击【确定】按钮。

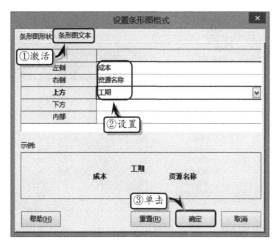

STEP|09 查看资源成本。执行【视图】|【资源视图】|【资源工作表】命令，同时执行【视图】|【数据】|【表格】|【成本】命令，在"成本"表中查看资源的成本信息。

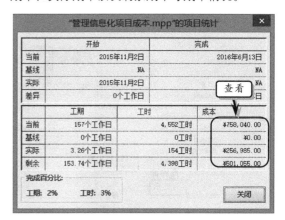

STEP|10 查看总成本信息。执行【项目】|【属性】|【项目信息】命令，在弹出的对话框中单击【统计信息】按钮。

STEP|11 然后，在弹出的对话框中查看项目当前成本、实际成本以及剩余成本等成本情况。

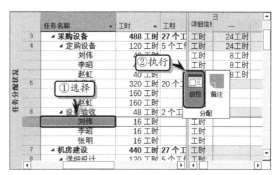

STEP|12 调整项目成本。执行【视图】|【任务视图】|【任务分配状况】命令，选择任务 6 下的"刘伟"资源，执行【格式】|【分配】|【信息】命令。

STEP|13 在弹出的【工作分配信息】对话框中，激活【常规】选项卡，更改资源的工时值，并单击【确定】按钮。

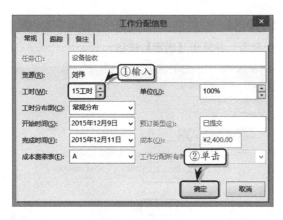

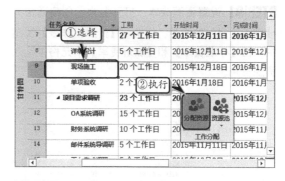

STEP|14 单击【智能标记】按钮，选择相应的选项，即可通过增加资源的工作时间，达到调整工时资源成本的目的。

STEP|16 在弹出的【分配资源】对话框中，选择资源名称，单击【分配】按钮，调整任务的资源费用。

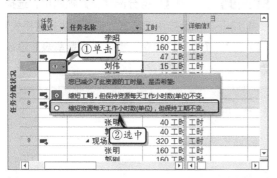

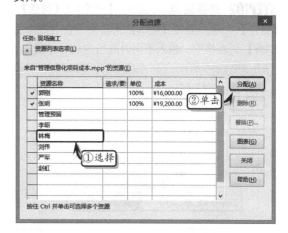

STEP|15 执行【视图】|【任务视图】|【甘特图】命令，同时选择任务 9，执行【资源】|【工作分配】

5.6 练习：管理通信大楼施工项目成本

对于"通信大楼施工"项目来讲，最重要的一项工作便是控制项目成本，使实际成本小于或等于预算成本。控制项目成本最有效的方法，便是根据项目的实际情况，合理地设置资源费率、固定成本、实际成本及成本的累算方式。同时，还需要随着项目的实施时刻审查项目的成本信息，并根据项目的进度随时调整工时资源的分配。

练习要点
- 设置资源成本
- 设置固定成本
- 设置预算成本
- 查看成本信息
- 查看超出预算的成本

操作步骤 >>>>

STEP|01 设置资源成本。打开名为"创建通信大楼施工项目"的文档,切换到【资源工作表】视图中,在【标准费率】和【加班费率】单元格中输入资源费用。

STEP|02 选择资源 3,执行【资源】|【属性】|【信息】命令。激活【成本】选项卡,在【成本费率表】列表框中,输入不同时间段内的标准费率。

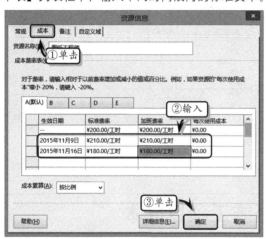

STEP|03 选择资源 10,在【资源信息】对话框中,激活【成本】选项卡,在【B】列表中输入该资源的第 2 个资源费率。

STEP|04 然后,在【C】列表中,输入资源的第 3 个费率,并单击【确定】按钮。

STEP|05 切换到【任务分配状况】视图中,选择任务 17 下的"给排水安装工"资源,执行【格式】|【分配】|【信息】命令,将【成本费率表】设置为"C",并单击【确定】按钮。

STEP|06 设置固定成本。切换到【甘特图】视图中的【成本】表中,在任务 3 对应的【固定成本】单元格中输入固定成本值。使用同样的方法,输入其他任务的成本值。

STEP|07 设置预算成本。执行【文件】|【选项】命令，激活【高级】选项卡，启用【显示项目摘要任务】复选框，并单击【确定】按钮。

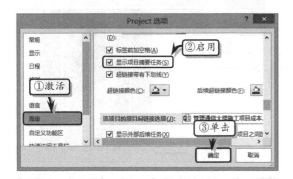

STEP|08 选择摘要任务，执行【资源】|【工作分配】|【分配资源】命令，将预算成本资源分配给项目的摘要任务。

STEP|09 执行【视图】|【任务视图】|【任务分配状况】命令，同时单击【添加新列】域标题，在其下拉列表中选择"预算成本"选项。

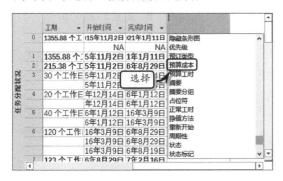

STEP|10 在分配给摘要任务的资源所对应的【预算成本】单元格中输入预算成本值，按下 Enter 键即可。

STEP|11 查看任务成本信息。在【任务分配状况】视图中，右击【详细信息】列，执行【成本】命令，在成本表中查看任务的成本信息。

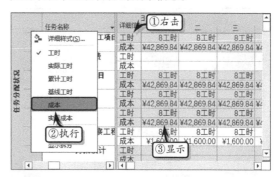

STEP|12 查看资源成本信息。执行【视图】|【资源视图】|【资源使用状况】命令，同时执行【格式】|【详细信息】|【成本】命令，在视图的右侧部分查看资源的成本值。

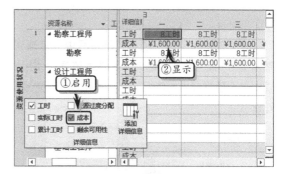

STEP|13 执行【格式】|【详细信息】|【添加详细信息】命令，在弹出的【详细样式】对话框中，添加实际成本与累计成本域，并单击【确定】按钮。

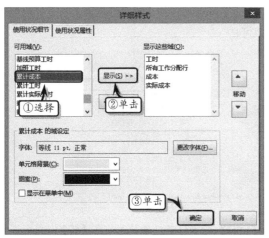

STEP|14 此时，系统将自动显示"实际成本"和"累计成本"值，以方便用户查看资源的成本情况。

STEP|15 执行【视图】|【资源视图】|【其他视图】|【资源图表】命令，切换到【资源图表】视图中。

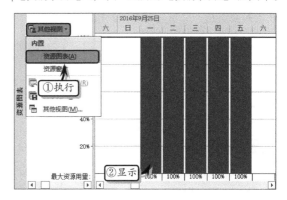

STEP|16 同时，执行【格式】|【数据】|【图表】|【成本】命令，以图表方式查看资源成本情况。

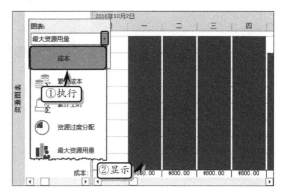

5.7 练习：管理洗衣机项目成本

在"洗衣机管理"项目实施过程中，管理者不仅需要合理安排整体费用，而且还需要随时掌控成本资源的使用情况。为了杜绝最终成本大于预算成本的情况，保证项目的顺利完成，需要进行项目成本管理。

练习要点

- 设置固定成本
- 设置实际成本
- 设置成本的累算方式
- 查看任务成本信息
- 查看总成本信息
- 调整项目成本

操作步骤 ▶▶▶▶

STEP|01 设置固定成本。打开名为"管理洗衣机项目资源"的文档，切换到【甘特图】视图中，执行【视图】|【数据】|【表格】|【成本】命令，在任务对应的【固定成本】域中输入固定成本值。

	任务名称	固定成本	固定成本累算	总成本	基线
1	◢ 洗衣机研发项	¥0.00	按比例	60,196.00	¥0.00
2	◢ 总体设计	¥0.00	按比例	16,640.00	¥0.00
3	总体方案	¥2,000.00	按比例	48,280.00	¥0.00
4	技术规格	¥1,000.00	按比例	32,360.00	¥0.00
5	外形设计		按比例	36,000.00	¥0.00
6	◢ 简体研制	¥0.00	按比例	78,500.00	¥0.00
7	简体研发	¥200.00	按比例	21,400.00	¥0.00
8	简体试制	¥500.00	按比例	28,500.00	¥0.00
9	简体测试	¥600.00	按比例	28,600.00	¥0.00
10	◢ 电动机研制	¥0.00	按比例	09,296.00	¥0.00

输入

STEP|02 设置实际成本。执行【视图】|【数据】|【表格】|【跟踪】命令，调整任务相对应的完成百分比值。使用同样的方法，调整其他任务的完成百分比值。

	实际开始时间	实际完成时间	完成百分比	实际完成百分	实际工期	剩余工期
1	年10月1日	NA	21%	0%	.76 个工作日	.24 个工
2	年10月1日	NA	63%	0%	.75 个工作日	.25 个工
3	年10月1日	月11月25日	100%	100%	40 个工作日	0 个工
4	NA	NA	0%	0%	0 个工作日	14 个工
5	NA	NA	0%		0 个工作日	10 个工
6	NA	NA	0%		0 个工作日	32 个工
7	NA	NA	0%		0 个工作日	12 个工
8	NA	NA	0%		0 个工作日	10 个工
9	NA	NA	0%		0 个工作日	10 个工
10	NA	NA	0%		0 个工作日	42 个工

输入

STEP|03 设置固定成本的累算方式。执行【视图】|【数据】|【表格】|【成本】命令，更改任务 1 对应的【固定成本累算】单元格中的选项。

	固定成本	固定成本累算	总成本	基线	差异	四
1	¥0.00	比例	60,196.00	¥0.00	460,196.00	
2			16,640.00	¥0.00	¥116,640.00	
3	¥2,000.00	按比例	48,280.00	¥0.00	¥48,280.00	
4	¥1,000.00	开始时间	32,360.00	¥0.00	¥32,360.00	
5	¥0.00	按比例	36,000.00	¥0.00	¥36,000.00	
6		结束	78,500.00	¥0.00	¥78,500.00	
7		按比例	21,400.00	¥0.00	¥21,400.00	
8		按比例	28,500.00	¥0.00	¥28,500.00	
9	¥600.00	按比例	28,600.00	¥0.00	¥28,600.00	
10	¥0.00	按比例	09,296.00	¥0.00	109,296.00	

①单击　②选择

STEP|04 显示任务成本。执行【视图】|【数据】|【表格】|【项】命令，选择所有的子任务，执行【格式】|【条形图样式】|【格式】|【条形图】

命令。

STEP|05 在填充的【设置条形图格式】对话框中，激活【条形图文本】选项卡，设置条形图的显示成本样式，并单击【确定】按钮。

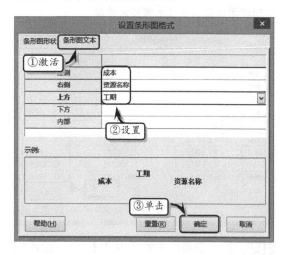

STEP|06 查看资源成本。切换到【资源工作表】视图中，执行【视图】|【数据】|【表格】|【成本】命令，在"成本"表中查看资源的成本信息。

	成本	基线成本	差异	实际成本	剩余成本
1	¥0.00	¥0.00	¥0.00	¥0.00	¥0.0
2	¥20,800.00	¥0.00	¥20,800.00	¥0.00	¥20,800.0
3	¥86,600.00	¥0.00	¥86,600.00	¥46,280.00	¥40,320.0
4	¥16,000.00	¥0.00	¥16,000.00	¥0.00	¥16,000.0
5	¥0.00	¥0.00	¥0.00	¥0.00	¥0.0
6	¥19,200.00	¥0.00	¥19,200.00	¥0.00	¥19,200.0
7	¥32,000.00	¥0.00	¥32,000.00	¥0.00	¥32,000.0
8	¥44,544.00	¥0.00	¥44,544.00	¥0.00	¥44,544.0
9	¥34,944.00	¥0.00	¥34,944.00	¥0.00	¥34,944.0
10	¥64,000.00	¥0.00	¥64,000.00	¥0.00	¥64,000.0
11	¥35,200.00	¥0.00	¥35,200.00	¥0.00	¥35,200.0
12	¥24,000.00	¥0.00	¥24,000.00	¥0.00	¥24,000.0

STEP|07 查看总成本信息。执行【项目】|【属性】

|【项目信息】命令，在弹出的对话框中单击【统计信息】按钮。

STEP|08 在弹出的对话框中查看项目当前成本、实际成本以及剩余成本等成本情况。

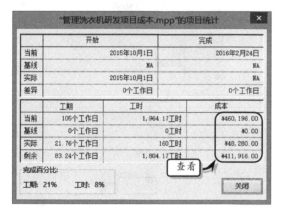

STEP|09 调整项目成本。切换到【任务分配状况】视图中，选择任务 19 下的"项目主管"资源，执行【格式】|【分配】|【信息】命令，更改资源的工时值。

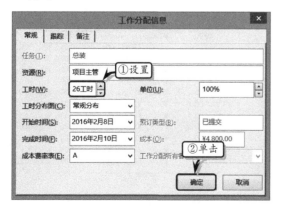

STEP|10 单击【智能标记】按钮，选择相应的选项，即可通过增加资源的工作时间，达到调整工时资源成本的目的。

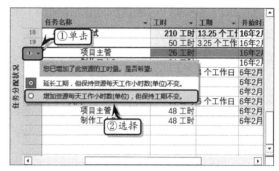

STEP|11 查看成本信息。在【任务分配状况】视图中，右击【详细信息】列，执行【成本】命令，在成本表中查看任务的成本信息。

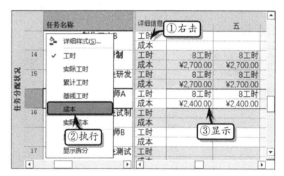

STEP|12 查看资源成本信息。切换到【资源使用状况】视图中，同时执行【格式】|【详细信息】|【成本】命令，在视图的右侧部分查看资源的成本值。

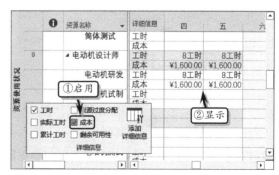

Project

5.8 新手训练营

练习 1：设置外墙施工项目成本

downloads\5\新手训练营\设置外墙施工项目成本

提示：在本练习中，首先在【甘特图】视图中，执行【视图】|【数据】|【表】|【成本】命令，在【成本】表中输入任务的固定成本值。然后，将切换到【跟踪】表中，设置任务的完成百分比值和实际完成百分比值，并更改任务的实际成本值。最后，选择所有的任务，执行【格式】|【条形图样式】|【格式】|【条形图】命令，设置条形图的文本显示内容。

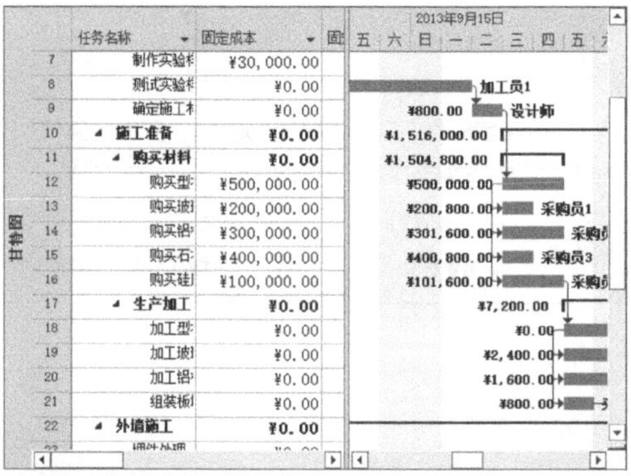

练习 2：查看购房计划项目成本

downloads\5\新手训练营\查看购房计划项目成本

提示：在本练习中，首先执行【视图】|【资源视图】|【资源使用状况】命令，切换到【资源使用状况】视图中。并执行【格式】|【详细信息】|【成本】命令，查看资源的成本信息。然后，执行【视图】|【任务视图】|【任务分配状况】命令，将视图切换到【任务分配状况】视图中，右击【详细信息】列，执行【成本】命令，查看任务的成本信息。

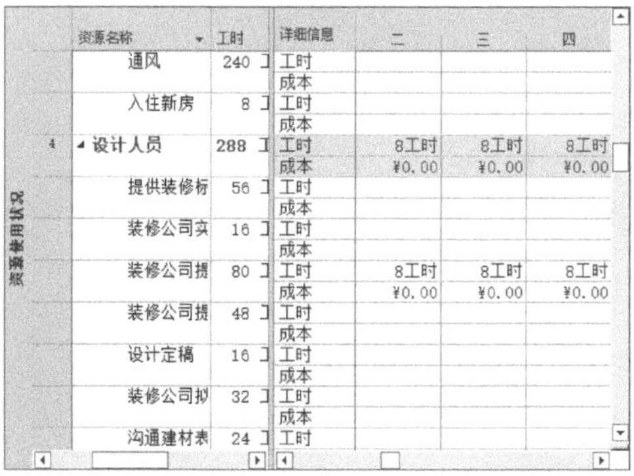

练习 3：调整新产品上市项目成本

downloads\5\新手训练营\调整新产品上市项目成本

提示：在本练习中，首先在【任务分配状况】视图中，选择任务下面的资源名称，执行【格式】|【分配】|【信息】命令。在【常规】选项卡中，更改资源的工时值。单击【确定】按钮之后，在资源名称前面将显示【智能标记】按钮，单击该按钮并选择相应的选项即可。

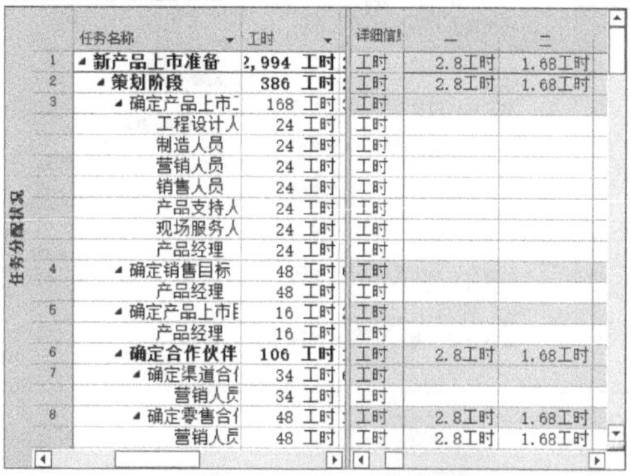

练习 4：设置开办新业务项目成本

downloads\5\新手训练营\设置开办新业务项目成本

提示：在本练习中，首先在【资源工作表】视图中输入一个预算资源，并执行【文件】|【选项】命令，在【高级】选项卡中，启用【显示摘要任务】复选框，显示总摘要任务。然后，将预算资源分配给摘要任务，并在【任务分配状况】视图中添加一个【预算成本】新列。最后，在【预算成本】列中输入摘要任务的成本值即可。

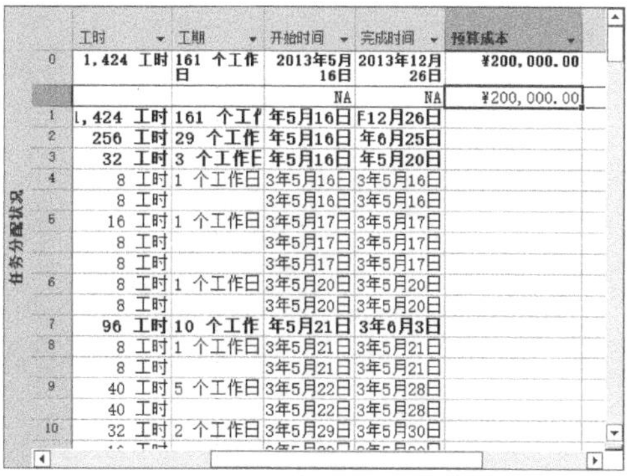

练习 5：管理软件开发项目成本

downloads\第 5 章\新手训练营\管理软件开发
项目成本

提示：在本练习中，首先切换到【成本】表中输入任务的固定成本，同时切换到【跟踪】表中设置任务的完成百分比。然后，在【资源工作表】中查看资源成本，并在【甘特图】视图中执行【格式】|【条形图样式】|【格式】|【条形图】命令，设置条形图的样式。最后，查看项目的总成本情况，并通过【任务分配状况】视图调整资源的成本。

练习 6：管理焦炉管道安装项目成本

downloads\第 5 章\新手训练营\管理焦虑管道
安装项目成本

提示：在本练习中，首先在【资源工作表】中创建预算资源，并在【甘特图】视图中的【成本】表中输入任务的固定成本。然后，启用项目摘要任务，并为项目摘要任务分配预算资源。最后，在【任务分配状况】视图中，添加【成本】列，并查看任务的工时和成本信息。

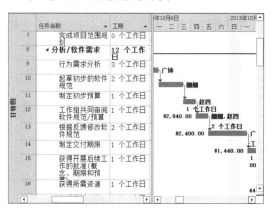

	任务名称	固定成本	详细信息	四	五
	管理员		工时		
			成本		
6	▲ 前期预作	¥0.00	工时	16工时	16.
			成本	¥240.00	¥240
7	▲ 各类阀门清洗检查	¥2,000.00	工时		
			成本		
	管工1		工时		
			成本		
8	▲ 拖座制作	¥0.00	工时		
			成本		
	管焊工A		工时		
			成本		
9	▲ 管道加工	¥0.00	工时	16工时	16.
			成本	¥240.00	¥240
10	▲ 管子切割	¥0.00	工时		
			成本		
	管焊工B		工时		
			成本		
11	▲ 弯管制作	¥0.00	工时		

第 6 章

管理多重项目

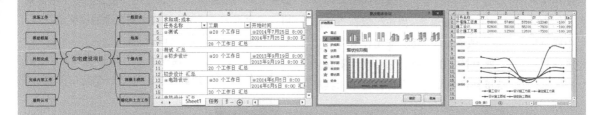

对于大型项目来讲，为了便于规划与执行，往往需要划分为几个小项目由不同的人负责，最后再由项目经理合成为一个总项目。这样一来，项目经理便需要同时管理多个项目。此时，项目经理需要运用 Project 2016 中的多重项目管理功能，合并及更新多个项目计划间的资源，以及将多个单独的项目计划组合为一个合并项目计划，并为新项目计划创建项目间的依赖关系，从而帮助项目经理解决多个项目之间的各种协调问题。

6.1 合并资源

合并资源又被称为共享资源,是将不同项目中的资源汇总成一个共用资源库。通过合并资源,不仅可以帮助项目经理集中管理多个项目中的资源,并且还可以帮助项目经理查看整体项目的累计成本与材料资源等项目数据。

6.1.1 理解资源库

资源库是一个项目计划,其他项目计划从中提取资源信息,有助于查看多个资源在多个项目中的使用情况。资源库中包括链接到资源库的所有项目计划中的资源的任务分配信息,用户可以在资源库中修改资源的最大值、成本费率、非工作时间等资源信息。另外,所有链接的项目计划会使用更新后的信息,并且链接到资源库的项目计划会成为共享计划。

在创建资源库之前,每个项目包含自己单独的资源信息。当将该项目的资源信息分配给两个项目中的任务时,可能会导致资源的过度分配与重复现象。

在创建资源库之后,项目计划链接到资源库,资源信息合并到资源库中,并在共享计划中更新。此时,共享计划中的工作分配信息与详细信息也更新到资源库,极大可能解决资源过度分配的问题。

另外,在管理多个项目时,设置资源库后会具有下列优势。

- ❏ 单独的资源信息,可在多个项目计划中使用,减少资源重复输入的操作。
- ❏ 可同时查看多个项目中的工作分配细节。
- ❏ 可以查看每个资源在多个项目中的工作分配成本。
- ❏ 可以查看成本资源在多个项目中的累计成本。
- ❏ 可以查看材料资源在多个项目中的累计消耗值。
- ❏ 可以查找在多个项目中被过度分配或过低分配的资源。

- ❏ 在任意共享计划或资源库中输入资源信息时,其他共享计划也可使用该信息。

当用户需要与网络上的 Project 2016 用户共事时,资源库尤其有用。此时,资源库存储在中央位置,而共享计划的所有者则可以共同使用公共的资源库。

6.1.2 创建资源库

创建资源库又被称为共享资源,是将相同的资源用于多个项目中。对于拥有相同资源的多个项目来讲,共享资源可以解决彼此之间资源的调配情况。

1. 创建共享资源项目文档

首先,打开所有需要共享资源的项目文档,执行【文件】|【新建】命令,新建一个空白文档。

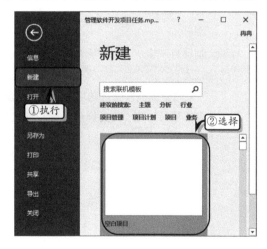

然后,执行【视图】|【资源视图】|【资源工作表】命令,切换到【资源工作表】视图中。

最后，执行【文件】|【另存为】命令，在展开的列表中选择【浏览】按钮。

在弹出的【另存为】对话框中，将【文件名】设置为"共享资源"，并单击【保存】按钮。

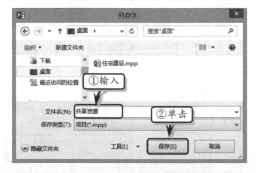

技巧

在新建文档时，单击【快速访问工具栏】中的【新建】按钮，或按下 Ctrl+N 快捷键，即可新建一个空白文档。

2．共享资源

执行【视图】|【窗口】|【全部重排】命令，将所有的项目文档排列在一个窗口中。

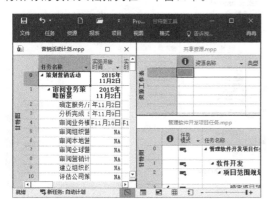

首先，激活"营销活动计划"项目文档，执行【资源】|【工作分配】|【资源池】|【共享资源】命令，设置资源库，并单击【确定】按钮。

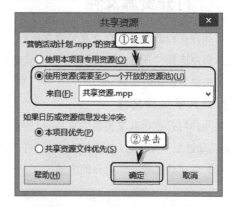

然后，激活"管理软件开发项目任务"文档，执行【资源】|【工作分配】|【资源池】|【共享资源】命令，设置资源库。

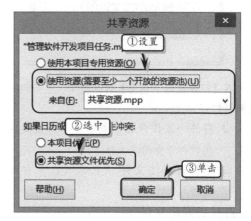

在【共享资源】对话框中，主要包下列选项。

❑ **使用本项目专用资源**　选中该选项，表示只使用当前项目中的资源，不将该项目中的资源共享到资源库。

❑ **使用资源**　选中该选项，并设置【来自】选项后，便可使用指定资源库中的定义的资源。此时，当前项目中的资源信息将显示在指定的资源库中。

❑ **本项目优先**　选中该选项，表示当日历或资源信息发生冲突时，将使用共享计划中的资源信息。

❑ **共享资源文件优先**　选中该选项，表示当日历或资源信息发生冲突时，将使用资源库中的资源信息。

6.1.3 打开资源文件

当用户在打开资源库或共享资源文件时，系统会提示用户选择打开方式，不同的打开方式会影响用户对文件中数据的编辑。

1．打开共享资源文件

当用户打开进行共享资源的文件时（例如打开"营销活动计划"文件时），可在弹出的【打开资源池信息】对话框选择文件打开的方式。

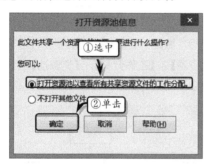

在【打开资源池信息】对话框中，主要包括下列两种打开方式。

- ❑ 打开…工作分配　表示在打开该文档的同时打开资源库文件。
- ❑ 不打开其他文件　表示只打开当前的文件。

2．打开资源库文件

当用户打开资源库文件时（例如打开"共享资源"文件时），可在弹出的【打开资源池】对话框中选择文件的打开方式。

在【打开资源池】对话框中，主要包括下列 3 种打开方式。

- ❑ 以只读…项目　表示将以只读的方式打开资源库，用户将无法编辑资源库中的信息。
- ❑ 以读写…信息　表示将以读写的方式打开资源库。当前用户将锁定资源库文件，会导致其他用户无法更新资源库信息。
- ❑ 以读写…文件　表示将以读写的方式打

开资源库和所有共享资源文件。

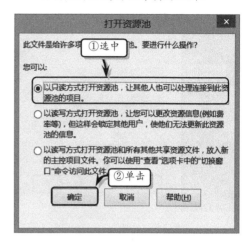

6.1.4 链接新项目计划

首先，新建项目文档，输入任务名称。然后，执行【资源】|【工作分配】|【资源池】|【共享资源】命令，共享项目资源。

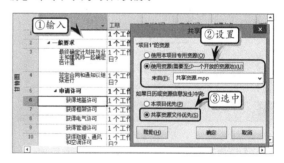

然后，选择任务，执行【资源】|【工作分配】|【分配资源】命令，为项目任务分配资源库中的资源。

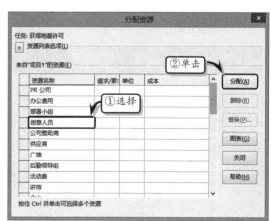

Project

6.2 管理多重资源

为了便于管理资源库中的资源信息,也为了更好地协调各项目间的工作分配与工作时间等问题,项目经理需要管理多重资源信息,包括更新资源库、管理共享资源和查看资源等。

6.2.1 更新资源库

在 Project 2016 中,项目经理需要运用【资源使用状况】视图、【更改工作时间】对话框等功能来更新资源库。

1. 更新资源信息

选择"共享资源"窗口,执行【视图】|【资源类视图】|【资源使用状况】命令。选中资源名称,执行【任务】|【编辑】|【滚动到任务】命令,查看该资源的工作信息。

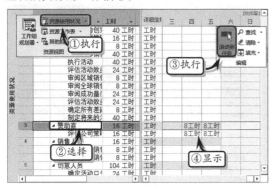

然后,执行【资源】|【属性】|【信息】命令,单击【更改工作时间】按钮。在弹出的【更改工作时间】对话框中,激活【例外日期】选项卡,输入资源时间信息,单击【确定】按钮即可更改资源的工作时间。

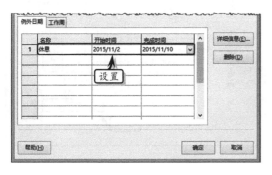

2. 更新工作分配

打开所有的资源共享文件,选择一个共享资源窗口,执行【视图】|【资源类视图】|【资源使用状况】命令。此时,资源【工时】值为零的表示未分配资源。

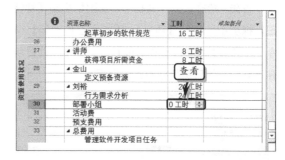

然后,选择另一个共享资源文件窗口,选择任务名称,执行【资源】|【工作分配】|【分配资源】命令,为指定的任务分配相应的资源。

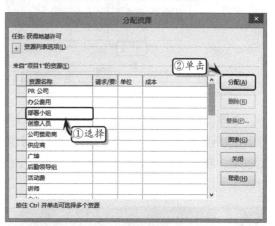

此时,在【资源使用状况】视图中,"部署小组"资源的工时值已由原来的"0"自动更改为"8"。

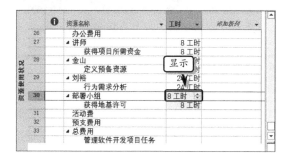

3．更新所有计划的工作时间

首先，选择资源库文档，将视图切换到【甘特图】视图中，执行【项目】|【更改工作时间】命令。在弹出的【更改工作时间】对话框中，设置所有计划任务的日历类型与例外日期。

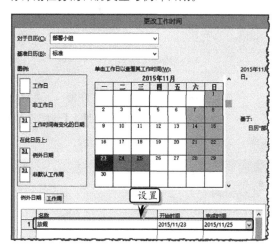

然后，选择资源共享文件，执行【项目】|【更改工作时间】命令，在弹出的【更改工作时间】对话框中，将显示在资源库文件中所更改的工作时间。

4．更新资源库

打开资源共享文件，选中【打开资源池已查看所有共享资源文件的工作分配】选项，并单击【确定】按钮。

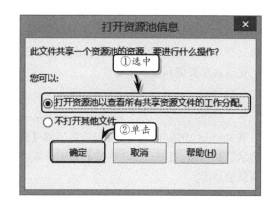

选择资源共享文件，选择任务名称，执行【资源】|【工作分配】|【分配资源】命令。选择已分配的资源，单击【删除】按钮，取消资源分配。

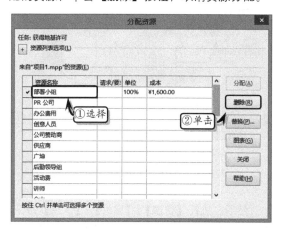

然后，执行【资源】|【工作分配】|【资源池】|【更新资源池】命令，更新资源库。

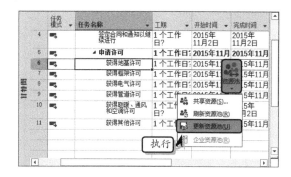

注意

可通过执行【资源】|【工作分配】|【资源池】|【刷新资源池】命令，来刷新资源库信息。

6.2.2 管理共享资源

为了解决资源过度分配的问题，也为了合理地使用每项资源，需要管理共享资源。而管理资源主要分为设置任务、资源的优先级与调配资源 3 项内容。

1．设置任务的优先级

在调配资源时，对一些特殊的、无须调配的任务，需要通过设置任务优先级的方法，来避免调配该任务的资源。

选择共享资源文件中的任务，执行【任务】|【属性】|【任务信息】命令，设置【优先级】选项即可。

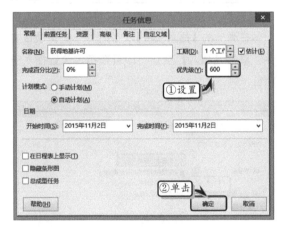

2．设置资源的优先级

为了不调配共享资源所分配到的项目任务，需要设置共享资源的优先级。在资源库文档中，执行【项目】|【项目信息】命令，设置【优先级】选项即可。

3．调配资源

执行【资源】|【级别】|【调配选项】命令，设置调配的计算方式与计算范围，单击【全部调配】按钮。

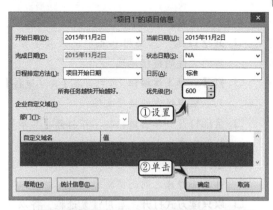

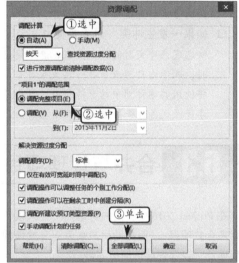

6.2.3 查看资源

在资源库项目文档中，执行【资源】|【工作分配】|【资源池】|【共享资源】命令，在弹出的【共享资源】对话框中，可以查看资源的链接信息。

在【共享资源】对话框中，主要包括下列选项。

❏ **共享链接**　主要用来显示链接共享资源库的文件的链接地址。

❏ **打开**　单击该按钮，可打开在【共享链接】列表框中选中的链接文件。

❏ **全部打开**　单击该按钮，可打开【共享链接】列表框中显示的所有链接文件。

❏ **断开链接**　单击该按钮，可断开选中的文件与资源库之间的链接。

❏ **以只读方式打开**　启用该复选框，将以只读的方式打开链接文件。

❏ **如果…发生冲突**　用来设置日历与资源信息发生冲突时的优先方式，选中该选项时，表示当日历或资源信息发生冲突时，将使用共享计划中的资源信息。选中【共享资源文件优先】选项，表示当日历或资源信息发生冲突时，将使用资源库中的资源信息。

除此之外，为了随时掌握资源的使用个情况，同时也为了更好地调配资源，需要时刻查看资源的可用性。将视图切换到【资源使用状况】视图中，执行【格式】|【详细信息】|【剩余可用性】命令，在视图中查看资源的剩余可用性情况。

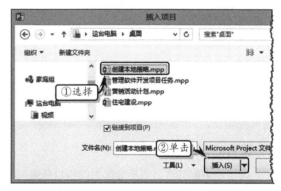

Project
6.3　合并与管理项目

在 Project 2016 中，用户可运用"插入项目"功能来合并项目，从而帮助用户快速而有效地规划大型项目，以保证项目间的同步。

6.3.1　合并项目

合并项目是将多个项目组合成一个总项目，也就是将其中一个项目作为主项目，另外几个项目作为子项目插入到主项目中。

1．创建主项目

在【甘特图】视图中，折叠子任务，只显示项目的摘要任务。选择需要在其上方插入的摘要任务，执行【项目】|【子项目】命令。

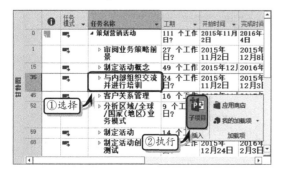

在弹出的【插入项目】对话框中，选择项目文件，单击【插入】按钮，即可在指定位置插入子项目。

技巧

在【插入项目】对话框中，单击【插入】按钮中的下拉按钮，在其下拉列表中选择【插入只读】选项，可在主项目中插入只读文档。

2．添加"项目"域

创建主项目后，为了方便查找插入项目中的任务，需要为主项目添加"项目"域。右击【任务名称】列标题，执行【插入列】命令，选择【项目】选项。

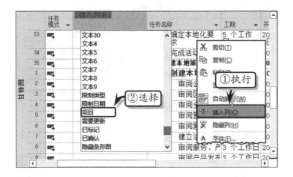

此时，在项目文档中将显示新增加的【项目】域。右击【项目】域标题，执行【域设定】命令。

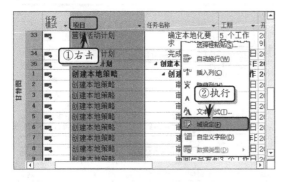

在弹出的【字段设置】对话框中，将【标题】设置为"项目分类"，单击【确定】按钮，即可显示新插入的"项目"域。

技巧

在插入域时，可通过执行【格式】|【列】|【插入列】命令，在指定的位置插入新域。

3．查看子项目信息

选择子项目的总摘要任务，执行【任务】|【属性】|【信息】命令，激活【高级】选项卡，查看子项目的名称、链接地址等信息。

在【高级】选项卡中，主要包括下列选项。

- ❑ **名称** 用于显示子项目的名称。
- ❑ **工期** 用于显示子项目的总工期。
- ❑ **链接到项目** 禁用该复选框，可断开子项目与主项目的链接关系。此时，子项目将作为主项目的部分，而非嵌入形式。
- ❑ **只读** 启用该复选框，子项目将已只读的格式嵌入到主项目中。
- ❑ **项目信息** 单击该按钮，可在弹出【项目信息】对话框中查看子项目的信息。

注意

在访问子项目信息时，当用户选择子项目的非摘要任务时，将显示普通的【任务信息】对话框。

4．查看多重关键路径

在主项目中，每个子项目都具备一个关键路径，用户可通过【选项】对话框，来查看多重关键路径。

执行【文件】|【选项】命令，激活【高级】选项卡，启用【计算多条关键路径】复选框。

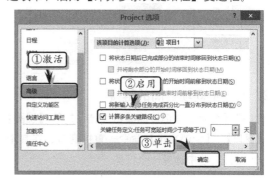

然后，执行【视图】|【数据】|【筛选器】|【关键】命令，在视图中查看关键任务和关键路径。

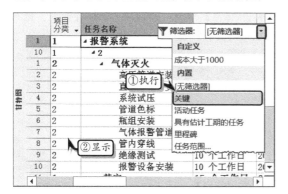

6.3.2　创建项目链接

合并项目之后，为了保证主子项目按照合并后的顺序顺利执行，需要创建项目之间的依赖关系。

1. 创建合并项目间的链接

首先，选择子项目中的所有任务。然后，按住 Ctrl 键的同时单击子项目上方与下方的主项目任务，执行【任务】|【日程】|【链接任务】命令，创建合并项目间的链接。

> **技巧**
>
> 如果用户需要为任务创建其他类型的链接关系，需要双击条形图之间的连接线，在弹出的对话框中更改链接类型。

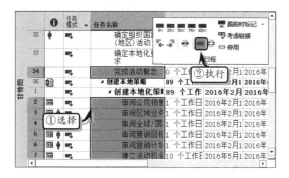

2. 创建不同项目间的链接

打开需要创建链接的项目文档，执行【视图】|【窗口】|【全部重排】命令，重排窗口。在其中一个项目文档中选择一个任务。

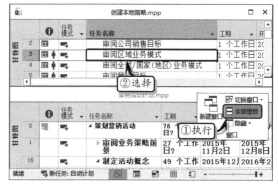

然后，选择该任务对应的【前置任务】单元格，在编辑栏中输入"C:\Documents and Settings\r\桌面\营销活动计划.mpp\2"，按下 Enter 键，即可将该任务设为"营销活动计划"文档中第 2 个任务的后续任务。

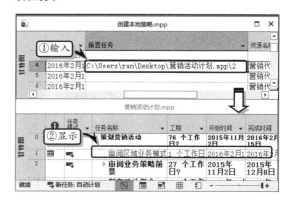

执行【项目】|【属性】|【在项目间链接】命令，在弹出的对话框中查看外部前置任务链接信息。

在该选项卡中，主要包括下列选项。

❑ **路径**　用于显示链接项目的保存位置与

项目名称。

- ❑ **接受**　单击该按钮，可接受选中前置任务的链接信息。
- ❑ **全部**　单击该按钮，表示全部接受所设置的链接信息。
- ❑ **删除链接**　单击该按钮，可删除选中的前置任务的链接关系。
- ❑ **浏览**　单击该按钮，可在弹出的【浏览】窗口中更改所链接文件的路径信息。

技巧

选择被链接的项目文档，执行【项目】|【属性】|【在项目间链接】命令，链接信息将显示在【外部后续任务】选项卡中。

6.3.3　创建多项目信息同步

为了掌握整体项目的实际状态，还需要利用多项目的共同性创建项目之间的信息同步。当用户更改子项目信息时，主项目信息也会自动同步更改。而更改主项目信息时，子项目信息也会同步更改。

1．主项目与子项目同步

同时打开主项目与子项目文档，执行【视图】|【窗口】|【全部重排】命令，更改主项目文档中的子项目任务的工期。

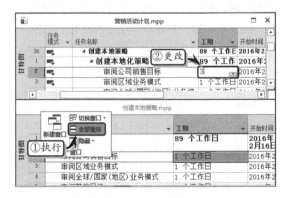

按下 Enter 键之后，子项目文档中的该任务的工期也自动进行更改。

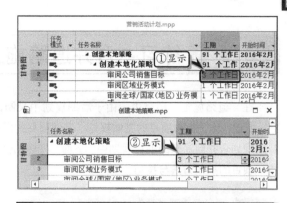

注意

主项目与子项目同步，其实就是更改主项目中的子项目任务，然后在保存主项目时，同时保存子项目。

2．子项目与主项目同步

子项目与主项目同步与主项目与子项目同步的操作方法一致。打开子项目文档，选择某项任务，并更改该任务的工期，并保存子项目。

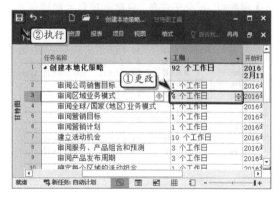

同时，打开主项目文档。此时，在子项目中所更改的任务工期，在主项目文档中也已更改。

6.4 练习：合并道路施工项目

在"道路施工"项目中，由于后期规划中又制订了多个补充规划。所以，为了完善项目的整体规划，促使项目的顺利完成，需要将补充规划合并到原来的项目规划中。下面，将详细介绍合并"报警系统"项目的操作方法与技巧。

练习要点

● 创建主项目
● 添加"项目"域
● 查看子项目信息
● 创建合并项目间的链接
● 更改合并项目的链接关系
● 汇总多项目信息

操作步骤 ▶▶▶▶

STEP|01 创建主项目。打开项目文档，在【甘特图】视图中，折叠子任务，只显示项目的摘要任务。

STEP|02 然后，选择"路面清理"摘要任务，执行【项目】|【子项目】命令，准备插入子项目。

STEP|03 在弹出的【插入项目】对话框中，选择

"排水管道施工"文件，单击【插入】按钮。

STEP|04 此时，系统将会在所选摘要任务的上方，插入子项目，并显示子项目的所有子任务。

STEP|05 添加"项目"域。右击【任务名称】列标题，执行【插入列】命令，在弹出的列表中选择

【项目】选项。

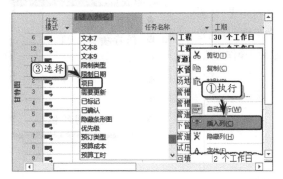

STEP|06 然后，右击【项目】域，执行【域设定】命令。将【标题】设置为"项目分类"，单击【确定】按钮即可。

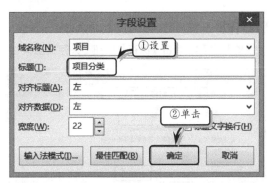

STEP|07 查看子项目信息。选择子项目的总摘要任务，执行【任务】|【属性】|【信息】命令。

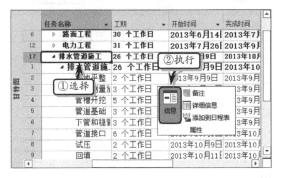

STEP|08 在弹出的【插入项目信息】对话框中，激活【高级】选项卡，查看子项目名称、链接地址等信息。

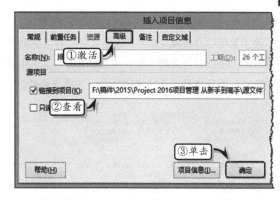

STEP|09 创建合并项目间的链接。选择子项目中的任务 2，按住 Ctrl 键的同时选择主项目中的任务 19，执行【任务】|【日程】|【链接任务】命令。

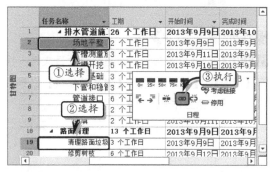

STEP|10 更改合并项目的链接关系。选择主项目任务 19，执行【任务】|【属性】|【信息】命令，在弹出的【任务信息】对话框中激活【前置任务】选项卡，将【类型】更改为"开始-开始"，并单击【确定】按钮。

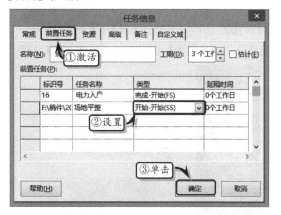

练习：合并学生管理系统项目

对于大型的项目来讲，为了制订更详细的项目计划，往往需要由多个负责人分别负责项目中不同的部分。但是，在项目实施过程中，为了便于管理项目资源，也为了保证项目在规定的时间内顺利完成，还需要将多个子项目合并到主项目中。在本练习中，将详细介绍将"学生管理系统"项目中的"系统编码阶段"子项目合并到主项目的操作方法。

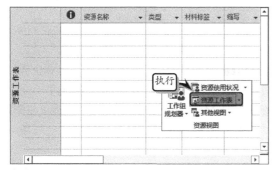

练习要点

- 创建空白文档
- 保存项目文档
- 共享资源
- 查看共享资源
- 分配资源
- 创建项目间的链接

操作步骤 ▶▶▶▶

STEP|01 创建资源文档。新建空白项目文档，执行【视图】|【资源视图】|【资源工作表】命令，切换到【资源工作表】视图中。

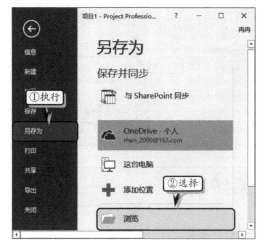

STEP|02 同时，执行【文件】|【另存为】命令，在展开的【另存为】列表中，选择【浏览】按钮。

STEP|03 在弹出的【另存为】对话框中，设置保存位置和名称，单击【保存】按钮，保存资源文档。

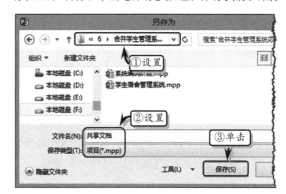

STEP|04 共享资源。执行【视图】|【窗口】|【全部重排】命令，将所有的项目文档排列在一个窗口中。

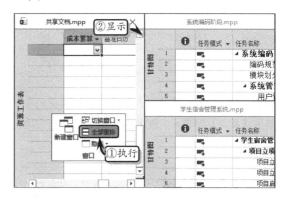

STEP|05 激活"学生宿舍管理系统"窗口，执行【资源】|【工作分配】|【资源池】|【共享资源】命

令，共享项目资源。

STEP|06 激活"系统编码阶段"窗口，执行【资源】|【工作分配】|【资源池】|【共享资源】命令，共享项目资源。

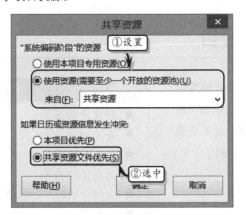

STEP|07 选择资源池项目文档，执行【资源】|【工作分配】|【资源池】|【共享资源】命令，查看链接信息。

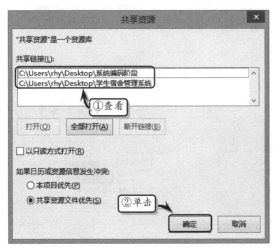

STEP|08 查看项目信息。切换到【资源使用状况】视图中，选中资源名称，执行【任务】|【编辑】|【滚动到任务】命令，查看工作信息。

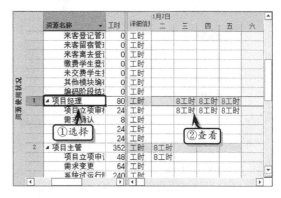

STEP|09 选择"学生宿舍管理系统"窗口，在【资源使用状况】视图中，查看资源【工时】值为零的资源。

STEP|10 分配共享资源。选择"系统编码阶段"文档中的任务 2，执行【资源】|【工作分配】|【分配资源】命令，选择资源名称，单击【分配】按钮。

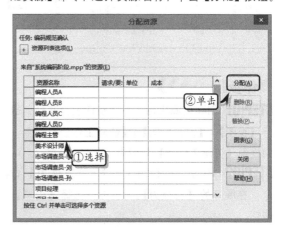

STEP|11 切换到【资源使用状况】视图中，执行【格式】|【详细信息】|【剩余可用性】命令，查看资源的剩余可用性情况。

统编码阶段″项目任务 2 对应的【前置任务】域中输入″C:\Documents and Settings\r\桌面\学生宿舍管理系统.mpp\17″，并按下 Enter 键。

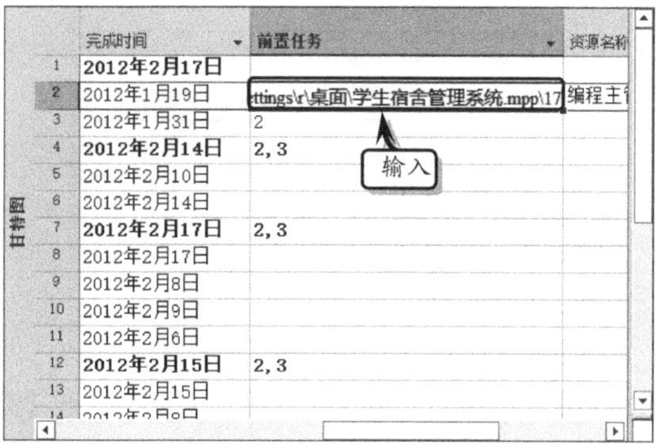

STEP|12 链接项目。在【甘特图】视图中，在″系

6.6 练习：管理报警系统项目

项目经理在管理″报警系统″项目的同时，也会管理其他类似的项目。为了便于管理项目资源，也为了便于同时管理多个项目，需要将″报警系统″项目与其他项目的资源进行合并，并建立共享资源库。下面便详细讲解管理″报警系统″项目的操作方法与技巧。

练习要点

- 创建资源库
- 查看资源库
- 更新资源信息
- 更新工作分配
- 更新计划的工作时间
- 更新资源库
- 查看资源的可用性
- 创建不同项目间的链接

操作步骤 >>>>

STEP|01 创建资源文档。新建空白项目文档，执行【视图】|【资源视图】|【资源工作表】命令，切换到【资源工作表】视图中。

STEP|02 同时，执行【文件】|【另存为】命令，在展开的【另存为】列表中，选择【浏览】按钮。

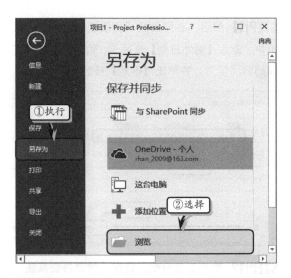

STEP|03 在弹出的【另存为】对话框中，设置保存位置和名称，单击【保存】按钮，保存资源文档。

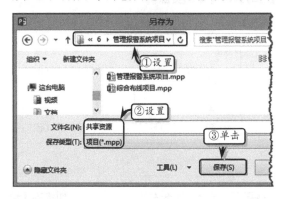

STEP|04 共享资源。执行【视图】|【窗口】|【全部重排】命令，将所有的项目文档排列在一个窗口中。

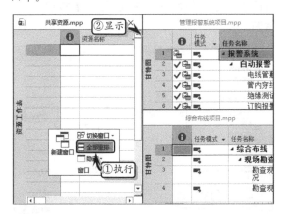

STEP|05 激活"管理报警系统项目"窗口，执行【资源】|【工作分配】|【资源池】|【共享资源】命

令，共享资源。

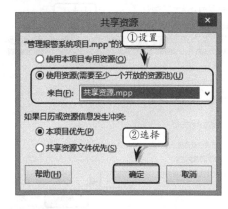

STEP|06 激活"综合布线项目"窗口，执行【资源】|【工作分配】|【资源池】|【共享资源】命令，共享资源。

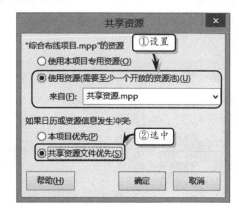

STEP|07 此时，在"共享资源"文档中，将显示共享的所有资源信息。

	资源名称	类型	材料标签	缩写	组
1	穿线工A	工时		穿	
2	穿线工B	工时		穿	
3	测试员A	工时		测	
4	采购人员	工时		采	
5	管理人员	工时		管	
6	质量检验员	工时		质	
7	安装员A	工时		安	
8	安装员B	工时		安	
9	小刘	工时		小	
10	小金	工时		小	
11	小王	工时		小	
12	小李	工时		小	
13	报警线	材料		报	
14	线管	材料		线	
15		材料			

STEP|08 查看资源库。展开资源库项目文档，执行【资源】|【工作分配】|【资源池】|【共享资源】命令，在弹出的【共享资源】对话框中，可以查看资源的链接信息。

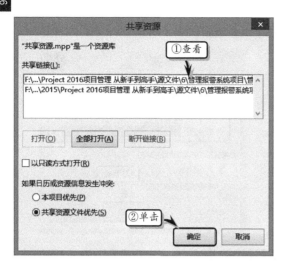

STEP|09 更新资源信息。切换到【资源使用状况】视图中，选中"安装员 A"资源，执行【任务】|【编辑】|【滚动到任务】命令，查看该资源的工作信息。

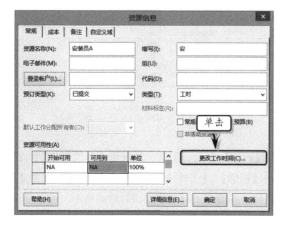

STEP|10 执行【资源】|【属性】|【信息】命令，在弹出的【资源信息】对话框中，单击【更改工作时间】按钮。

STEP|11 然后，在弹出的【更改工作时间】对话框中，激活【例外日期】选项卡，输入资源所需更改的时间信息，并单击【确定】按钮。

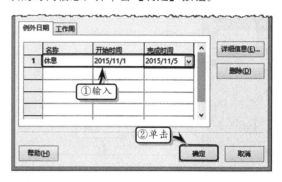

STEP|12 更新工作分配。选择"管理报警系统项目"窗口，在【资源使用状况】视图中，查看资源【工时】值为零的资源。

STEP|13 选择"综合布线项目"文档，切换到【甘特图】视图中，选择任务 4，执行【资源】|【工作分配】|【分配资源】命令，在弹出的【分配资源】对话框中选择资源名称，单击【分配】按钮，分配资源。

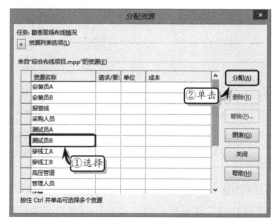

STEP|14 然后，在【资源使用状况】视图中，查看该资源的变化情况。

	❶	资源名称	工时	添加新列	详细
		气体报警管道	40 工时		工时
13		◢ 报警线	2,710		工时
		管内穿线	2,500		工时
		管内穿线	210		工时
14		◢ 线管		查看	工时
		电线管敷设检			工时
15		◢ 高压管道	201		工时
		高压管道安装	201		工时
16		◢ 测试员B	24 工时		工时
		勘查现场布线情	24 工时		工时
					工时
					工时

Project 6.7 新手训练营

练习 1：合并购房计划项目

🌐 downloads\6\新手训练营\合并购房计划项目

提示：在本练习中，首先在【甘特图】视图中，选择需要在其上方插入的摘要任务，执行【项目】|【子项目】命令。在弹出的【插入项目】对话框中，选择项目文件，单击【插入】按钮。然后，右击【任务名称】列标题，执行【插入列】命令，选择【项目】选项，并修改域标题。最后，链接子项目与上下主项目中的任务。

	项目分类	任务名称	工期	年1月12日 一 二 三 四 五 六 日	201
1	购房计划项目	◢ 购房计划	217		
2	购房计划项目	▷ 购买房屋	31		
10	购房计划项目	▷ 装修前期准备	12		
14	购房计划项目	▷ 选择装修公司	18		
20	购房计划项目	▷ 制定装修方案	30		
31	购房计划项目	◢ 签订装修合同	6 个		
32	购房计划项目	确认工程预算书			
33	购房计划项目	签订装修合同	2 个	小王	
34	购房计划项目	支付预付装修费	1 个	小苏	
36	购房计划项目	◢ 购房装修	73		
1	购房装修	◢ 装修施工	73		
3	购房装修	进场	1 个		
4	购房装修	拆墙，砌墙	10 个		
5	购房装修	卫生间，厨房地面做24小时闭水	3 个		
6	购房装修	水电改造	5 个		

练习 2：合并购房计划项目资源

🌐 downloads\6\新手训练营\合并购房计划项目资源

提示：在本练习中，首先同时打开项目文件，新建空白项目文档，将视图切换到【资源工作表】视图中，并保存项目文档。然后，执行【视图】|【窗口】|【全部重排】命令，将所有的项目文档排列在一个窗口中。选择同时打开项目文件中的一个文件，执行【资源】|【工作分配】|【资源池】|【共享资源】命令，设置资源库，并单击【确定】按钮。使用同样的方法，共享另外一个项目文档的资源。

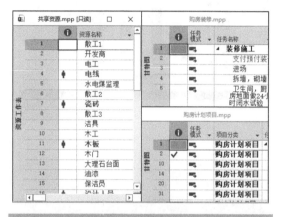

练习 3：创建不同项目间的链接

🌐 downloads\6\新手训练营\创建不同项目间的链接

提示：在本练习中，首先打开需要创建链接的项目文档，执行【视图】|【窗口】|【全部重排】命令，重排窗口。然后，在其中一个项目文档中选择一个任务，在任务对应的【前置任务】单元格的编辑栏中输入链接地址，按下 Enter 键，即可链接两个项目文档。

开办新业务项目.mpp

	任务模式	任务名称	工期
96		提供家具和设备	4 个工作日
97		新产品上市准备	234 个工作日
98		进驻营业场所	1 个工作日
99		◢ 招录员工	**40 个工作日**
100		面试和测试应聘人员	14 个工作日

新产品上市项目.mpp

	任务模式	任务名称
1		进驻营业场所
2		**新产品上市准备**
3		**策划阶段**
4		确定产品上市工作组

练习 4：汇总多项目信息

⊙downloads\6\新手训练营\汇总多项目信息

提示：在本练习中，首先执行【报表】|【查看报表】|【成本】|【现金流量】命令，查看多项目信息。然后，选择图表，执行【设计】|【图表样式】|【样式 4】命令，设置图表的样式。最后，选择图表中的数据系列，执行【格式】|【形状样式】|【形状效果】命令，设置数据系列的形状效果。

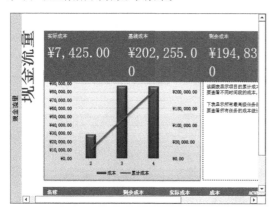

练习 5：合并焦炉管道安装项目

⊙downloads\6\新手训练营\合并焦炉管道安装项目

提示：在本练习中，首先在【甘特图】视图中，选择需要在其上方插入的摘要任务，执行【项目】|【子项目】命令。在弹出的【插入项目】对话框中，选择项目文件，单击【插入】按钮。然后，右击【任务名称】列标题，执行【插入列】命令，选择【项目】选项，并修改域标题。最后，链接子项目与上下主项目中的任务。

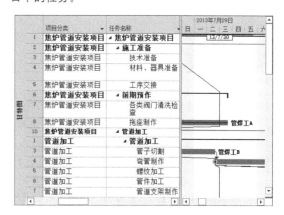

第7章

管理项目报表

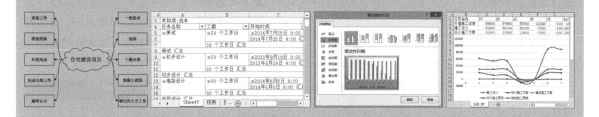

在 Project 2016 中，除了可以利用视图、表、筛选、排序等功能分析数据之外，还可以利用预定义与可视报表的功能，以图表、数据透视表与组织图的方式分析项目数据。通过预定义报表，可以将项目数据以报表的方式进行打印；而通过可视报表，可以将项目数据以图表、数据透视表与组织图的方法进行显示。在本章中，将详细介绍项目报表的创建、美化和打印方法，希望用户通过本章的学习能够完全掌握管理项目报表的基础知识和操作方法。

7.1　项目报表概述

用户在运用 Project 2016 进行各类项目报表分析与管理项目信息之前，还需要了解一些项目报表的基础表格类型与含义。

7.1.1　预定义报表概述

预定义报表是以表格的形式将项目中的数据以汇总性、详细性与组织性的方式进行显示。Project 2016 为用户提供了仪表板、资源、成本、进行中等 20 多种预定义报表，每种预定义报表的具体功能如下所述。

1．仪表板报表

仪表板报表主要用于显示项目的整体情况，包括进度、成本概述、项目概述、即将开始的任务、工时概述等 5 种报表，其具体功能与内容如下表所示。

报表名称	说　明
进度	主要显示了已完成多少工时和任务，还有多少工时和任务待完成，包括剩余实际任务、剩余累计工时、基线剩余任务等内容
成本概述	主要显示了项目及其顶级任务的当前成本状态，可以帮助用户判断项目是否保持在预算成本内，包括计划成本、剩余成本、实际成本、累计成本等内容
项目概述	主要显示项目已完成多少部分、即将来临的里程碑和延迟的任务
即将开始的任务	主要显示了项目中指定时间段内的任务信息，包括本周已完成的工时、本已到期的任务未完成任务的状态、下一周将开始的任务等内容
工时概述	主要显示了项目的工时进度和所有顶级任务的工时状态，包括实际工时、剩余工时、基线工时、剩余累计工时等内容

2．资源报表

资源报表主要用于显示项目中当前任务的资源使用情况，包括资源概述和过度分配的资源两种报表，其具体功能与用法如下表所示。

报表名称	说　明
过度分配的资源	主要显示了项目中所有过度分配资源的工作状态，显示其余剩余工时和实际工时
资源概述	主要显示项目中所有工时资源的工作状态，包括实际工时、剩余工时、工时的完成百分比等内容

3．成本报表

成本类报表主要用于显示项目的成本使用情况，包括现金流量、成本超支、挣值报表、资源成本概述、任务成本概述 5 种报表，其具体功能与内容如下表所示。

报表名称	说　明
现金流量	主要显示了所有顶级任务的成本和累计成本，包括成本、累计成本等内容
成本超支	主要显示了顶级任务和工时资源的成本差异，并显示了实际成本超过基线成本的位置
挣值报表	主要显示了项目中的挣值、差异和性能指标，对照基线来比较成本和日程，以判断项目是否在正常进行
资源成本概述	主要显示了工时资源的成本状态，成本详细信息表格和成本分布数据图表
任务成本概述	主要显示了顶级任务的成本状态，成本详细信息表格和成本分布数据图表

4．进行中的报表

进行中的报表又称为进度报表，用于显示项目任务的具体实施情况，主要有关键任务、延迟的任务、里程碑报表和进度落后的任务 4 种报表，其具体功能与内容如下表所示。

报表名称	说　明
关键任务	主要显示了项目的关键路径中被列为关键任务的所有时间安排紧凑的任务，如果被显示的任务出现任何延迟，将导致项目的日程安排进度落后

续表

报表名称	说　　明
延迟的任务	主要显示了项目中开始日期或完成日期晚于计划的开始日期或完成日期的所有任务，以及未按计划进度进行的任务
里程碑报表	主要显示了项目中延迟、到期或已完成的里程碑任务
进度落后的任务	主要显示了项目中完成任务所用的时间大于预算时间且完成日期晚于基线完成日期的所有任务

7.1.2　可视报表概述

可视报表是一种具有灵活性的报表，可以将项目以图表、数据透视表与组织图的方式进行显示的报表。通过可视报表，可以在 Excel 与 Visio 中以图表的方式查看项目数据，Project 2016 为用户提供了任务分配状况、资源使用状况、工作分配状况等 6 类报表。

1.　任务分配状况可视报表

任务分配状况可视报表是一种按时间分段的任务数据的报表，主要包括现金流量报表一种可视报表。该报表可以查看按时间显示的成本与累计成本金额的条形图，并以 Excel 方式进行显示。

2.　资源使用状况可视报表

资源使用状况可视报表是争议中可以按时间分段查看项目中的资源数据的报表，主要包括现金流量报表、资源可用性报表、资源成本摘要报表、资源工时可用性报表、资源工时摘要报表 5 种可视表，具体功能与显示组件如下表所示。

报表名称	说　　明	显示类型
现金流量报表	可以查看按时间显示的计划成本与实际成本的图表	Visio
资源可用性报表	可以查看按资源类型显示的资源工时与剩余可用性的图表	Visio
资源成本摘要报表	可以查看显示成本、材料与工时资源成本划分的饼图	Excel
资源工时可用性报表	可以查看按时间显示的总工时量、工时与剩余工时资源可用性的条形图	Excel

续表

报表名称	说　　明	显示类型
资源工时摘要报表	可以查看按工时单位显示的总工时量、工时与剩余工时资源可用性的条形图	Excel

3.　工作分配使用状况可视报表

工作分配使用状况可视表是一种可以按时间段查看项目数据的报表，主要包括比较基准成本报表、基准报表、比较基准工时报表、预算成本报表等 6 种可视报表，具体功能与显示组件如下表所示。

报表名称	说　　明	显示类型
比较基准成本报表	显示比较基准成本、计划成本与实际成本的条形图	Excel
基准报表	显示按时间与按任务划分的图表，主要显示计划工时、成本与比较基准工时、成本的差异情况	Visio
比较基准工时报表	显示比较基准工时、计划工时与实际工时的条形图	Excel
预算成本报表	可以查看按时间显示的预算成本、比较基准成倍、计划成本与实际成本的条形图	Excel
预算工时报表	可以查看按时间显示的预算工时、比较基准工时、计划工时与实际工时的条形图	Excel
随时间变化的盈余分析报表	可以查看按时间显示的 AC、计划值与盈余值的图表	Excel

4.　任务摘要可视报表

任务摘要可视报表是一种可以查看项目的任务状态的报表，主要包括关键任务状态报表一种报表。该报表可以查看项目中的关键与非关键任务的工时及剩余工时的图表，并以 Visio 方式显示。

5.　资源摘要可视报表

资源摘要可视报表，只包含资源剩余工时报表一种可视报表。该报表可以查看按工时单位显示的工时资源的剩余工时与实际工时的条形图,并以 Excel 方式进行显示。

6.工作分配摘要可视报表

工作分配摘要可视报表是一种用于显示项目工时资源与任务工时、成本值域百分比数据的报表,主要包括资源状态报表与任务状态报表两种可视报表,具体功能与显示组件如下表所示。

报表名称	说　　明	显示类型
资源状态报表	可以查看每个项目的工时与成本值的图表	Visio
任务状态报表	可以查看项目中任务的工时与工时完成百分比的图表	Visio

Project 7.2 创建项目报表

了解了预定义报表与可视报表的种类、功能及内容后,便可以创建项目报表了。创建项目报表,即是将项目数据以预定义报表的形式输出,或将项目数据生成 Excel 图表、数据透视表或 Visio 图表进行灵活性分析。

7.2.1 创建预定义报表

执行【报表】|【查看报表】|【成本】|【挣值报告】命令,即可在文档中生成成本类型中的"挣值报告"预定义报表。

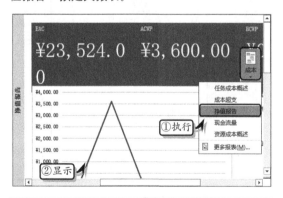

技巧

创建报表之后,切换到其他视图或表中后,所创建的报表将自动消失,无法像其他视图或表格那样保存在项目文档中。

另外,执行【报表】|【查看报表】|【成本】|【更多报表】命令,可在弹出的【报表】对话框中,选择报表类型,单击【选择】按钮,即可创建预定义报表。

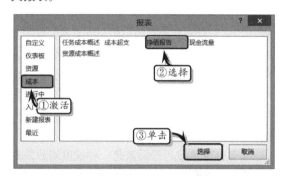

注意

用户也可以执行【报表】|【查看报表】|【最近】命令,或在【报表】对话框中,激活【最近】选项卡,来选择最近打开的报表模板。

7.2.2 创建可视报表

可视报表主要以图形或图表的样式进行显示,可直观地反映项目数据之间的差异性与变化性。执行【报表】|【导出】|【可视报表】命令,选择报表类型,单击【查看】按钮即可。

在【可视报表-创建报表】对话框中,主要包括下列选项。

❏ **显示…报表模板** 用于选中在列表框中显示的报表模板的应用程序,包括 Excel 与 Visio 应用程序。

❏ **新建模板** 单击该按钮,可在弹出的【可视报表-新建模板】对话框中,重新创建一个报表模板。

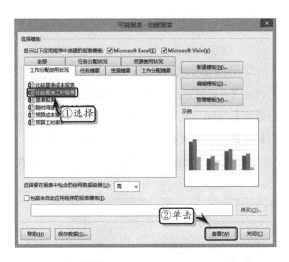

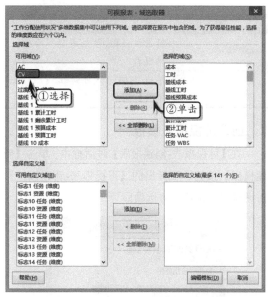

□ **编辑模板**　单击该按钮，可在弹出的【可视报表-域选取器】对话框中，编辑当前所选的报表模板。

□ **管理模板**　单击该按钮，可在弹出的对话框中，删除或添加新的报表模板。

□ **选择要…级别**　用来设置报表中显示数据的范围级别，包括周、月、季度与年等5 种选项。

□ **包括…报表模板**　启用该复选框，并单击【修改】按钮，可指定包含其他应用程序的文件夹路径。

□ **保存数据**　单击该按钮，可在弹出的【可视报表-保存数据】对话框中，将可视图表中的数据保存到数据库或多维数据集中。

□ **查看**　单击该按钮，可生成可视报表。

□ **帮助**　单击该按钮，可弹出【Project 帮助】窗口。

7.2.3　自定义可视报表

当 Project 2016 提供的可视报表无法满足项目管理任务多方位分析项目数据的需求时，项目经理可根据 Project 2016 提供的自定义报表功能，编辑或新建符合分析需求的可视报表。

1．编辑可视报表模板

在【可视报表-创建报表】对话框中，选择相应的报表模板，单击【编辑模板】按钮。在弹出的【可视报表-域选取器】对话框中，添加需要在报表中显示的域即可。

在该对话框中，单击【编辑模板】按钮，即可生成可视报表。另外，该对话框中主要包括下列选项。

选　　项		功　　能
选择域	可用域	用来显示可用于报表显示数据的各类域
	选择的域	用来显示报表当前所显示的域
	添加	选择【可用域】列表框中的域，单击该按钮，即可将所选域添加到当前报表中，即添加到【选择的域】列表中
	删除	单击该按钮，可删除选择的【选择的域】列表框中的域
	全部删除	单击该按钮，可删除【选择的域】列表框中的所有的域
选择自定义域	可用自定义域	用来显示可用于报表显示数据的各类自定义域
	选择的自定义域	用来显示当前报表所显示的自定义域
	添加	选择【可用自定义域】列表框中的域，单击该按钮，即可将所选域添加到当前报表中，即添加到【选择的自定义域】列表中
	删除	单击该按钮，可删除选择的【选择的自定义域】列表框中的域
	全部删除	单击该按钮，可删除【选择的自定义域】列表框中的所有的域

续表

选 项	功 能
编辑模板	单击该按钮,可生成编辑后的可视报表
帮助	单击该按钮,可弹出【Project帮助】窗口

2. 创建可视报表模板

在【可视报表-创建报表】对话框中,单击【新建模板】按钮。在弹出的【可视报表-新建模板】对话框中,设置相应选项即可。

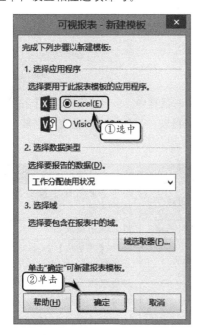

在该对话框中,主要包括下列选项。

❑ **选择应用程序** 用于设置用来新建可视报表中的应用程序,包括 Excel 与 Visio 应用程序。

❑ **选择数据类型** 用于选择需要在新建可视报表中要显示的数据类型,包括任务分配状况、资源使用状况、工作分配使用状况、任务摘要、资源摘要与工作分配摘要6 种数据类型。

❑ **选择域** 用于设置新建可视报表中需要显示的域,单击【域选取器】按钮,可在弹出的【可视报表-域选取器】对话框中添

加新域。

❑ **确定** 单击该按钮,可生成新建报表。

3. 导出报表数据

在【可视报表-创建报表】对话框中,单击【保存数据】按钮。在弹出的【可视报表-保存报表数据】对话框中,设置保存类型,保存数据即可。

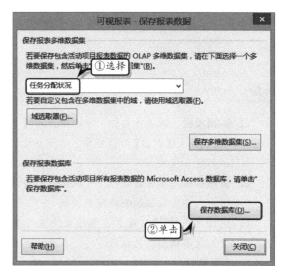

在该对话框中,主要包括下列选项。

❑ **保存报表多维数据集** 包含用于将报表数据保存为多维数据集的3 种选项。首先,在下拉列表中选择任务分配状况、资源使用状况、任务摘要等6 种数据类型中的一种类型。然后,单击【域选取器】按钮,设置报表中的域。最后,单击【保存多维数据集】按钮,在弹出的【另存为】对话框中保存数据类型。

❑ **保存报表数据库** 单击【保存数据库】按钮,在弹出的【另存为】对话框中保存数据,即可将报表数据保存在 Microsoft Access 数据库中。

7.2.4 自定义预定义报表

当 Project 2016 中所提供的预定义报表无法满足用户需求时,可以使用自定义预定义报表功能,通过自定义预定义报表来弥补内置预定义报表所不能提供的分析功能。

1．自定义空白报表

自定义空白报表是新建一个空白"画布"，用户根据实际情况在"画布"中插入表格或图表。

首先，执行【报表】|【查看报表】|【新建报表】|【空白】命令，在弹出的【报表名称】对话框中设置自定义报表的名称。

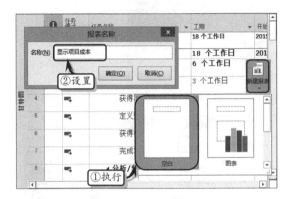

此时，系统会自动生成一个只包含标题的空白报表。执行【报表工具】|【设计】|【插入】|【表格】命令，系统会自动显示一个表格。

在右侧的【字段列表】窗格中，选择【资源】选项，同时在列表中启用相应的字段即可。

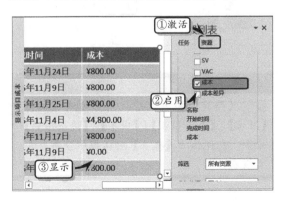

然后，执行【报表工具】|【设计】|【插入】|【图表】命令，在弹出的【插入图表】对话框中，选择图表类型，单击【确定】按钮，插入图表。

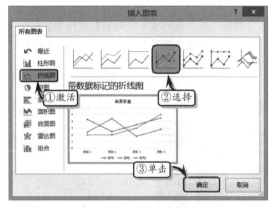

最后，在右侧的【字段列表】窗格中，选择【任务】选项，在列表中启用或禁用相应的字段即可。

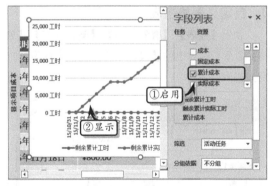

2．自定义图表报表

执行【报表】|【查看报表】|【新建报表】|【图表】命令，在弹出的【报表名称】对话框中设置自定义报表的名称。

较】命令，在弹出的【报表名称】对话框中设置自定义报表的名称。

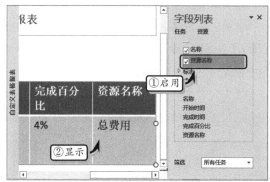

然后，在右侧的【字段列表】窗格中，启用或禁用相应的字段选项即可。

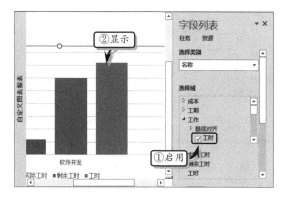

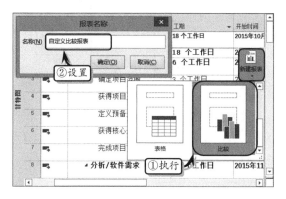

3．自定义表格报表

执行【报表】|【查看报表】|【新建报表】|【表格】命令，在弹出的【报表名称】对话框中设置自定义报表的名称。

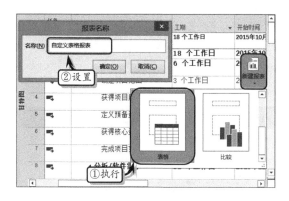

然后，选择图表，在右侧的【字段列表】窗格中，启用或禁用相应的字段选项即可。

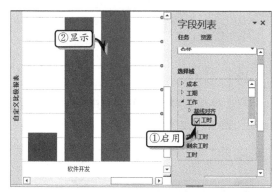

然后，在右侧的【字段列表】窗格中，启用或禁用相应的字段选项即可。

4．自定义比较报表

执行【报表】|【查看报表】|【新建报表】|【比

> **注意**
>
> 自定义预定义报表之后，用户可通过执行【报表】|【查看报表】|【成本】|【更多报表】命令，在弹出的【报表】对话框中查看自定义报表。

7.3　美化预定义报表

Project

Project 2016 中的预定义报表，是以新型的图表样式进行显示，其图表和表格样式类似于 Office 组件中的 Excel 图表和 Word 表格。用户也可以像设置 Excel 中图表和 Word 表格样式和格式的方法，来美化预定义报表。

7.3.1　美化图表

执行【报表】|【查看报表】|【成本】|【任务成本概述】命令，创建预定义报表。然后，在【图表工具】选项卡中设置图表的样式、颜色或布局样式等格式。

1．设置图表布局

选择图表，执行【图表工具】|【设计】|【图表布局】|【快速布局】命令，在展开的列表中选择一种布局样式即可。

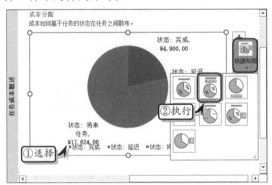

另外，执行【图表工具】|【设计】|【图表布局】|【添加图表元素】|【数据标签】|【居中】命令，为图表添加数据标签元素。

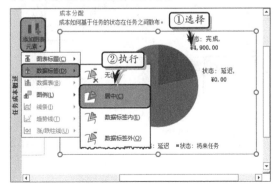

> **注意**
>
> 执行【图表布局】|【添加图表元素】|【数据标签】|【其他数据标签选项】命令，可在弹出的【设置数据标签格式】窗格中，设置数据标签的格式。

2．设置图表样式

选择图表，执行【图表工具】|【设计】|【图表样式】|【快速样式】|【样式 12】命令，设置图表样式。

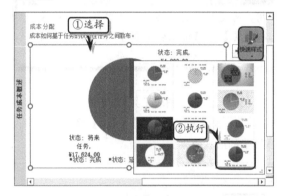

另外，选择图表，执行【图表工具】|【设计】|【图表样式】|【更改颜色】命令，在展开的列表中选择一种色块，即可设置数据系列的显示颜色。

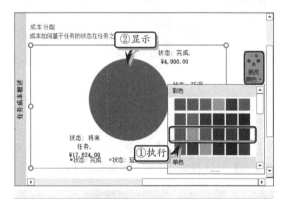

> **注意**
>
> 用户可通过单击图表右侧的 ✎ 图标，快速设置图表的颜色和样式。另外，还可以通过单击 ➕ 图标，来添加或取消图表元素。

3. 设置形状样式

选择图表，执行【图表工具】|【格式】|【形状样式】命令，在其列表中选择一种样式即可。

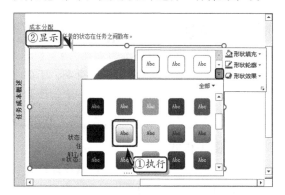

注意

用户可通过执行【格式】|【形状样式】|【形状填充】和【形状轮廓】命令，自定义图表形状的填充颜色和轮廓效果。

另外，执行【图表工具】|【格式】|【形状样式】|【形状效果】|【棱台】|【圆】命令，即可设置图表的形状效果。

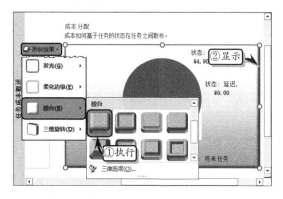

4. 更改图表类型

选择图表，执行【图表工具】|【设计】|【类型】|【更改图表类型】命令。在弹出的【更改图表类型】对话框中，选择一种图表类型即可。

注意

选择数据系列，执行【图表工具】|【格式】|【形状样式】|【形状效果】|【棱台】命令，即可设置属性系列的形状效果。

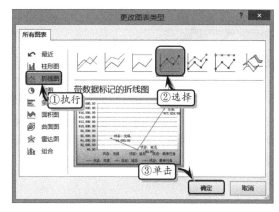

7.3.2 美化表格

创建一个包含表格的报表，例如创建成本类型中的"现金流量"报表。为表格添加资源字段，选择报表中的表格，执行【表格工具】|【设计】|【表格样式】命令，在其列表中选择一种样式即可。

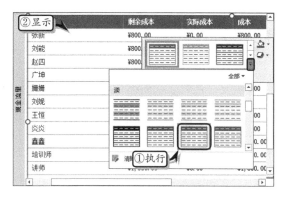

执行【表格工具】|【设计】|【表格样式】|【效果】|【阴影】命令，在其列表中选择一种样式即可。

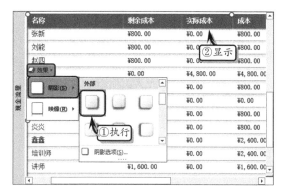

另外，执行【表格工具】|【设计】|【表格样式选项】|【镶边列】命令，设置表格的样式选项。

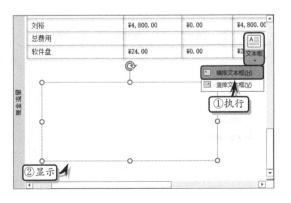

7.3.3　美化文本框

首先，创建一个包含文本框的报表，或者在报表中，执行【报表工具】|【设计】|【插入】|【文本框】|【横排文本框】命令，在报表中插入一个文本框。

选择文本框，执行【绘图工具】|【格式】|【形状样式】|【其他】|【细微效果-绿色,强调颜色 6】命令，设置文本框的形状样式。

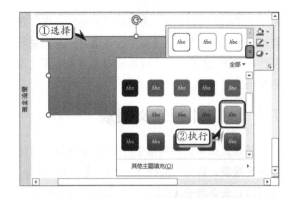

另外，执行【绘图工具】|【格式】|【艺术字样式】|【快速样式】命令，选择一种艺术字样式，即可设置文本框中文本的艺术字效果。

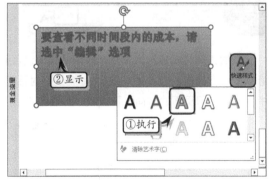

7.4 打印报表

在 Project 2016 中，为帮助项目经理详细、正确地分析项目信息，以便更好地与项目干系人进行交流与沟通，还需要将生成的预定义报表或可视报表输出到纸张中。

7.4.1 打印预定义报表

管理人员可以根据报告内容，来选择性地打印预定义报表。首先，执行【文件】|【打印】命令，在打印列表中单击【实际尺寸】按钮，缩小预览比例，预览报表的整体效果。

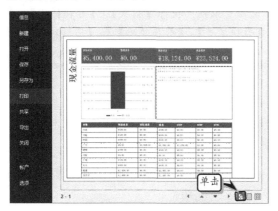

然后，在【设置】列表中，选择【页面设置】选项，可在弹出的【页面设置-现金流量】对话框中，设置打印页面的方向、页边距、页眉与页脚。

最后，在【份数】微调框中输入或设置打印份数，单击【打印】按钮，即可打印视图。

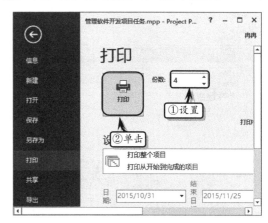

7.4.2 打印 Excel 类可视报表

Excel 类型的可视报表是一种利用 Excel 程序显示的数据透视图表，其打印方法与预定义报表的打印方法大体一致。

1. 设置页面与页边距

在生成的 Excel 可视报表中，执行【文件】|【打印】命令，选择【页面设置】选项，在弹出的【页面设置】对话框中，激活【页面】选项卡，设置打印页面的方向、纸张大小等选项。

然后，激活【页边距】选项卡，设置打印页面的上、下、左、右的页边距。

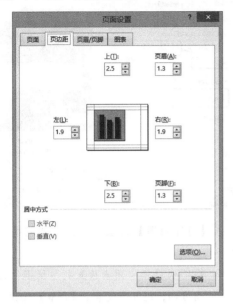

2．设置页眉与页脚

在【页面设置】对话框中，激活【页眉/页脚】选项卡。单击【自定义页眉】按钮，在弹出的【页眉】对话框中，设置页眉的显示内容即可。

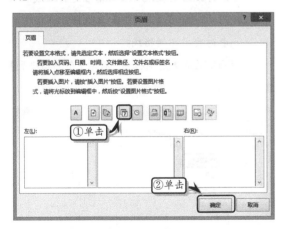

在【页眉】对话框中，主要包括下列选项。

❑ **左** 用于设置显示在页眉左侧的内容。

❑ **中** 用于设置显示在页眉中间的内容。

❑ **右** 用于设置显示在页眉右侧的内容。

❑ **格式文本** 单击该按钮，可在弹出的【字体】对话框中，设置页眉文本的字体格式。

❑ **插入页码** 单击该按钮，可在页眉中显示页码。

❑ **插入页数** 单击该按钮，可在页眉中显示总页数。

❑ **插入日期** 单击该按钮，可在页眉中显示当前日期。

❑ **插入时间** 单击该按钮，可在页眉中显示当前时间。

❑ **插入文件路径** 单击该按钮，可在页眉中显示文件路径。

❑ **插入文件名** 单击该按钮，可在页眉中显示文件名。

❑ **插入数据表名称** 单击该按钮，可在页眉中显示标签名。

❑ **插入图片** 单击该按钮，可为页眉插入图片文件。

❑ **设置图片格式** 单击该按钮，可以设置页眉中的图片格式。

另外，在【页眉/页脚】选项卡中，单击【自定义页脚】按钮，即可在弹出的【页脚】对话框中，设置页脚的显示内容。

3．设置图表

在【页面设置】对话框中，激活【图表】选项卡，设置图表的打印质量，单击【确定】按钮。

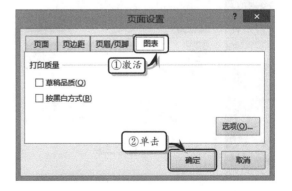

在【图表】选项卡中，主要包括下列选项。

❑ **草稿品质** 启用该复选框，图表将按草稿样式进行打印。

❑ **按黑白方式**　启用该复选框，图表将按黑白方式进行打印。

❑ **选项**　单击该按钮，可在弹出的对话框中设置打印机的属性。

最后，在【打印】列表中，设置打印份数，单击【打印】按钮，即可打印图表。

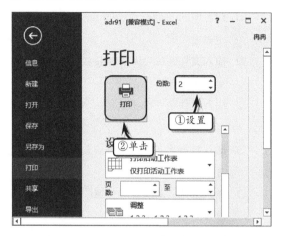

7.4.3　打印 Visio 类可视报表

在 Project 2016 中生成的 Visio 可视报表后，即可在 Visio 中设置打印参数并打印可视报表。

1. 打印预览

执行【文件】|【打印】命令，在列表中预览报表的整体效果。

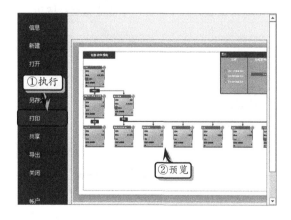

2. 页面设置

在【打印】列表中，选择【页面设置】选项，在【打印设置】选项卡中，设置打印机纸张、打印

缩放比例等打印参数。

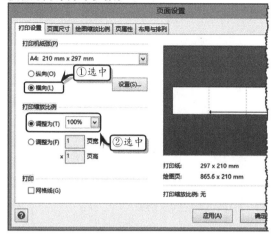

在【打印设置】选项卡中，主要包括下列选项。

❑ **打印机纸张**　用来设置打印纸张的大小与方向，还可通过单击【设置】按钮，设置详细的打印参数。

❑ **打印缩放比例**　用来设置图表的打印比例，不仅可以按比例缩放打印页面，而且还可以以页宽或页高为基准进行缩放。

❑ **打印**　启用【网格线】复选框，在打印图表时会打印网格线。

在【页面设置】对话框中，激活【布局与排列】选项卡，设置图表的排列方式。

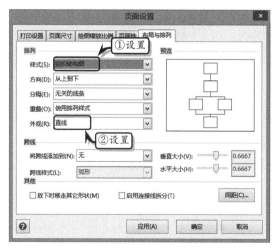

在该选项卡中，主要包括下列选项。

选 项		功 能
排列	样式	用于设置形状排列的样式,包括组织结构图、树、简单等 5 种样式
	方向	用于设置形状排列的方向,包括从上到下、从下到上、从左到右、从右到左 4 种方向
	分隔	用于设置形状之间的分隔样式,包括无关的线条、所有线条、无线条与使用排列样式
	重叠	用于设置形状重叠的样式,包括使用排列样式、相关线条、所有线条与无线条
	外观	用于设置多种形状排列的外观样式,包括直线与曲线两种样式
跨线	将跨线添加到	用于设置跨线的添加位置,包括水平线条、垂直线条等 5 种位置
	垂直大小	用于设置样式的垂直大小
	跨线样式	用于设置跨线的显示样式,包括弧线、正方形等 5 种样式
	水平大小	用于设置跨线样式的水平大小
其他	放下…形状	启用该复选框,可在放下时移走其他形状

续表

选 项		功 能
其他	启用…拆分	启用该复选框,可启用连接线拆分样式
	间距	单击该按钮,可在弹出的【布局与排列间距】对话框中设置形状间距与排列样式

3. 打印报表

最后,在【打印】列表中,设置打印份数,单击【打印】按钮,即可打印报表。

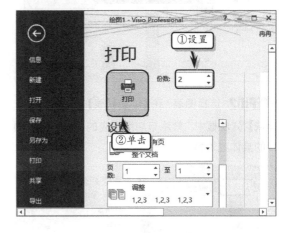

练习:创建报警系统项目报表

在"报警系统"项目中,虽然用户已经提前预测并分析了项目的具体情况,但是,这只是简单的项目规划,无法正确预测项目的实际情况。为了能够查看、对比项目进度与规划之间的差异,也为了分析项目数据,需要利用 Project 2016 中的报表及可视报表功能,准确地显示与分析成本、工时及项目日程。

练习要点

● 创建现金流量报表
● 创建关键任务报表
● 自定义比较报表
● 生成可视报表
● 保存报表数据
● 打印可视报表

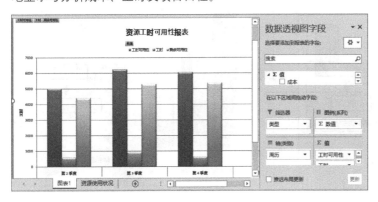

操作步骤 ▶▶▶▶

STEP|01 创建现金流量报表。打开"报警系统项目"文档，执行【报表】|【查看报表】|【成本】|【现金流量】命令，创建现金流量报表，查看任务的成本和累计成本的变化情况。

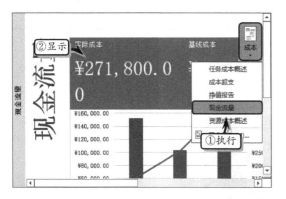

STEP|02 选择图表,在【字段列表】窗格中的【选择域】列表框中,禁用与启用相应的字段,查看项目的具体成本情况。

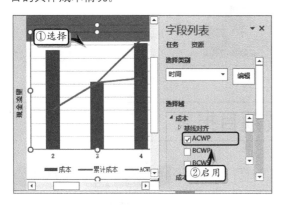

STEP|03 创建关键任务报表。执行【报表】|【查看报表】|【进行中】|【关键任务】命令,创建关键任务报表。

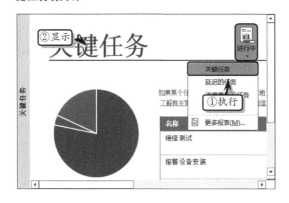

STEP|04 自定义比较报表。执行【报表】|【查看报表】|【新建报表】|【比较】命令,在弹出的对话框中自定义报表名称,单击【确定】按钮,新建一个比较报表。

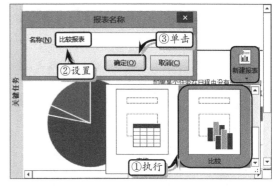

STEP|05 选择左侧的图表,在【字段列表】窗格中,禁用所有的字段。然后,依次启用【工时】、【实际工时】和【剩余工时】复选框。

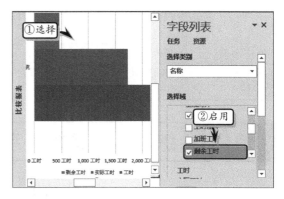

STEP|06 选择右侧的图表,在【字段列表】窗格中,禁用所有的字段。然后,依次启用【成本】栏中的【成本】、【实际成本】和【剩余成本】复选框。

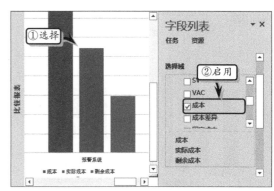

STEP|07 生成可视报表。执行【报表】|【导出】|【可视报表】命令，激活【任务分配状况】选项卡，选择【现金流报表】选项，单击【查看】选项。

STEP|08 保存报表数据。在【可视报表-创建报表】对话框中，选择【资源使用状况】下的【资源工时可用性报表】选项，单击【保存数据】按钮。

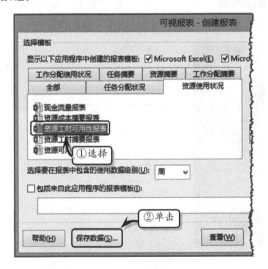

STEP|09 在弹出的【可视报表-保存报表数据】对话框中，单击【保存数据库】按钮。

STEP|10 然后，在弹出的【另存为】对话框中设置保存位置，单击【保存】按钮即可。

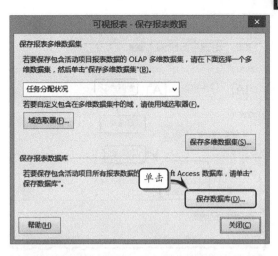

STEP|11 打印可视报表。关闭【可视报表-保存报表数据】对话框后，单击【查看】按钮，生成可视报表。

STEP|12 执行【文件】|【打印】命令，选择【页面设置】选项，在弹出的对话框中，设置打印页面。

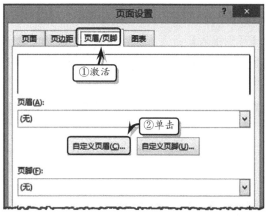

STEP|13 在【页面设置】对话框中，激活【页边距】选项卡，设置打印页的上、下、左、右的页边距。

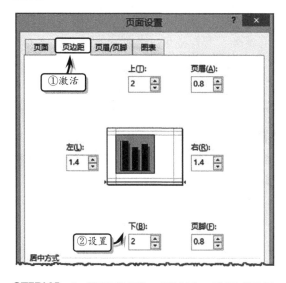

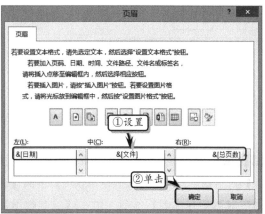

STEP|16 最后，在【打印】列表中，预览打印效果。设置打印份数，并单击【打印】按钮。

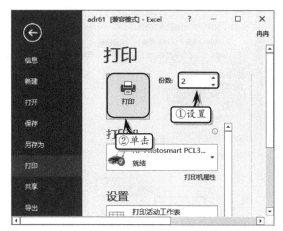

STEP|14 在【页面设置】对话框中，激活【页眉/页脚】选项卡，单击【自定义页眉】按钮。

STEP|15 在弹出的【页眉】对话框中，设置页眉的显示内容，并单击【确定】按钮。

Project

7.6 练习：创建洗衣机研发项目报表

在"洗衣机研发"项目实施过程中，为了保证项目的顺利完成，项目经理需要与队员沟通并交流项目进展、项目成本及项目资源等项目信息。同时，也为了便于信息的交流，也为了更好地分析与审核项目信息，需要将项目信息生成报表或可视报表，并以报表、数据透视表或图表的形式进行打印。

练习要点

● 创建进度报表
● 设置图表格式
● 更改图表类型
● 创建可视报表
● 添加可视报表数据
● 打印可视报表

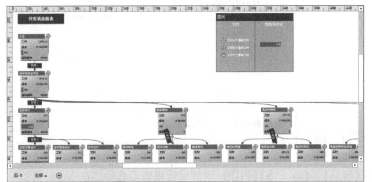

操作步骤 ＞＞＞＞

STEP|01 创建进度报表。打开"管理洗衣机研发项目成本"文档，执行【报表】|【查看报表】|【仪表板】|【进度】命令，创建进度报表。

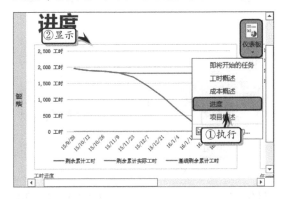

STEP|02 选择"工时进度"图表，执行【图表工具】|【设计】|【图表样式】|【更改颜色】|【颜色3】命令，设置图表中数据系列的颜色。

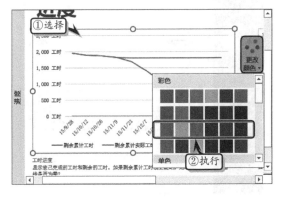

STEP|03 设置图表格式。执行【图表工具】|【格式】|【形状样式】|【其他】|【细微效果-绿色,强调颜色 6】命令，设置形状样式。

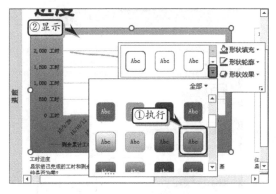

STEP|04 同时，执行【形状样式】|【形状效果】|【棱台】|【艺术装饰】命令，设置图表的形状格式。使用同样的方法，设置另外一个图表的格式。

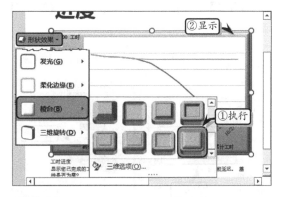

STEP|05 更改图表类型。选择右侧的图表，执行

【图表工具】|【设计】|【类型】|【更改图表类型】命令，在弹出的对话框中选择图表类型即可。

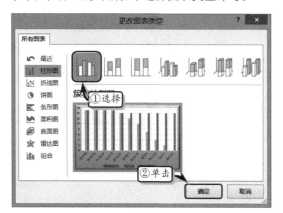

STEP|06 创建可视报表模板。执行【报表】|【导出】|【可视报表】命令，激活【工作分配摘要】选项卡，选择【任务状态报表】选项，单击【查看】选项。

STEP|07 添加可视报表类别。在 Visio 视图中，选择"任务 1"形状，在【添加类别】列表框中，单击【任务】下拉按钮，在其列表中选择【任务 2】选项。

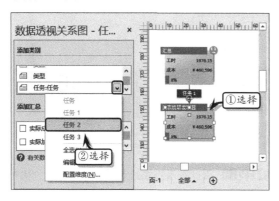

STEP|08 同时，选择"任务 2"形状，在【添加类别】列表框中，单击【任务】下拉按钮，选择【任务 3】选项。使用同样的方法，添加其他任务。

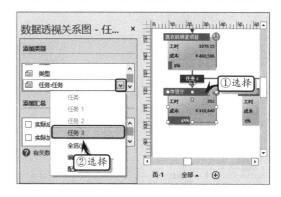

STEP|09 添加可视报表汇总项。在 Visio 视图中的【数据透视关系图】窗格中，依次启用【添加汇总】列表框中的【成本】、【工时】和【实际成本】复选框。

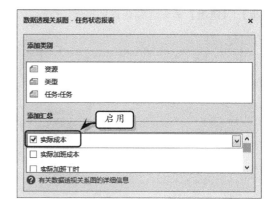

STEP|10 打印可视报表。执行【文件】|【打印】命令，在展开的列表中预览报表的打印效果。

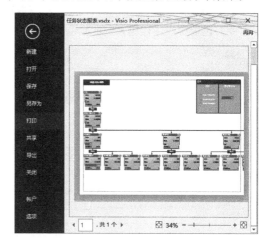

STEP|11 然后，单击预览图下方的【缩放到页面】和【显示/隐藏分页符】按钮，更改预览效果。

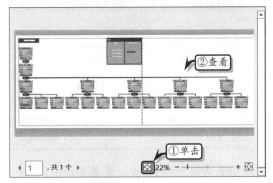

STEP|12 在打印列表中，选择【页面设置】选项，在【打印设置】选项卡中，设置打印纸张、缩放比例等打印参数。

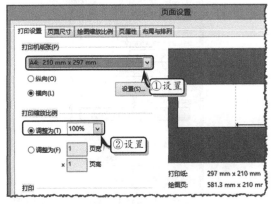

STEP|13 在【页面设置】对话框中，激活【布局

与排列】选项卡，设置图表的排列方式。

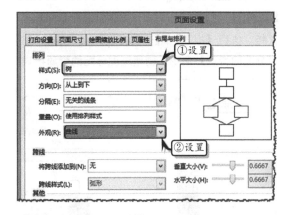

STEP|14 最后，在【打印】列表中，设置打印份数，单击【打印】按钮打印报表。

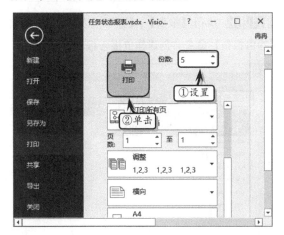

Project

7.7 练习：创建信息化项目报表

在"信息化"项目中，为了能够查看、对比项目进度与规划之间的差异，也为了分析项目数据，需要利用 Project 2016 中的报表及可视报表功能，准确地显示与分析项目数据。

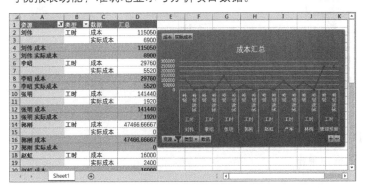

练习要点

● 创建过度分配的资源报表
● 创建挣值报告报表
● 创建关键任务报表
● 创建可视报表模板
● 添加可视报表数据

操作步骤 ►►►►

STEP|01 创建报表。打开"管理信息化项目成本"文档，执行【报表】|【查看报表】|【资源】|【过度分配的资源】命令，创建过度分配的资源报表。

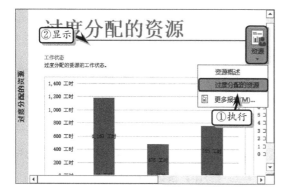

STEP|02 执行【报表】|【查看报表】|【成本】|【挣值报告】命令，创建挣值报告报表。

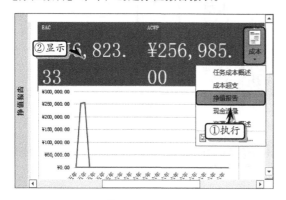

STEP|03 执行【报表】|【查看报表】|【进行中】|【关键任务】命令，创建关键任务报表。

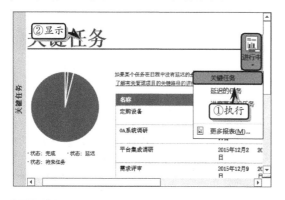

STEP|04 创建可视报表模板。执行【报表】|【导出】|【可视报表】命令，在弹出的对话框中单击

【新建模板】按钮。

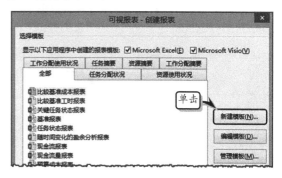

STEP|05 在弹出的【可视报表-新建模板】对话框中，设置应用程序和数据类型，并单击【确定】按钮。

STEP|06 添加可视报表类别。在 Excel 窗口中的【数据透视表字段】窗格中，启用【类型】和【资源】复选框。

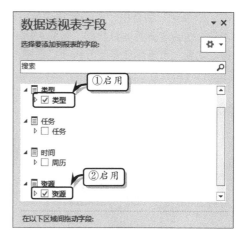

STEP|07 在【数据透视表字段】窗格中启用【值】栏中的【成本】复选框，显示资源的成本汇总值。

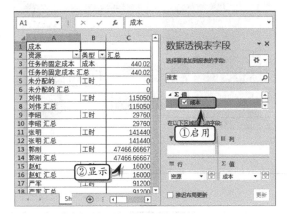

STEP|08 在【数据透视表字段】窗格中启用【值】栏中的【实际成本】复选框，显示资源的实际成本汇总值。

STEP|09 美化报表。执行【数据透视表工具】|【设计】|【数据透视表样式】|【其他】|【数据透视表样式中等深浅 10】命令，设置数据透视表的样式。

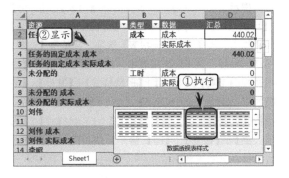

STEP|10 在【设计】选项卡【数据透视表样式选项】选项组中，启用【镶边行】和【镶边列】复选框，显示行列分隔线。

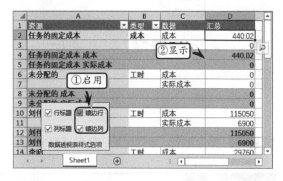

STEP|11 图表分析数据。执行【数据透视表工具】|【分析】|【工具】|【数据透视图】命令，在弹出的【插入图表】对话框中，选择图表类型，并单击【确定】按钮。

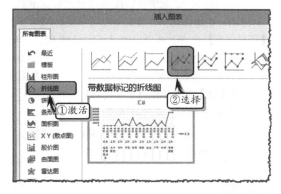

STEP|12 单击图表中的【资源】下拉按钮，在其下拉列表中禁用【任务的固定成本】和【未分配的】复选框，并单击【确定】按钮。

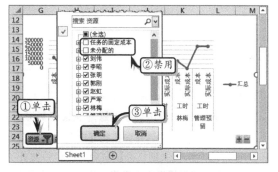

STEP|13 选择图表标题，将标题内容修改为"成本汇总"。同时，选择图例，按下 Delete 键删除

图例。

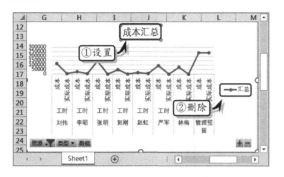

STEP|14 美化图表。选择图表，执行【数据透视

图工具】|【格式】|【形状样式】|【其他】|【强烈
效果-橙色,强调颜色 2】命令，设置形状样式。

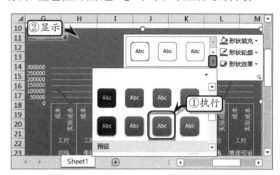

7.8　新手训练营

练习 1：生成现金流量可视报表

downloads\7\新手训练营\现金流量可视报表

提示：在本练习中，首先执行【报表】|【导出】
|【可视报表】命令，在弹出的【可视报表-创建可视
报表】对话框中，选择【现金流量报表】选项，单击
【查看】按钮，生成现金流量可视报表。然后，在【数
据透视关系图】窗格中的【添加汇总】列表框中启用
【实际工时】复选框，添加该字段。

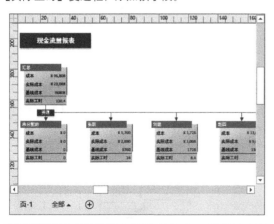

练习 2：创建关键任务报表

downloads\7\新手训练营\关键任务报表

提示：在本练习中，首先执行【报表】|【查看报
表】|【进行中】|【关键任务】命令，创建关键任务
报表。然后，选择报表中的表格，设置表格的样式。
同时，执行【表格样式选项】|【镶边列】命令。最后，
选择报表中的图表的数据系列，执行【图表工具】|

【格式】|【形状样式】|【形状效果】|【棱台】|【圆】
命令，设置数据系列的形状样式。同时，执行【图表
工具】|【设计】|【图表布局】|【添加图表元素】|【数
据标签】|【居中】命令。

练习 3：创建现金流可视报表

downloads\7\新手训练营\现金流可视报表

提示：在本练习中，首先拆分【报表】|【导出】
|【可视报表】命令，在弹出的【可视报表-创建报表】
对话框中，选择【现金流报表】选项，并单击【查看】
按钮。然后，在 Excel 报表中，选择图表，执行【数
据透视图工具】|【格式】|【形状样式】|【其他】|【细
微效果-水绿色,强调颜色 5】命令。最后，选择图表，
执行【数据透视图工具】|【格式】|【形状样式】|【形
状效果】|【棱台】|【圆】命令，使用同样的方法设
置数据系列的棱台格式。

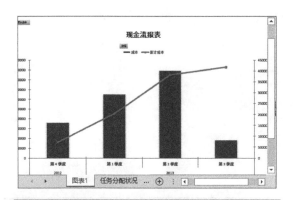

downloads\7\新手训练营\资源概述报表

提示：在本练习中，首先执行【报表】|【查看报表】|【资源】|【资源概述】命令，创建资源概述报表。选择报表中的表格，设置表格的样式。然后，选择报表中的图表，执行【图表工具】|【格式】|【形状样式】|【细微效果-绿色,强调颜色 6】命令，设置图表的形状样式。同时，执行【图表工具】|【格式】|【形状样式】|【形状效果】|【棱台】|【圆】命令。

练习 4：在创建挣值报告报表

downloads\7\新手训练营\记录外墙施工项目实
际信息

提示：在本练习中，首先执行【报表】|【查看报表】|【成本】|【挣值报表】命令，创建挣值报告预定义报表。然后，执行【报表工具】|【主题】|【主题】|【柏林】命令，设置报表的主题样式。最后，选择报表中的第一个图表，执行【图表工具】|【格式】|【形状样式】|【细微效果-绿色,强调颜色 3】命令，设置图表的形状样式。使用同样的方法，分别设置其他图表的形状样式。

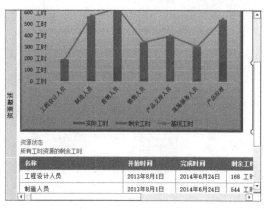

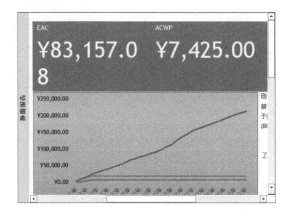

第 8 章

美化项目文档

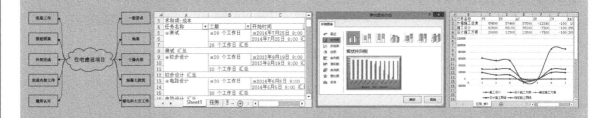

　　为了使项目文档更加美观，也为了方便用户查阅、设置及分析项目信息，需要美化项目文档，即对项目文档及整体文件进行设置字体格式、设置图形格式、设置版式、插入绘图及对象等一系列的格式化操作。同时，为了能打印出美观的项目计划与项目视图，还需要格式化视图与条形图。本章将详细介绍美化项目文档的基础知识和操作方法，以协助用户制作出更加美观且实用的项目文档。

Project

8.1 美化工作表区域

Project 2016 中的工作表区域包括字体、背景和网格线等元素。用户可通过设置各元素格式的方法，来达到美化项目文档，以及突出显示特殊或重要任务的目的。在本小节中，将以【甘特图】为例，详细介绍美化工作表区域的操作方法和实用技巧。

8.1.1 设置文本格式

Project 与 Office 软件中的其他组件一样，也具有美化字体功能。用户可通过美化字体功能，在工作表视图中突出显示特殊的任务信息。

1. 设置字体和字号

在【甘特图】视图中，选择需要设置字体与字号的任务名称，执行【任务】|【字体】|【字体】命令或【字号】命令即可。

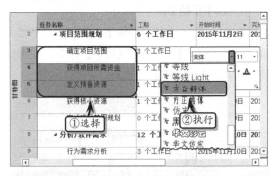

> **技巧**
>
> 在选择任务时，可通过按住 Ctrl 键选择不相邻的任务，可通过按住 Shift 键快速选择相邻的任务。

2. 设置字体效果

在 Project 2016 中，可以为所选择的任务设置【加粗】、【倾斜】与【下划线】字体效果。

> **技巧**
>
> 用户可通过使用 Ctrl+B、Ctrl+I、Ctrl+U 快捷键，快速设置字体的加粗、倾斜与下划线格式。

3. 设置字体颜色

用户可以通过为任务设置字体颜色的方法，来突出任务的重要性与特殊性。

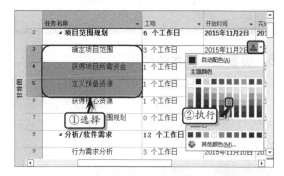

另外，用户还可以执行【任务】|【字体】|【字体颜色】|【其他颜色】命令，在【颜色】对话框的【标准】选项卡或【自定义】选项卡中自定义字体颜色。

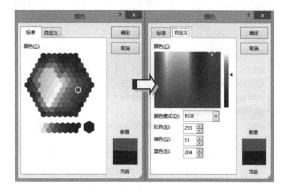

在【标准】选项卡中，用户可以选择任意一种色块。而在【自定义】选项卡中的【颜色模式】下拉列表中，用户可以设置 RGB 或 HSL 颜色模式。

❑ **RGB 颜色模式**　该模式主要由基于红、绿、蓝 3 种基色的 256 种颜色组成，每种基色的度量值介于 0~255 之间。用户只需单击【红色】、【绿色】和【蓝色】微调按钮，或在微调框中直接输入颜色值即可。

❑ **HSL 颜色模式**　主要基于色调、饱和度与亮度 3 种效果来调整颜色，各数值的取值范围介于 0~255 之间。用户只需在【色调】、【饱和度】与【亮度】微调框中设置数值即可。

> **技巧**
>
> 用户还可以单击【字体】组中的【对话框启动器】按钮，在弹出的【字体】对话框中，设置文本的字体、字号、字体颜色与字体效果。

5. 设置整体文本的样式

在设置项目文档的格式时，可通过执行【格式】|【格式】|【文本样式】命令，一次性为整个项目文档，以及所有的摘要任务、里程碑任务设置相同的文本格式。

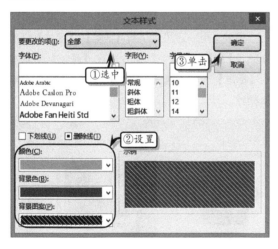

在【文本样式】对话框中，主要包括下列选项。

❑ **要更改的项**　用于选择需要设置字体样式的范围，包括全部、关键任务、非关键任务、摘要任务等 19 种选项。

❑ **字体**　用于设置文本的字体样式，可在列表框中选择相应的字体样式，其作用等同于【字体】组中的【字体】命令。

❑ **字形**　用于设置文本的加粗、斜体、粗体等字体效果。

❑ **字号**　用于设置文本的字体大小，其作用等同于【字体】组中的【字号】命令。

❑ **下划线**　启用该复选框，可在文本底部添加一条横线，其作用等同于【字体】组中的【下划线】命令。

❑ **删除线**　启用该复选框，可在文本中间添加一条横线。

❑ **颜色**　用于设置文本的字体颜色，其作用等同于【字体】组中的【字体颜色】命令。

❑ **背景色**　用于设置文本的背景颜色，其作用等同于【字体】组中的【背景色】命令。

❑ **背景图案**　用于设置文本的背景图案样式，一共包括 14 种样式。

6. 设置对齐格式

Project 2016 为用户提供了对齐文本的格式，通过执行【格式】|【列】|【居中】命令，即可设置工作表文本的居中对齐格式。

Project 2016 一共为用户提供了 4 种对齐格式。

按钮	命令	功能
	文本左对齐	将文本左对齐
	居中	将文本居中对齐
	文本右对齐	将文本右对齐
	自动换行	对单元格中的内容以多行的形式进行显示，使单元格中的内容都处于可见状态

8.1.2 设置背景格式

在使用 Project 2016 指定项目计划时，为了突出重点任务与区分任务类别，也为了美化工作表的外观，需要利用系统自带的填充功能，设置工作表的背景颜色与填充图案。

1．设置背景颜色

选择相应的单元格或单元格区域，执行【任务】|【字体】|【背景色】命令 ，在展开的颜色列表中选择一种色块即可。

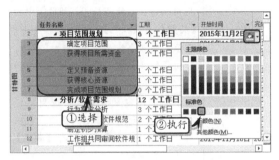

另外，也可通过执行【字体】|【背景色】|【其他颜色】命令，在【颜色】对话框中自定义背景色。

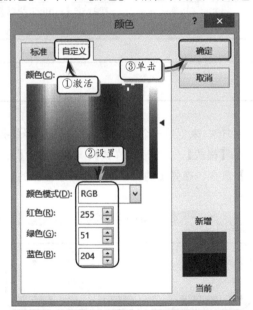

> ### 技巧
>
> 为任务设置了背景色之后，可通过执行【任务】|【字体】|【背景色】|【无颜色】命令，取消已设置的背景色。

2．设置图案颜色

选择任务名称，单击【字体】组中的【对话框启动器】按钮。在弹出的对话框中，设置背景色与背景图案即可。

在【字体】对话框中，主要包括下列选项。

- ❏ **字体** 用于设置文本的字体样式，可在列表框中选择相应的字体样式，其作用等同于【字体】组中的【字体】命令。

- ❏ **字形** 用于设置文本的加粗、斜体、粗体等字体效果。

- ❏ **字号** 用于设置文本的字体大小，其作用等同于【字体】组中的【字号】命令。

- ❏ **下划线** 启用该复选框，可在文本底部添加一条横线，其作用等同于【字体】组中的【下划线】命令。

- ❏ **删除线** 启用该复选框，可在文本中间添加一条横线。

- ❏ **颜色** 用于设置文本的字体颜色，作用等同于【字体】组中的【字体颜色】命令。

- ❏ **背景色** 用于设置文本的背景颜色，其作用等同于【字体】组中的【背景色】命令。

- ❏ **背景图案** 用于设置文本的背景图案样式，一共包括14种样式。

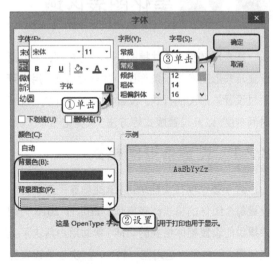

8.1.3 设置网格线

设置网格线是设置【甘特图】视图中的工作表

区域底纹网格的线条样式，从而提高视图的美观性与清晰性。

在【甘特图】视图中，执行【格式】|【格式】|【网格线】|【网格】命令，在弹出的对话框中的【要更改的线条】列表框中，选择【工作表行】或【工作表列】选项，并在其右侧设置网格线的样式即可。

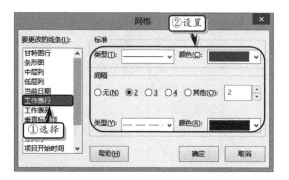

在【网格】对话框中，主要包括下表中的选项。

续表

选　项		说　明
要更改的线条		用于选择需要更改的线条类型，包括甘特图行、条形图等 14 种线条类型
标准	类型	用于设置线条的类型，包括无、短划线等 5 种选项
	颜色	用于设置线条的颜色
间隔	无	表示线条之间没有间隔，也表示将"标准"设置应用到所有线条类型中
	2	表示间隔 2 个线条应用"标准"设置，而相隔的 2 个线条应用"间隔"中的【类型】与【颜色】设置
	3	表示间隔 3 个线条应用"标准"设置，而相隔的 3 个线条应用"间隔"中的【类型】与【颜色】设置
	4	表示间隔 4 个线条应用"标准"设置，而相隔的 4 个线条应用"间隔"中的【类型】与【颜色】设置
	其他	表示间隔指定数量的线条应用"标准"设置，而相隔指定数量的线条应用"间隔"中的【类型】与【颜色】设置
	类型	用于设置间隔内线条的类型
	颜色	用于设置间隔内线条的颜色
帮助		单击该按钮，可打开【Project 帮助】窗口。

8.2 美化图表区域

图表区域位于【甘特图】视图的右侧，主要用于显示条形图及位于条形图中的数据信息。用户可通过设置条形图的样式、设置甘特图的样式、设置时间刻度，以及设置版式等方法，来美化图表区域。

8.2.1 设置条形图格式

对于整个项目文档来讲，单纯依靠手工单独地设置每个组件的格式比较麻烦。Project 2016 为用户提供的设置整体格式的功能，帮助用户解决了上述问题。用户可以运用整一特性，一次性地设置整个视图中的条形图样式、版式以及时间刻度样式等。

1. 美化条形图

在 Project 2016 中，还可以通过设置条形图样

式的方法，来创建一个独特的项目文档。选择任务，执行【格式】|【条形图样式】|【格式】|【条形图】命令，在弹出的对话框中设置条形图的形状格式。

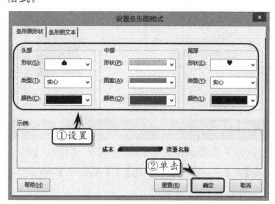

在【设置条形图格式】对话框中，主要包括下表中的选项。

选 项		说 明
头部	形状	用于设置条形图头部形状的样式，包括菱形、五角星等 24 种样式
	类型	用于设置条形图头部形状的类型，包括点划线、实线与空心 3 种类型
	颜色	用于设置条形图头部形状的颜色
中部	形状	用于设置条形图中部形状的样式，包括 6 种样式
	图案	用于设置条形图中部形状的图案，包括 12 种类型
	颜色	用于设置条形图中部形状的颜色
尾部	形状	用于设置条形图尾部的形状样式，包括菱形、五角星等 24 种样式
	类型	用于设置条形图尾部形状的类型，包括点划线、实线与空心 3 种类型
	颜色	用于设置条形图尾部形状的颜色
重置		单击该按钮，可以撤销已设置的条形图格式，恢复到未设置格式之前的状态
帮助		单击该按钮，可以打开【Project 帮助】窗口

另外，激活【条形图文本】选项卡，可设置条形图所显示的数据类型。

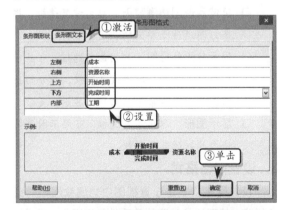

注意

用户可以在左侧、右侧、上方、下方与内部文本框中输入或选择显示内容，但输入的内容必须与选择列表中的某项内容相同。

2. 设置条形图样式

在 Project 2016 中，还可以针对任务的类别来设置条形图的样式。例如，可以单独设置任务、关键任务、比较基准、里程碑等任务的甘特图样式。

在【甘特图】视图中，执行【格式】|【条形图样式】|【格式】|【条形图样式】命令，在弹出的对话框中按照任务类型分别设置条形图的样式。

在【条形图样式】对话框中，主要包括下列选项。

❑ **剪切行** 用来移动所选任务行，即选择【名称】列表框中的任务名称，单击该按钮即可剪切该任务行。

❑ **粘贴行** 用来移动所选任务行，该选项应配合【剪切行】选项使用。单击该按钮，即可将已剪切的任务粘贴在指定位置。

❑ **插入行** 单击该按钮，可在【名称】列表框中所选任务的上方插入一个空行，用于设置新的任务。

❑ **名称** 用于显示或输入任务名称的列。

❑ **外观** 用于显示任务条形图样式的列。

❑ **任务种类** 用于显示或设置任务类型的列，当用户需要在条形图上显示多种类型的任务时，可在文本框中输入任务类型，然后输入逗号，再输入另外一个任务类型。

❑ **行** 用于设置条形图所占据的行数，该行数是依据任务名称中的工作表行来设置的。其中，默认值为 1，其值介于 1~4 之间。

❑ **从** 用于设置任务条形图的起始点。

❑ **到** 用于设置任务条形图的结束点。当用户需要创建代表单个日期的符号时，可在【从】与【到】列中设置相同的选项。

❑ **【文本】选项卡** 激活该选项卡，可设置在条形图左侧、右侧、上方、下方与内部显示值的类型。

❑ **【条形图】选项卡** 激活该选项卡，可设置所选任务的条形图的头部、中部与尾部的样式与颜色。

❑ **帮助** 单击该按钮,可打开【Project 帮助】窗口。

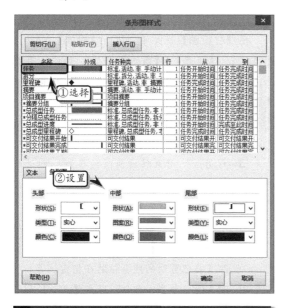

> **技巧**
>
> 在【条形图样式】对话框中插入新任务时,需要先复制相似的已有任务,然后在复制任务的基础上改进任务格式与类型即可。

8.2.2 设置视图格式

视图格式是设置显示在视图部分组件的格式,包括整体甘特图的样式、版式,以及网格线和时间刻度的格式。

1. 设置甘特图样式

在【甘特图】视图中,可以通过【格式】|【甘特图样式】命令中的【其他】下拉列表,来设置任务条形图的样式。

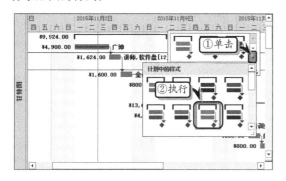

> **技巧**
>
> 用户可通过单击【甘特图样式】组中的【对话框启动器】按钮的方法,快速打开【条形图样式】对话框。

2. 设置版式

在【甘特图】视图中,可以通过【格式】|【格式】|【版式】命令,设置条形图所显示的日期格式、高度以及链接线的样式。

在【版式】对话框中,主要包括下列选项。

❑ **链接** 用于设置条形图的链接方式,选中第一个选项时,表示不显示链接线。

❑ **日期格式** 用来设置条形图上所显示的开始时间或结束时间等时间的日期样式。

❑ **高度** 用来设置条形图形状的高度,其选项只包括6、8、10、12、14、18与24选项。

❑ **总是将…摘要任务中** 启用该复选框,可将条形图的上卷显示在摘要任务中。即将同列任务的最上一卷任务以总成型任务的方式显示在摘要任务中。

❑ **展开…条形图** 启用该复选框,可展开摘要任务,并隐藏总成型任务。

❑ **延伸条形图填满整天** 启用该复选框,将条形图延伸至整天的长度。

❑ **显示分隔条形图** 启用该复选框,可显示拆分的条形图。禁用该复选框,拆分的条形图将以正常条形图的样式显示。

❑ **显示图形** 启用该复选框,可显示图表区域内插入的其他形状。

3. 设置网格格式

设置网格格式是设置视图中的底纹网格的线条样式,从而增加视图的美观性与清晰性。在【甘特图】视图中,执行【格式】|【格式】|【网格线】|【网格】命令,在弹出的【网格】对话框中的【要更改的线条】列表框中,选择【甘特图行】选项,并在其右侧设置网格线的样式即可。

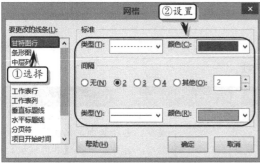

4．美化时间刻度

时间刻度显示在视图的图表或时间分段部分的上面，每个视图中可以显示最多 3 层时间刻度。为使整个视图具有和谐、一致的效果，还需执行【视图】|【显示比例】|【时间刻度】|【时间刻度】命令。在【顶层】、【中层】与【底层】选项卡中，分别设置时间刻度的显示格式。

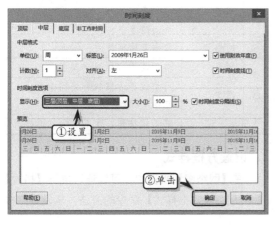

在【顶层】、【中层】与【底层】选项卡中，主要包括下表中的选项。

选 项		说 明
顶层格式	单位	用于设置时间显示的单位（范围），包括天、周、月等 9 种选项
	标签	用于设置实际显示的标签格式，包括 39 种标签格式
	使用财政年度	启用该复选框，将以财政年度作为时间刻度层标签的基准。禁用该复选框，将以日历年作为时间刻度标签的基准
	计数	用于设置单位标签在时间刻度层上的频率值。例如，当【单位】选项为"周"时，输入 2 表示时间刻度层按 2 周分段
	对齐	用于设置单位标签的对齐格式，包括左、右与居中 3 种对齐方式
	时间刻度线	启用该复选框，可以显示单位之间的竖线
时间刻度选项	显示	用来设置时间刻度的显示层数，包括一层（中层）、两层（中层、底层）与三层（顶层、中层、底层）3 种选项
	大小	用于输入或选择所需的百分比值，该值表示紧缩或展开时间刻度列的程度
	时间刻度分隔线	启用该复选框，表示显示时间刻度层之间的横线

另外，激活【非工作时间】选项卡，可设置任务在非工作时间段内时间刻度的格式。

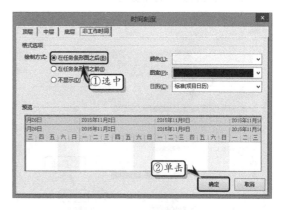

在【非工作时间】选项卡中，主要包括下列选项。

- **绘制方式** 用于设置非工作时间的时间刻度的显示位置，其中【在任务条形图之后】选项表示在条形图之后显示非工作时间刻度，并在连续非工作日之间显示间隔条；【在任务条形图之前】选项表示在条形图之前显示，并在连续非工作日之间不显示间隔条；而选中【不显示】选项则表示不在时间刻度中显示非工作时间。
- **颜色** 用于设置非工作时间刻度的显示颜色。

- **图案** 用于设置非工作时间刻度的显示图案，包含 11 种图案样式。
- **日历** 用于设置非工作时间的日历类型，包括内置的夜班、24 小时、标准与当前项目中以资源名称表示的日历类型。

> **技巧**
>
> 可以使用 Ctrl+/（数字小键盘上的斜线）显示较小的时间单位，使用 Ctrl+*(数字小键盘上的星号)显示较大的时间单位。

8.3　美化图表型视图

在 Project 2016 中，除了最常用的【甘特图】视图之外，还包括以图形化显示项目任务与资源信息的网络图、日历、资源图表等图表型视图。为突出项目任务与资源，也为了增加视图的美观性，还需要设置图表型的视图格式。

8.3.1　美化【网络图】视图

Project 2016 中的【网络图】视图是以流程图的格式显示任务与任务的相关性。执行【任务】|【视图】|【甘特图】|【网络图】命令，即可切换到【网络图】视图中。

1. 设置方框格式

在【网络图】视图中，可以通过执行【格式】|【格式】|【方框】命令的方法，来设置方框的数据模板、边框样式与背景颜色。

在【设置方框格式】对话框中，主要包括下列选项。

选　项		说　明
数据模板		用于设置方框内所显示的数据类型，包括标准、摘要等 10 种选项。另外，单击【其他模板】按钮，可在弹出的对话框中选择更多的数据类型
边框	形状	用于设置网络图边框的形状样式，包括 10 种不同的形状样式
	颜色	用来设置方框的边框线条与内部水平、垂直网格线的颜色
	宽度	用来设置方框边框线条的宽度(粗细)，包括 4 种不同宽度的选项
	显示水平网格线	启用该复选框，可以显示方框内的水平网格线
	显示垂直网格线	启用该复选框，可以显示方框内的垂直网格线
背景	颜色	用于设置方框背景颜色
	图案	用于设置方框的背景图案样式，包括 14 种不同的图案样式
重置		单击该按钮，可以清除方框格式

2. 设置方框样式

在【网络图】视图中，可以通过执行【格式】|【格式】|【方框样式】命令的方法，来设置方框

的类型，以及数据模板、边框样式与背景颜色。

按钮。

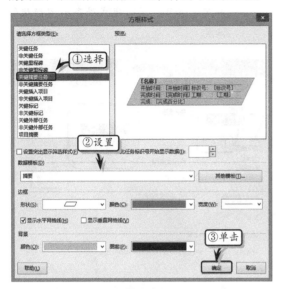

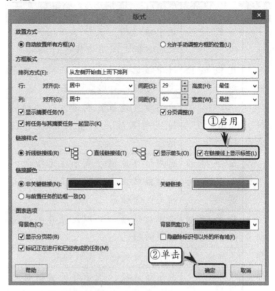

在【方框样式】对话框中，主要包括下列选项。

- ❏ **请选择方框类型**　用来选择需要设置方框样式的任务类型，可按住 Ctrl 或 Shift 键来选择多个任务类型。
- ❏ **预览**　用来显示方框样式的最终效果。
- ❏ **设置突…选样式**　启用该复选框，表示将突出显示所选类型的方框样式。
- ❏ **从此任务…数据**　用来输入或调整开始显示方框样式的任务标识号。例如，输入数字"4"，表示从标识号为 4 的任务开始显示所设置的方框样式。
- ❏ **数据模板**　用于设置方框内所显示的数据类型。
- ❏ **边框**　用于设置方框边框与内部网格线的颜色，以及边框线条的形状样式与宽度。
- ❏ **背景**　用于设置方框的背景颜色与背景图案样式。
- ❏ **帮助**　单击该按钮，可打开【Project 帮助】窗口。

3．设置版式

在【网络图】视图中，执行【格式】|【格式】|【版式】命令，在弹出的【版式】对话框中，启用【在链接线上显示标签】复选框，并单击【确定】

在【版式】对话框中，主要包括如下表中的各种选项。

选 项		说 明
放置方式	自动…方框	选中该选项，表示系统将按默认位置显示项目中的所有方框
	允许…位置	选中该选项，表示可以手动设置任务方框的显示位置
方框版式	排列方式	用来设置方框的排列方向与顺序，包括从上面开始居中排列、按日由上而下排列等 7 种方式
	行	用于设置方框行的对齐方式，以及间距与高度值。其中，【高度】选项包括最近与固定两种选项，而【间距】值介于 0~200 之间
	列	用于设置方框列的对齐方式，以及间距与高度值。其中，【高度】选项包括最近与固定两种选项，而【间距】值介于 0~200 之间
	显示摘要任务	启用该复选框，可以显示摘要任务的方框
	分页调整	启用该复选框，可按整页且分页的格式显示与调整任务方框。否则，任务方框会位于分页线上
	将任务…显示	启用该复选框，可以同时显示摘要任务与任务。当禁用【显示摘要任务】复选框时，该任务也将被禁用

续表

选项		说明
链接样式	折线链接线	选中该选项，表示不在同一水平上的方框之间用折线进行链接
	直线链接线	选中该选项，表示不在同一水平上的方框之间用直线进行链接
	显示箭头	启用该复选框，表示方框之间链接线的末端是以箭头形状进行显示
	在链接线上显示标签	启用该复选框，表示在方框之间的链接线上方，将显示代表任务相关性的标签
链接颜色	非关键链接	选中该选项，可以设置非关键链接线的颜色
	关键链接	用于设置关键链接线的颜色
	与前…边框一致	选中该选项，表示非关键链接线的颜色将与前置任务的边框颜色一致
图表选项	背景色	用来设置整个网络图的背景颜色
	背景图案	用来设置整个网络图的背景图案
	显示分页符	启用该复选框，可以在网络图中显示分页线
	隐藏…所有域	启用该选项，网络图中的方框将以标识号的样式进行显示
	标记…的任务	启用该复选框，将在网络图中标记已经完成和正在进行的任务

8.3.2 美化【日历】视图

Project 2016 中的【日历】视图是用来查看某一特定周的任务与工期，以及使用月历格式查看周的范围。执行【任务】|【视图】|【甘特图】|【日历】命令，即可切换到【日历】视图中。

1. 设置条形图样式

执行【格式】|【格式】|【条形图样式】命令，在弹出的对话框中，设置不同任务类型的条形图样式。

在【条形图样式】对话框中，主要包括下列选项。

- **任务类型** 用于选择需要设置条形图形状的任务类型。

□ **条形图形状** 可以设置条形图的类型、图案、颜色、拆分模式等条形图形状的样式。

□ **文本** 用来设置显示在条形图中的文本名称、对齐格式与自动换行等格式。

> **注意**
>
> 在【日历】视图中，可以通过执行【格式】|【版式】|【立即设置版式】命令，来更改任务在视图中的排列方式。

2. 设置网格

执行【格式】|【格式】|【网格】命令，在弹出的【网格】对话框中的【要更改的线条】列表框中，选择相应的选项，并在其右侧设置网格线的样式即可。

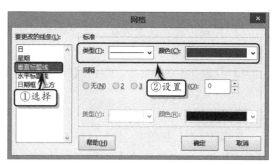

8.4 插入图形和组件

对于特殊的任务或条形图来讲,还需要通过插入备注信息与形状,进行说明性描述。此时,用户可以运用 Project 2016 中的【插入】功能,实现上述目的。

8.4.1 插入绘图

Project 2016 为用户提供了文本框、箭头、多边形等多种绘图图形,便于描述与显示任务的条形图。

1. 绘制甘特图

执行【格式】|【绘图】|【绘图】|【文本框】命令,在【甘特图】视图的图表部分,为某项任务插入文本框。

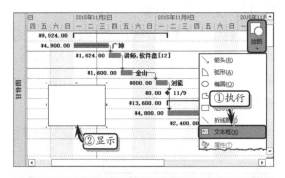

注意

将鼠标移至【文本框】形状的边框上,当鼠标变成┿形状时,拖动鼠标即可移动形状。

2. 设置绘图格式

为增加绘图的美观度,还需要设置绘图的填充颜色、线条样式,以及绘图的大小和位置。

首先,执行【格式】|【绘图】|【属性】命令,在【线条与填充】选项卡中,设置绘图的线条的样式,及线条与绘图的填充颜色。

在【线条与填充】选项卡中,主要包括下列选项。

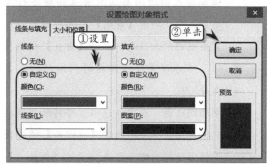

选 项		说 明
线条	无	选中该选项,表示不为绘图的边框线条设置任何颜色
	自定义	选中该选项,可以为绘图的边框线条设置颜色与粗细样式
	颜色	用来设置绘图边框线条的显示颜色
	线条	用来设置绘图边框线条的显示样式(粗细),包括 5 种选项
填充	无	选中该选项,表示不为绘图设置任何颜色
	自定义	选中该选项,可以为绘图设置颜色与粗细样式
	颜色	用来设置绘图的显示颜色
	图案	用来设置绘图的显示图案,包括 11 种选项
预览		用来显示自定义绘图线条与填充颜色的最终样式

另外,激活【大小和位置】选项卡,可设置绘图的显示位置、高度与宽度。

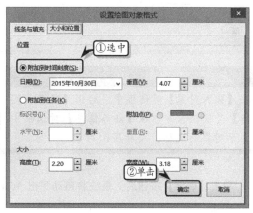

在【大小和位置】选项卡中，主要包括下列选项。

❏ **附加到时间刻度** 选中该选项，绘图将自动以指定的时间日期与垂直高度进行显示。其中，单击【日期】下列按钮可以设置绘图的附加日期；单击【垂直】微调按钮，可以设置绘图距离时间刻度的垂直高度。

❏ **附加到任务** 选中该选项，可将绘图链接到任务上。其中，通过【标识号】选项设置绘图链接到哪个任务，通过【附加点】选项设置绘图是链接到条形图的前面还是后面，通过【水平】与【垂直】选项设置绘图距离条形图的位置。

❏ **大小** 用于设置绘图形状的高度与宽度。

8.4.2 插入对象

在 Project 2016 中，只能将 Excel、Word 等对象插入到任务的备注信息中。

1. 插入新建对象

选择任务，执行【任务】|【属性】|【备注】命令。单击【插入对象】按钮，选择相应的对象即可。

单击【确定】按钮后，系统将自动弹出 Word

文档窗口，输入相应的文本内容并关闭 Word 文档窗口。然后，在【任务信息】对话框中设置 Word 对象的大小，单击【确定】按钮即可。

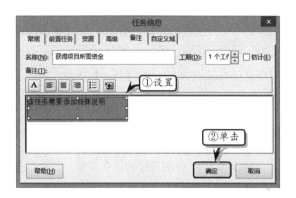

2. 插入文件中的对象

在【插入对象】对话框中，选中【由文件创建】选项，并单击【浏览】按钮选择所需插入的文件，单击【确定】按钮即可以将本地文件以 Project 2016 对象的格式，显示在【备注】选项卡中。

在【由文件创建】选项卡中，主要包括下列选项。

❏ **浏览** 单击该按钮，可在打开的【浏览】对话框中，选择需要插入的对象文件。

❏ **链接** 启用该复选卡，可将文件内容以图片的形式插入到文档中，而图片将被链接到文件，以使文件的更改可反映到

Project 文档中。

图标插入到文档中。

❏ **显示为图标**　启用该复选框，可将文件的

Project 8.5　练习：美化通信大楼施工项目

对于"通信大楼施工"项目来讲，美化项目是项目管理中的必要工作。通过美化项目，不仅可以帮助项目经理快速、准确地查阅项目信息，而且还可以增加整个文档的美观度。在本练习中，将运用 Project 2016 中设置组件、整体格式的功能，详细介绍美化道路施工项目的操作方法与技巧。

练习要点

● 设置字体格式
● 设置字体效果
● 设置甘特图样式
● 设置甘特图版式
● 设置对齐格式
● 绘制甘特图
● 设置绘图格式

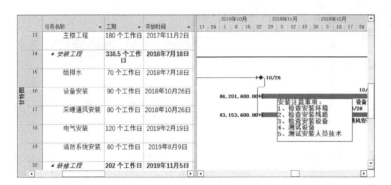

操作步骤 ▶▶▶▶

STEP|01 设置字体格式。打开"管理通信大楼施工项目成本"的文档，切换到【甘特图】视图中的【项】表中。选择所需任务名称，执行【任务】|【字体】|【字体】|【黑体】命令，设置字体格式。

STEP|02 设置字体效果。选择所有的摘要任务，执行【任务】|【字体】|【加粗】命令，取消文本的加粗格式。

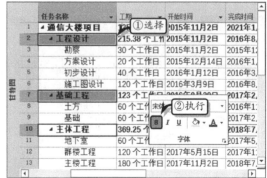

STEP|03 同时，执行【任务】|【字体】|【倾斜】命令，取消文本的加粗格式并将其设置为倾斜格式。

STEP|04 设置甘特图样式。执行【格式】|【甘特图样式】|【其他】命令，在其列表中选择条形图样式即可。

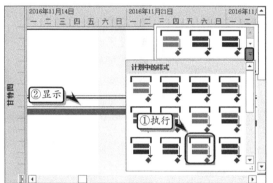

STEP|05 设置条形图样式。执行【格式】|【条形图样式】|【格式】|【条形图样式】命令，选择【任务】名称，在【条形图】选项卡中设置条形图的样式。

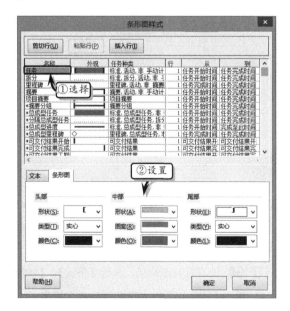

STEP|06 激活【文本】选项卡，设置条形图上的

显示内容，并单击【确定】按钮。

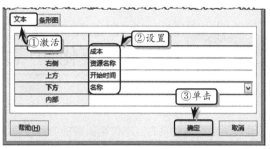

STEP|07 设置甘特图版式。执行【格式】|【格式】|【版式】命令，设置条形图的日期格式、高度以及链接线的样式。

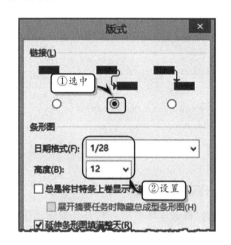

STEP|08 设置对齐格式。选择【工期】域，执行【格式】|【列】|【居中】命令，设置工作表文本的居中格式。使用同样方法，设置其他域文本的对齐方式。

STEP|09 绘制甘特图。执行【格式】|【绘图】|【文本框】命令，在【甘特图】视图的图表部分插入一个文本框，并输入说明性文本。

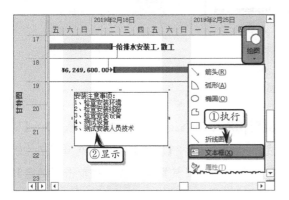

STEP|10 设置绘图格式。选择文本框，执行【格式】|【绘图】|【属性】命令。在【线条与填充】选项卡中，设置绘图的线条的样式与线条颜色。

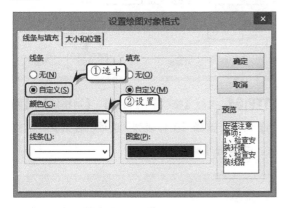

STEP|11 激活【大小和位置】选项卡，选中【附

加到任务】选项，并设置其标识号、附加点以及水平与垂直的值。

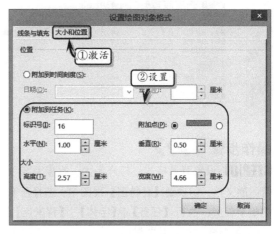

STEP|12 设置绘图的字体格式。右击文本框执行【字体】命令，在弹出的【字体】对话框中设置文本的字体格式。

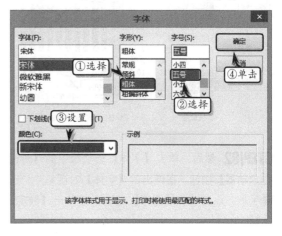

Project **8.6** 练习：美化报警系统项目

在"报警系统"项目中，虽然用户已经花费很多时间制作项目规划。但是，在项目的实施运作中，项目经理还需要根据项目的实际情况，利用 Project 2016 中的美化功能设置项目的图形、文本及版式样式，从而达到突出显示项目特殊任务，以及为任务添加个性说明文件的目的。

练习要点
- 设置背景格式
- 设置网络线格式
- 设置文本样式
- 为备注插入对象
- 格式【网络图】视图

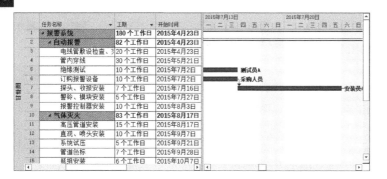

操作步骤 ▶▶▶▶

STEP|01 设置背景格式。打开名为"报警系统项目"的文档，切换到【甘特图】视图中，选择所有的摘要任务，执行【任务】|【字体】|【背景色】|【浅绿】命令，设置其背景颜色。

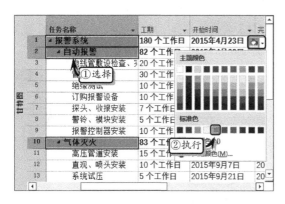

STEP|02 然后，单击【字体】选项组中的【对话框启动器】按钮。在弹出的【字体】对话框中，选择字形，设置【背景图案】选项，并单击【确定】按钮。

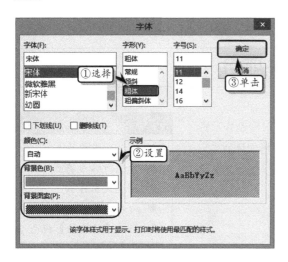

STEP|03 设置网络线格式。执行【格式】|【格式】|【网格线】|【网格】命令，选择"工作表行"选项，设置其标准格式，并单击【确定】按钮。

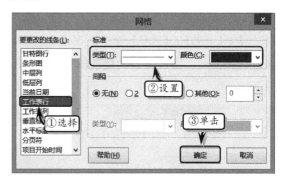

STEP|04 执行【格式】|【格式】|【网格线】|【网格】命令，选择"工作表列"选项，设置其标准格式，并单击【确定】按钮。

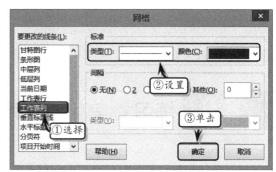

STEP|05 设置文本样式。执行【格式】|【格式】|【文本样式】命令，将【要更改的项】设置为"关键任务"，并设置其字体样式、颜色与背景色。

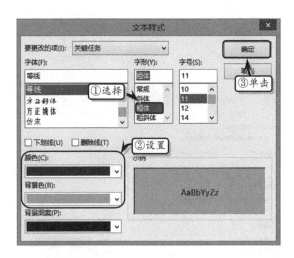

STEP|06 插入对象。选择项目摘要任务,执行【任务】|【属性】|【备注】命令,并单击【插入对象】按钮。

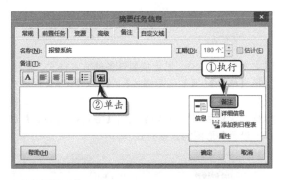

STEP|07 在弹出的【插入对象】对话框中,选中【由文件创建】选项,单击【浏览】按钮,选择需要插入的对象,单击【确定】按钮。

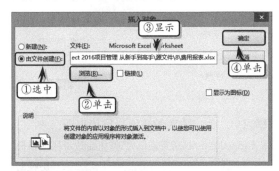

STEP|08 激活【备注】选项卡,设置对象的犬小,并单击【确定】按钮。

STEP|09 格式【网络图】视图。执行【任务】|【视图】|【甘特图】|【网络图】命令,同时执行【格

式】|【格式】|【方框样式】命令。

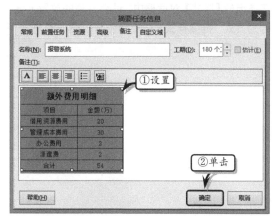

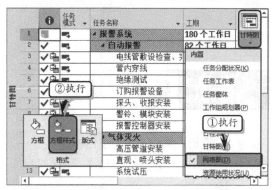

STEP|10 在弹出的【方框样式】对话框中,选择【关键任务】与【关键摘要任务】选项,设置相应样式并单击【确定】按钮。

STEP|11 执行【格式】|【格式】|【版式】命令，在弹出的【版式】对话框中，设置方框的放置方式、排列方式、链接样式、链接颜色与视图显示样式等方框格式。

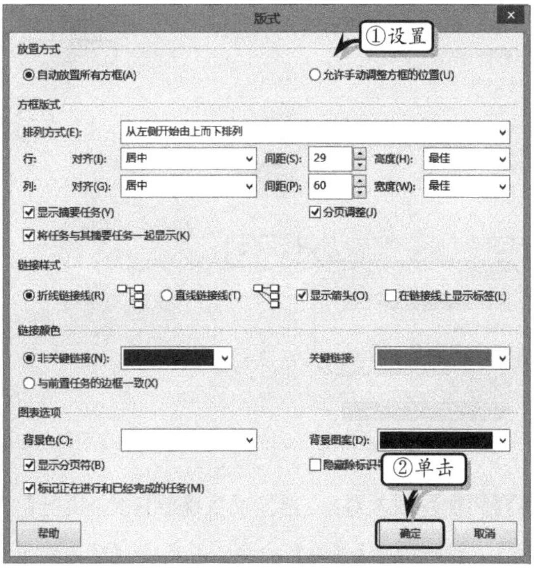

Project 2016

Project 8.7 新手训练营

练习 1：设置外墙施工项目视图格式

downloads\8\新手训练营\设置外墙施工项目视图格式

提示：在本练习中，首先执行【格式】|【甘特图样式】|【其他】命令，来设置任务条形图的样式。然后，执行【格式】|【格式】|【版式】命令，设置条形图的版式样式。最后，执行【格式】|【格式】|【网格线】|【网格】命令，在弹出的对话框中设置网格线的样式即可。

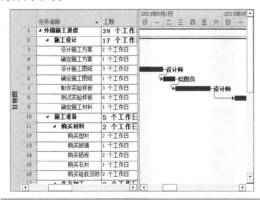

练习 2：美化保险索赔处理项目文档

downloads\8\新手训练营\美化保险索赔处理项目文档

提示：在本练习中，首先执行【格式】|【格式】

|【文本样式】命令，设置摘要任务的文本样式。然后，执行【格式】|【条形图样式】|【格式】|【条形图样式】命令，设置任务条形图的外观样式，以及文本显示样式。最后，执行【格式】|【格式】|【版式】命令，设置条形图的链接样式。

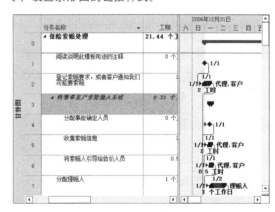

练习 3：美化绩效考核项目日历视图

downloads\8\新手训练营\美化绩效考核项目日历视图

提示：在本练习中，首先将视图切换到【日历】视图中。然后，执行【格式】|【格式】|【条形图样式】命令，设置关键任务条形图的显示样式。最后，执行【格式】|【版式】|【调整周的高度】命令，调整周的显示高度。

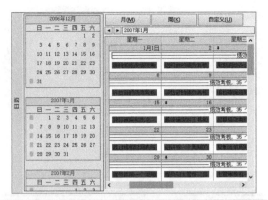

要任务的方框的数据模板、边框样式与背景颜色。然后，执行【格式】|【格式】|【方框样式】命令，设置管理任务的方框类型，以及数据模板、边框样式与背景颜色。最后，执行【格式】|【格式】|【版式】命令，在弹出的【版式】对话框中，启用【在链接线上显示标签】复选框。

练习 4：美化内部入职培训项目文档

⊙downloads\8\新手训练营\美化内部入职培训项目文档

提示：在本练习中，首先切换到【网络图】视图中，执行【格式】|【格式】|【方框】命令，设置摘

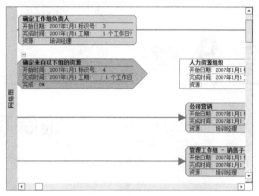

第**9**章

跟踪项目进度

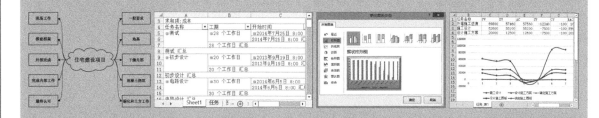

在项目的实施过程中，项目中的各个因素会直接影响到项目的整体进度。此时，为了确保在规定时间和预算允许的范围内按时交付项目，项目经理需要利用 Project 2016 中的设置基线、更新项目进度、监视项目进度等高级功能来跟踪与监控项目，从而帮助项目经理随时掌握项目计划任务的完成情况、资源完成任务的情况及监视项目的实际值与评估项目的执行情况。通过本章的学习，希望用户可以了解并掌握跟踪项目进度的基础知识与操作方法。

9.1 理解跟踪进度

项目进度管理是项目管理中的重要组成部分，是保证项目如期完成与合理安排资源，节约项目成本的重要措施之一。

9.1.1 理解项目进度

项目进度管理是指在项目实施过程中，对各阶段的项目进程与期限进行的一系列的管理。即在规定的时间内，拟定出合理且经济的进度计划，并在执行该计划的过程中，检查实际进度是否与进度计划相一致。若出现偏差，便需要及时找出原因，并采取必要的补救措施。项目进度管理的目的是保证项目在满足其时间约束条件的前提下，实现项目的总体目标。

其中，项目管理的要点主要包括以下内容。

- **建立组织架构**　在项目实施之前，需要建立项目管理团队、管理模式、操作程序等管理目标。
- **建立网络体系**　由于项目中涉及众多部门，所以在项目实施之前还需要建立一个严密的合同网络体系，避免部门之间的摩擦与扯皮现象。
- **制订项目计划**　制订一个包括施工单位、业主、设计单位等均可行的三级工程计划。
- **检查/评审设计**　确定设计单位并签订设计合同，检查与评审设计质量与设计速度，以确保项目的顺利实施。
- **项目招标**　施工单位需要进行招标、评标及签订总包、分包、材料、供货等施工合同。

9.1.2 理解项目进度计划

项目进度计划是项目各项工作的开展顺序、开始及完成时间及相互衔接关系的计划，包括所有的工作任务、相关成本与任务估计时间等。进度计划是进度控制和管理的依据，其目的是控制项目时间。

1. 类型

一般情况下，按照不同阶段的先后顺序，项目进度计划包括下列 3 种类型。

- **实施计划**　项目实施计划是根据重大里程碑时间，根据相应的资源、社会与经济情况制订的总体实施计划。在该计划中，明确了项目中的人员、设备、材料、主体施工等方面的计划安排。
- **目标计划**　项目目标计划是在建立项目实施计划基础上制订出详细工作分解方案，并根据网络技术原理，按照紧前紧后的工序制订的施工计划。
- **更新计划**　更新计划是根据实施过程的跟踪检查，找出实际进度与计划进度之间的偏差，并依据实际情况对目标计划进行偏差调整。

2. 编制过程

在项目实施之前，需要先制订一个科学的进度计划，然后按照计划逐步实施。计划的编制过程主要包括下列 8 个步骤。

- **收集信息资料**　在编制计划之前需要收集项目背景、实施条件、人员需求、技术水平等有关项目的真实、可信的项目信息资料，用作编制计划的依据。
- **项目结构分解**　项目结构分解主要是依据工作分解结构 WBS，详细列举项目中的必要工作。
- **工作描述**　用于说明工作分解结构中所有工作包的重要情况。
- **确定工作责任**　又被称为分配工作责任，是将工作分解结构图与项目中的组织结构图进行对照，用于项目组织中分配任务和落实责任。

❏ **确定工作顺序**　是项目活动排序的依据和方法，主要包括确定强制性逻辑关系、确定组织关系及确定外部制约关系等内容。

❏ **估算项目活动时间**　在工作详细列表、资源需求、资源能力等数据基础上，利用专家判断、类别估计等方法估算项目的活动时间。

❏ **绘制网络图**　利用单代号法和双代号法绘制项目任务的网络图。

❏ **项目进度安排**　主要包括项目进度安排的意义和方法。

9.1.3　理解基线和中期计划

在开始跟踪项目之前，还需要设置基线，以便能够将它与项目中后面的最新日程进行比较。虽然，比较基线与中期计划具有将当前日期与先前日期进行比较的相似之处。但是，二者之间还存在巨大的差异。

1．基线

基线是一组基本参照点，这些参照点大约具有 20 个，并分为开始日期、完成日期、工期、工时和成本估计 5 种类型。通过设置基线，可以在完成和优化原始项目计划时记录计划。在项目不断推进时，可以通过设置附加基线（每个项目最多可以设置 11 个）的办法，来改进测量计划。

由于基线提供管理者在比较项目进度时所依据的参照点，所以基线应包含任务工期、开始日期、完成日期、成本以及其他需要进行监控的项目变量

的最佳估计值。另外，基线还代表了项目的合作义务。

当出现与当前数据不同的基线信息时，表明项目的原始计划不再准确。此时，管理者需要修改或重新设置基线。另外，对于长期项目或对因计划的任务或成本发生重大变化而导致基线不相关的项目而言，需要设置多个基线。

通过设置基线，可以在项目实施中随时与任务、资源、成本等数据的实际值进行比较，从而掌握实际值与原始计划值之间的差异。其中，基线主要包括任务、资源与工作分配域信息，如下表所示。

任务域	资源域	工作分配域
开始时间	工时	开始时间
完成时间	成本	完成时间
工期		工时
工时		成本
成本		

2．中期计划

中期计划是在项目开始后保存的当前项目的一组数据，可以用来与基线进行比较，从而评估项目的进度。在中期计划中，仅保存当前开始日期与当前完成日期两种信息。

在 Project 2016 中，可以为项目设置 10 个中期计划，当管理者需要在计划阶段保留详尽的项目数据记录时，则需要设置多个基线，而不需设置中期计划。另外，在项目开始后，当管理者只需要保存任务的开始日期和完成日期时，便可以设置多个中期计划。

9.2　设置跟踪方式

在跟踪项目进度时，首先需要根据项目计划设置项目的基线计划与中期计划，以便与实际信息进行比较，并根据比较结果调整计划与实际信息之间的差异。

9.2.1　设置基线

制订项目计划之后，为显示当前计划与原始计

划的吻合程度，还需要为项目设置基线。同时，为了促使已保存的基线与当前计划值相吻合，也为了基线添加新任务，还需要根据项目的实际情况，更新基线值。

1．保存基线

在 Project 2016 中，可以为项目保存 11 种基线值。执行【项目】|【日程】|【设置基线】|【设置

基线】命令，选中【设置基线】选项并设置基线选项即可。

在【设置基线】对话框中，主要包括下列选项。

❑ **设置基线**　选中该选项，可以为项目设置基线。在下拉列表中包括基线~基线10等11种选项。

❑ **完整项目**　选中该选项，表示为项目中所有的数据设置基线。

❑ **选定任务**　选中该选项，表示仅为在【甘特图】视图中选中的任务设置基线。

❑ **到所有摘要任务**　启用该复选框，表示将所选任务的已更新基线数据上卷到相应的摘要任务。否则，摘要任务的基线数据可能不会精确地反映子任务的基准数据。该选项须在选中【选定任务】选项时才可用。

❑ **从子任务到所选摘要任务**　启用该复选框，表示将对所选摘要任务的基线数据进行更新，从而反映之前保存了基线值的子任务和已添加的任务被删除的情况。该选项须在选中【选定任务】选项时才可用。

❑ **设为默认值**　单击该按钮，可将所设置的选项设置为默认值。

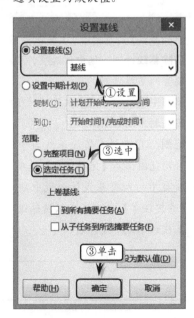

在【设置基线】对话框中，单击【确定】按钮

后，在【甘特图】视图中添加【基线成本】域后，将显示基线成本值。

	完成时间	前置任务	显示	基线成本
2	**2015年11月9日**			¥9,924.00
3	2015年11月4日		广坤	¥4,900.00
4	2015年11月5日	3	讲师，软件盘[12]	¥1,624.00
5	2015年11月6日	4	金山	¥1,600.00
6	2015年11月9日	5	刘能	¥800.00
7	2015年11月9日	6	刘妮	¥0.00
8	**2015年11月25日**			¥13,600.00
9	2015年11月12日	7	刘裕	¥4,800.00
10	2015年11月16日	9	培训师	¥2,400.00
11	2015年11月17日	10	姗姗	¥800.00
12	2015年11月18日	11	王恒	¥800.00

2. 更新基线

项目经理在完成项目规划并保存基线后，随着项目的运作，需要对任务工期、工作分配等一些项目计划进行调整。对于上述修改，为了促使已保存的基线与当前计划值相吻合，需要更新基线值。

执行【项目】|【日程】|【设置基线】|【设置基线】命令，选中【设置基线】选项并设置基线选项。

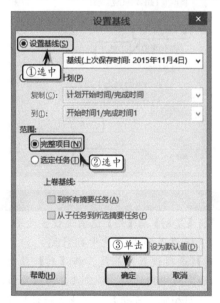

单击【确定】按钮，在弹出的提示框中，单击【是】按钮，即可更新基线。

注意

在项目开始工作后更新基线，将不能恢复原始基准值，所以在更新基线前，为了保险还需要保存额外的基线值。

9.2.2 设置中期计划

对于部分项目来讲，当开始更新日程时，需要定期设置中期计划，用来保存项目中的开始时间与完成时间，从而方便跟踪项目的进度。

执行【项目】|【日程】|【设置基线】|【设置基线】命令，选中【设置中期计划】选项并设置其相应选项。

注意

如果将【复制】与【到】选项都设置为基线，那么将保存基线而不是中期计划。如果将【复制】选项设置为基线，将【到】设置为开始和完成中期计划，那么只会将该基线的开始日期和完成日期复制到该中期计划中。

在设置中期计划时，还需要注意下列选项。

□ **复制** 用来设置开始时间、完成时间与基线值，而当前的开始时间、完成时间与基线值不计在内。

□ **到** 用来设置复制到其中的中期计划的名称。其中，中期计划存储在开始时间与完成时间的字段中。

注意

在 Project 2016 中最多可以设置 10 个中期计划，在插入的【开始时间 1】列表中，显示"NA"的单元格表示该任务未保存中期计划。

9.2.3 清除跟踪

为项目设置了基线或中期计划后，当设置的基线及中期计划过多或不需要时，可以进行清除。

执行【项目】|【日程】|【设置基线】|【清除基线】命令，设置相应的选项单击【确定】按钮即可。

在【清除基线】对话框中，主要包括下列选项。

□ **清除基线计划** 选中该选项，可以清除已设置的基线计划。

□ **清除中期计划** 选中该选项，可以清除已设置的中期计划。

□ **范围** 用来设置清除基线与中期计划的应用范围，其【完整项目】选项表示清除项目中的所有基线计划或中期计划，而【选定任务】选项表示只清除选中任务的基线计划或中期计划。

9.3 跟踪项目

在 Project 2016 中，可以利用视图与表查看项目的日程、成本及工时等因素来跟踪项目。通过跟踪项目,可以帮助管理者控制项目与项目因素的变化情况,及时发现项目在实施过程中所遇到的各种问题,从而帮助项目经理根据实际情况调整计划的未完成部分。

9.3.1 跟踪项目日程

由于日程中的任何一项任务的延迟都会造成项目成本的增加及项目资源的不可用,所以为了确保项目能按照规划顺利完工,项目经理需要时刻关注项目的日程。关注项目日程最好的办法,便是利用 Project 2016 中的视图、表及项目统计对话框等,来查看、监视项目日程中的具体情况。

1. 使用【跟踪甘特图】视图

执行【视图】|【任务视图】|【其他视图】|【其他视图】命令,选择【跟踪甘特图】选项,单击【应用】按钮。

在【跟踪甘特图】视图中,可以发现系统将在日程条形图上显示任务的进度与状态,而项目基线条形图则显示在日程条形图的下方。这样一来,便可以准确、清晰地查看项目的跟踪状态。另外,在【跟踪甘特图】视图中,关键任务的条形图将以红色颜色进行显示,便于用户查看项目计划是否符合日程安排。

2. 使用【摘要】表

在【甘特图】视图中,执行【视图】|【数据】|【表格】|【摘要】命令。在【摘要】表中,除了【甘特图】视图中的基本域之外,还新增加【完成百分比】、【成本】与【工时】域。通过新增域中的数据,不仅可以查看项目日程的完成百分比情况,而且还可以查看每项任务在完成情况下的成本值与工时值。

其中,新增域的具体含义如下所述。

❑ **完成百分比** 任务的当前状态,表示已经完成的任务工期的百分比,其表达式为:
完成百分比=(实际工时/工时)×100%。

❑ **成本** 表示某项任务、资源或工作分配总的排定成本或计划成本。该值基于分配给该任务的资源已完成工时所产生的成本,加上剩余工时的计划成本。其表达式为:
成本=实际成本+剩余成本。

❑ **工时** 表示某项任务上所有已分配资源计划的时间总量,某一资源在所有已分配任务上计划的时间总量,或某一资源在某项任务上计划的时间总量。

3. 使用【日程】表

在【甘特图】视图中,执行【视图】|【数据】|【表格】|【日程】命令。在【日程】表中,除了【甘特图】视图中的【开始时间】与【完成时间】域之外,新增了【最晚开始时间】、【最晚完成时间】、【可用可宽延时间】与【可宽延的总时间】域。通过新增域中的数据,不仅可以查看日程中的具体时间,而且还可以根据列表中的数据,以重新分配项目资源的方法来缩短项目工期。

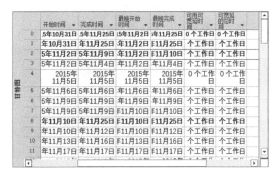

其中，新增域的具体含义如下所述。

❑ **最晚开始时间**　表示在不延迟项目完成时间的情况下，任务可以开始的最晚时间。

❑ **最晚完成时间**　表示在不延迟项目完成时间的情况下，一项任务可用完成的最后日期。

❑ **可用可宽延时间**　表示在不使任何后续任务延迟的情况下，任务可以延迟的时间量。如果任务没有后续任务，则可用可宽延时间为在不使整个项目的完成日期延迟的情况下，该任务可以延迟的时间量。

❑ **可宽延的总时间**　表示在不延迟项目完成日期的情况下，任务的完成日期可以延迟的时间量。

4．使用【差异】表

在【甘特图】视图中，执行【视图】|【数据】|【表格】|【差异】命令。在【差异】表中，除了【甘特图】视图中的【开始时间】与【完成时间】域之外，新增加了【基线开始时间】、【基线完成时间】、【开始时间差异】与【完成时间差异】域。通过新增域中的数据，可以查看项目的基线日程与日程差异值。

	完成时间	基线开始时间	基线完成时间	开始时间差异	完成时间差异
0	5年11月25日	2015年10月31日	2015年11月25日	0 个工作日	0 个工作日
1	年11月25日	2015年10月31日	2015年11月25日	个工作日	个工作日
2	5年11月9日	2015年11月2日	2015年11月9日	个工作日	个工作日
3	5年11月4日	2015年11月2日	2015年11月4日	个工作日	个工作日
4	2015年11月5日	2015年11月5日	2015年11月5日	0 个工作日	0 个工作日
5	5年11月6日	2015年11月6日	2015年11月6日	个工作日	个工作日
6	5年11月9日	2015年11月9日	2015年11月9日	个工作日	个工作日
7	5年11月9日	2015年11月9日	2015年11月9日	个工作日	个工作日
8	年11月25日	2015年11月10日	2015年11月25日	个工作日	个工作日
9	年11月12日	2015年11月10日	2015年11月12日	个工作日	个工作日
10	年11月13日	2015年11月13日	2015年11月13日	个工作日	个工作日
11	年11月17日	2015年11月17日	2015年11月17日	个工作日	个工作日

其中，新增域的具体含义如下所述。

❑ **基线开始时间**　表示任务或工作分配在保存基线时的计划开始日期。

❑ **基线完成时间**　表示任务或工作分配在保存基线时的计划完成日期。

❑ **开始时间差异**　表示任务或工作分配的基线开始日期与当前计划的开始日期之

间相差的时间量，其表达式为：开始时间差异=开始时间−基线开始时间。

❑ **完成时间差异**　表示任务或工作分配的基线完成日期与当前计划的完成日期之间相差的时间量，其表达式为：完成时间差异=完成时间−基线完成时间。

5．使用【基线】表

在【甘特图】视图中，执行【视图】|【数据】|【表格】|【更多表格】命令。选择【基线】选项，单击【应用】按钮。在该表中，可以查看项目的基线工期、成本、工时、开始时间与完成时间。

在【基线】表中，主要包括下列域。

❑ **基线工期**　表示计划完成任务的大概时间范围。当在没有已识别"工期"值的手动计划任务上保存基线时，Project 2016将估计一天时间的工期，对于其他所有任务，该值将与"基线工期"同值。

❑ **基线开始时间**　表示任务或工作分配在保存基线时的计划开始时间。

❑ **基线完成时间**　表示任务或工作分配在保存基线时的计划完成时间。

❑ **基线工时**　表示为某任务、资源或工作分配排定的总计划(人−小时数)。该值与保存基线时"工时"域的内容相同。

❑ **基线成本**　表示某一任务、所有已分配的任务的某一资源或任务上某一资源已完成的工时的总计划成本。该值与保存基线时的"成本"域的内容相同。

	基线工期	基线开始时间	基线完成时间	基线工时	基线成本
0	18 个工作日	2015年10月31日	2015年11月25日	144 工时	¥23,524.00
1	18 个工作日	2015年10月31日	2015年11月9日	144 工时	¥23,524.00
2	6 个工作日	2015年11月2日	2015年11月9日	48 工时	¥9,924.00
3	3 个工作日	2015年11月2日	2015年11月4日	24 工时	¥4,900.00
4	1 个工作日	2015年11月5日	2015年11月5日	8 工时	¥1,624.00
5	1 个工作日	2015年11月6日	2015年11月6日	8 工时	¥1,600.00
6	1 个工作日	2015年11月9日	2015年11月9日	8 工时	¥800.00
7	0 个工作日	2015年11月9日	2015年11月9日	0 工时	¥0.00
8	12 个工作日	2015年11月10日	2015年11月25日	96 工时	¥13,600.00
9	3 个工作日	2015年11月10日	2015年11月12日	24 工时	¥4,800.00
10	2 个工作日	2015年11月13日	2015年11月13日	16 工时	¥2,400.00
11	1 个工作日	2015年11月17日	2015年11月17日	8 工时	¥800.00

> **注意**
>
> 用户还可以在【统计信息】对话框中，查看工期、工时的实际值与剩余值，以及工期与工时的完成百分比情况。

9.3.2　跟踪项目成本

为确保项目可以在预算内顺利完成,项目经理需要通过 Project 2016 中的视图、表等功能,来跟踪项目的固定成本、总成本及差异成本等成本信息。

1. 使用【成本】表

在【甘特图】视图中,执行【视图】|【数据】|【表格】|【成本】命令。在【成本】表中,可以查看项目的固定成本、总成本、基线值、差异值、实际与剩余值。

	固定成本	固定成本累算	总成本	基线	差异	实际	
0	¥0.00	按比例	¥23,524.00	¥23,524.00	¥0.00	¥5,400.00	
1	¥0.00	按比例	23,524.00	¥23,524.00	¥0.00	¥5,400.00	1
2	¥1,000.00	按比例	¥9,924.00	¥9,924.00	¥0.00	¥5,400.00	
3	¥100.00	按比例	¥4,900.00	¥4,900.00	¥0.00	¥4,900.00	
4	¥0.00	按比例	¥1,624.00	¥1,624.00	¥0.00	¥0.00	¥
5	¥0.00	按比例	¥1,600.00	¥1,600.00	¥0.00	¥0.00	¥
6	¥0.00	按比例	¥800.00	¥800.00	¥0.00	¥0.00	¥
7	¥0.00	按比例	¥0.00	¥0.00	¥0.00	¥0.00	¥
8	¥0.00	按比例	13,600.00	¥13,600.00	¥0.00	¥0.00	1
9	¥0.00	按比例	¥4,800.00	¥4,800.00	¥0.00	¥0.00	¥
10	¥0.00	按比例	¥2,400.00	¥2,400.00	¥0.00	¥0.00	¥
11	¥0.00	按比例	¥800.00	¥800.00	¥0.00	¥0.00	¥

注意

在使用【成本】表跟踪成本时,用户可以在【资源工作表】视图中查看以资源名称来显示的【成本】表数据。

2. 使用【任务信息】对话框

在【甘特图】视图中选择某项任务,执行【任务】|【属性】|【信息】命令,激活【资源】选项,查看当前任务的总成本。

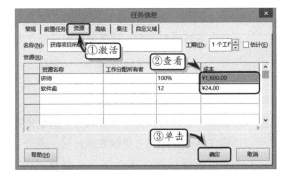

3. 使用【任务分配状况】视图

执行【视图】|【任务视图】|【任务分配状况】

命令,同时启用【格式】|【详细信息】选项组中的【成本】与【实际支出】复选框,在视图中查看项目的工时、成本与实际成本值。

任务名称		详细信息	二	三	四
	刘妮	工时			
		成本			
		实际成本			
8	◢分析/软件需…	工时	8工时	8工时	8工时
		成本	¥1,600.00	¥1,600.00	¥1,600.00
		实际成本			
9	◢行为需求分…	工时	8工时	8工时	8工时
		成本	¥1,600.00	¥1,600.00	¥1,600.00
		实际成本			
	刘裕	工时	8工时	8工时	8工时
		成本	¥1,600.00	¥1,600.00	¥1,600.00
		实际成本			
10	◢起草初步的…	工时			
		成本			
		实际成本			

注意

用户还可以在通过自定义条形图样式的方法,在条形图上显示任务成本值的方法,来达到跟踪项目成本的目的。

9.3.3　跟踪项目工时

由于工时直接决定项目的预算成本,所以为了更好地控制项目的预算成本,还需要利用 Project 2016 中的视图和表功能跟踪任务或资源的工时、实际工时与基线工时等工时信息。

1. 使用【任务分配状况】视图

执行【视图】|【任务视图】|【任务分配状况】命令,同时启用【格式】|【详细信息】选项组中的【比较基准工时】、【实际工时】与【累计工时】复选框,在视图中查看项目的工时信息。

2. 使用【资源使用状况】视图

执行【视图】|【资源视图】|【资源使用状况】

命令，同时启用【格式】|【详细信息】选项组中的【成本】、【实际工时】与【剩余可用性】复选框，在视图的右侧查看资源的成本与工时信息。

|【表格】|【工时】命令。在【工时】表中，查看任务的工时、基线、差异、实际、剩余及工时完成百分比情况。

	工时	基线	差异	实际	剩余	工时完成百分比
0	144 工时	144 工时	0 工时	24 工时	120 工时	17%
1	144 工时	144 工时	0 工时	24 工时	120 工时	17%
2	48 工时	48 工时	0 工时	24 工时	24 工时	50%
3	24 工时	24 工时	0 工时	24 工时	0 工时	100%
4	8 工时	8 工时	0 工时	0 工时	8 工时	0%
5	8 工时	8 工时	0 工时	0 工时	8 工时	0%
6	8 工时	8 工时	0 工时	0 工时	8 工时	0%
7	8 工时	8 工时	0 工时	0 工时	8 工时	0%
8	96 工时	96 工时	0 工时	0 工时	96 工时	0%
9	24 工时	24 工时	0 工时	0 工时	24 工时	0%
10	16 工时	16 工时	0 工时	0 工时	16 工时	0%
11	8 工时	8 工时	0 工时	0 工时	8 工时	0%

3．使用【工时】表

在【甘特图】视图中，执行【视图】|【数据】

Project

9.4　更新与查看项目进度

在 Project 2016 中，为了确保项目未完成部分的顺利进行，还需要时时更新项目和查看项目进度。

9.4.1　更新项目进度

由于 Project 2016 可以根据实际值重排项目，所以为了掌握项目的具体进度情况，需要更新项目的开始时间、完成时间、任务百分比等项目任务、整体项目的完成情况与项目资源等项目信息。

1．更新项目任务

更新项目任务包括对其进行标记完成百分比、设置实际或剩余工期、修改实际开始日期和完成日期等任务信息。在【甘特图】视图中，选中某项任务，执行【任务】|【日程】|【跟踪时标记】|【更新任务】命令。

在弹出的【更新任务】对话框中，设置【完成百分比】值，系统即可自动显示实际、剩余工期以及实际开始与完成时间。

在【更新任务】对话框中，主要包括下列选项。

❑ **名称**　用来显示所选任务的名称。

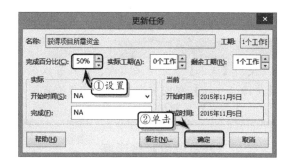

❑ **工期**　用来显示所选任务的工期值。

❑ **完成百分比**　用于设置任务实际完成百分比值。

❑ **实际工期**　根据任务实际完成百分比值与任务的计划工期，计算并显示实际工期值。

❑ **剩余工期**　根据计划工期与实际工期，计算并显示剩余工期。

❑ **实际**　根据所设置的百分比值，显示任务的实际开始时间与实际完成时间。另外，实际完成时间必须在百分比值为 100% 时，才能显示。

❑ **当前**　用来显示任务当前的开始时间与

完成时间。

❑ **备注**　单击该按钮，可以在弹出的【备注】对话框中，为任务添加说明性文字或对象。

另外，用户还可以直接执行【日程】选项组中的【50%已经完成】命令，通过设置任务完成百分比的方法，来更新任务。

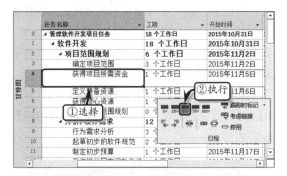

> **注意**
>
> 在【日程】组中，还可以通过执行【跟踪时标记】|【跟踪时标记】命令，来标记任务更新。

2．更新整个项目

在 Project 2016 中，还可以更新项目的进度信息，并为项目中的部分任务或全部任务重新安排工作。执行【项目】|【状态】|【更新项目】命令，在弹出的【更新项目】对话框中，设置相应的选项即可。

在【更新项目】对话框中，主要包括下列内容。

❑ **将任务…完成**　选中该选项，表示将任务更新在当前日期内完成。

❑ **按日程…进度**　选中该选项，表示 Project 2016 将计算每个任务的完成百分比。该选项需要在激活【将任务更新为在此日期完成】选项时才有用。

❑ **未全部…为零**　选中该选项，表示 Project 2016 将已完成的任务标注为 100%，将未完成的任务标记为 0%。该选项需要在激活【将任务更新为在此日期完成】选项时才有用。

❑ **重排未…时间**　选中该选项，Project 2016 将重新排定未完成任务的开始时间。

❑ **范围**　用于设置更新项目选项的应用范围，选中【完整项目】表示应用于整个项目中的所有数据；选中【选定任务】表示应用于所选任务。

3．更新完成百分比

在【甘特图】视图中，执行【视图】|【数据】|【表格】|【跟踪】命令，切换到【跟踪】表视图中。在任务对应的【完成百分比】单元格中输入相应的百分比值，按下 Enter 键，即可更新项目进度。

> **注意**
>
> 如果在摘要任务对应的【完成百分比】单元格中输入完成百分比值，那么将会更新摘要任务下面的所有子任务的日程。

4．更新资源信息

在 Project 2016 中除了可以更新任务与整个项目之外，还可以更新项目资源的实际工时、剩余工时等信息。

执行【视图】|【资源视图】|【资源使用状况】

命令，选择资源下方的任务名称，执行【格式】|
【分配】|【信息】命令，激活【跟踪】选项卡，设
置资源信息即可。

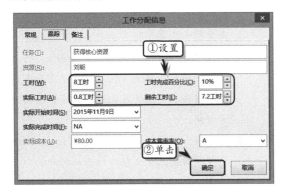

9.4.2 查看项目进度

在项目实施过程中，除了时刻监视项目进度之
外，用户还需要查看任务的单位信息、允许时差、
进度差异等项目信息。通过查看项目，一方面可以
及时发现项目实施中的突发问题，另一方面可以随
时掌握任务的完成、实际运作及差异情况。

1. 查看单位信息

由于在 Project 2016 中显示单位要比显示数据
困难得多，所以单位问题是经常被忽视的问题。此
时，用户可以运用【任务窗体】视图来查看项目的
单位信息。

在【甘特图】视图中，执行【视图】|【拆分
视图】|【详细信息】命令。此时，系统会将视图
分为上下两部分，上部分将显示【甘特图】视图，
下部分显示【任务窗体】视图。在【甘特图】视图
中选择任务后，即可在【任务窗体】视图中查看分
配给该任务的资源的单位值。

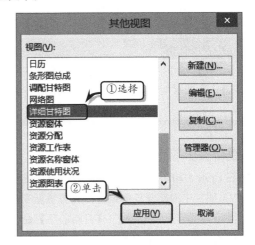

注意

在【甘特图】视图中，双击任务名称，在弹
出的【任务信息】对话框中，激活【资源】
选项卡，在该选项卡中也可以查看资源的单
位值。

2. 查看允许时差

在项目实施中，经常需要提前或延迟某项任务
的开始时间。在提前或延迟任务的开始时间之前，
项目经理需要利用允许时差的方法，来了解哪些任
务可以提前或延迟。

首先，执行【视图】|【任务视图】|【其他视
图】|【其他视图】命令，切换到【详细甘特图】
视图中。

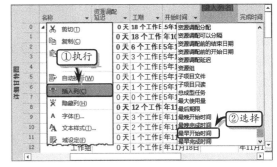

右击【完成时间】域名称，执行【插入列】命
令，为视图添加一个【最早开始时间】域。

然后，右击【最早开始时间】域标题，执行【域
设定】命令，在弹出的【字段设置】对话框中，

输入标题文本，单击【确定】按钮，即可更改域标题。

3．查看进度差异

在 Project 2016 中，可以运用【差异】表来查看项目的进度差异。将视图切换到【跟踪甘特图】视图中，执行【视图】|【数据】|【表格】|【差异】命令，即可在视图中查看任务的开始与完成时间的差异情况。

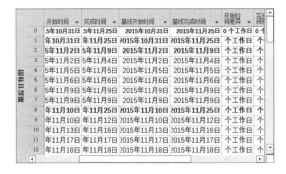

4．查看日程差异

在 Project 2016 中，可以运用【工时】表来查看项目的日程差异。将视图切换到【甘特图】视图中，执行【视图】|【数据】|【表格】|【工时】命令，在视图中查看计划工时与实际消耗工时之间的差异。

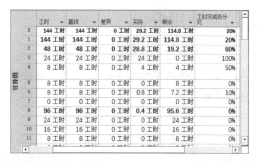

5．查看任务信息

在 Project 2016 中，还可以运用【网络图】视图中的【跟踪】方框样式，来跟踪项目进度。

首先，执行【任务】|【视图】|【甘特图】|【网络图】命令，切换到【网络图】视图中。同时，执行【格式】|【方框样式】命令。选择【关键任务】选项，将【数据模板】设置为“跟踪”即可。

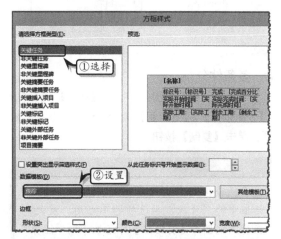

> **技巧**
>
> 在【网络图】视图中的空白位置，双击鼠标即可打开【方框样式】对话框。

然后，在【网络图】视图中，查看每个任务的完成百分比、实际开始时间、时间工期、剩余工期等项目信息。

Project 9.5 监视项目进度

在项目实施过程中，经常会因为一些小问题或突发问题导致项目无法按照计划进行。此时，单纯依靠项目资源能按照项目规划进行工作这一点，无法保证项目能满足预计的范围、日程及预算标准。因此，在项目实施过程中，需要利用 Project 2016 中的分组、筛选及进度线等功能监视项目进度。

9.5.1 使用分组

分组是按照指定标准为视图中的项目分组,便于用户查看工作表视图中任务、资源或工作分配的总成型摘要信息。

1. 单条件分组

在【甘特图】视图中,执行【视图】|【数据】|【分组依据】命令,在其下拉列表中选择分组条件即可。

2. 多条件分组

在【甘特图】视图中,执行【视图】|【数据】|【分组依据】|【其他组】命令,选择【状态】选项,单击【复制】按钮。

> **注意**
>
> 当在任务视图中进行分组时,【其他组】对话框中的"资源"类选项将不可用。反之,在资源视图中【其他组】对话框中的"任务"类选项将不可用。

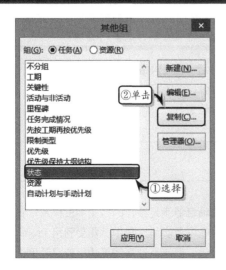

设置分组的名称与依据,以及分组状态设置等选项,单击【保存】按钮,即可应用创建的多条件分组依据。

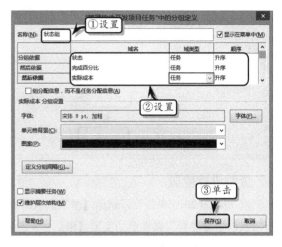

在该对话框中,主要包括下列内容。

- ❏ **名称** 用来设置自定义分组的名称。
- ❏ **显示在菜单中** 启用该复选框,将自定义分组显示在菜单中。
- ❏ **分组依据** 用来设置分组的第 1 个条件,包括域名称、域类型与排列顺序。
- ❏ **然后依据** 用来设置分组的第 2~9 个条件,包括域名称、域类型与排列顺序。
- ❏ **组分配…分配信息** 启用该复选框,表示所设置的为组分配信息,并非任务分配信息。该选项只能应用于使用状况视图中的工作分配。
- ❏ **字体** 用来设置分组依据的字体格式,单击其后的【字体】按钮,可在弹出的【字体】对话框中设置其详细的字体格式。
- ❏ **单元格背景** 用来设置分组依据的单元格背景颜色。
- ❏ **图案** 用来设置分组依据的单元格背景图案。
- ❏ **定义分组间隔** 单击该按钮,可在弹出的【定义分组间隔】对话框中,设置分组依据、起始值与间隔值。
- ❏ **显示摘要任务** 启用该复选框,可以在分组时显示摘要任务。

❑ **维护层次结构** 启用该复选框,可以在分组时维持分组的层次结构。

9.5.2 使用筛选器

除了分组功能外,还可以使用 Project 2016 中的筛选功能,来按照指定的条件筛选任务或资源,从而达到监视项目的目的。

在【甘特图】视图中,执行【视图】|【数据】|【筛选器】命令,在其下拉列表中选择分组条件即可。

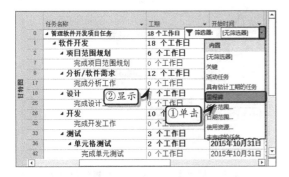

另外,执行【视图】|【数据】|【筛选器】|【其他筛选器】命令,选择【已完成的任务】选项,并单击【复制】按钮。

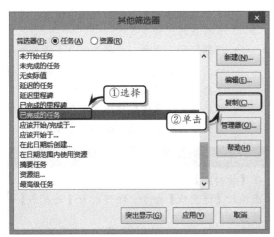

在弹出的对话框中,设置筛选器的名称。然后,在列表框中添加新域,并设置域条件与值,单击【保持】按钮。最后,应用新筛选器即可。

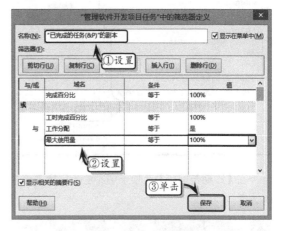

在该对话框中,还包括下列选项。

❑ **剪切行** 选中列表框中的域名,单击该按钮,可以剪切域名所在的整行。

❑ **复制行** 选中列表框中的域名,单击该按钮,可以复制域名所在的整行。

❑ **粘贴行** 剪切或复制选中域名所在的行后,单击该按钮,可以粘贴该行。

❑ **插入行** 选中列表框中的行,单击该按钮,可以在该行上方插入一个空白行,用于创建新的域名。

❑ **删除行** 选中列表框中的行,单击该按钮,可以删除所选域名所在的整行。

❑ **显示相关的摘要行** 启用该复选框,可以在筛选结果中显示与任务相关的摘要行。

9.5.3 使用进度线

进度线是根据项目日期绘制的直线,主要用来跟踪项目的进度情况。当任务进度落后时,任务完成的进展线将显示在进度线的左边；当任务进度超前时，任务完成的进展线将显示在进度线的右边。

在【甘特图】视图中，执行【格式】|【格式】|【网格线】|【进度线】命令。激活【日期与间隔】选项卡，启用【显示】复选框，并设置进度线的周期性间隔形式。

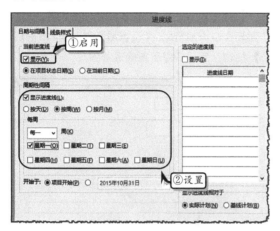

在【日期与间隔】选项卡中，主要包括下表中的选项。

选 项		说 明
当前进度线	显示	启用该复选框，可以在项目中显示当前进度线
	在项目状态日期	选中该选项，表示将在项目的状态日期处显示进度线
	在当前日期	选中该选项，表示将在项目中的当前日期处显示进度线
周期性间隔	显示进度线	启用该复选框，可以在项目中显示当前进度线
	按天	选中该选项，可以按照每一天，或每一工作日显示进度线
	按周	选中该选项，可以按每一周，或指定的周次显示进度线。并需要制订显示进度线的具体日期，例如星期一、星期二等
	按月	选中该选项，可以按照每个指定的月数显示进度线。主要包括在那月中的那一天显示，以及在指定月数的那个工作日显示
开始于		用于设置进度线开始显示的形式，包括项目开始与用户指定的显示日期

续表

选 项		说 明
选定的进度线	显示	启用该复选框，可以在设置的日期内显示进度线
	进度线日期	单击该单元格可以在其列表中选择需要显示进度线的日期
	删除	选择列表框中的进度线日期，单击该按钮可以删除所选日期
显示进度线相对于	实际计划	选中该选项，进度线相对于实际计划进行显示
	基线计划	选中该选项，进度线相对于基线计划进行显示

另外，激活【线条样式】选项卡，设置进度线类型与样式，单击【确定】按钮，即可在项目中显示进度线。

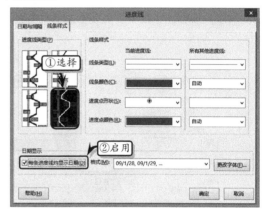

在【线条样式】选项卡中，主要包括下列选项。

❑ **进度线类型** 用于设置进度线的显示类型，一共包括4种类型。

❑ **线条样式** 用于设置当前进度线与所有其他进度线的线条类型、线条颜色、进度点形状与进度点颜色。

❑ **日期显示** 启用该选项，可以在每条进度线上显示日期值，并可以通过日期后面的下拉按钮，设置日期的显示格式。另外，单击【更改字体】按钮，可在弹出的【字体】对话框中，设置详细的字体格式。

技巧

在【甘特图】视图中的图表的空白部分，右击执行【进度线】命令，即可打开【进度线】对话框。

9.5.4 使用排序

在 Project 2016 中,用户还可以通过排序功能,按一定的顺序显示任务的成本值。首先,在【甘特图】视图中执行【视图】|【数据】|【排序】|【按成本】命令,在视图中按成本显示任务。

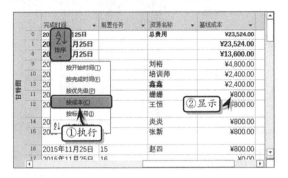

另外,执行【视图】|【数据】|【排序】|【排序依据】命令,在弹出的【排序】对话框中,设置【主要关键字】与【次要关键字】选项即可。

在【排序】对话框中,还包括下列选项。

❏ **永久重新编号任务** 启用该复选框,表示排序结果中的任务将不按照原序号进行显示,而是按照重新编的序号进行显示。

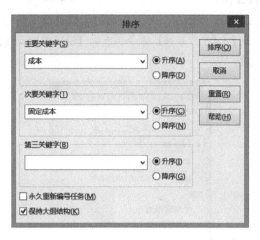

❏ **保持大纲结构** 启用该复选框,表示排序结果将保持大纲结构。

❏ **排序** 单击该按钮,可对项目中的数据进行排序操作。

❏ **重置** 单击该按钮,可以撤销已设置的排序条件,恢复到未设置选项之前的状态。

Project 9.6 练习:跟踪信息化项目

在"信息化"项目实施过程中,项目经理不仅需要合理地规划项目,而且还需要随时掌握项目的进度情况。由于在项目中的任何一个因素都可能影响任务的完成,所以为了保证项目的顺利完成,需要跟踪项目的实际运作状态。在本练习中,将运用 Project 2016 中的基线、更新项目进度等功能,介绍跟踪软件开发项目的操作方法。

练习要点
- 设置中期计划
- 设置基线
- 跟踪日程
- 跟踪工时
- 更新任务
- 更新整个项目
- 项目分组

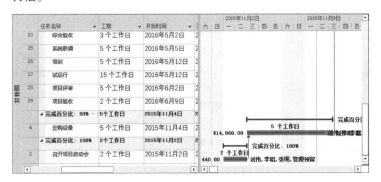

操作步骤 ▶▶▶▶

STEP|01 设置中期计划。打开项目文档，切换到【甘特图】视图中，执行【项目】|【日程】|【设置基线】|【设置基线】命令，选中【设置中期计划】选项。

STEP|02 设置基线。执行【项目】|【日程】|【设置基线】|【设置基线】命令，选中【设置基线】选项并设置基线选项。

STEP|03 跟踪日程。执行【任务】|【视图】|【甘特图】|【跟踪甘特图】命令，在【跟踪甘特图】视图中，查看项目的跟踪状态。

STEP|04 在【甘特图】视图中，执行【视图】|【数据】|【表格】|【日程】命令。在【日程】表中，查看日程中的具体时间。

	任务名称	开始时间	完成时间	最晚开始时间	最晚完成时间
1	◢信息化项目	2015年11月2日	2016年6月13日	2015年11月2日	2016年6月13日
2	召开项目启动会	2015年11月2日	2015年11月3日	2015年11月2日	2015年11月3日
3	◢采购设备	2015年11月4日	2015年12月11日	2015年11月4日	2016年5月16日
4	定购设备	2015年11月4日	2015年11月11日	2015年11月4日	2015年11月11日
5	设备供货	2015年11月11日	2015年12月9日	2016年4月4日	2016年5月3日
6	设备验收	2015年12月9日	2015年12月11日	2016年5月12日	2016年5月16日
7	◢机房建设	2015年12月11日	2016年1月11日	2016年5月16日	2016年6月13日
8	详细设计	2015年12月11日	2015年12月18日	2016年5月5日	2016年5月12日
9	现场施工	2015年12月18日	2016年1月7日	2016年5月23日	2016年6月9日
10	单项验收	2016年1月	2016年1月	2016年6月	2016年6月

STEP|05 跟踪工时。切换到【任务分配状况】视图中，启用【格式】|【详细信息】选项组中的【比较基准工时】、【实际工时】与【累计工时】复选框，在视图中查看项目的工时信息。

	任务名称	详细信息	二	三
1	信息化项目	工时	24工时	52工
		比较基准工时	24工时	52工
		实际工时		
		累计工时	181工时	233工
2	召开项目启动会	工时		
		比较基准工时		
		实际工时		
		累计工时	64工时	64工
	刘伟	工时		
		比较基准工时		
		实际工时		
		累计工时	16工时	16工
	李昭	工时		
		比较基准工时		
		实际工时		
		累计工时	16工时	16工

STEP|06 切换到【资源使用状况】视图中，启用【格式】|【详细信息】选项组中的【成本】、【实际工时】与【剩余可用性】复选框，在视图的右侧查看资源的成本与工时信息。

	资源名称	工时	详细信息	二	三
	项目验收	16	工时		
			成本		
			实际工时		
			剩余可用性		
3	◢张明	78.67	工时		7工时
			成本		¥840.00
			实际工时		
			剩余可用性	8工时	1工时
	召开项目启...	16	工时		
			成本		
			实际工时		
			剩余可用性		
	设备验收	16	工时		
			成本		
			实际工时		

STEP|07 更新任务。切换到【甘特图】视图中的【项】表中，选中任务4，执行【任务】|【日程】|【跟踪时标记】|【更新任务】命令。

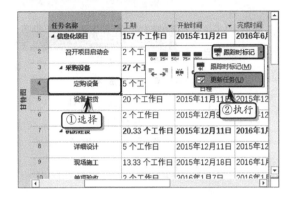

STEP|018 在弹出的【更新任务】对话框中，设置任务的【完成百分比】值，并单击【确定】按钮。使用同样的方法，更新其他任务。

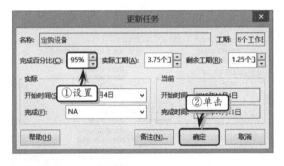

STEP|09 项目分组。在【甘特图】视图中，执行【视图】|【数据】|【分组依据】命令，在其下拉列表中选择【资源】选项。

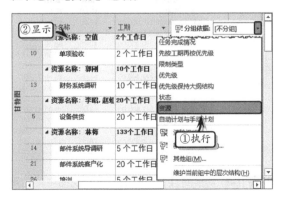

STEP|10 撤销上一步操作，执行【视图】|【数据】|【分组依据】|【其他组】命令，选择【任务完成情况】选项，单击【复制】按钮。

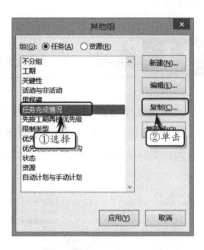

STEP|11 在弹出的对话框中，设置分组的名称，并单击【定义分组间隔】按钮。设置间隔值，并单击【确定】按钮。

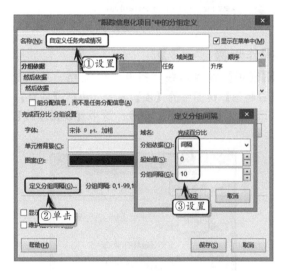

STEP|12 最后，在【其他组】对话框中，单击【应用】按钮，应用新创建的筛选器筛选任务数据。

Project 9.7 练习：跟踪通信大楼施工项目

对于"通信大楼施工"项目来讲，项目进度管理是重要管理手段之一。通过项目进度管理，可帮助项目经理监视、更新与跟踪项目的进度状态，同时还可以查看项目计划与实际之间的差异。

练习要点

● 设置基线
● 跟踪成本
● 更新整个项目
● 监视项目
● 查看允许时差
● 查看进度差异

操作步骤 ▶▶▶▶

STEP|01 设置基线。打开项目文档，切换到【甘特图】视图中的【项】表中，执行【项目】|【日程】|【设置基线】命令，选中【设置基线】选项。

STEP|02 单击【添加新列】域，选择【基线成本】选项，为视图添加【基线成本】域，在该域中将显示基线成本值。

STEP|03 跟踪成本。执行【视图】|【数据】|【表格】|【成本】命令。在【成本】表中，查看项目的固定成本、总成本、基线值、差异值、实际与剩余值。

STEP|04 切换到【任务分配状况】视图中，启用【格式】|【详细信息】选项组中的【成本】与【实际支出】复选框，在视图中查看项目的工时、成本与实际成本值。

STEP|05 更新整个项目。执行【任务】|【视图】|【甘特图】|【网络图】命令，同时，执行【格式】|【方框样式】命令。

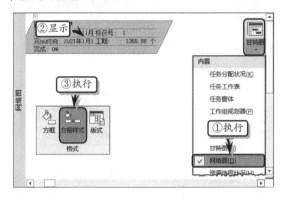

STEP|06 在弹出的【方框样式】对话框中，选择【关键任务】与【非关键任务】选项，将【数据模板】设置为"跟踪"，并设置边框样式。

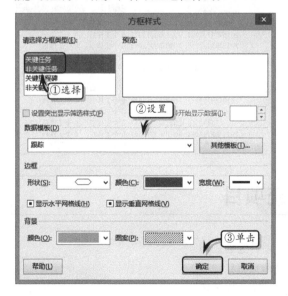

STEP|07 监视项目。切换到【甘特图】视图中的

【项】表中，执行【视图】|【数据】|【筛选器】命令，在其下拉列表中选择【里程碑】选项，查看里程碑任务。

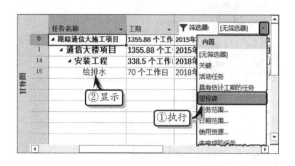

STEP|08 执行【快速访问工具栏】中的【撤销】命令，同时执行【项目】|【属性】|【项目信息】命令，在弹出的对话框中设置项目的状态日期。

STEP|09 执行【格式】|【格式】|【网格线】|【进度线】命令，在弹出的【进度线】对话框中，启用【显示】和【显示进度线】复选框，并启用【星期一】复选框。

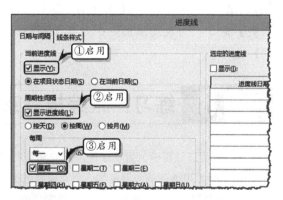

STEP|10 在【进度线】对话框中，激活【线条样

式】选项卡，选择进度线类型，启用【每条进度线均显示日期】复选框，并单击【确定】按钮。

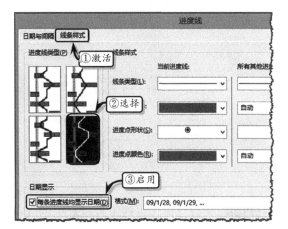

STEP|11 查看允许时差。执行【视图】|【任务视图】|【其他视图】|【其他视图】命令，选择【详细甘特图】选项，并单击【应用】按钮。

STEP|12 右击【完成时间】域名称，执行【插入列】命令，为视图添加一个【最早开始时间】域。

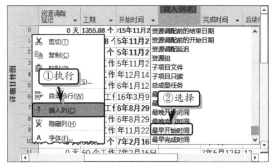

STEP|13 同时右击【最早开始时间】域名称，执行【域设定】命令，设置域名称，并单击【确定】按钮。

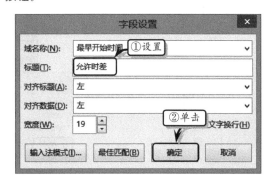

STEP|14 查看进度差异。将视图切换到【跟踪甘特图】视图中，执行【视图】|【数据】|【表格】|【差异】命令，在视图中查看任务的开始与完成时间的差异情况。

9.8 练习：跟踪报警系统项目

在项目实施过程中，为了保证项目的顺利完成，项目经理还需要利用 Project 2016 中的设置基线、更新项目进度等功能来跟踪与监控项目，以帮助项目经理随时掌握项目计划任务的完成情况。在本练习中，将详细介绍跟踪报警系统项目进度的操作方法。

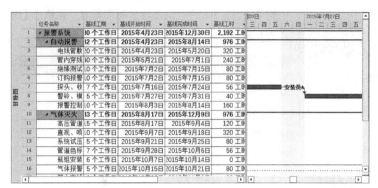

练习要点

- 设置基线
- 设置中期计划
- 跟踪日程
- 更新整个项目
- 查看进度差异
- 查看允许时差
- 查看日程差异
- 跟踪项目成本
- 跟踪项目工时

操作步骤 >>>>

STEP|01 设置中期计划。打开项目文档，执行【项目】|【日程】|【设置基线】|【设置基线】命令，选中【设置中期计划】选项并设置其应用范围。

STEP|02 设置基线。执行【项目】|【日程】|【设置基线】|【设置基线】命令，选中【设置基线】选项并设置基线选项。

STEP|03 查看进度。执行【任务】|【视图】|【甘特图】|【跟踪甘特图】命令，在【跟踪甘特图】视图中，查看任务的完成情况。

STEP|04 在【甘特图】视图中，执行【视图】|【数据】|【表格】|【日程】命令。在【日程】表中，查看日程中的具体时间。

	实际开始时间	实际完成时间	完成百分比	实际完成百分比	实际工期
1	2015年4月23日	NA	82%	0%	.89 个工作
2	2015年4月23日	2015年8月14日	100%	0%	82 个工作
3	2015年4月23日	2015年5月20日	100%	100%	20 个工作
4	2015年5月21日	2015年7月1日	100%	100%	30 个工作
5	2015年7月2日	2015年7月15日	100%	100%	10 个工作
6	2015年7月2日	2015年7月15日	100%	100%	10 个工作
7	2015年7月16日	2015年7月24日	100%	100%	7 个工作
8	2015年7月27日	2015年7月31日	100%	100%	5 个工作
9	2015年8月3日	2015年8月14日	100%	100%	10 个工作
10	2015年8月17日	NA	77%	0%	.85 个工作
11	2015年8月17日	2015年9月4日	100%	100%	15 个工作
12	2015年9月7日	2015年9月18日	100%	100%	10 个工作
	2015年9月21日	2015年9月25日	100%	100%	5 个工作

STEP|05 更新任务。选择任务 19，执行【任务】|【日程】|【50%】命令，更新任务的进度。

STEP|06 查看进度差异。将视图切换到【跟踪甘特图】视图中，执行【视图】|【数据】|【表格】|【差异】命令，在视图中查看任务的开始与完成时间的差异情况。

STEP|07 查看允许时差。执行【视图】|【任务视图】|【其他视图】|【其他视图】命令，选择【详细甘特图】选项，并单击【应用】按钮。

STEP|08 右击【完成时间】域名称，执行【插入列】命令，为视图添加一个【最早开始时间】域。

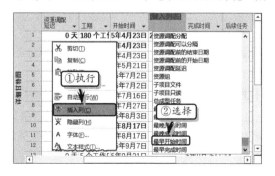

STEP|09 同时右击【最早开始时间】域名称，执行【域设定】命令，设置域名称和标题，并单击【确定】按钮。

STEP|10 查看工时差异。将视图切换到【甘特图】视图中，执行【视图】|【数据】|【表格】|【工时】命令，在视图中查看计划工时与实际消耗工时之间的差异。

	工时	基线	差异	实际	剩余	工时完成百分比
1	,192 工时	2,192 工时	0 工时	,752 工时	440 工时	80%
2	976 工时	976 工时	0 工时	976 工时	0 工时	100%
3	320 工时	320 工时	0 工时	320 工时	0 工时	100%
4	240 工时	240 工时	0 工时	240 工时	0 工时	100%
5	80 工时	80 工时	0 工时	80 工时	0 工时	100%
6	80 工时	80 工时	0 工时	80 工时	0 工时	100%
7	56 工时	56 工时	0 工时	56 工时	0 工时	100%
8	40 工时	40 工时	0 工时	40 工时	0 工时	100%
9	160 工时	160 工时	0 工时	160 工时	0 工时	100%
10	976 工时	976 工时	0 工时	776 工时	200 工时	80%
11	120 工时	120 工时	0 工时	120 工时	0 工时	100%
12	320 工时	320 工时	0 工时	320 工时	0 工时	100%
13	80 工时	80 工时	0 工时	80 工时	0 工时	100%

STEP|11 跟踪项目成本。在【甘特图】视图中，执行【视图】|【数据】|【表格】|【成本】命令。在【成本】表中，可以查看项目的固定成本、总成本、基线值、差异值、实际与剩余值。

	固定成本	固定成本累算	总成本	基线	差异
1	¥0.00	按比例	¥419,800.00	419,800.00	
2	¥0.00	按比例	¥195,600.00	195,600.00	
3	¥0.00	按比例	¥76,000.00	¥76,000.00	
4	¥30,000.00	按比例	¥79,500.00	¥79,500.00	
5	¥200.00	按比例	¥8,200.00	¥8,200.00	
6	¥1,500.00	按比例	¥6,300.00	¥6,300.00	
7	¥0.00	按比例	¥5,600.00	¥5,600.00	
8	¥0.00	按比例	¥4,000.00	¥4,000.00	
9	¥0.00	按比例	¥16,000.00	¥16,000.00	
10	¥0.00	按比例	¥198,600.00	198,600.00	
11	¥0.00	按比例	¥16,050.00	¥16,050.00	
12	¥20,000.00	按比例	¥40,000.00	¥40,000.00	
13	¥0.00	按比例	¥4,000.00	¥4,000.00	

STEP|12 跟踪项目日程。执行【视图】|【数据】

|【表格】|【更多表格】命令。选择【基线】选项，单击【应用】按钮。在该表中，可以查看项目的基线工期、成本、工时、开始时间与完成时间。

	基线工期	基线开始时间	基线完成时间	基线工时	基线成本
1	30 个工作日	2015年4月23日	2015年12月30日	2,192 工时	¥419,800
2	32 个工作日	2015年4月23日	2015年8月14日	976 工时	¥195,600
3	30 个工作日	2015年4月23日	2015年5月20日	320 工时	¥76,000
4	30 个工作日	2015年5月21日	2015年7月1日	240 工时	¥79,500
5	10 个工作日	2015年7月2日	2015年7月15日	80 工时	¥8,200
6	10 个工作日	2015年7月2日	2015年7月15日	80 工时	¥6,300
7	7 个工作日	2015年7月16日	2015年7月24日	56 工时	¥5,600
8	5 个工作日	2015年7月27日	2015年7月31日	40 工时	¥4,000
9	10 个工作日	2015年8月3日	2015年8月14日	160 工时	¥16,000
10	83 个工作日	2015年8月17日	2015年12月9日	976 工时	¥198,600
11	10 个工作日	2015年8月17日	2015年9月4日	120 工时	¥16,050
12	10 个工作日	2015年9月7日	2015年9月18日	320 工时	¥40,000
13	5 个工作日	2015年9月21日	2015年9月25日	80 工时	¥4,000

9.9　新手训练营

练习 1：跟踪购房计划项目日程

🔵downloads\9\新手训练营\设跟踪购房计划项目日程

提示：在本练习中，首先执行【项目】|【日程】|【设置基线】|【设置基线】命令，设置项目的基线。然后，执行【任务】|【甘特图】|【跟踪甘特图】命令，查看任务的进度状态。最后，执行【视图】|【数据】|【表格】|【更多表格】命令。选择【基线】选项，单击【应用】按钮。在该表中，查看项目的基线工期、成本、工时、开始时间与完成时间。

	基线工期	基线开始时间	基线完成时间	基线工时	基线成本
1	1 个工作日	2013年9月2日	2014年6月27日	1,852 工时	60,210.0
2	2 个工作日	2013年9月2日	2013年10月14日	244 工时	20,670.0
3	5 个工作日	2013年9月2日	2013年9月6日	36 工时	¥220.0
4	5 个工作日	2013年9月9日	2013年9月13日	40 工时	¥100.0
5	7 个工作日	2013年9月16日	2013年9月24日	56 工时	¥100.0
6	2 个工作日	2013年9月25日	2013年9月27日	24 工时	¥100.0
7	2 个工作日	2013年9月30日	2013年10月1日	16 工时	¥100.0
8	7 个工作日	2013年10月2日	2013年10月10日	56 工时	¥20,050.0
9	2 个工作日	2013年10月11日	2013年10月14日	16 工时	¥0.0
10	2 个工作日	2013年10月15日	2013年10月30日	90.4 工时	¥200.0
11	2 个工作日	2013年10月15日	2013年10月18日	50.4 工时	¥0.0
12	3 个工作日	2013年10月24日	2013年10月28日	24 工时	¥200.0
13	2 个工作日	2013年10月29日	2013年10月30日	16 工时	¥0.0
14	1 个工作日	2013年10月31日	2013年11月25日	144 工时	¥0.0
15	2 个工作日	2013年10月31日	2013年11月1日	16 工时	¥0.0
16	7 个工作日	2013年11月4日	2013年11月12日	56 工时	¥0.0

练习 2：跟踪开办新业务项目成本

🔵downloads\9\新手训练营\跟踪开办新业务项目成本

提示：在本练习中，首先在【甘特图】视图中，执行【视图】|【数据】|【表格】|【成本】命令。在【成本】表中，可以查看项目的固定成本、总成本、基线值、差异值、实际与剩余值。然后，执行【视图】|【任务视图】|【任务分配状况】命令，同时启用【格式】|【详细信息】组中的【成本】与【实际支出】复

选框，在视图中查看项目的工时、成本与实际成本值。

	任务名称	详细信息	一	二	三
0	▲ 管理开办新业务项目任务	工时	8工时	8工时	
		成本	¥1,200.00	¥1,200.00	¥1,20
		实际成本			
	预计成本	工时			
		成本			
		实际成本			
1	▲ 开办新业务	工时	8工时	8工时	8
		成本	¥1,200.00	¥1,200.00	¥1,20
		实际成本			
2	▲ 第一阶段：制定战	工时			
		成本			
3	▲ 自我评估	工时			
		成本			
		实际成本			
4	▲ 定义业务构想	工时			
		成本			
		实际成本			
	经理	工时			

练习 3：更新外墙施工项目进度

🔵downloads\9\新手训练营\更新外墙施工项目进度

提示：在本练习中，首先执行【项目】|【日程】|【设置基线】|【设置基线】命令，设置项目的基线。然后，选择任务 3~9，单击【日程】选项组中的【100%已经完成】按钮，更新任务。使用同样的方法，更新其他任务。最后，执行【任务】|【视图】|【甘特图】|【跟踪甘特图】命令，在视图中查看任务的更新情况。

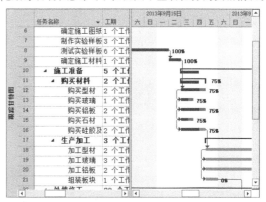

练习 4：查看新产品上市项目进度

downloads\9\新手训练营\查看新产品上市项目
进度

提示：在本练习中，首先执行【项目】|【日程】
|【设置基线】|【设置基线】命令，设置项目的基线。
然后，将视图切换到【跟踪甘特图】视图中，执行【视
图】|【数据】|【表格】|【差异】命令，查看任务的
开始与完成时间的差异情况。最后，将视图切换到【甘
特图】视图中，执行【视图】|【数据】|【表格】|【工
时】命令，查看计划工时与实际消耗工时之间的差异。

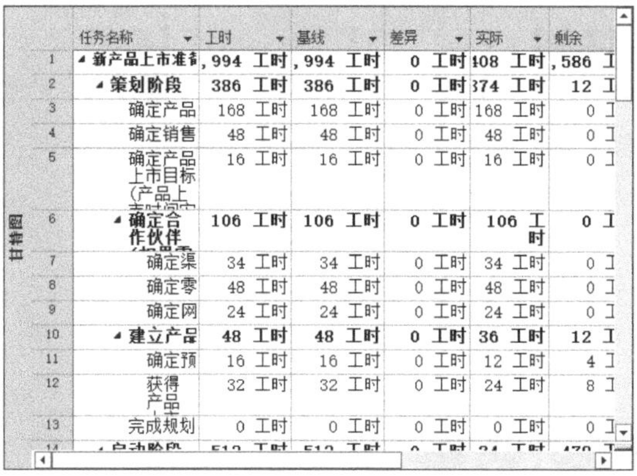

	任务名称	工时	基线	差异	实际	剩余
1	▲新产品上市准备	994 工时	994 工时	0 工时	408 工时	586 工
2	▲策划阶段	386 工时	386 工时	0 工时	374 工时	12 工
3	确定产品	168 工时	168 工时	0 工时	168 工时	0 工
4	确定销售	48 工时	48 工时	0 工时	48 工时	0 工
5	确定产品上市目标（产品上市时间中	16 工时	16 工时	0 工时	16 工时	0 工
6	▲确定合作伙伴	106 工时	106 工时	0 工时	106 工时	0 工
7	确定渠	34 工时	34 工时	0 工时	34 工时	0 工
8	确定零	48 工时	48 工时	0 工时	48 工时	0 工
9	确定网	24 工时	24 工时	0 工时	24 工时	0 工
10	▲建立产品	48 工时	48 工时	0 工时	36 工时	12 工
11	确定预	16 工时	16 工时	0 工时	12 工时	4 工
12	获得产品	32 工时	32 工时	0 工时	24 工时	8 工
13	完成规划	0 工时	0 工时	0 工时	0 工时	0 工

第 10 章

分析与调整项目

　　完成项目的规划并设置项目基线之后，为了确保与项目干系人的顺利沟通，也为了调查、确认、记录与报告项目差异，项目经理需要分析与调整项目。此时，项目经理需要根据特定的要求重新组织项目信息，以便于查看、分析项目，并通过查看与分析结果解决项目中的各种问题。在本章中，主要从查看与分析项目信息入手，从简至难地详细讲解了分析、调整与共享项目的基础知识与操作技巧。希望通过本章的学习，可以帮助读者完全掌握分析与调整项目的内涵。

Project

10.1 调整资源问题

在为项目任务分配资源时，经常会由于人力资源短缺，或其他因素造成资源过度分配的问题。此时，需要运用 Project 2016 中的调配资源功能，合理地调整资源，解决资源过度分配的问题。

10.1.1 查看过度分配

当用户遇到资源过度分配的问题时，需要运用 Project 2016 中的调配资源功能，合理地调整资源的分配问题。在调整资源之前，还需要先查看过度分配的资源。

1. 理解过度分配

在 Project 2016 中为任务分配资源时，系统会自动检查资源的日历，以保证资源的可用性。但是，系统不会检查资源的分配状况。也就是说，一个资源可以同时分配给多个任务。此时，资源的额外分配会导致资源在可用时间内无法完成这些任务，从而出现资源过度分配的情况。

另外，资源过度分配还会导致项目日程的延迟。Project 2016 在计算任务的开始日期时，会自动检查资源日历，以确定下一个工作日，并且将该工作日当成任务的开始日期。当任务中没有被分配资源时，系统会使用项目日历确定下一个工作日。此时，系统不会考虑资源在其他任务中的工作。

2. 使用【资源工作表】视图查看

执行【视图】|【资源图表】|【资源工作表】命令，在【资源工作表】视图中，系统以红色显示过度分配的资源。同时，在资源对应的【标记】域中，将显示资源过度分配的标记♣，将鼠标移至标记上方，将显示"此资源过度分配，应该进行调配"提示文本。

同样，执行【视图】|【资源视图】|【资源使用状况】命令，在该视图中，系统也是以红色显示过度分配的资源，并在【标记】域中显示过度分配标记。

> **技巧**
>
> 在【资源使用状况】视图中，执行【视图】|【数据】|【筛选器】|【过度分配的资源】命令，即可在视图中显示所有过度分配的资源信息。

3. 使用【资源图表】视图查看

另外，用户还可以以图表的方式，显示过度分配的资源。首先，将视图切换到【资源图表】视图中。然后，执行【格式】|【数据】|【图表】|【资源过度分配】命令，在图表中将以红色显示图表中的过度分配情况。

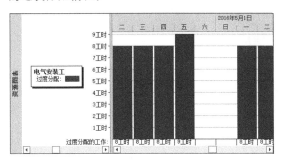

4. 使用【任务分配状况】视图查看

执行【视图】|【任务视图】|【任务分配状况】命令，在包含过度分配资源的任务所对应的【标记】域中，将以红色的人形图标显示被过度分配的

资源。

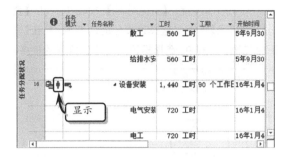

5. 使用【资源分配】视图查看

执行【视图】|【资源视图】|【其他视图】|【其他视图】命令，选择【资源分配】选项，单击【应用】按钮。

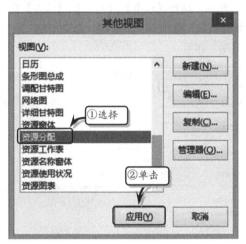

此时，视图将分为上下两部分，选择【资源使用状况】视图中过度分配的资源名称，系统将该资源的分配情况显示在【调配甘特图】视图中。

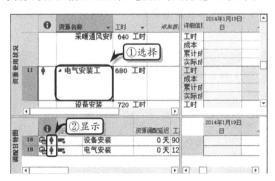

10.1.2 解决资源冲突

查看资源过度分配情况后，项目经理可以使

用下列最普通的方法，来解决资源过度分配的情况。

1. 调整资源分配

在众多解决资源过度分配的方法中，添加资源与替换资源是解决资源过度分配最简单的方法。

在【甘特图】视图中，执行【视图】|【拆分视图】|【详细信息】|【资源使用状况】命令，制作一个复合视图。在【甘特图】视图中选择任务，即可在【资源使用状况】视图中查看该任务的资源分配状态。

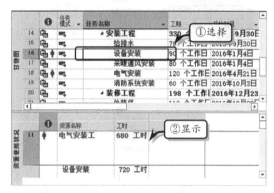

此时，执行【资源】|【工作分配】|【分配资源】命令，将该任务的资源替换成其他资源，即可解决资源过度分配的问题。

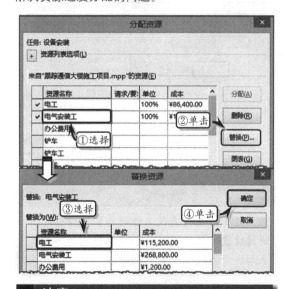

> **注意**
>
> 用户还可以通过给任务添加资源或删除资源的方法，来解决资源过度分配的问题。

2．安排加班时间

在 Project 2016 中，项目经理还可以通过为资源安排加班时间的方法，来解决资源过度分配的问题。首先，执行【视图】|【任务视图】|【其他视图】|【其他视图】命令，选择【任务数据编辑】选项，单击【应用】按钮，切换到该视图中。

然后，选择【任务窗体】视图，执行【格式】|【详细信息】|【工时】命令。此时，在【任务窗体】视图中显示的任务【加班工时】域中，设置任务的加班时间即可。

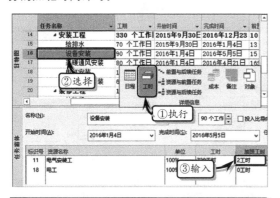

注意

用户还可以在【更改工作时间】对话框中，通过设置资源的例外日期或工作周的方法，来解决资源过度分配的问题。

3．调整资源值

当项目中没有多余的资源重新分配或替换时，可以通过设置资源的任务类型与单位值的方法，来解决资源过度分配的问题。

首先，切换到【资源分配】视图中，在【资源使用状况】视图中选择过度分配的资源，并在【调配甘特图】视图中，选择标记过度分配符号的任务。

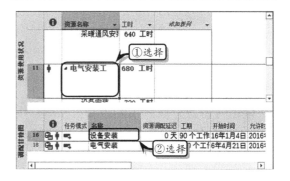

然后，执行【任务】|【属性】|【信息】命令，激活【高级】选项卡，将【任务类型】更改为"固定工期"即可。

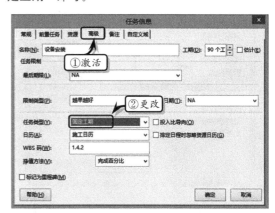

在【资源使用状况】视图中，选择包含过度分配的任务名称，执行【格式】|【分配】|【信息】命令。将【单位】值更改为"50%"，单击【确定】按钮。

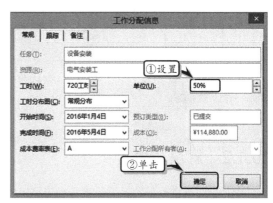

对于一个资源中包含多个标记过度分配的
任务来讲，当更改一个任务的任务类型与单
位值无法解决资源的过度分配问题时，可以
通过更改该资源下所有过度分配任务的任
务类型与单位值的方法，来解决资源过度分
配的问题。

4．调整资源分布

对于包含多个任务的过度资源来讲，可以通
过设置资源的工时分布的方法，来调整资源分配给
任务的最大工时，从而解决资源过度分配的问题。

在【资源使用状况】视图中，选择包含过度
分配的任务名称，执行【格式】|【分配】|【信息】
命令。单击【工时分布图】下拉按钮，在其下拉列
表中选择相应的选项即可。

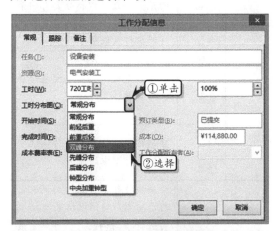

注意

另外，用户还可以在【工作分配信息】对话
框中，通过调整资源的【开始时间】或【完
成时间】值的方法，来解决资源过度分配的
问题。

10.1.3　调配资源

Project 2016 为用户提供了自动调配资源的功
能，通过该功能可以快速、轻松地解决资源过度分
配的问题。

1．调配分配

首先，在【资源工作表】视图中查看过度分

配的资源信息。然后，执行【资源】|【级别】|【调
配资源】命令，在列表框中选择过度分配的资源名
称，并单击【开始调配】按钮。

2．调整选项

在 Project 2016 中，用户还可以通过设置调配
选项的方法，来改变系统调配过度资源的方法、范
围与计算方式。执行【资源】|【级别】|【调配选
项】命令，在弹出的对话框中设置具体的调配选项
即可。

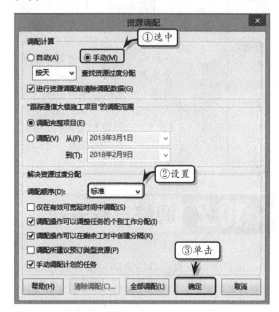

在【资源调配】对话框中，主要包括下表中

的选项。

选 项		说 明
调配计算	自动	选中该选项，系统将按照所设选项自动调配过度分配的资源。选中该选项后，需要禁用【进行资源…调配数据】复选框
	手动	选中该选项，将手动调配过度分配的资源，该选项适用于"全部调配"时
	查找资源过度分配	用于设置用调配识别过度分配的敏感度的一个时间段或时间基准。默认情况下为"按天"，还可以将其设置为"按分钟"、"按小时"、"按周"与"按月"
	进行…数据	禁用该复选框时，系统只调配新的和未调配的工作分配。当进行自动调配时，启用该选项可能会因调整所有任务而降低日程中的工作速度
调配范围	调整完整项目	选中该选项，表示单击【开始调配】按钮，将调配整个项目中的任务
	调配	选中该选项，可只调配位于特定时间范围内的任务
解决资源过度分配	调配顺序	用于设置调配的先后顺序，其中【只按标识号】选项表示可在考虑其他任何条件之前按其标识号的升序调配任务；【标准】选项表示系统通过检查前置任务相关性、可宽延时间、日期、优先级和限制，来确定是否调配任务以及如何调配；【优先权，标准】选项表示系统先检查任务的优先级，再检查其标准条件

续表

选 项		说 明
解决资源过度分配	仅在…调配	启用该复选框，可避免项目完成日期的延迟。由于在可宽延时间未用完的情况下，日程中的可宽延时间不足以重新排定工作分配。所以，启用该复选框后，可能会收到错误消息
	调配…工作分配	启用该复选框，可在用于某任务的某一资源独立用于该任务的其他资源时，允许调整调配操作
	调配…创建分隔	启用该复选框，可通过在任务或资源分配的剩余工时中创建拆分来使调配操作中断任务。当同时分配给多个任务的某项资源超出了资源日程可以处理的范围，则可以拆分具有剩余工时的任务，并在资源日程允许时执行该任务
	调配…类型资源	启用该复选框，可调配包含建议的资源
	手动…任务	启用该复选框，可允许调配手动更改计划中的任务
清除调配		单击该按钮，可在重新调配之前清除以前的调配结果
全部调配		当进行手动调配时，可单击该按钮
确定		当进行自动调配时，可单击该按钮
帮助		单击该按钮，可弹出【Project帮助】窗口

Project 10.2 调整日程安排

日程安排一般会存在资源过度分配与项目延迟完成两种情况。项目延迟存在多种表现形式，本小节重点介绍因项目完成时间延迟而造成的日常冲突。

10.2.1 解决日程安排冲突

在 Project 2016 中，用户可通过添加资源、调整可宽延时间、更改限制或增加时间的方法，来解决日程安排中的冲突问题。

1．为任务添加资源

解决日程安排冲突最简单的方法，便是为项目中的任务添加资源。在【甘特图】视图中，双击某项任务，在弹出的【任务信息】对话框中，将【任务类型】更改为"固定单位"，并启用【投入比导向】复选框。

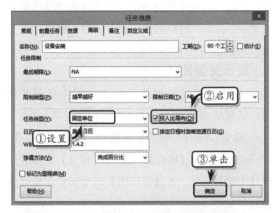

注意

启用【投入比导向】复选框后，Project 会在已分配的资源中重新分配工时。

然后，执行【资源】|【工作分配】|【分配资源】命令，选择资源名称，单击【分配】按钮，为任务添加资源。

2．使用加班时间

虽然添加资源是解决日程安排冲突最简单的方法，但是对于资源有限的项目来将，有时没有多余的资源分配给任何一个任务。此时，可以通过为资源增加加班时间的方法，解决日程冲突的问题。

首先，在【甘特图】视图中选择任务名称，执行【视图】|【拆分视图】|【详细信息】命令，创建一个包含【任务窗体】的复合视图。然后，选择【任务窗体】视图，同时执行【格式】|【详细信息】|【工时】命令。然后，为资源添加加班时间值即可。

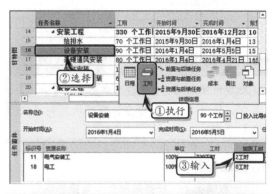

注意

Project 中，可在【任务信息】对话框中，通过更改任务工期的方法，解决日程冲突的问题。

3．调整可宽延时间

当项目中的任务出现可宽延时间时，可通过左右移动任务的方法，平衡没有与拥有太多可宽延时间的阶段，从而达到解决日程冲突的目的。

在平衡阶段之前，还需要查看都有哪些任务拥有可宽延时间。首先，将视图切换到【详细甘特图】视图中。

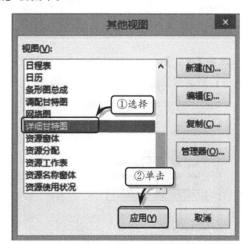

然后，执行【视图】|【数据】|【表格】|【日程】命令，查看任务的可宽延时间。

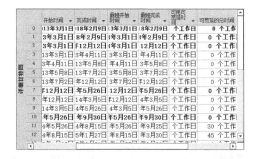

4．更改任务限制

一般情况下，任务限制类型直接影响到了项目的日常安排。用户可在【任务信息】对话框中，通过调整任务限制类型与限制日期的方法，来解决日程的安排问题。

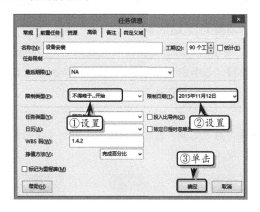

单击【确定】按钮之后，系统会自动弹出【规划向导】对话框，提示用户进行相应的选择。

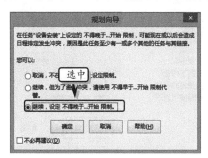

10.2.2 缩短项目日程

项目中必须按时完成的任务，被称为关键路径。当延迟一些关键任务时，将直接影响项目的完成时间。另外，用户可通过缩短项目关键路径的方法，来解决日程冲突问题。

1．显示关键路径

在通过缩短关键路径解决日程冲突问题之前，还需要清楚地查看项目中的关键任务。

首先，在【甘特图】视图中，执行【格式】|【条形图样式】|【格式】|【条形图样式】命令。选择【关键】选项，在【条形图】选项卡中设置条形图的样式。

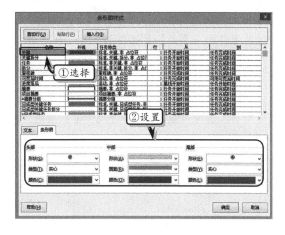

然后，激活【文本】选项卡，分别设置【左侧】与【内部】的显示文本值，单击【确定】按钮后，关键任务的条形图将以设置的格式进行显示。

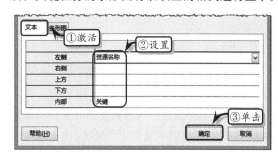

Project 2016 中文版项目管理从新手到高手

2．缩短关键路径

当项目日程安排出现问题后，可通过缩短关键路径中的工期的方法，在缩短项目施工时间的同时降低项目费用。一般情况下，用户可通过减少关键任务的工期，以及重叠关键任务两种方法，解决日程安排问题。

其中，减少关键任务工期的方法如下所述。

❑ **估算时间**　重新估算任务的乐观时间。

❑ **添加资源**　向关键任务中添加资源，当向固定工期任务中添加资源时，将无法减少任务的工作时间。

❑ **使用加班时间**　可在关键任务中使用加班时间。

另外，用户可通过下列方法，重叠关键任务，以减少项目的总工期。

❑ **调整相关性**　可以将"完成-开始"链接类型更改为"开始-开始"链接关系。

❑ **限制任务日期**　可通过调整任务日期的限制类型，或延隔时间的方法，来重叠关键任务。

3．使用多重关键路径

在 Project 2016 中，可以通过减少多种关键路径的方法，了解任务之间的相关性，便于了解每项任务的完成时间，避免延迟项目的完成时间。

执行【文件】|【选项】命令，激活【高级】选项卡，启用【计算多重关键路径】复选框。单击【确定】按钮后，在视图中将显示多条关键路径。

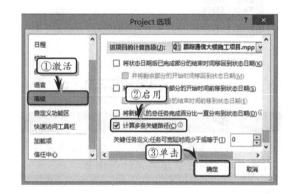

Project

10.3　解决项目问题

解决项目问题，是针对分析项目所发现的差异情况，解决项目中的时间、进度、成本、资源与工作分配问题。通过解决项目问题，可使项目重新根据项目规划执行。

10.3.1　解决时间与进度问题

在 Project 2016 中，可通过限制日期与项目基准解决时间与进度问题的方法，来解决项目进度落后的问题。

1．查看进度状态

执行【项目】|【属性】|【项目信息】命令，在【…目统计】对话框中，查看项目的当前时间与基线时间。

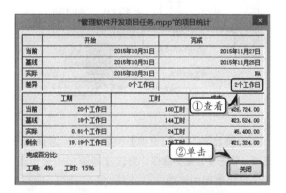

注意

在查看进度状态之前，需要先为项目设置基线，否则无法显示差异值。

2．解决进度问题

在【项目统计】对话框中，用户会发现当前与基线完成日期相差两个工作日。为缩短解决时间与进度问题，需要先查找进度落后的任务。

首先，执行【视图】|【数据】|【筛选器】|【其他筛选器】命令，在弹出的【其他筛选器】对话框中，选择【进度的落后】选项，并单击【应用】按钮。

然后，选择所有进度落后任务中的第一个任务，执行【资源】|【工作分配】|【分配资源】命令，准备为该任务添加一个资源。

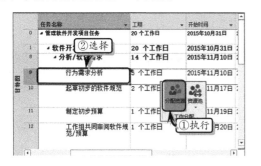

在弹出的【分配资源】对话框中，选择新增资源，单击【分配】命令，为该任务添加一个资源，解决日程落后的问题。

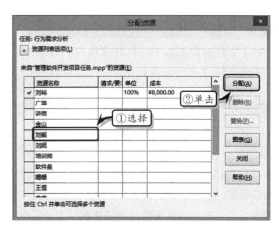

10.3.2 解决成本与资源问题

在 Project 2016 中，项目管理人员可以通过设置剩余任务工时，以及替换资源的方法，来解决项目的成本与资源问题。

1．设置任务工时

首先，将视图切换到【资源工作表】视图中，执行【视图】|【数据】|【表格】|【成本】命令，在该视图中查看资源的成本信息。

	资源名称	成本	基线成本	差异	实际成本
1	张新	¥800.00	¥800.00	¥0.00	¥0.00
2	刘能	¥800.00	¥800.00	¥0.00	¥0.00
3	赵四	¥800.00	¥800.00	¥0.00	¥0.00
4	广坤	¥4,800.00	¥4,800.00	¥0.00	¥4,800.00
5	姗姗	¥800.00	¥800.00	¥0.00	¥0.00
6	刘妮	¥0.00	¥0.00	¥0.00	¥0.00
7	王恒	¥800.00	¥800.00	¥0.00	¥0.00
8	炎炎	¥800.00	¥800.00	¥0.00	¥0.00
9	鑫鑫	¥2,400.00	¥2,400.00	¥0.00	¥0.00
10	培训师	¥2,400.00	¥2,400.00	¥0.00	¥0.00
11	讲师	¥1,600.00	¥1,600.00	¥0.00	¥0.00
12	金山	¥1,600.00	¥1,600.00	¥0.00	¥0.00
13	刘裕	¥8,000.00	¥4,800.00	¥3,200.00	¥0.00
14	总费用				

然后，切换到【资源使用状况】视图中，更改工作分配的工时值。

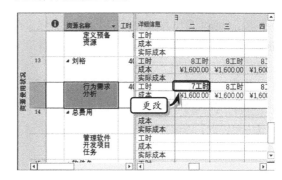

最后，将视图切换到【资源工作表】中，可以发现只有资源的差异、总成本与剩余成本发生了变化，已经执行工作的成本不会受到影响。

完成的工作分配给替换后的资源。

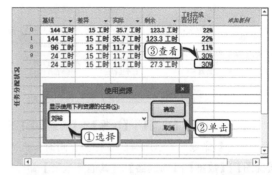

2．替换资源

在【任务分配状况】视图中，执行【视图】|【数据】|【表格】|【工时】命令。同时，执行【视图】|【数据】|【筛选器】|【使用资源】命令，选择资源，单击【确定】按钮，在视图中的【工时完成百分比】列表中查看该资源的完成情况。

然后，在视图中选择该未完成任务下的该资源，执行【资源】|【工作分配】|【分配资源】命令，选择该资源，单击【替换】按钮，将该任务未

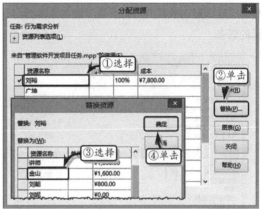

10.4 分析项目

在项目实施过程中，为确保项目的顺利进行，项目经理还需要根据实际情况调整任务的进度。另外，为了能及时掌握项目的进展与成本信息，项目经理还需要利用公式分析并显示成本差异。

10.4.1 分析项目成本

在实施项目时，项目经理需要分析整体项目的成本情况及项目任务和资源的成本，并根据实际情况调整成本，以确保项目在规定的费用之内顺利完成。

1．分析项目整体成本

在 Project 2016 中，可以通过【成本】表中的成本数据，来分析整体项目的成本情况。首先，将视图切换到【任务工作表】视图中的【成本】表中。同时，执行【格式】|【显示/隐藏】|【项目摘要任

务】命令，在视图中查看项目的成本情况。

2．分析任务成本

任务的成本差异是项目整体状态的标志，为了避免超出项目的整体预算，需要分析任务成本。

在【甘特图】视图中，执行【视图】|【数据】|【表格】|【成本】命令。同时，执行【视图】|【数据】|【大纲】|【级别 2】命令，查看摘要任务的总成本。

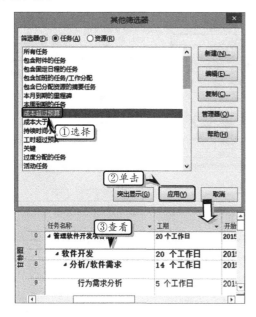

另外，执行【视图】|【数据】|【大纲】|【所有子任务】命令，显示所有的子任务。同时，执行【视图】|【数据】|【筛选器】|【其他筛选器】命令，启用【成本超过预算】的筛选器，查看成本超过预算的任务。

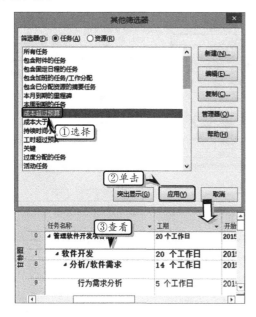

3．分析资源成本

由于资源成本是项目执行中的重要成本，也是唯一的一种成本。所以，分析资源成本，是项目管理中的重要工作，也是项目执行官与资源经理所关注的重要问题。

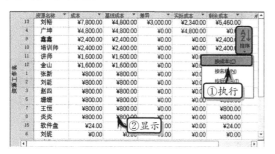

在【资源工作表】中的【成本】表中，执行【视图】|【数据】|【排序】|【按成本】命令，查看资源的成本情况。

另外，执行【数据】|【排序】|【排序依据】命令，设置排序依据，并在视图中查看成本差异情况。

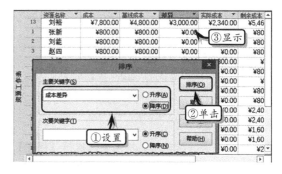

10.4.2 显示成本差异

项目经理除了分析项目的整体成本、任务成本和资源成本之外，还需要利用公式显示成本差异，从而帮助项目经理掌握项目的进展与成本信息，为与项目干系人的沟通提供数据依据。

1．设置自定义域的类型

在【任务工作表】视图中，执行【格式】|【列】|【自定义字段】命令。将【类型】设置为"数字"，并选择【数字 1】选项。

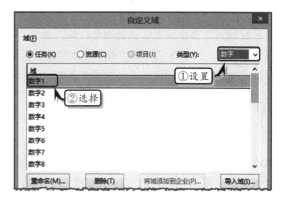

在【自定义域】对话框中的【域】列表中，还包括下列选项：

- ❏ 任务　选中该选项，可以自定义任务域。
- ❏ 资源　选中该选项，可以自定义资源域。
- ❏ 项目　选中该选项，可以自定义项目域。

❑ **类型** 当用户选中【任务】或【资源】域时，可以在该选项中设置域类型。所选择的类型决定了系统拾取列表所包括的值。例如，【文本】类型只能拾取列表中的字符，【数字】与【成本】类型只能拾取列表中的数字。

❑ **域** 用来显示并选择不同类型中的域名称。

❑ **重命名** 在【域】列表框中选择域选项，单击该按钮后，可在弹出的【重命名域】对话框中的设置所选域的名称。

❑ **删除** 选择【域】列表框中的重命名后的域名称，单击该按钮，可删除重命名域。

❑ **将域添加到企业** 单击该按钮，可将所选域添加到企业服务器中。

❑ **导入域** 单击该按钮，可在弹出的【导入自定义域】对话框中，导入当前项目中的域。

2．设置自定义域的公式

在【自定义域】对话框中，选中【公式】选项，单击【确定】按钮。然后，单击【公式】按钮，在弹出的对话框中设置公式。

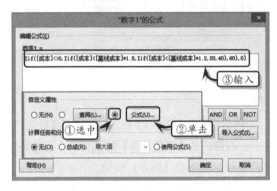

在【自定义域】对话框中的【自定义属性】列表中，主要包括下列选项。

❑ **无** 选中该选项，表示不为所选的域设置查阅与公式属性。

❑ **查阅** 选中该选项，并单击【查阅】按钮，即可在弹出的【查阅表格】对话框中，设置所选域的查阅表格。

❑ **公式** 选择该选项，并单击【公式】按钮，

即可在弹出的【公式】对话框中设置所选域的计算公式。

3．设置图形标记

在【自定义域】对话框中，选中【使用公式】选项，同时选择【图形标记】选项，并单击【图形标记】按钮。

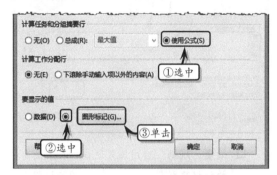

在【自定义域】对话框中，还包括下表中的选项。

选 项		说 明
计算任务和分配摘要行	无	选中该选项，表示不设置域的计算任务和分组摘要行
	总成	选中该选项，可在下拉列表中选择总成类型，包括最大值、平均值、综合等8种选项
	使用公式	选中该选项，将使用【公式】对话框中输入的计算公式
计算工作分配行	无	选中该选项，表示不设置域的计算工作分配行
	下滚……的内容	选中该选项，表示可将工作分配行下滚到手动输入项以外的内容
要显示的值	数据	选中该选项，表示在域中将显示普通的数据
	图形标记	选中该选项，表示在域中将显示所设置的图形标记

在弹出的对话框中，设置图形标记的规则与测试条件，单击【确定】按钮即可。

在该对话框中，主要包括下列选项。

❑ **非摘要行** 选中该选项，可将标记规则用于非摘要行中。

❑ **摘要行** 选中该选项，可将标记规则用于摘要行中。

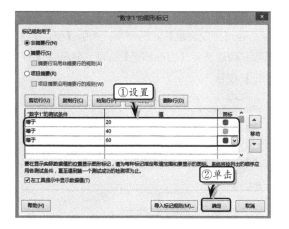

❑ **摘要…规则** 启用该复选框，表示摘要行的标记规则将沿用非摘要行的标记规则。该复选框只有在选中【摘要行】选项时才可用。

❑ **项目摘要** 选中该选项，可将标记规则用于项目摘要行中。

❑ **项目…规则** 启用该复选框，表示项目摘要行的标记规则将沿用摘要行的标记规则。该复选框只有在选中【项目摘要】选项时才可用。

❑ **剪切行** 单击该按钮，可剪切在【"数字1"测试条件】列表框中选择测试条件所在的行。

❑ **复制行** 单击该按钮，可在【"数字1"测试条件】列表框中复制所剪切的测试条件所在的行。

❑ **粘贴行** 单击该按钮，可在【"数字1"测试条件】列表框中粘贴所剪切或复制的测试条件所在的行。

❑ **插入行** 单击该按钮，可在【"数字1"测试条件】列表框中的测试条件中插入新行。

❑ **删除行** 单击该按钮，可在【"数字1"测试条件】列表框中删除选中的行。

❑ **"数字 1"测试条件** 用于设置图形标记的测试条件，包括等于、不等于、大于等12

种条件。

❑ **值** 用于设置测试条件所对应的值，可以随意输入数字值，也可以在下拉列表中选择相应的值。

❑ **图标** 用于设置满足测试条件的图形记号，包括实心圆点、笑脸等50多种图标。

❑ **移动** 选择列表框中的测试条件，单击【上移】或【下移】按钮，可调整测试条件的先后顺序。

❑ **在工具提示中显示数据值** 启用该复选框，将鼠标移至标记上方，将在"工具提示"中显示标记数据。

❑ **导入标记规则** 单击该按钮，可在弹出的【导入标记规则】对话框中，导入标记规则。

4. 添加"成本差异"域

在视图中，切换到【成本】表中。右击【实际】域标题，执行【插入列】命令，插入【数字1】域。

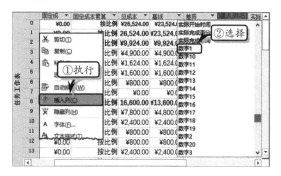

然后，右击【数字1】域标题，执行【域设定】命令。在弹出的【字段设置】对话框中，设置域的标题名称，并单击【确定】按钮。

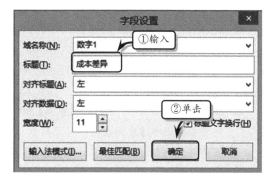

此时，系统将自动在视图中显示成本差异的图形标记，以及修改后的域标题。

Project

10.5 练习：分析报警系统项目

规划完"报警系统"项目计划后，项目经理还需要调整项目规划。由于在项目实施过程中，任何一个因素都可能会影响到项目的完成情况，所以为了保证项目规划的合理性，需要查看进度落后的任务、分析项目成本、分析任务与资源成本，以及标识成本差异等项目信息。

练习要点

● 设置基线
● 查看进度落后的任务
● 解决时间与进度问题
● 显示成本差异

操作步骤 ▶▶▶▶

STEP|01 设置日程排定方式。将视图切换到【甘特图】视图中，执行【项目】|【属性】|【项目信息】命令，将【日程排定方法】更改为"项目开始日期"。

STEP|02 设置实际工时与固定成本。切换到【项】表中，根据项目实际发生情况，更改相应任务的实际工时。

STEP|03 显示成本差异。切换到【任务工作表】视图中，执行【格式】|【列】|【自定义字段】命

令。将【类型】设置为"数字",并选择【数字1】选项。

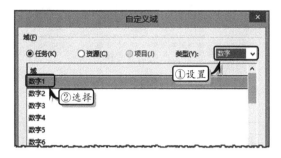

STEP|04 选中【公式】选项,在弹出的提示对话框中单击【确定】按钮,同时单击【公式】按钮。

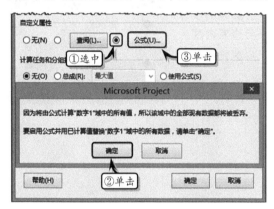

STEP|05 在弹出的【"数字1"的公式】对话框中,输入公式并单击【确定】按钮,并在弹出的提示对话框中单击【确定】按钮。

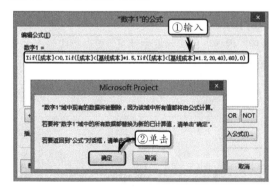

STEP|06 选中【使用公式】选项,同时选中【图形标记】选项,并单击【图形标记】按钮。

STEP|07 在弹出的【"数字1"的图形标记】对话框中,设置图形标记的规则与测试条件,单击【确定】按钮。

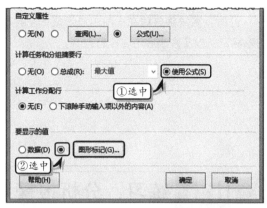

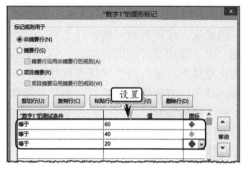

STEP|08 切换到【成本】表中,右击【实际】域标题,执行【插入列】命令,插入【数字1】域。

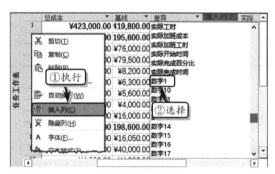

STEP|09 右击【数字1】域标题,执行【域设定】命令,更改域的标题名称。

STEP|10 查看落后的任务。切换到【甘特图】中的【项】表中,执行【视图】|【数据】|【筛选器】|【其他筛选器】命令,选择【进度落后的任务】选项,并单击【应用】按钮。

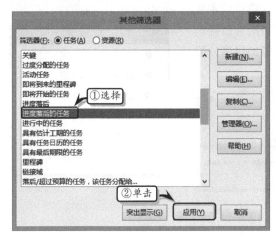

STEP|11 执行【视图】|【数据】|【表格】|【差异】命令,查看任务落后的具体情况。

STEP|12 解决时间与进度问题。切换到【甘特图】视图中的【项】表中,执行【项目】|【属性】|【项目信息】命令,单击【统计信息】按钮。

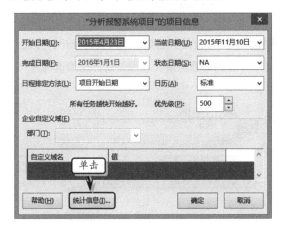

STEP|13 在弹出的对话框中,查看项目的当前时间与基线时间。

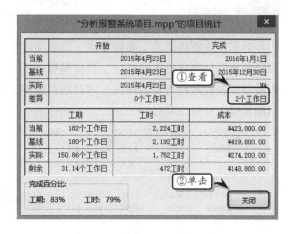

STEP|14 选择任务 19,执行【资源】|【工作分配】|【分配资源】命令,为该任务添加一个资源。使用同样的方法,为其他进度落后的任务添加资源。

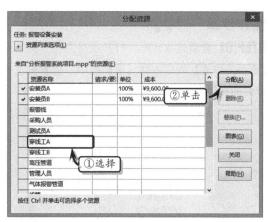

STEP|15 单击任务 19 中的【智能标记】按钮,选中【缩短工期但保持工时量不变】选项,调整任务的工期。

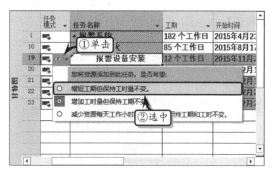

Project 10.6 练习：分析洗衣机研发项目

对于"洗衣机研发"项目来讲，调整项目是节约项目成本及保证项目顺利完成的重要部分。通过调整项目，可帮助项目经理查看项目关键路径与资源冲突，同时还可以解决资源的过度分配问题及检查项目完成时间。

练习要点

- 查看过度分配
- 解决资源冲突
- 分析项目整体成本
- 分析任务成本
- 分析资源成本
- 显示成本差异

操作步骤 ▷▷▷▷

STEP|01 查看过度分配。打开项目文档，切换到【资源工作表】视图中的【项】表中，查看被过度分配的资源。

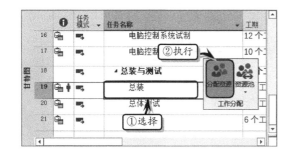

STEP|02 解决资源冲突。切换到【甘特图】视图中，选择任务 19，执行【资源】|【工作分配】|【分配资源】命令。

STEP|03 在弹出的【分配资源】对话框中，选择【制作工人 A】选项，并单击【分配】按钮。

STEP|04 单击任务名称中的【智能标记】按钮，选中相应的选项，解决资源过度分配的情况。

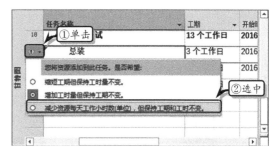

STEP|05 分析项目的整体成本。将视图切换到【任务工作表】视图中的【成本】表中。同时，执行【格式】|【显示/隐藏】|【项目摘要任务】命令，在视图中查看项目的成本情况。

	固定成本累算	总成本	基线	差异	实际	剩余
0	按比例	¥460,174.38	¥0.00	¥460,174.38	¥48,280.00	¥411,89·
1	按比例	60,174.38	¥0.00	460,174.38	48,280.00	11,894
2	按比例	16,640.00	¥0.00	116,640.00	48,280.00	68,360
3	结束	48,280.00	¥0.00	¥48,280.00	48,280.00	¥0
4	按比例	¥32,360.00	¥0.00	¥32,360.00	¥0.00	¥32,360
5	按比例	36,000.00	¥0.00	¥36,000.00	¥0.00	36,000
6	按比例	78,500.00	¥0.00	¥78,500.00	¥0.00	78,500
7	按比例	¥21,400.00	¥0.00	¥21,400.00	¥0.00	¥21,400
8	按比例	28,500.00	¥0.00	¥28,500.00	¥0.00	28,500
9	按比例	28,600.00	¥0.00	¥28,600.00	¥0.00	28,600
10	按比例	09,296.00	¥0.00	109,296.00	¥0.00	09,296
11	按比例	26,600.00	¥0.00	¥26,600.00	¥0.00	26,600
12	按比例	54,096.00	¥0.00	¥54,096.00	¥0.00	54,096

STEP|06 分析任务成本。切换到【甘特图】视图中，的【成本】表中，执行【视图】|【数据】|【大纲】|【级别 2】命令，查看摘要任务的总成本。

	任务名称	固定成本	固定成本累算	总成本	基线
0	▲分析洗衣机研发项目	¥0.00	按比例	¥460,174.38	
1	洗衣机研发项目	¥0.00	按比例	¥460,174.38	
2	▷总体设计	¥0.00	按比例	¥116,640.00	
6	▷简体研制	¥0.00	按比例	¥78,500.00	
10	▷电动机研制	¥0.00	按比例	¥109,296.00	
14	▷电脑控制系统	¥0.00	按比例	¥108,200.00	
18	▷总装与测试	¥0.00	按比例	¥47,538.38	

STEP|07 显示所有的子任务，执行【视图】|【数据】|【筛选器】|【其他筛选器】命令，选择【成本超过预算】的选项，查看成本超过预算的任务。

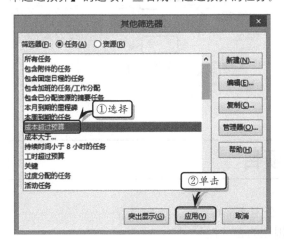

STEP|08 分析资源成本。撤销上一步操作，在【资源工作表】中的【成本】表中，查看资源的成本情况。

	资源名称	成本	基线成本	差异	实际成本
1	项目经理	¥0.00	¥0.00	¥0.00	
2	项目主管	¥19,513.51	¥0.00	¥19,513.51	
3	总设计师	¥86,600.00	¥0.00	¥86,600.00	¥46,28
4	美术设计师	¥16,000.00	¥0.00	¥16,000.00	
5	功能设计师	¥0.00	¥0.00	¥0.00	
6	简体设计师	¥19,200.00	¥0.00	¥19,200.00	
7	简体设计助理	¥32,000.00	¥0.00	¥32,000.00	
8	电动机设计师	¥44,544.00	¥0.00	¥44,544.00	
9	电动机设计助理	¥34,944.00	¥0.00	¥34,944.00	
10	代码设计师A	¥64,000.00	¥0.00	¥64,000.00	
11	代码设计师B	¥35,200.00	¥0.00	¥35,200.00	
12	制作工人A	¥26,432.43	¥0.00	¥26,432.43	▶

STEP|09 执行【视图】|【数据】|【排序】|【按成本】命令，查看按成本排列情况。

	资源名称	成本	基线成本	差异	实际成本
3	总设计师	¥86,600.00	¥0.00	¥86,600.00	¥46,28
10	代码设计师A	¥64,000.00	¥0.00	¥64,000.00	
8	电动机设计师	¥44,544.00	¥0.00	¥44,544.00	
13	制作工人B	¥35,840.43	¥0.00	¥35,840.43	
11	代码设计师B	¥35,200.00	¥0.00	¥35,200.00	
9	电动机设计助理	¥34,944.00	¥0.00	¥34,944.00	
7	简体设计助理	¥32,000.00	¥0.00	¥32,000.00	
12	制作工人A	¥26,432.43	¥0.00	¥26,432.43	
14	固定成本	¥20,000.00	¥0.00	¥20,000.00	
2	项目主管	¥19,513.51	¥0.00	¥19,513.51	
6	简体设计师	¥19,200.00	¥0.00	¥19,200.00	▶
4	美术设计师	¥16,000.00	¥0.00	¥16,000.00	▶

STEP|10 显示成本差异。切换到【任务工作表】视图中，执行【格式】|【列】|【自定义字段】命令。将【类型】设置为 "数字"，并选择【数字 1】选项。

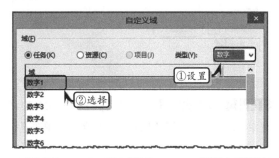

STEP|11 选中【公式】选项，在弹出的提示对话框中单击【确定】按钮，同时单击【公式】按钮。

STEP|12 在弹出的【"数字 1"的公式】对话框中，输入公式并单击【确定】按钮，并在弹出的提示对话框中单击【确定】按钮。

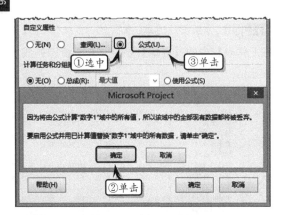

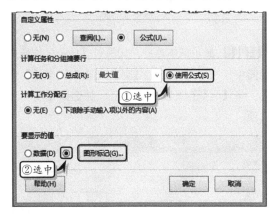

STEP|13 选中【使用公式】选项，同时选中【图形标记】选项，并单击【图形标记】按钮。

STEP|14 在弹出的【"数字 1"的图形标记】对话框中，设置图形标记的规则与测试条件，单击【确定】按钮。

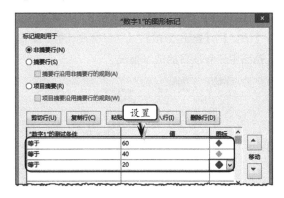

STEP|15 在视图中，右击【实际】域标题，执行【插入列】命令，插入【数字 1】域。

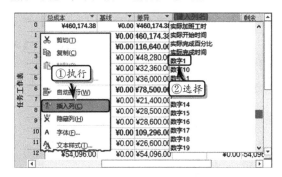

STEP|16 右击【数字 1】域标题，执行【域设定】命令，更改域的标题名称。

Project 10.7 练习：分析信息化项目

　　由于在"信息化"项目实施过程中，任何一个因素都可能会影响到项目的完成情况，所以为了保证项目规划的合理性，需要查看进度落后的任务、分析项目成本、分析任务与资源成本，以及标识成本差异等项目信息。

练习要点

- 查看资源冲突
- 调整资源值
- 资源调配
- 分析项目整体成本
- 分析任务成本
- 分析资源成本
- 显示关键路径

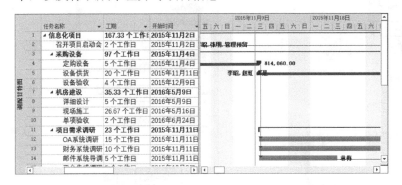

操作步骤

STEP|01 查看资源冲突。打开“创建信息化项目报表”文档，切换到【资源工作表】视图中，查看包含资源被过度分配的任务。

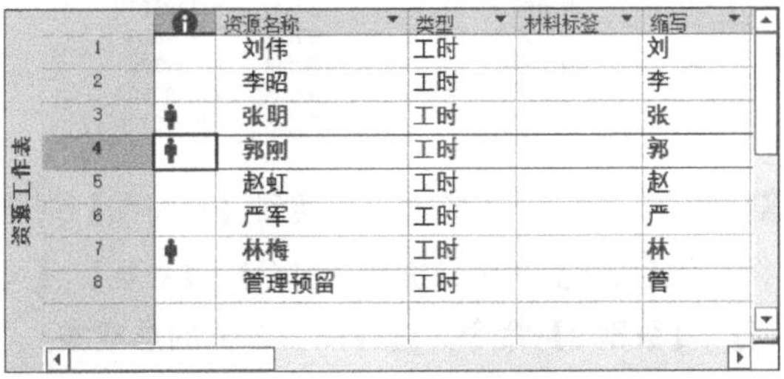

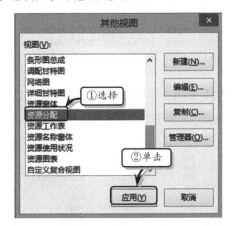

STEP|02 调整资源值。执行【视图】|【资源视图】|【其他视图】|【其他视图】命令，选择【资源分配】选项，单击【应用】按钮。

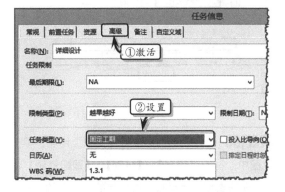

STEP|03 在【资源使用状况】视图中选择被过度分配的资源名称，并在【调配甘特图】视图中选择包含资源被过度分配的任务名称。

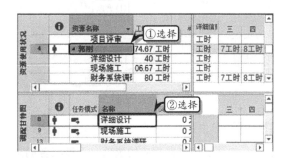

STEP|04 执行【任务】|【属性】|【信息】命令，在【高级】选项卡，将【任务类型】更改为“固定工期”。

STEP|05 在【资源使用状况】视图中，选择包含资源被过度分配的任务名称，执行【格式】|【分配】|【信息】命令。

STEP|06 在弹出的【工作分配信息】对话框中，将【单位】值更改为“60%”，单击【确定】按钮。

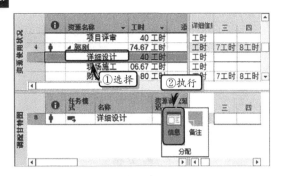

STEP|07 单击任务名称前面的【智能标记】按钮，在展开的列表中选择相应的选项，调整任务的工时量。

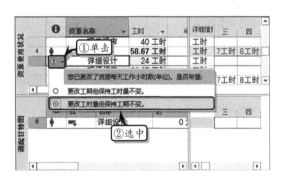

STEP|08 资源调配。切换到【资源工作表】单一视图中，执行【资源】|【级别】|【调配资源】命令，在列表框中选择被过度分配的资源名称，并单击【开始调配】按钮。

STEP|09 分析项目整体成本。将视图切换到【任务工作表】视图中的【成本】表中。同时，执行【格式】|【显示/隐藏】|【项目摘要任务】命令，在视图中查看项目的成本情况。

STEP|10 分析任务成本。切换到【甘特图】视图中，的【成本】表中，执行【视图】|【数据】|【大纲】|【级别 2】命令，查看摘要任务的总成本。

STEP|11 分析资源成本。切换到在【资源工作表】中的【成本】表中，查看资源的成本情况。

STEP|12 执行【视图】|【数据】|【排序】|【按成本】命令，查看按成本排列情况。

	资源名称	成本	基线成本	差异	实际成
8	管理预留	¥240,000.00	¥0.00	¥240,000.00	¥240
3	张明	¥141,440.00	¥0.00	¥141,440.00	¥1
1	刘伟	¥115,050.00	¥0.00	¥115,050.00	¥6
6	严军	¥91,200.00	¥0.00	¥91,200.00	
7	林梅	¥75,466.67	¥0.00	¥75,466.67	
	郭刚	¥45,866.67	¥0.00	¥45,866.67	
2	李昭	¥29,760.00	¥0.00	¥29,760.00	¥2
5	赵虹	¥16,000.00	¥0.00	¥16,000.00	¥2

STEP|13 显示关键路径。切换到【甘特图】视图中的【项】表中，执行【格式】|【条形图样式】|【格式】|【条形图样式】命令。选择【关键】选项，在【条形图】设置条形图的样式。

STEP|14 激活【文本】选项卡，分别设置【左侧】与【内部】的显示文本值，单击【确定】按钮后，关键任务的条形图将以设置的格式进行显示。

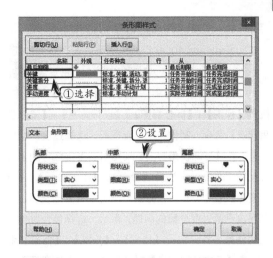

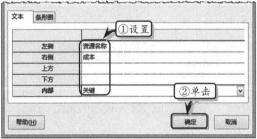

10.8 新手训练营

练习 1：分析外墙施工项目成本

⊙downloads\10\新手训练营\分析外墙施工项目成本

提示：在本练习中，首先在【甘特图】视图中，执行【视图】|【数据】|【表格】|【成本】命令。同时，执行【视图】|【数据】|【大纲】|【级别 2】命令，查看摘要任务的总成本。然后，在【资源工作表】中的【成本】表中，执行【视图】|【数据】|【排序】|【按成本】命令，查看资源的成本情况。最后，执行【数据】|【排序】|【排序依据】命令，设置排序依据，并在视图中查看成本差异情况。

	资源名称	成本	基线成本	差异	实际成本
4	采购员2	35,200.00	¥0.00	35,200.00	¥2,760.00
9	安装员	¥14,400.00	¥0.00	¥14,400.00	¥0.00
1	设计师	¥11,200.00	¥0.00	¥11,200.00	¥8,700.00
5	加工员1	¥7,200.00	¥0.00	¥7,200.00	¥4,800.00
3	采购员1	¥2,400.00	¥0.00	¥2,400.00	¥1,800.00
6	采购员3	¥1,600.00	¥0.00	¥1,600.00	¥600.00
7	加工员2	¥1,600.00	¥0.00	¥1,600.00	¥0.00
2	绘图员	¥800.00	¥0.00	¥800.00	¥800.00
8	加工员3	¥0.00	¥0.00	¥0.00	¥0.00
10	预留-安装费用	¥0.00	¥0.00	¥0.00	¥0.00

练习 2：解决开办新业务项目问题

⊙downloads\10\新手训练营\解决开办新业务项目问题

提示：在本练习中，首先执行【项目】|【属性】|【项目信息】命令，在【项目统计】对话框中，查看项目的当前时间与基线时间。然后，执行【视图】|【数据】|【筛选器】|【其他筛选器】命令，在弹出的【其他筛选器】对话框中，选择【进度落后】选项，并单击【应用】按钮。最后，选择所有进度落后任务中的第一个任务，为该任务添加一个资源，解决进度落后的问题。

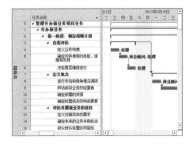

练习 3：解决新产品上市项目资源冲突

downloads\10\新手训练营\解决新产品上市项目资源冲突

提示：在本练习中，首先在【甘特图】视图中，执行【视图】|【拆分视图】|【详细信息】|【资源使用状况】命令，制作一个复合视图。选择过度分配的任务，在【资源使用状况】视图中查看该任务的资源分配状态。然后，执行【资源】|【工作分配】|【分配资源】命令，将该任务的资源替换成其他资源，即可解决资源过度分配的问题。最后，选择包含过度分配的任务名称，执行【格式】|【分配】|【信息】命令。在【工作分配信息】对话框中，设置该资源下任务的工时分布图。

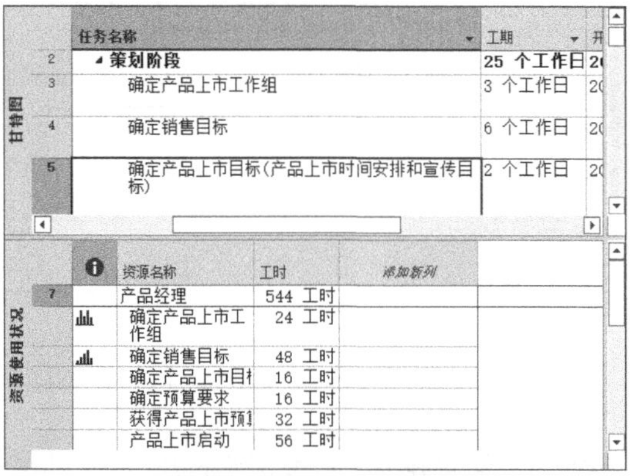

	任务名称	工期	开
2	◢ 策划阶段	25 个工作日	2
3	确定产品上市工作组	3 个工作日	2
4	确定销售目标	6 个工作日	2
5	确定产品上市目标(产品上市时间安排和宣传目标)	2 个工作日	2

		资源名称	工时	添加新列
7		产品经理	544 工时	
		确定产品上市工作组	24 工时	
		确定销售目标	48 工时	
		确定产品上市目标	16 工时	
		确定预算要求	16 工时	
		获得产品上市预算	32 工时	
		产品上市启动	56 工时	

练习 4：显示购房计划项目成本差异

downloads\10\新手训练营\显示购房计划项目成本差异

提示：在本练习中，首先在【任务工作表】视图中，执行【格式】|【列】|【自定义字段】命令。将【类型】设置为"数字"，并选择【数字 1】选项。选中【公式】选项，单击【确定】按钮。然后，单击【公式】按钮，在弹出的对话框中设置公式。同时选中【使用公式】选项，并选择【图形标记】选项，单击【图形标记】按钮。在弹出的对话框中，设置图形标记的规则与测试条件，单击【确定】按钮即可。最后，在视图中，切换到【成本】表中。右击【实际】域标题，执行【插入列】命令，插入【数字 1】域，并设置域标题。

	固定成本累算	总成本	基线	差异	成本	实际	基
1	按比例	,760.00	0,210.00	2,550.00		2,025.00	¥
2	按比例	,070.00	0,670.00	1,400.00		21,600.00	¥
3	按比例	¥620.00	¥220.00	¥400.00	◆	¥600.00	
4	按比例	¥100.00	¥100.00	¥0.00	◆	¥0.00	
5	按比例	¥900.00	¥100.00	¥800.00	◆	¥800.00	
6	按比例	¥100.00	¥100.00	¥0.00	◆	¥0.00	
7	按比例	¥100.00	¥100.00	¥0.00	◆	¥0.00	
8	按比例	0,050.00	20,050.00	¥0.00	◆	20,000.00	
9	按比例	¥200.00	¥0.00	¥200.00	◆	¥200.00	
10	按比例	¥300.00	¥200.00	¥100.00		¥125.00	¥
11	按比例	¥100.00	¥0.00	¥100.00	◆	¥75.00	
12	按比例	¥200.00	¥200.00	¥0.00	◆	¥50.00	
13	按比例	¥0.00					
14	按比例	¥450.00	¥0.00	¥450.00		¥300.00	¥
15	按比例	¥300.00	¥0.00	¥300.00	◆	¥300.00	

练习 5：调配保险索赔处理项目资源

downloads\10\新手训练营\调配保险索赔处理项目资源

提示：在本练习中，首先执行【视图】|【任务视图】|【任务分配状况】命令，查看过度分配的资源情况。然后，在【资源工作表】视图中，执行【资源】|【级别】|【调配资源】命令，在列表框中选择被过度分配的资源名称，并单击【开始调配】按钮。最后，选择无法调配的资源。

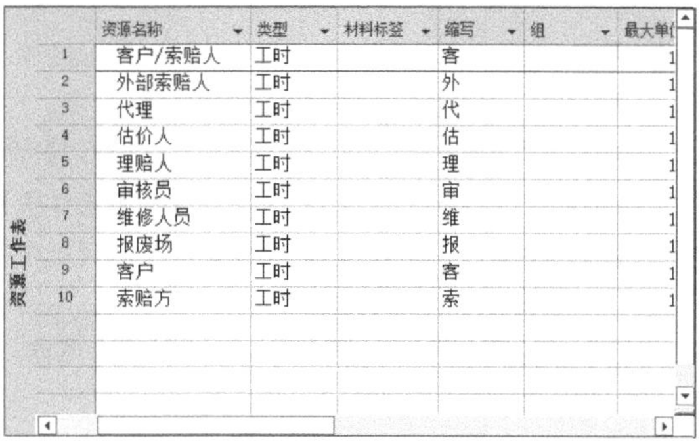

	资源名称	类型	材料标签	缩写	组	最大单位
1	客户/索赔人	工时		客		1
2	外部索赔人	工时		外		1
3	代理	工时		代		1
4	估价人	工时		估		1
5	理赔人	工时		理		1
6	审核员	工时		审		1
7	维修人员	工时		维		1
8	报废场	工时		报		1
9	客户	工时		客		1
10	索赔方	工时		索		1

第 **11** 章

记录项目信息

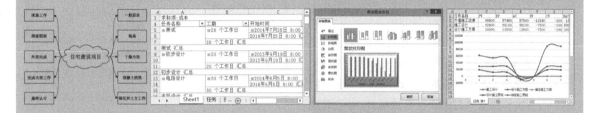

在项目执行过程中，项目经理可以运用 Project 2016 记录项目完成任务所使用的时间，以及在项目实际操作中的任务成本信息等项目实际情况。通过记录项目信息，不仅可以重新计划项目的剩余部分，还可以预测项目进展的实际情况，以及为项目剩余部分与将来的项目提供信息支持。本章将详细介绍记录项目信息的基础方法与操作方法。

Project **11.1** 理解记录项目

在学习运用 Project 2016 记录项目之前，还需要了解一下项目的更新流程，以及 Project 2016 的计算方式。

11.1.1 理解更新流程

对于大型的项目来讲，更新项目是个非常复杂的工作。首先，需要收集项目信息并建立有效的计划过程，然后还需要制订并确定使用 Project 2016 制订项目计划的最佳方法与方式。

在项目执行过程中，项目管理人员需要时刻了解并掌握项目中的所有任务、项目的实际完成比例，以及任务工期与完成任务的工时是否需要修订。

上述项目信息，需要项目执行人员创建项目计划信息表格，进行一些常规性的报告。当项目组织中存在类似当前项目的表格与流程时，项目管理人员应先使用这些表格，来获取其他项目的实际信息和状态信息，所获取的这些信息要比新创建的项目表格与流程更具有实用性。另外，Project 2016 还为项目人员提供了内置的项目报表，可用来显示或报告项目中的详细信息。

虽然项目经理依靠项目报表来管理与控制项目的实际执行情况，但是过于频繁的请求报告会浪费员工的工作时间。所以，项目经理应该制订并确定接收项目表格的频率与日期。

当项目经理接收报表后，应当根据报表对项目的实际执行情况进行评估，用于识别未完成的任务，并及时调整项目的计划工期、成本与工时，以确保在计划费用内按时完成项目。另外，通过记录项目的实际信息，可以详细、准确地对比估计的情况与项目的实际情况。另外，在记录项目信息之前，还需要为项目设置基线。

11.1.2 理解计算方式

Project 2016 中的计算方式的设置，可以直接影响到项目的成本与日程的实现情况。项目人员可

以通过回顾与设置项目计算方式的方法，来解决项目中的诸多问题。

执行【文件】|【选项】命令，激活【日程】选项卡，在【该项目的计算选项】列表中设置日程的计算选项。

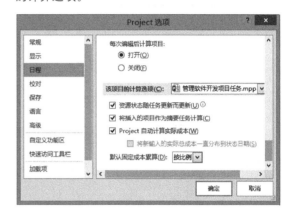

在【日程】选项卡中，主要包括下列计算选项。

❑ **资源状态…更新** 启用该复选框，系统会根据已更新任务的状态更新资源状态。另外，系统也会根据已更新的资源状态更新任务状态。

❑ **将插入…任务计算** 启用该复选框，系统会在计算项目日程时，将新插入的项目作为摘要任务进行计算。

❑ **Project…实际成本** 启用该复选框，系统将自动计算实际成本。只有当项目中的任务100%完成时，才可输入实际成本。

❑ **将新输入…状态日期** 启用该选项，系统将新输入的实际总成本均匀分布到项目的状态日期。当禁用该选项时，系统会将新输入的实际总成本一直分布到实际工期的结果。

❑ **默认固定成本累算** 用于设置新任务固定成本的累算方式，包括按比例、开始与结束3种选项。

在【Project 选项】对话框中，激活【高级】选项卡，在【该项目的计算选项】列表中设置日程的计算选项。

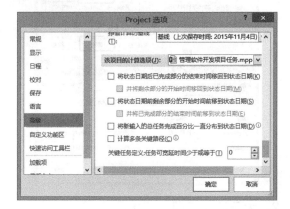

在【高级】选项卡中，主要包括下列计算选项。

❑ **将状态…日期** 启用该复选框，可将处于状态日期后，且已完成部分的结束时间移动到状态日期处。

❑ **并将剩…日期** 启用该复选框，表示在将已完成部分的结束时间移到状态日期处时，同时将剩余部分的开始时间移回到状态日期处。

态日期处。

❑ **将状态…日期** 启用该复选框，可以将处于状体日期前的剩余部分的开始时间前移到状态日期处。

❑ **并将已…日期** 启用该复选框，表示在将状态日期前的剩余部分的开始时间前移到状态日期处时，同时将已完成部分的开始日期一同前移到状态日期处。

❑ **将新输…日期** 启用该复选框，表示将总完成百分比的更改平均分配到截止项目状态日期的日程中。禁用该复选框，表示将任务完成百分比更改分配到任务的实际工期结束时。

❑ **计算多重关键路径** 启用该复选框，计算并显示项目中每个独立的任务网络的关键路径。另外，启用该复选框时，没有后续任务或约束的任务的最晚完成时间将被设置为其最早完成时间，从而使这些任务变得关键。

❑ **关键任务定义** 用于定义任务可宽延时间少于或等于的默认值。

Project 11.2 记录项目的实际信息

在 Project 2016 中，可以通过跟踪项目进度的方法，来记录项目的实际开始日期、实际完成日期，以及实际工期、剩余工期与百分比完成情况。

11.2.1 设置实际日程

项目经理可在【任务详细信息窗体】视图中，设置任务的实际开始日期与完成日期。

1. 制作复合视图

在【甘特图】视图中，执行【视图】|【拆分视图】|【详细信息】命令，拆分【甘特图】视图，组合成一个【甘特图】与【任务窗体】的复合视图。

2. 切换部分视图

选择【任务窗体】视图，执行【视图】|【拆

分视图】|【详细信息视图】命令，执行【其他视图】命令，将视图切换到【任务详细信息窗体】视图中。

3. 设置任务的实际开始时间

在【甘特图】视图中，选择任务名称。在【任

务详细信息】视图中，选中【实际】选项，并设置
任务的实际开始或完成日期，单击【确定】按钮
即可。

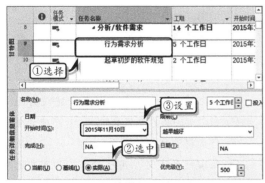

> **注意**
>
> 当用户设置实际开始时间时，系统只会更改任务的开始时间。但是，当用户设置实际完成时间时，系统会相应地更改任务的完成百分比、实际工期、剩余工期、实际工时或剩余工时等项目信息。

11.2.2 记录实际工期

实际工期为任务完成的实际工时，可通过更新任务来记录任务的实际工期。选择项目任务，执行【任务】|【日程】|【跟踪时标记】|【更新任务】命令，弹出【更新任务】对话框。

1. 小于或等于计划工期

在【更新任务】对话框中，可以为任务设置小于或等于计划工期的实际工期，其中计划工期等于剩余工期。单击【确定】按钮后，系统将自动计算任务的完成百分比。

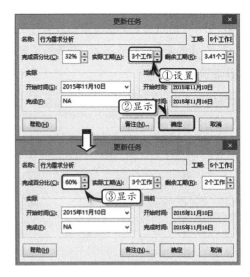

2. 大于计划工期

当为任务设置大于计划工期的实际工期时，单击【确定】按钮后，系统将会自动显示该任务已完成，并自动调整计划工期已匹配实际工期。此时，任务的完成百分比将显示为 100%，剩余工期将显示为 0 值，并显示实际完成时间。

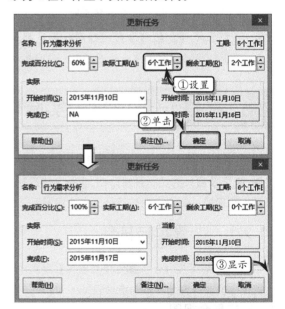

> **注意**
>
> 由于投入比导向计划受资源分配的影响，所以当用户使用投入比导向计划时，不能更改任务的实际工期，只需更改分配给任务的资源的单位值与工作分配量。

11.2.3　记录完成百分比

在 Project 2016 的【跟踪】表中，可以记录任务的实际完成百分比信息。在【甘特图】视图中的【跟踪】表中，选择任务名称，执行【任务】|【日程】|【25%已经完成】命令。此时，系统将自动显示该任务的实际开始时间。

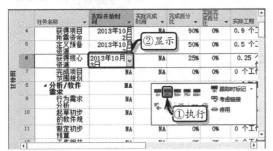

Project 2016 除了可以显示该任务的实际开始日期之外，还可以自动计算该任务的实际工期、剩余工期、实际成本与设计工时等任务信息值。另外，当用户将任务的完成百分比设置为"100%"时，Project 2016 还会自动显示任务的实际完成时间。

11.2.4　记录完成工时

在 Project 2016 中，可以通过更新已完成工时

的方法来记录任务的完成工时。

1. 记录任务的完成工时

首先，切换到【任务分配状况】视图中的【跟踪】表中，在任务对应的【实际工时】域中输入实际工时值。此时，系统会自动计算剩余工时、实际工期、剩余工期、实际成本，以及任务的实际开始时间。另外，系统还会将实际工时以平均计算的方式，自动分配给该任务下的所有资源。

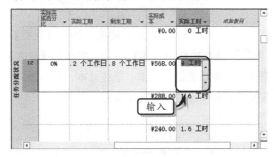

2. 记录资源的完成工时

当用户为任务下面的单个资源输入实际工时值时，系统会将资源的工时自动计算到任务的实际工时中。而当用户为任务下面所有的资源输入计算工时值时，系统则将所有资源的实际工时以累加的方法显示在任务的实际工时中。

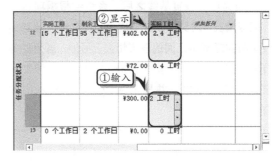

11.3　记录项目的成本信息

在 Project 2016 中，可以通过计算分配给任务的资源成本的方法，来计算除固定成本之外的任务成本。

11.3.1　记录任务和资源成本表

任务和资源成本是项目中的主要成本，直接

决定并影响整个项目计划的实施。

1. 记录任务成本表

在使用任务成本表记录项目的成本信息之前，首先需要执行【文件】|【选项】命令，在【Project 选项】对话框中，激活【日程】选项卡，确定已经启用了 Project 自动计算实际成本的功能。

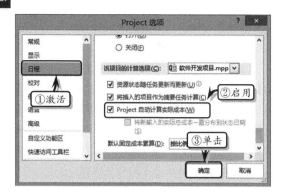

然后，在【甘特图】视图中，执行【视图】|
【数据】|【表格】|【成本】命令，切换到【成本】
表中，查看任务的总成本、基线成本、成本差异、
实际成本与剩余成本等成本信息。

当为项目设置基线之后，系统会根据项目实
际完成情况，对比计划任务成本，以突出显示基线
成本与实际成本之间的差异情况。另外，当为任务
分配了固定成本时，系统会自动将固定成本添加到
已计算的成本中，并显示基线与实际成本的差
异值。

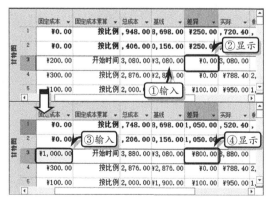

2．记录资源成本表

资源成本表与任务成本表大体相同，主要显

示了资源的成本、基线成本、差异、实际成本与剩
余成本信息。

一般情况下，用户可在【资源工作表】视图
中的【成本】表中，查看资源的成本信息。

	资源名称	成本	基线成本	差异	实际成本	剩余成本
1	张新	¥5,760.00	¥5,760.00	¥0.00	¥2,880.00	¥2,880.
2	刘能	¥1,728.00	¥1,728.00	¥0.00	¥518.40	¥1,209.
3	赵四	13,930.00	13,680.00	¥250.00	¥1,422.00	12,508.
4	广坤	¥8,400.00	¥8,400.00	¥0.00	¥0.00	¥8,400.
5	姗姗	¥6,000.00	¥6,000.00	¥0.00	¥300.00	¥5,700.
6	刘妮	¥19,200.00	¥19,200.00	¥0.00	¥0.00	¥19,200.
7	王恒	¥17,600.00	¥17,600.00	¥0.00	¥0.00	¥17,600.
8	炎炎	¥8,320.00	¥8,320.00	¥0.00	¥0.00	¥8,320.
9	鑫鑫	¥8,320.00	¥8,320.00	¥0.00	¥0.00	¥8,320.
10	培训师	¥4,720.00	¥4,720.00	¥0.00	¥0.00	¥4,720.
11	办公费用	¥0.00	¥0.00	¥0.00	¥0.00	¥0.
12	讲师	¥960.00	¥960.00	¥0.00	¥0.00	¥960.
13	金山	¥0.00	¥0.00	¥0.00	¥0.00	¥0.
14	刘裕	¥0.00	¥0.00	¥0.00	¥0.00	¥0.

注意

在【资源工作表】视图中的【成本】表中，
可以更改资源的"基线成本"值。

11.3.2　重新设置资源成本

虽然 Project 2016 具有设置自动更新成本的功
能，但是 Project 2016 在更新资源成本时，则需要
依靠用户设置的累算方式进行更新。另外，为了实
现为资源分配实际成本，或跟踪任务实际工时中的
实际成本，还需要重新设置系统已计算的成本。

1．重设计算方式

执行【文件】|【选项】命令，在弹出的【选
项】对话框中，激活【日程】选项卡，禁用【Project
自动计算实际成本】复选框，禁止系统自动计算实
际成本。

2．重设资源成本

在【任务分配状况】视图中的【跟踪】表中，选择需要重设成本的资源名称，在【实际成本】域中输入成本值。此时，系统会自动将资源的实际成本累加到任务的实际成本中。

另外，选择需要重设成本的任务名称，在【实际成本】域中输入成本值时，系统会将新增加的实际成本平分到该任务下的所有资源中。

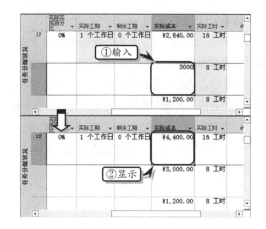

11.4 计划更新项目

在 Project 2016 中，除了可以更新指定的任务与整个项目之外，还可以实现定期跟踪任务的工时，以及对多个任务进行同步更新等计划更新功能。

11.4.1 检查项目进度

在 Project 2016 中进行计划更新之前，还需要先检查一下项目的进度情况。此时，用户可以通过【跟踪甘特图】视图、【工时】表或进度线，来检查项目的进度。

1．使用【跟踪甘特图】视图

首先，将视图切换到【跟踪甘特图】视图中的【项】表中。然后，在视图的右侧查看项目的进度情况。

视图右侧代表任务的每个条形图分为上下两部分，单个任务下方的条形图表示每个任务的基线，上方的条形图表示每个任务的实际开始与完成时间，条形图右侧的数字表示的百分比进度。另外，不同的条形图颜色代表不同的任务类别，具体情况如下所述。

- ❑ **浅蓝色** 表示非关键任务，同时还表示非关键任务的未完成部分。
- ❑ **浅红色** 表示关键任务，同时还表示关键任务的未完成部分。
- ❑ **蓝色** 表示非关键任务的完成部分。

- ❑ **红色** 表示关键任务的完成部分。
- ❑ **灰色** 表示任务的基线。

2．使用资源工时表

在 Project 2016 中，可以通过资源类工时表查看所有资源完成任务所需要的总工时。

切换到【资源使用状况】视图中的【工时】表中，查看每个资源每天的工时值，以及分配给任务的总工时。

3．查看进度线

项目经理可以通过添加进度线的方法来显示项目的进度情况。进度线是 Project 2016 所绘制的一条连接正在进行的任务的红色线，其一端表示领先计划工时的右侧，另一端表示落后于计划工时的左侧。

11.4.2　定期跟踪工时

项目管理人员可以通过使用 Project 2016 中的时间刻度域，达到定期跟踪项目工时的目的。

1．更改【工时】表

在【资源使用状况】视图中的【工时】表中，右击【完成百分比】域标题，执行【插入列】命令，为视图插入一个【实际工时】域。

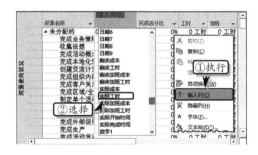

2．设置定期跟踪

在 Project 2016 中，可以通过设置更新频率的方法来设置定期跟踪功能。而项目管理人员则可通过设置时间刻度的方法，来设置更新频率。

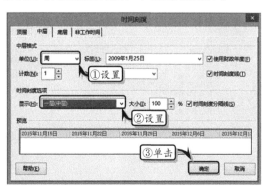

首先，执行【视图】|【显示比例】|【时间刻度】|【时间刻度】命令，设置时间刻度格式即可。

然后，执行【格式】|【详细信息】|【实际工时】命令，在视图的右侧添加实际工时信息。最后，在视图左侧的【实际工时】域中输入任务的实际工时值，即可在视图的右侧该任务的开始日期处，显示该任务的实际工时值。

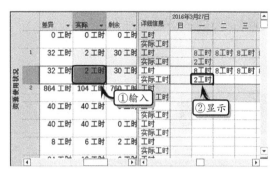

另外，用户也可以在视图右侧，该任务对应的【实际工时】域中相应的日期中，直接输入任务的实际工时值，即可在视图左侧的【实际工时】域中显示该任务的累计实际工时值。

> **注意**
>
> 在设置定期跟踪时，需要禁用【选项】对话框中的【Project 自动计算实际成本】复选框。

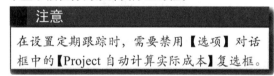

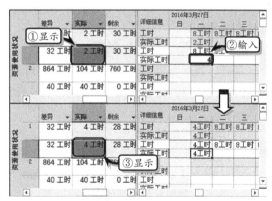

11.4.3　更新项目

在 Project 2016 中，用户可以通过设置项目的同步更新，及重新计划未完成的工时等方法，来定期更新项目。

1．设置同步更新

同步更新是运用 Project 2016 中的更新项目功

能，同时更新多个任务。首先，在【甘特图】视图中的【项】表中，同时选择多个任务，执行【项目】|【状态】|【更新项目】命令。

在弹出的【更新项目】对话框中，设置更新日期，并选中【选定任务】选项，单击【确定】按钮即可同时更新所选任务。

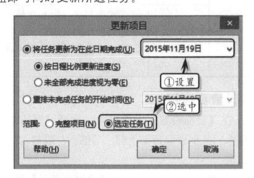

2. 重新计划未完成的工时

项目管理人员也可以通过使用【更新项目】功能，重新计划未完成的工时。

在【甘特图】视图中的【项】表中，同时选择多个任务，执行【项目】|【状态】|【更新项目】命令。选中【重排未完成任务的开始时间】选项，并选择所有任务的开始日期。

> **注意**
>
> 当启用【重排未完成任务的开始日期】选项并应用指定的开始日期后，系统会自动拆分任务的已完成与剩余部分。

Project 11.5 打印项目

为了详细分析项目的日常与成本信息，也为了详细研究项目在实施中所遇到的问题与解决方法，以及保留项目相关信息，需要将项目信息输出到纸张中，在保存项目信息的同时为项目备案提供现实依据。

11.5.1 设置打印范围

管理人员可以根据项目的进度选择性地打印项目的已完成信息。首先，执行【文件】|【打印】命令，单击【打印整个项目】下列按钮，在其下拉列表中选择相应的选项。

在 Project 2016 中，主要包括下列打印范围。

❑ **打印整个项目** 选择该选项，可打印从开始到完成的整个项目。

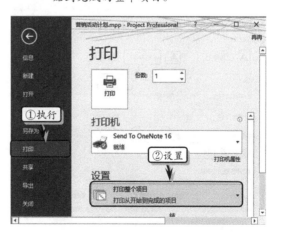

❑ **打印特定日期** 选择该选项，表示只打印选定日期之间的项目。另外，修改【日期】值，系统将自动选择该选项。

❑ **打印特定页面** 选择该选项，表示只打印指定的页面。另外，修改【页面】值，系统将自动选择该选项。

❑ **打印自定义日期和页面** 选择该选项，表示只打印输入的特定页面和时间刻度日期内的项目。

❑ **备注** 选择该选项，将在打印项目视图时，将备注信息一起打印。

❑ **所有表列** 选择该选项，可以打印视图中的所有表列。

❑ **只打印列的左列** 选择该选项，只打印视图列的左列部分。

11.5.2 设置打印页面

在【设置】列表中，选择【页面设置】选项，可在弹出的【页面设置】对话框中，设置打印页面的样式。

1. 设置页面

在【页面设置…】对话框中，激活【页面】选项卡，设置打印方向、缩放比例与纸张大小等选项。

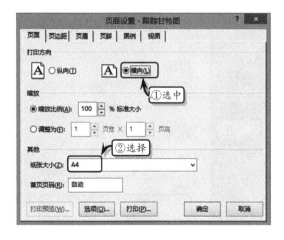

在该选项卡中，主要包括下列选项。

选	项	工作分配域
打印方向	纵向	选中该选项，表示按照纵向方向打印项目信息
	横向	选中该选项，表示按照横向方向打印项目信息
缩放	缩放比例	选中该选项，可在微调框中设置视图的打印比例，即视图的打印大小
	调整为	选中该选项，可在【页宽】与【页高】微调框中，以页面为基准调整打印视图的大小
其他	纸张大小	用于设置打印纸张的大小，包括A4、A3、A5等选项
	首页页码	可在文本框中，输入开始打印视图的页码。例如，从第2页开始打印时，则需要在文本框中输入数字2

2. 设置页边距

在【页面设置】对话框中，激活【页边距】选项卡，分别设置页面上部、下部、左侧与右侧的边距值。

在该选项卡中，还包括【绘制边框于】选项。

❑ **每页** 选中该选项，表示在每页中都将显示页面边框。

❑ **页面之外** 选中该选项，表示将页面边框设置在页面之外的区域。

❑ **无** 选中该选项，表示不显示页面边框。

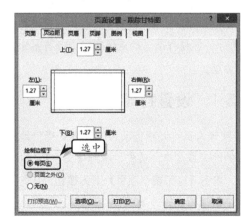

3．设置页眉与页脚

在【页面设置】对话框中，激活【页眉】或【页脚】选项卡，设置将在页眉与页脚中显示的内容。

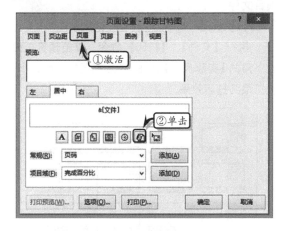

在【页眉】与【页脚】选项卡中，主要包括下列选项。

- ❑ **预览**　用于预览页眉或页脚中的内容与样式。
- ❑ **左**　单击该选项卡，可在文本框中输入显示在页眉或页脚左侧的内容。
- ❑ **居中**　单击该选项卡，可在文本框中输入显示在页眉或页脚中间的内容。
- ❑ **右**　单击该选项卡，可在文本框中输入显示在页眉或页脚右侧的内容。
- ❑ **设置字体格式**　单击该按钮Ⓐ，可在弹出的【字体】对话框中，设置页眉或页脚中文本的字体格式。
- ❑ **插入页码**　单击该按钮图，可在页眉或页脚指定的位置中插入视图页码。
- ❑ **插入总页数**　单击该按钮图，可在页眉或页脚指定的位置中插入总页数。
- ❑ **插入当前日期**　单击该按钮图，可在页眉或页脚指定的位置中插入当前日期。
- ❑ **插入当前时间**　单击该按钮图，可在页眉或页脚指定的位置中插入当前时间。
- ❑ **插入文件名**　单击该按钮图，可在页眉或页脚指定的位置中插入当前文档的文件名。

- ❑ **插入图片**　单击该按钮图，可在弹出的【插入图片】对话框中，选择所要插入的图片文件。
- ❑ **常规**　单击下拉按钮，在下拉列表中选择所需插入的内容，单击【添加】按钮，即可将所选内容添加到页眉或页脚中。在其下拉列表中，主要包括项目标题、页码、总页数等21种内容。
- ❑ **项目域**　用于添加项目中的域，单击下拉按钮，可在其下拉列表中选择所需插入的域名称，单击【添加】按钮即可。

4．设置图例

在【页面设置】对话框中，激活【图例】选项卡，设置图例的显示位置与图例中所需显示的内容即可。

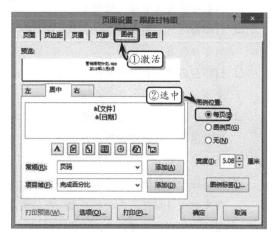

本选项卡中除了包括【页眉】选项卡中的选项之外，还包括下列选项。

- ❑ **图例位置**　用于设置图例的显示位置，选中【每页】选项表示在视图显示的每个页面中都显示图例，选中【图例页】选项表示只在图例页面中显示图例，选中【无】选项表示不在打印视图中显示图例。
- ❑ **宽度**　用于设置图例的显示宽度。
- ❑ **图例标签**　单击该按钮，可在弹出的【字体】对话框中，设置图例的字体格式。

5．设置视图选项

在【页面设置】对话框中，激活【视图】选

项卡，可以设置视图打印的具体内容与范围。

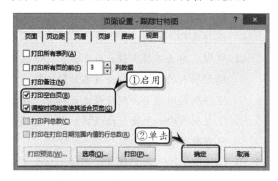

在该选项卡中，主要包括下列选项：

❏ **打印所有表列** 启用该复选框，可打印视图中的所有表列。

❏ **打印所有页的前…列数据** 启用该复选框，并在微调框中输入或设置数字，即可只打印所有页中指定的列数据。

❏ **打印备注** 启用该复选框，可打印视图中的备注信息。

❏ **打印空白页** 启用该复选框，可打印视图中指定页面范围内的空白页。

❏ **调整…适合页宽** 启用该复选框，可在打印视图中自动调整实际刻度的大小，使其适应整个页面。

❏ **打印在…行总数** 启用该复选框，可打印指定打印日期范围内的行总数。默认情况下，该选项为不可用状态。

❏ **打印列总数** 启用该复选框，可打印列的总数。默认情况下，该选项为不可用状态。

❏ **选项** 单击该按钮，可在弹出的对话框中设置打印页面、打印方向，以及文档图像的首选参数与文件夹位置。

❏ **打印** 单击该按钮，可打印视图。

❏ **打印预览** 单击该按钮，可预览打印内容。

❏ **确定** 单击该按钮，将保存所有的页面设置，返回到【打印】列表中。

❏ **取消** 单击该按钮，将取消所有的页面设置，并返回到【打印】列表中。

11.5.3　打印项目文件

设置打印页面各项参数之后，用户还需要预览最终打印效果，以确保清晰、完整地打印所有的项目文件。

1. 打印预览

执行【文件】|【打印】命令，单击预览页面右下角的【实际尺寸】按钮，还原视图的实际大小，预览最终打印效果。

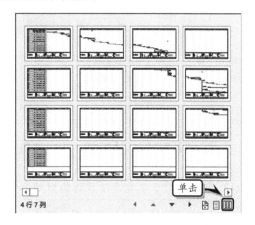

在预览页面中，还包括下列选项。

❏ **翻页按钮** 可通过单击翻页按钮，向上、下、左、右翻页，以查看视图的其他打印页面。

❏ **单页** 单击该按钮，只显示当前的打印页面。

❏ **多页** 单击该按钮，可显示视图中所有的打印页面。

2. 设置打印机属性

用户还可以通过单击【打印机】列表中的【打印机属性】选项，在弹出的对话框中设置打印属性。

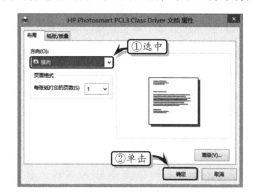

另外，激活【纸张/质量】选项卡，可以设置纸张的来源、媒体、质量和颜色。

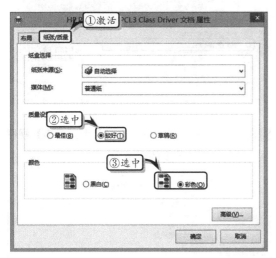

最后，在【份数】微调框中输入或设置打印份数，单击【打印】按钮，即可打印视图。

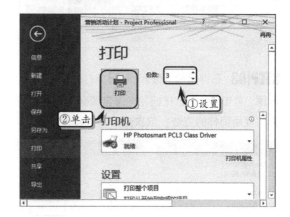

注意

在设置打印机属性时，对话框中的打印机属性选项会随着打印机的改变而改变。

11.6 练习：记录住宅建设项目

在住宅建设项目的执行过程中，为了能准确预测项目的进展情况，也为了更好地计划项目的剩余部分，需要运用 Project 2016 中的视图、表与更新等功能，来记录项目完成任务所使用的时间，以及项目任务的工时信息。

练习要点

- 输入项目资源
- 分配资源
- 设置固定成本
- 调配资源
- 设置实际日程
- 记录完成百分比
- 记录任务成本表
- 检查项目进度

操作步骤

STEP|01 输入项目资源。打开“管理住宅建设项目任务”文档，切换到【资源工作表】视图中，输入项目资源名称和类型。

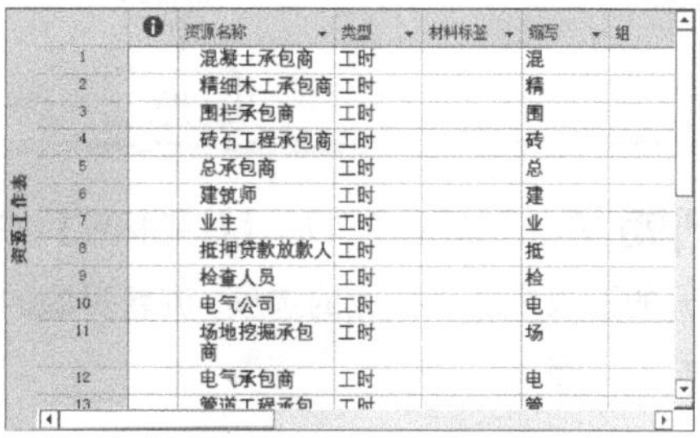

STEP|02 分配资源。切换到【甘特图】视图中，选择任务 6，执行【资源】|【工作分配】|【分配资源】命令。

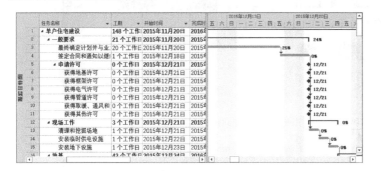

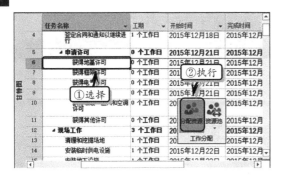

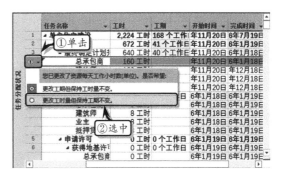

STEP|03 在弹出的【分配资源】对话框中，选择资源，单击【分配】按钮，将该资源分配到所选任务。使用同样的方法，依次分配其他资源。

STEP|04 设置工作单位。切换到【任务分配状况】视图中，双击任务 3 下面的第 1 个资源，在【工作分配信息】对话框中更改该资源的单位值。

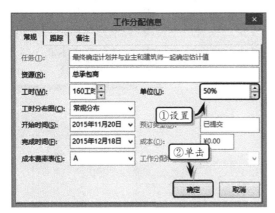

STEP|05 单击任务名称处的【智能标记】按钮，在展开的列表中选择相应的选项，调整资源的工作单位和工时量。

STEP|06 调配资源。切换到【资源工作表】视图中，查看被过度分配的资源。

STEP|07 执行【资源】|【级别】|【调配资源】命令，选择被过度分配的资源名称，单击【开始调配】按钮。使用同样的方法，调配其他被过度分配的资源。

STEP|08 设置实际日程。拆分【甘特图】视图，选择【任务窗体】视图，执行【视图】|【拆分视

图】|【详细信息视图】|【其他视图】命令。

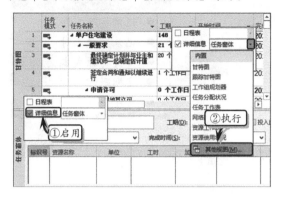

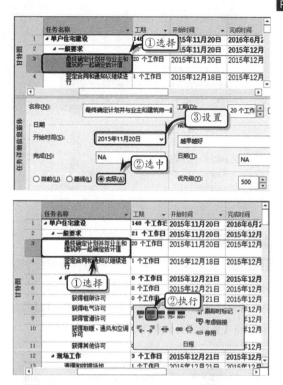

STEP|09 在弹出的【其他视图】对话框中，选择【任务详细信息窗体】选项，单击【应用】按钮。

STEP|12 检查项目进度。将视图切换到【跟踪甘特图】视图中的【项】表中，在视图的右侧查看项目的进度情况。

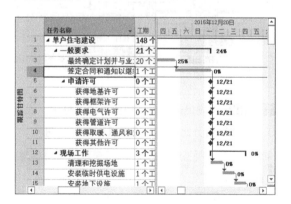

STEP|10 在【甘特图】视图中，选择任务名称。在【任务详细信息窗体】视图中，选中【实际】选项，并设置任务的实际开始日期。

STEP|11 记录完成百分比。撤销窗口拆分，选择任务 3，执行【任务】|【日程】|【25%已经完成】命令。

11.7　练习：记录报警系统项目信息

在报警系统项目的实施中，可以运用 Project 2016 记录项目中任务的使用时间，为重新计划项目的剩余部分，以及预测项目的实际进展情况提供数据依据与信息支持。本练习将运用视图、表、更改计算方式等功能，详细介绍记录报警系统项目信息的操作方法与技巧。

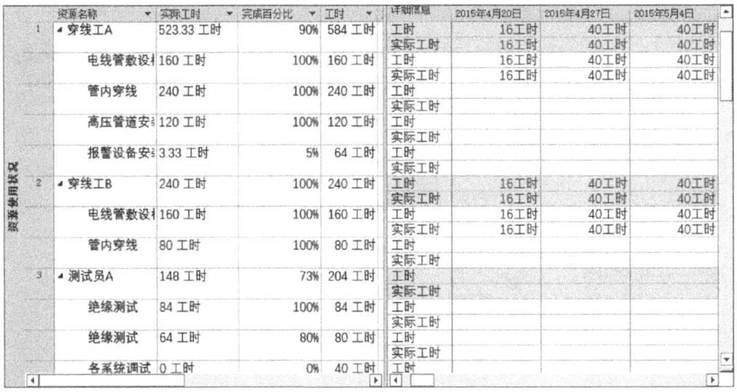

练习要点

- 记录实际工期
- 记录完成工时
- 重设资源成本
- 定期跟踪工时
- 打印视图

操作步骤 ▶▶▶▶

STEP|01 记录实际工期。打开名为"分析报警系统项目"的文档,在【甘特图】视图中的【项】表中选择任务 18,执行【任务】|【日程】|【跟踪时标记】|【更新任务】命令。

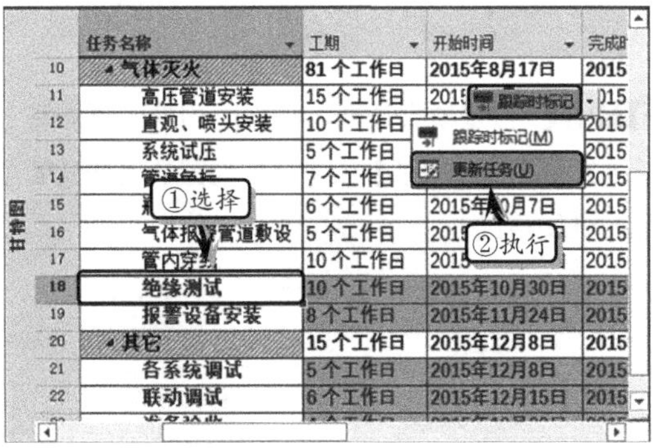

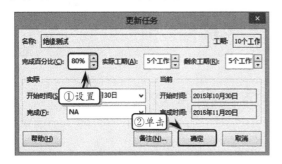

STEP|02 在弹出的【更新任务】对话框中,设置任务的更新百分比值,并单击【确定】按钮。

STEP|03 记录完成工时。切换到【任务分配状况】视图中的【跟踪】表中,在任务 19 对应的【实际工时】域中输入实际工时值。

STEP|04 重设资源成本。执行【文件】|【选项】命令,在弹出的【Project 选项】对话框中,禁用【Project 自动计算实际成本】复选框,禁止系统自动计算实际成本。

STEP|05 切换到【任务分配状况】视图中的【成本】表中,选择任务 6 下的资源,在【实际】域中输入成本值。

STEP|06 定期跟踪工时。切换到【资源使用状况】视图中的【工时】表中,右击【完成百分比】域标题,执行【插入列】命令,为视图插入一个【实际工时】域。

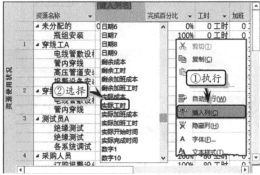

STEP|07 执行【视图】|【显示比例】|【时间刻度】|【时间刻度】命令，在弹出的【时间刻度】对话框中，设置时间刻度格式。

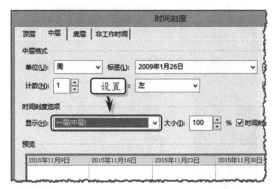

STEP|08 执行【格式】|【详细信息】|【实际工时】命令，在视图的右侧添加实际工时信息。

STEP|09 在资源 3 下的"绝缘测试"对应的【实际工时】域中相应的日期中，更改任务的实际工时值。

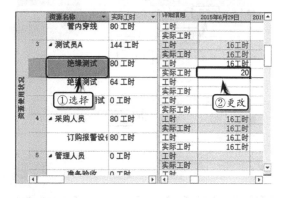

STEP|10 在视图左侧的【实际工时】域中查看该任务的累计实际工时值。

STEP|11 打印视图。将视图切换到【甘特图】视图中，执行【文件】|【打印】命令，在列表中选择【页面设置】选项。

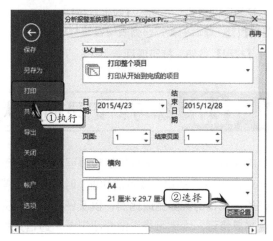

STEP|12 激活【页眉】选项卡，并单击【插入文件名】按钮，在打印页的中央位置显示文件名。

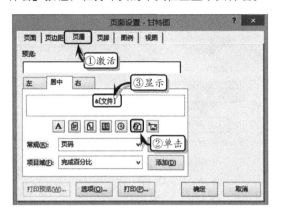

STEP|13 激活【左】选项卡，单击【插入当前时间】按钮，在打印页的左上角显示当前打印时间。

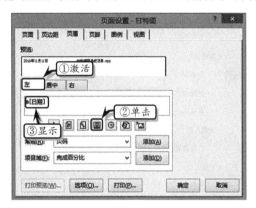

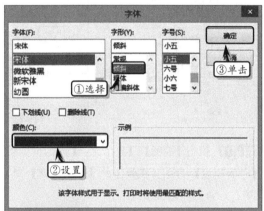

STEP|14 激活【图例】选项卡，选中【每页】选项，并单击【图例标签】按钮。

STEP|15 在弹出的【字体】对话框中，设置图例标签的字体格式，并单击【确定】按钮。

STEP|16 最后，在打印列表中设置打印份数，单击【打印】按钮，打印项目。

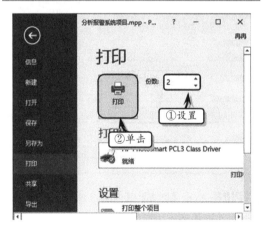

11.8 练习：记录通信大楼施工项目

在通信大楼施工项目的执行过程中，项目管理人员可以运用 Project 2016 中的记录项目的功能，时刻了解并掌握项目中的所有任务、项目的实际完成比例，以及任务工期与完成任务的工时是否需要修订。本练习将详细介绍记录"通信大楼施工"项目信息的具体操作方法。

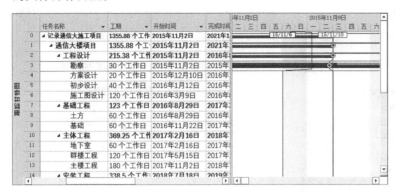

练习要点

● 设置实际日程
● 记录完成百分比
● 记录任务成本表
● 重设资源成本
● 更新项目
● 检查项目进度

操作步骤 〉〉〉〉

STEP|01 设置实际日程。打开名为"跟踪通信大楼施工项目"文档，拆分【甘特图】视图，执行【视图】|【拆分视图】|【详细信息视图】|【其他视图】命令。

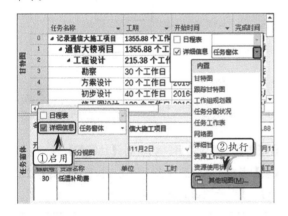

STEP|02 在弹出的【其他视图】对话框中，选择【任务详细信息窗体】选项，单击【应用】按钮。

STEP|03 在【甘特图】视图中，选择任务 4。在【任务详细信息窗体】视图中，选中【实际】选项，并设置任务的实际开始日期。

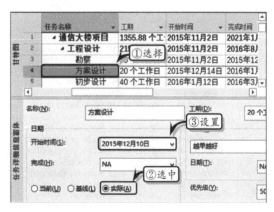

STEP|04 记录完成百分比。取消拆分视图，选择任务 3，执行【任务】|【日程】|【50%已经完成】命令。

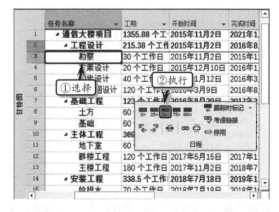

STEP|05 记录任务的成本表。执行【文件】|【选

项】命令，在【Project 选项】对话框中，确定已经启用了自动计算实际成本的功能。

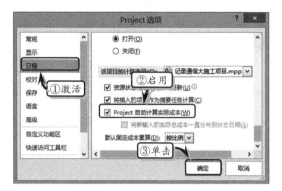

STEP|06 执行【视图】|【数据】|【表格】|【成本】命令，查看任务的总成本、基线成本、成本差异、实际成本与剩余成本等成本信息。

	固定成本	固定成本累算	总成本	基线	差！
1	¥0.00	按比例	62,072,400.00	62,072,400.00	
2	¥0.00	按比例	¥2,118,000.00	¥2,118,000.00	
3	¥1,300,000.00	按比例	¥1,348,000.00	¥1,348,000.00	
4	¥100,000.00	按比例	¥132,000.00	¥132,000.00	
5	¥200,000.00	按比例	¥264,000.00	¥264,000.00	
6	¥200,000.00	按比例	¥374,000.00	¥374,000.00	
7	¥0.00	按比例	¥4,222,400.00	¥4,222,400.00	
8	¥800,000.00	按比例	¥1,011,200.00	¥1,011,200.00	
9	¥3,000,000.00	按比例	¥3,211,200.00	¥3,211,200.00	
10	¥0.00	按比例	17,641,600.00	17,641,600.00	
11	¥7,000,000.00	按比例	¥7,273,600.00	¥7,273,600.00	
12	¥28,000,000.00	按比例	¥28,547,200.00	¥28,547,200.00	
13	¥81,000,000.00	按比例	¥81,820,800.00	¥81,820,800.00	
14	¥1,000,000.00	按比例	¥20,822,400.00	¥20,822,400.00	
15	¥1,000,000.00	按比例	¥1,145,600.00	¥1,145,600.00	

STEP|07 将视图切换到【资源工作表】视图中的【成本】表中，查看资源的成本信息。

	资源名称	成本	基线成本	差异	实际后
1	勘察工程师	¥48,000.00	¥48,000.00	¥0.00	¥24
2	设计工程师	¥32,000.00	¥32,000.00	¥0.00	
3	图纸工程师	¥172,800.00	¥172,800.00	¥0.00	
4	基础工程师	¥64,000.00	¥64,000.00	¥0.00	
5	土方工人	¥158,400.00	¥158,400.00	¥0.00	
6	散工	¥636,000.00	¥636,000.00	¥0.00	
7	水泥工	¥408,000.00	¥408,000.00	¥0.00	
8	钢筋工	¥432,000.00	¥432,000.00	¥0.00	
9	瓦工	¥460,800.00	¥460,800.00	¥0.00	
10	给排水安装工	¥179,200.00	¥179,200.00	¥0.00	
11	电气安装工	¥268,800.00	¥268,800.00	¥0.00	
12	暖气安装工	¥0.00	¥0.00	¥0.00	
13	塔吊工	¥0.00	¥0.00	¥0.00	
14	铲车工	¥312,000.00	¥312,000.00	¥0.00	
15	消防安装工	¥72,000.00	¥72,000.00	¥0.00	

STEP|08 重设资源成本。切换到【任务分配状况】视图中的【跟踪】表中，选择需要重设成本的资源

名称，在【实际】域中输入成本值。

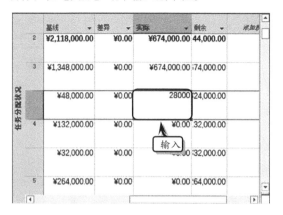

STEP|09 此时，系统会自动将资源的实际成本累加到任务的实际成本中。

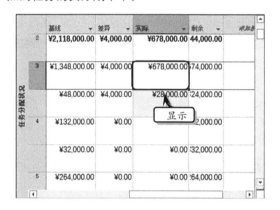

STEP|10 更新项目。切换到【甘特图】视图中的【项】表中，同时选择多个任务，执行【项目】|【状态】|【更新项目】命令。

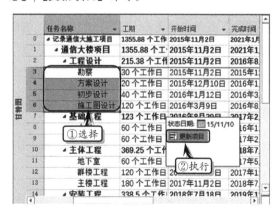

STEP|11 在弹出的【更新项目】对话框中，设置更新日期，并选中【选定任务】选项，单击【确定】按钮即可同时更新所选任务。

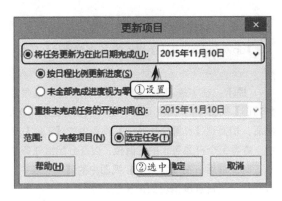

STEP|12 检查项目进度。执行【格式】|【格式】|【网格线】|【进度线】命令，在【进度线】对话框中启用【显示】、【显示进度线】和【星期五】复选框。

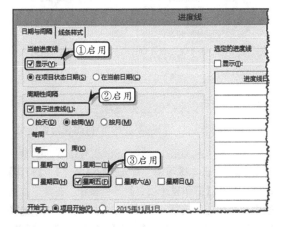

STEP|13 激活【线条样式】选项卡，选择进度线

类型，启用【每条进度线均显示日期】复选框，并单击【确定】按钮。

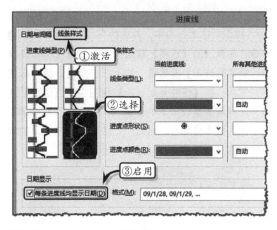

STEP|14 将视图切换到【跟踪甘特图】视图中的【项】表中，在视图的右侧查看项目的进度情况。

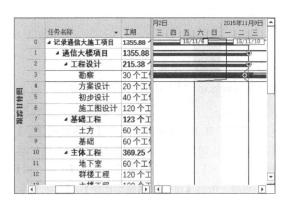

11.9 新手训练营

练习 1：记录外墙施工项目实际信息

⊙downloads\11\新手训练营\记录外墙施工项目
实际信息

提示：在本练习中，首先拆分【甘特图】视图，选择【任务窗体】视图，将视图切换到【任务详细信息窗体】视图中。然后，在【甘特图】视图中，选择任务名称。并在【任务详细信息窗体】视图中，选中【实际】选项，并设置任务的实际开始或完成日期。最后，切换到【任务分配状况】视图中的【跟踪】表中，在任务对应的【实际工时】域中输入实际工

时值。

练习 2：重设开办新业务项目资源成本

downloads\11\新手训练营\重设开办新业务项目资源成本

提示：在本练习中，首先执行【文件】|【选项】命令，在弹出的【选项】对话框中，禁用【Project 自动计算实际成本】复选框，禁止系统自动计算实际成本。然后，在【任务分配状况】视图中的【跟踪】表中，选择需要重设成本的资源名称，在【实际成本】域中输入成本值即可。此时，系统会自动将资源的实际成本累加到任务的时间成本中。

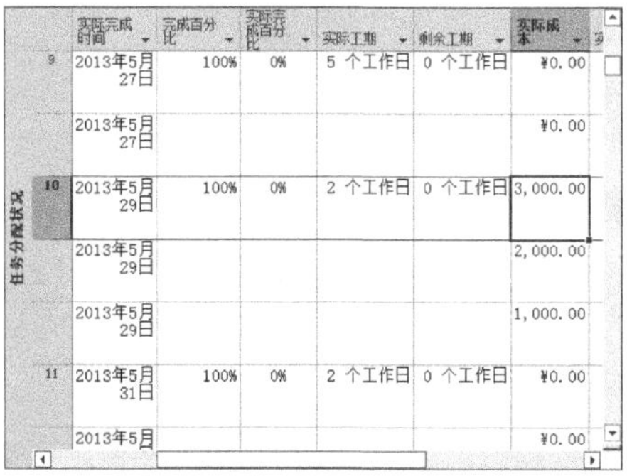

练习 3：计划更新新产品上市项目

downloads\11\新手训练营\计划更新新产品上市项目

提示：在本练习中，首先在【资源使用状况】视图中的【工时】表中，右击【完成百分比】域标题，执行【插入列】命令，为视图插入一个【实际工时】域。然后，执行【视图】|【显示比例】|【时间刻度】|【时间刻度】命令，将时间刻度格式设置为显示为一层。最后，执行【格式】|【详细信息】|【实际工时】命令，在视图左侧的【实际工时】域中输入任务的实际工时值。

练习 4：检查购房计划项目进度

downloads\11\新手训练营\检查购房计划项目进度

提示：在本练习中，首先将视图切换到【跟踪甘特图】视图中的【项】表中，查看项目的进度情况。然后，切换到【资源使用状况】视图中的【工时】表中，查看每个资源每天的工时值，以及分配给任务的总工时。最后，在【甘特图】视图中的【项】表中，查看显示项目进度情况的进度线。

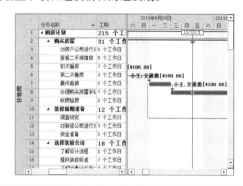

练习 5：打印保险索赔处理项目

downloads\11 章\新手训练营\打印保险索赔处理项目

提示：在本练习中，首先执行【文件】|【打印】命令，单击【打印整个项目】下列按钮，在其下拉列表中选择相应的选项。然后，在【打印】列表中选择【页面设置】选项，激活【页眉】或【页脚】选项卡，设置将在页眉与页脚中所要显示的内容。最后，在【打印】列表中单击预览页面右下角的【实际尺寸】按钮，还原视图的实际大小。并在【份数】微调框中输入或设置打印份数，单击【打印】按钮，即可打印视图。

第 **12** 章

分析财务进度

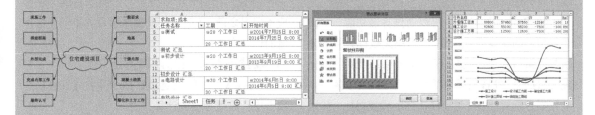

在项目管理中，查看项目工期中的任务和资源差异是一项重要的工作。但是，单独查看进度或成本差异很难发现项目的绩效趋势，而且这种趋势很有可能会在项目的剩余工期中继续进行。此时，项目经理可以使用 Project 2016 中的挣值分析（盈余分析），全面了解项目在时间和成本方面的绩效趋势。本章将通过使用挣值视图、挣值成本标记表、挣值日程标记表、可视图表等方式，测量项目的进度，并根据累计成本进度测量项目的盈余分析。

12.1 使用挣值分析表

项目经理可以通过不同的计算方式，以及【挣值】表，来查看与分析项目的进度与成本。但在使用分析表分析项目数据之前，还需要先来了解一下"挣值"的具体含义。

12.1.1 理解挣值

Project 2016 为用户提供了挣值功能，主要根据项目状态日期，通过执行工时成本来评估项目进度，并自动评估项目是否超过预算，从而达到分析项目财务进度的目的。

在 Project 2016 中，可以通过挣值功能，全面了解项目的整体绩效。其中，挣值又被称为盈余分析与盈余值管理，主要用于衡量项目进度并帮助预测项目结果。挣钱包括将项目进度与日常中某一点的预期目标对比，或与项目计划的预算对比，并预测项目的未来绩效。

通过挣值，不仅可以确定到目前为止项目结果的真实成本，而且在项目的剩余部分可持续其绩效趋势。由于挣值有助于预测项目的未来绩效，所以挣值分析是项目使用的重要的项目状态报告工具。

在使用挣值分析财务进度之前，还需要了解挣值的分析域。

缩写	挣值分析域
BCWS	表示计划工时的预算成本
BCWP	表示已完成工时的预算成本
ACWP	表示已完成工时的实际成本
SV	表示预算成本与按进度预算成本的差异
CV	表示预算成本与实际成本的差异
EAC	表示估计完成成本
BAC	表示已完成工时的总计划成本
VAC	表示完成差异

其中，BCWS、BCWP 与 ACWP 3 个分析域是挣值分析的核心。另外，在使用分析财务进度之前，必须进行下列操作。

❑ 为便于在开始跟踪实际工作前计算预算成本，还需要设置基线计划。

❑ 记录任务或工作分配的实际工时。

❑ 为能及时计算项目的实际状态，还需要设置项目的状态日期，否则系统会自动使用当前日期。

12.1.2 设置挣值的计算方法

在使用挣值分析表分析与查看项目的进度与成本情况之前，还需要设置整个项目或单个任务挣值的计算方法。

1. 设置项目挣值的计算方法

执行【文件】|【选项】命令，在【高级】选项卡中，设置挣值的计算方式。

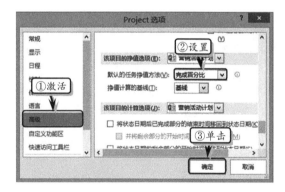

在【该项目的挣值选项】列表中，主要包括下列两种选项。

❑ **默认的任务挣值方法** 用于指定该项目新任务的挣值计算方法，包括完成百分比与实际完成百分比两种计算方法。在输入新任务时，该任务的挣值计算方法将自动显示为所设置的计算方法。

❑ **挣值计算的基线** 用来指定该项目挣值计算方法所使用的基线，包括基线、基线1、基线10等11种选项。

2．设置任务挣值的计算方法

在【甘特图】视图中，选择任务名称，执行
【任务】|【属性】|【信息】命令。在【高级】选项
卡中，设置【挣值方法】选项即可。

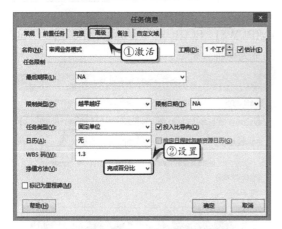

12.1.3　使用【挣值】表

在【甘特图】视图中，执行【视图】|【数据】
|【表格】|【更多表格】命令，选择【挣值】选项。

在【其他表】对话框中，单击【应用】按钮，
即可切换到【挣值】表中。

在【挣值】表中，主要包括下列 8 种分析域。

❑ **PV(BCWS)**　表示计划工时的预算成本，
包含到状态日期或当前日期为止，时间分
段的基线成本的累计值。

❑ **EV(BCWP)**　表示已完成工时的预算成
本，包含任务、资源或工作分配的完成百
分比与按时间分段的基线成本的乘积的
累计值。EV 的计算到状态日期或当前日
期为止。

❑ **AC(ACWP)**　表示已完成工时的实际成
本，包含到状态日期或到当前日期为止的
工时的累算成本。

❑ **SV**　表示挣值日程差异，显示到状态日期
或当前日期为止，为任务、资源的所有已
分配任务或工作分配的当前进度和基线
计划之间在成本方面的差异。其计算公式
为：SV=BCWP–BCWS。

❑ **CV**　表示挣值成本差异，包含到状态日
期或当前日期为止为达到当前完成比例
应该花费的成本与实际花费的成本之间
的差异。其计算公式为：CV=BCWP–
ACWP。

❑ **EAC**　表示估计完成成本，包含某任务基
于到状态日期为止时业绩的预计总成本。
其计算公式为：EAC=ACWP+（基线成本
×-BCWP）/CPI。

❑ **BAC**　表示预算完成成本，显示某一任
务、所有已分配的任务的某一资源或任务
上某一资源已完成的工时的总计划成本。
该值与保存基线时的"成本"域的内容
相同。

❏ **VAC** 表示完成差异，显示某一任务、资源或任务上的工作分配的BAC（预算完成成本）或基线成本和EAC（估计完成成本）之间的差异。其计算公式为：VAC=BAC-EAC。

> **注意**
>
> 在资源类视图中，执行【视图】|【数据】|【表格】|【更多表格】命令，选择【挣值】选项，单击【应用】按钮，即可将视图切换到【挣值】表中。

12.2 衡量绩效

挣值分析是用来了解项目时间与成本方面的整体绩效，是衡量项目进度的有利工具。利用挣值分析，不仅可以查看项目的进度与成本指数，而且还可以生成可视报表，从而帮助用户详细、快速地预测与分析项目。

12.2.1 查看进度指数

在【甘特图】视图中，执行【视图】|【数据】|【表格】|【更多表格】命令，选择【挣值日程标记】选项，并单击【应用】按钮。

然后，执行【项目】|【属性】|【项目信息】命令，设置项目的状态日期。

单击【确定】按钮后，便可以在视图中查看挣值分析进度指数。

在【挣值日程标记】表中，除了包括PV(BCWS)、EC(BCWP)与SV分析域之外，还包括下列两种分析域。

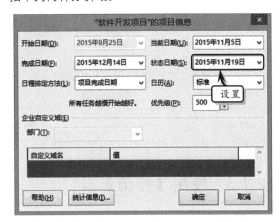

❏ **SV%** 表示日程差异百分比，显示日程差异(SV)与计划工时的预算成本(BCWS)之间的比值，以百分比表示。其计算公式为：SV%=(SV/BCWS)×100%。

	任务名称	计划值 - PV (BCWS)	挣值 - EV (BCWP)	SV	SV%
1	◢ 软件开发	¥96,698.00	¥4,818.40	,879.60	-95%
2	◢ 项目范围规划	¥8,156.00	¥4,818.40	,337.60	-41%
3	确定项目范围	¥3,080.00	¥3,080.00	¥0.00	0%
4	获得项目所需	¥876.00	¥788.40	-¥87.60	-10%
5	定义预备资源	¥1,900.00	¥950.00	-¥950.00	-50%
6	获得核心资源	¥2,000.00	¥0.00	2,000.00	-100%
7	完成项目范围	¥0.00	¥0.00	¥0.00	0%
8	◢ 分析/软件需求	¥17,586.00	¥0.00	,586.00	-100%
9	行为需求分析	¥3,610.00	¥0.00	3,610.00	-100%

❏ **SPI** 表示日程业绩指数，显示已完成工时的预算成本与计划工时的预算成本的比值。其计算公式为：SPI=BCWP/BCWS。

> **注意**
>
> 【挣值日程标记】表只能显示在任务类视图中，无法显示在资源类视图中。

12.2.2　查看成本指数

在【甘特图】视图中，执行【视图】|【数据】|【表格】|【更多表格】命令，选择【挣值成本标记】选项，并单击【应用】按钮。

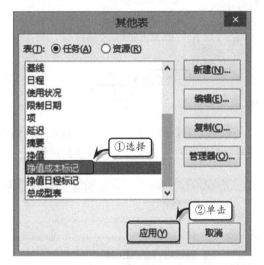

在【其他表】对话框中单击【应用】按钮后，即可在视图中查看挣值分析成本指数。

	计划值 - PV (BCWS)	挣值 - EV (BCWP)	CV	CV%	CPI	BAC
18	¥11,656.00	¥0.00	¥0.00	0%	0	,6
19	¥1,220.00	¥0.00	¥0.00	0%	0	1,2
20	¥2,600.00	¥0.00	¥0.00	0%	0	2,6
21	¥1,200.00	¥0.00	¥0.00	0%	0	1,2
22	¥1,260.00	¥0.00	¥0.00	0%	0	1,2
23	¥576.00	¥0.00	¥0.00	0%	0	¥5
24	¥4,800.00	¥0.00	¥0.00	0%	0	4,8
25	¥0.00	¥0.00	¥0.00	0%	0	
26	¥36,860.00	¥0.00	¥0.00	0%	0	,8

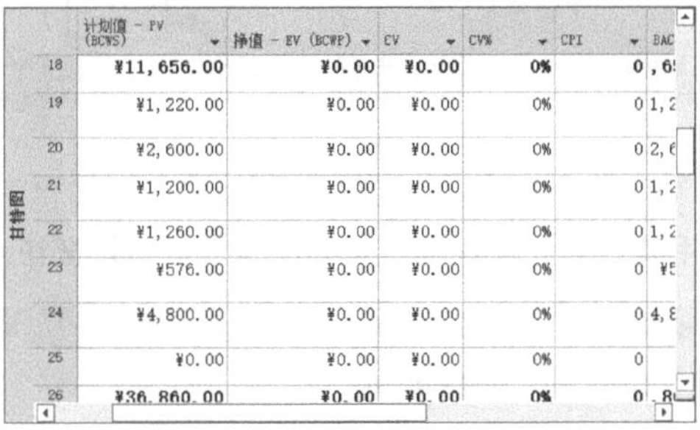

在【挣值成本标记】表中，除了【挣值】表与【挣值日程标记】表中所包含的分析域之外，还包括以下两种域。

- **CPI**　表示成本业绩指数，包含到项目状态日期或当前日期为止时已完成工作量的基线成本（BCWP）与已完成工作量的实际成本（ACWP）之间的比值。其计算公式为：CPI=BCWP/ACWP。
- **TCPI**　表示待完成业绩指数，显示到状态日期为止时待完成工作量与可花费资金之间的比值。其计算公式为：TCPI=(BAC−BCWP)/(BAC−ACWP)。

12.2.3　使用盈余分析可视报表

在 Project 2016 中，可以使用盈余分析可视报表，查看按时间显示的 AC、计划值与盈余值的图表。

执行【报表】|【导出】|【可视报表】命令，选择【随时间变化的盈余分析报表】选项，单击【查看】按钮。

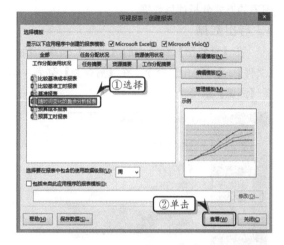

此时，系统会自动弹出 Excel 组件，并显示生成的盈余分析可视报表。

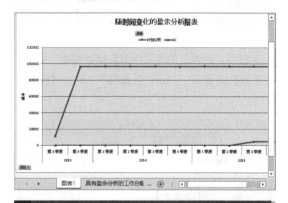

> **注意**
>
> 生成盈余分析可视报表之后，可通过【数据透视表字段列表】窗口中，添加或删除数据透视表显示字段。

Project 12.3 分析项目信息

在 Project 2016 中，还可以通过将挣值分析数据导入到 Excel 工作表中的方法，以图表与数据透视表的方式分析项目的成本或进度信息。

12.3.1 使用图表

项目经理可运用 Project 2016 中的导出项目功能，将挣值分析数据导出到 Excel 工作表中，并以图表的方式分析项目数据。

1. 导出数据

在【甘特图】视图中的【挣值】表中，执行【文件】|【另存为】命令，在【另存为】列表中选择【浏览】选项。

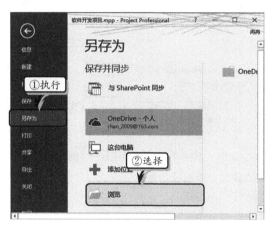

然后，在弹出的【另存为】对话框中，将【保存类型】设置为"Excel 工作簿"，单击【保存】按钮。

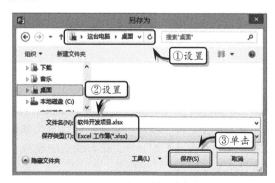

在弹出的【导出向导-数据】对话框中，选中【选择的数据】选项，并单击【下一步】按钮。

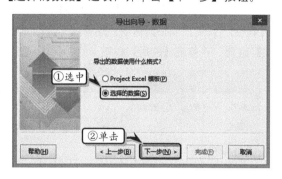

在弹出的【导出向导-映射】对话框中，选中【新建映射】选项，并单击【下一步】按钮。

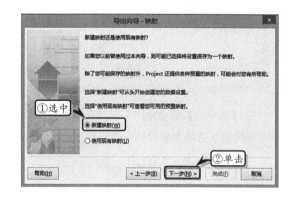

在弹出的【导出向导-映射选项】对话框中，启用【任务】复选框，并单击【下一步】按钮。

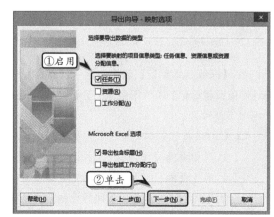

注意

当用户导出资源类的挣值数据时，例如导出【资源工作表】视图中的【挣值】表中的数据时，则需要启用【资源】复选框。

在弹出的【导出向导-任务映射】对话框中，单击【根据表】按钮，在弹出的【选定域映射基准表】对话框中，选择【挣值】选项，单击【确定】按钮。然后，单击【完成】按钮。

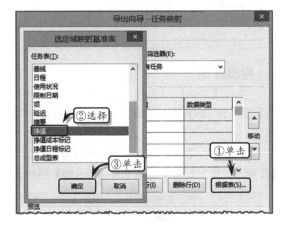

在【导出向导-任务映射】对话框中，主要包括下列选项。

- ❑ **目标工作表名称** 表示系统将自动分配给工作表名称，用户可以修改目标工作表的名称。

- ❑ **导出筛选器** 用于设置所需导出的数据，默认筛选器为"导出所有任务"。

- ❑ **从** 用于显示所导出的域，单击单元格，可从下拉列表中选择域。

- ❑ **到** 用来显示【从】单元格中域的标题，可以手动输入新的标题。

- ❑ **数据类型** 用来显示域的数据类型，为默认值，不可以更改。

- ❑ **全部添加** 单击该按钮，可以快速添加所有的域。

- ❑ **全部清除** 单击该按钮，可以删除所有已添加的域。

- ❑ **插入行** 单击该按钮，可以在两个现有的域中间插入一个空行。

- ❑ **删除行** 单击该按钮，可以删除包括域的行。

- ❑ **根据表** 单击该按钮，可以在弹出的对话框中，添加特定的映射基准表。

- ❑ **移动** 选中域，单击移动按钮，可以上下移动域。

2．分析数据

打开导出项目数据的工作表，更改列标题名称，使其简化。然后，同时选择单元格区域 B1:I1 与 B3:I7，执行【插入】|【图表】|【插入柱形图或条形图】|【簇状柱形图】命令。

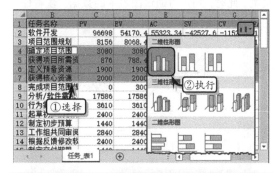

注意

由于导出到工作表中的数据是以默认的文本格式存储的，所以在分析数据之前，还需要将所有的项目数据格式转换为【数字格式】。

执行【设计】|【数据】|【选择数据】命令，单击【隐藏的单元格和空单元格】按钮，选中【零值】选项，隐藏图表中的零值。

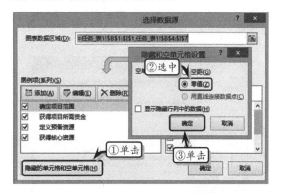

执行【设计】|【类型】|【更改图表类型】命令，激活【XY（散点图）】选项卡，选择【带平滑

线和数据标记的散点图】选项。

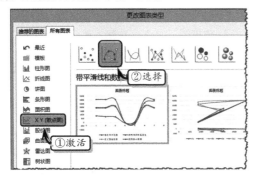

单击【确定】之后，Excel 将自动更改图表的类型。此时，用户可通过图表中的数据，查看任务的挣值分析数据。

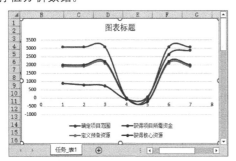

12.3.2 使用数据透视表

数据透视表是一种可汇总或交叉排列大量数据的交互式表格，可通过旋转行或列，来查看源数据的不同的汇总结果，并可以多方位地筛选与显示数据信息。

1. 允许系统保存旧版本文件

Project 2016 在默认情况下，不允许用户保存版本比较低的文件。例如，不允许用户保存 Excel 97-2003 版本的文件。

此时，执行【文件】|【选项】命令，激活【信任中心】选项卡。单击【信任中心设置】按钮。

然后，在弹出的【信任中心】对话框中，设置允许保存旧版本文件，单击【确定】按钮即可。

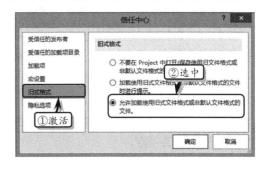

2. 导出数据

执行【文件】|【另存为】命令，将【保存类型】设置为"Excel 97-2003 工作簿"，单击【保存】按钮。

在弹出的【导出向导-映射】对话框中，选中【使用现有映射】选项，并单击【下一步】按钮。

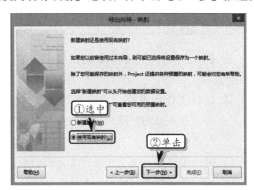

在弹出的【导出向导-映射选定内容】对话框中，选择【任务与资源数据透视表报表】选项，单击【完成】按钮即可。

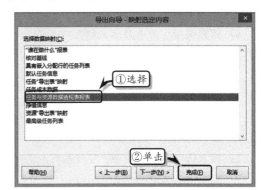

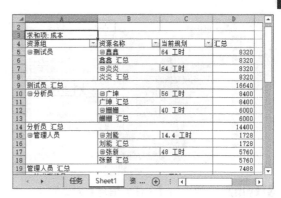
3．分析数据

打开导出项目数据的工作表，选择【资源】选项卡。执行【插入】|【表格】|【数据透视表】命令，设置创建选项，创建资源类数据透视表。

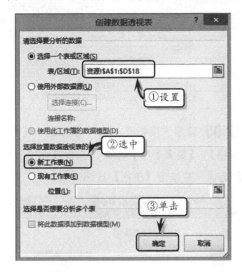

将【数据透视表字段列表】中的字段分别拖到数据透视图中，详细查看与分析项目资源信息。

选择【任务】工作表，使用上述方法，创建任务数据透视表。

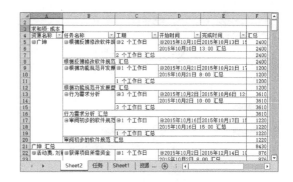

12.4 练习：分析报警系统项目财务进度

在报警系统项目的实施过程中，为了全面了解项目在时间和成本方面的绩效趋势，也为了防止项目日程与资源文件继续在项目的剩余工期中继续进行，需要运用 Project 2016 中的挣值分析方法，分析报警系统项目的财务进度。

练习要点

- 设置挣值的计算方法
- 使用【挣值】表
- 查看进度指数
- 使用盈余分析可视报表
- 分析项目信息

	任务名称	计划值 - PV (BCWS)	挣值 EV (BCWP)	AC (ACWP)	SV	CV	EAC	BAC	VAC
1	⊟ 报警系统	¥278,200.00	¥0.00	¥59,300.00	-¥278,200.00	-¥59,300.00	¥202,500.00	¥419,800.00	¥217,300.00
2	⊟ 自动报警	¥195,600.00	¥0.00	¥32,300.00	-¥195,600.00	-¥32,300.00	¥32,300.00	¥195,600.00	¥163,300.00
3	电线管敷设	¥76,000.00	¥0.00		-¥76,000.00	¥0.00	¥0.00	¥76,000.00	¥76,000.00
4	管内穿线	¥79,500.00	¥0.00	¥30,000.00	-¥79,500.00	-¥30,000.00	¥30,000.00	¥79,500.00	¥49,500.00
5	绝缘测试	¥8,200.00	¥0.00	¥200.00	-¥8,200.00	-¥200.00	¥200.00	¥8,200.00	¥8,000.00
6	订购报警设备	¥6,300.00	¥0.00	¥2,100.00	-¥6,300.00	-¥2,100.00	¥2,100.00	¥6,300.00	¥4,200.00
7	探头、收拆	¥5,600.00	¥0.00	¥0.00	-¥5,600.00	¥0.00	¥0.00	¥5,600.00	¥5,600.00
8	警铃、模块	¥4,000.00	¥0.00	¥0.00	-¥4,000.00	¥0.00	¥0.00	¥4,000.00	¥4,000.00
9	报警控制器	¥16,000.00	¥0.00	¥0.00	-¥16,000.00	¥0.00	¥0.00	¥16,000.00	¥16,000.00
10	⊟ 气体灭火	¥82,600.00	¥0.00	¥27,000.00	-¥82,600.00	-¥27,000.00	¥144,600.00	¥198,600.00	¥54,000.00
11	高压管道敷	¥16,050.00	¥0.00	¥0.00	-¥16,050.00	¥0.00	¥0.00	¥16,050.00	¥16,050.00
12	直观、喷头	¥40,000.00	¥0.00	¥20,000.00	-¥40,000.00	-¥20,000.00	¥20,000.00	¥40,000.00	¥20,000.00
13	系统试压	¥4,000.00	¥0.00	¥0.00	-¥4,000.00	¥0.00	¥0.00	¥4,000.00	¥4,000.00
14	管道色标	¥2,800.00	¥0.00	¥2,800.00	-¥2,800.00	¥0.00	¥0.00	¥2,800.00	¥2,800.00
15	瓶组安装	¥600.00	¥0.00	¥600.00	-¥600.00	-¥600.00	¥600.00	¥600.00	¥600.00
16	气体报警装置	¥4,000.00	¥0.00	¥0.00	-¥4,000.00	¥0.00	¥0.00	¥4,000.00	¥4,000.00
17	管内穿线	¥7,150.00	¥0.00	¥0.00	-¥7,150.00	¥0.00	¥0.00	¥7,150.00	¥7,150.00

操作步骤 ▶▶▶▶

STEP|01 设置挣值的计算方法。打开项目文档，

在【甘特图】视图中，选择所有任务，执行【任务】|【属性】|【信息】命令。

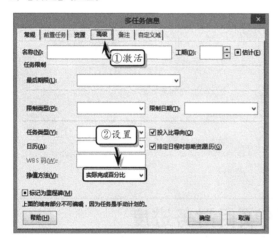

STEP|02 在弹出的【多任务信息】对话框中，激活【高级】选项卡，设置【挣值方法】选项，并单击【确定】按钮。

STEP|03 使用【挣值】表。执行【视图】|【数据】|【表格】|【更多表格】命令，选择【挣值】选项，单击【应用】按钮。

STEP|04 在展开的【挣值】表中查看项目的计划

值、挣值、AC、SV 等信息。

	计划值 - PV (BCWS)	挣值 - EV (BCWP)	AC (ACWP)	SV	CV
1	¥275,000.00	¥0.00	¥57,700.00	75,000.00	57,7
2	¥195,600.00	¥0.00	¥32,300.00	95,600.00	32,3
3	¥76,000.00	¥0.00	¥0.00	76,000.00	
4	¥79,500.00	¥0.00	¥30,000.00	79,500.00	¥30,0
5	¥8,200.00	¥0.00	¥200.00	¥8,200.00	-¥2
6	¥6,300.00	¥0.00	¥2,100.00	¥6,300.00	¥2,1
7	¥5,600.00	¥0.00	¥0.00	¥5,600.00	
8	¥4,000.00	¥0.00	¥0.00	¥4,000.00	
9	¥16,000.00	¥0.00	¥0.00	16,000.00	
10	¥79,400.00	¥0.00	¥25,400.00	79,400.00	25,4
11	¥16,050.00	¥0.00	¥0.00	16,050.00	
12	¥40,000.00	¥0.00	¥20,000.00	40,000.00	¥20,0

STEP|05 查看进度指数。执行【视图】|【数据】|【表格】|【更多表格】命令，选择【挣值日程标记】选项，并单击【应用】按钮。

STEP|06 然后，在展开的【挣值日程标记】表中查看项目的计划值、挣值、SPI、SV 等信息。

	计划值 - PV (BCWS)	挣值 - EV (BCWP)	SV	SV%	SPI
1	¥275,000.00	¥0.00	75,000.00	-100%	
2	¥195,600.00	¥0.00	95,600.00	-100%	
3	¥76,000.00	¥0.00	76,000.00	-100%	
4	¥79,500.00	¥0.00	79,500.00	-100%	
5	¥8,200.00	¥0.00	¥8,200.00	-100%	
6	¥6,300.00	¥0.00	¥6,300.00	-100%	
7	¥5,600.00	¥0.00	¥5,600.00	-100%	
8	¥4,000.00	¥0.00	¥4,000.00	-100%	
9	¥16,000.00	¥0.00	16,000.00	-100%	
10	¥79,400.00	¥0.00	79,400.00	-100%	
11	¥16,050.00	¥0.00	16,050.00	-100%	
12	¥40,000.00	¥0.00	40,000.00	-100%	

STEP|07 执行【项目】|【属性】|【项目信息】命令，在弹出的【"分析报警系统项目财务进度"的

项目信息】对话框中设置项目的状态日期。

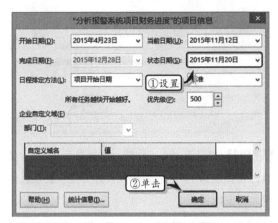

STEP|08 单击【确定】按钮后，便可以在视图中查看挣值分析进度指数。

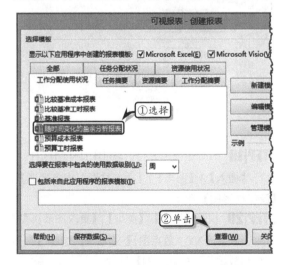

STEP|09 使用盈余分析可视报表。执行【报表】|【导出】|【可视报表】命令，选择【随时间变化的盈余分析表】选项，单击【查看】按钮。

STEP|10 此时，系统会自动打开 Excel 工作表，

并以图表的方式显示随时间变化的盈余分析报表。

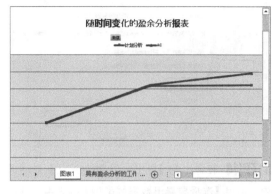

STEP|11 分析项目信息。将视图切换到【甘特图】视图中的【挣值】表中，执行【文件】|【另存为】命令，在展开的列表中选择【浏览】选项。

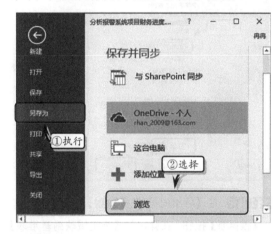

STEP|12 在弹出的【另存为】对话框中，设置保存位置、保存类型和保存名称，并单击【保存】按钮。

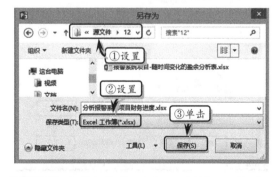

STEP|13 在弹出的【导出向导-映射】对话框中，单击【下一步】按钮。然后，选中【新建映射】选项，并单击【下一步】按钮。

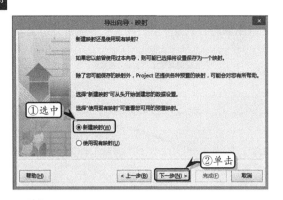

STEP|14 在弹出的【导出向导-映射选项】对话框中，启用【选择要导出数据的类型】列表中的【任务】复选框，并单击【下一步】按钮。

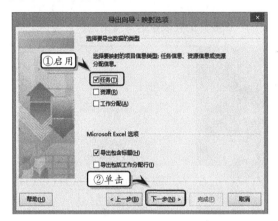

STEP|15 在【导出向导-任务映射】对话框中，单击【根据表】按钮，在弹出的【选定域映射基准表】对话框中，选择【挣值】选项，单击【确定】按钮。

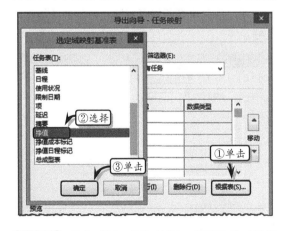

STEP|16 单击【下一步】按钮，在弹出的对话框中单击【完成】按钮。

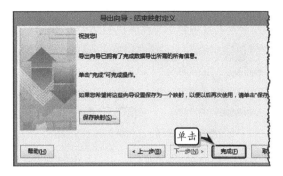

STEP|17 打开 Excel 工作簿，选择单元格 C1，将其内容更改为"PV"。使用同样的方法，更改其他单元格中的内容。

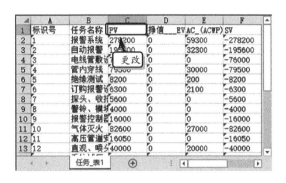

STEP|18 选择所有的数字数据，单击【智能标记】按钮，在弹出的快捷菜单中执行【转换为数字】命令。

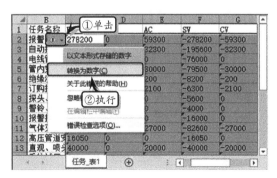

STEP|19 同时选择单元格区域 B1:I1 与 B3:I10，执行【插入】|【图表】|【插入柱形图或条形图】|【簇状柱形图】命令。

STEP|20 执行【设计】|【类型】|【更改图表类型】命令，激活【XY（散点图）】选项卡，选择【带平滑线和数据标记的散点图】选项。

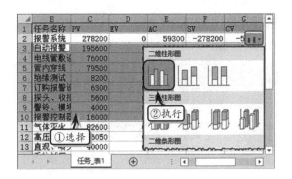

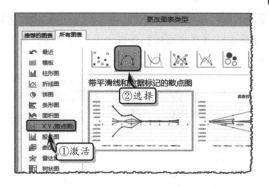

Project

12.5 练习：分析通信大楼施工项目财务进度

分析项目财务进度是项目管理中的一项重要工作，通过分析财务进度，不仅可以确定到目前为止项目的真实成本，而且还可以将项目进度与项目计划的预算对比，以预测项目的未来绩效。本练习将根据通信大楼施工项目，运用 Project 2016 中的挣值功能，详细介绍分析财务进度的操作方法与技巧。

> **练习要点**
> ● 设置挣值的计算方法
> ● 使用【挣值】表
> ● 查看成本指数
> ● 使用盈余分析可视报表
> ● 分析项目信息

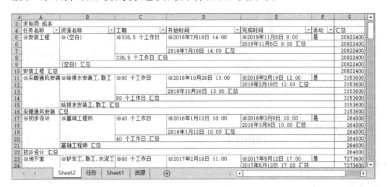

操作步骤 >>>>

STEP|01 设置挣值的计算方法。打开项目文档，在【甘特图】视图中，选择所有任务，执行【任务】|【属性】|【信息】命令。

STEP|02 在弹出的【多任务信息】对话框中，激活【高级】选项卡，设置【挣值方法】选项，并单击【确定】按钮。

STEP|03 使用【挣值】表。执行【视图】|【数据】|【表格】|【更多表格】命令，选择【挣值】选项，单击【应用】按钮。

STEP|04 在展开的【挣值】表中查看项目的计划值、挣值、AC、SV 等信息。

STEP|05 查看进度指数。执行【视图】|【数据】|【表格】|【更多表格】命令，选择【挣值日程标记】选项，并单击【应用】按钮。

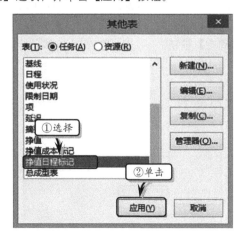

STEP|06 在展开的【挣值日程标记】表中查看项目的计划值、挣值、SPI、SV 等信息。

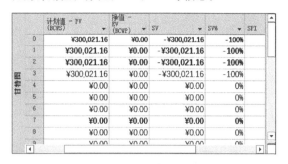

STEP|07 分析项目信息。执行【文件】|【选项】命令，激活【信任中心】选项卡，单击【信任中心设置】按钮。

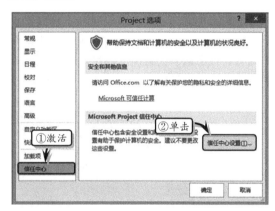

STEP|08 在弹出的【信任中心】对话框中，激活【旧式格式】选项卡，选中相应的选项并单击【确定】按钮。

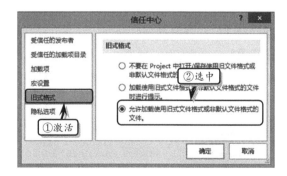

STEP|09 执行【文件】|【另存为】命令，在展开的类别中选择【浏览】选项。

STEP|10 在弹出的【另存为】对话框中，设置保存位置和保存类型，并单击【保存】按钮。

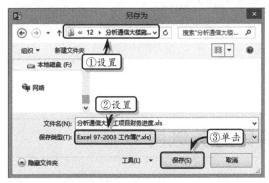

STEP|11 在弹出的【导出向导-映射】对话框中，选中【使用现有映射】选项，并单击【下一步】按钮。

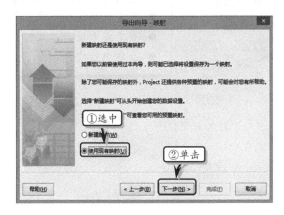

STEP|12 在弹出的【导出向导-映射选定内容】对话框中，选择【任务与资源数据透视表报表】选项，单击【完成】按钮即可。

STEP|13 打开 Excel 工作簿，选择【资源】工作表，执行【插入】|【表格】|【数据透视表】命令，

设置创建选项，在新工作表中创建资源类数据透视表。

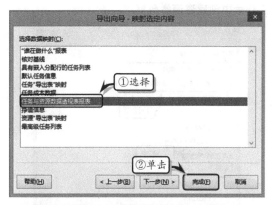

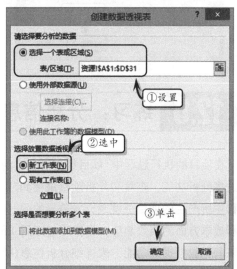

STEP|14 将【数据透视表字段列表】中的字段分别拖到数据透视图中，详细查看与分析项目资源信息。

	B	C	D
3	表		
4	资源名称	当前规划	汇总
5	⊟办公费用	(空白)	1200
6	办公费用 汇总		1200
7	⊟铲车	(空白)	0
8	铲车 汇总		0
9	⊟铲车工	3,120 工时	312000
10	铲车工 汇总		312000
11	⊟低温补助费	0	0
12	低温补助费 汇总		0
13	⊟电工	960 工时	115200
14	电工 汇总		115200
15	⊟电气安装工	1,680 工时	268800
16	电气安装工 汇总		268800
17	⊟电线	0	0
18	电线 汇总		0

任务　Sheet1 …

STEP|15 选择【任务】工作表，执行【插入】|【表格】|【数据透视表】命令，设置创建选项，在新工作表中创建资源类数据透视表。

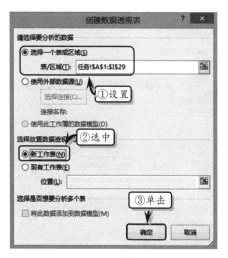

STEP|16 将【数据透视表字段列表】中的字段分别拖到数据透视图中，详细查看与分析项目资源信息。

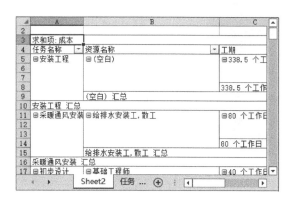

Project 12.6 练习：分析信息化项目财务进度

在项目的执行过程中，项目经理需要运用 Project 2016 中的财务进度分析功能，查看和分析项目进度和成本指数，在防止执行过程中所产生的项目进度或成本差异的同时，全面了解项目在时间和成本方面的绩效趋势。本练习将运用 Project 2016 中的表、报表和导数数据等功能，来详细分析信息化项目的财务进度。

> **练习要点**
> - 设置项目挣值的计算方法
> - 使用【挣值】表
> - 查看进度指数
> - 查看成本指数
> - 分析项目信息

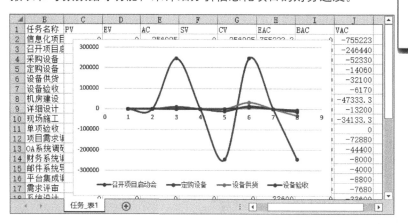

操作步骤 ▶▶▶

STEP|01 设置项目挣值的计算方法。打开项目文档，执行【文件】|【选项】命令，在【高级】选

项卡中，设置挣值的计算方式。

STEP|02 使用【挣值】表。执行【视图】|【数据】|【表格】|【更多表格】命令，选择【挣值】选项，

单击【应用】按钮。

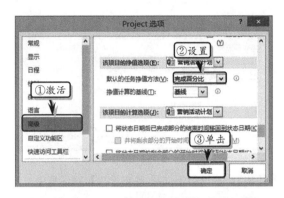

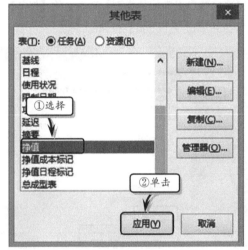

STEP|03 在展开的【挣值】表中查看项目的计划值、挣值、AC、SV 等信息。

	AC (ACWP) ▼	SV ▼	CV ▼	EAC ▼	BAC ▼	VAC
1	¥256,985.00	¥0.00	¥256,985.00	¥755,223.33	¥0.00	55,2
2	¥246,440.00	¥0.00	¥246,440.00	¥246,440.00	¥0.00	46,4
3	¥10,545.00	¥0.00	-¥10,545.00	¥52,330.00	¥0.00	52,3
4	¥10,545.00	¥0.00	-¥10,545.00	¥14,060.00	¥0.00	14,0
5	¥0.00	¥0.00	¥0.00	¥32,100.00	¥0.00	32,1
6	¥0.00	¥0.00	¥0.00	¥6,170.00	¥0.00	¥6,1

STEP|04 查看进度指数。执行【视图】|【数据】|【表格】|【更多表格】命令，选择【挣值日程标记】选项，并单击【应用】按钮。

STEP|05 在展开的【挣值】表中查看项目的计划值、挣值、SPI、SV 等信息。

STEP|06 查看成本指数。执行【视图】|【数据】|【表格】|【更多表格】命令，选择【挣值成本标记】选项，并单击【应用】按钮。

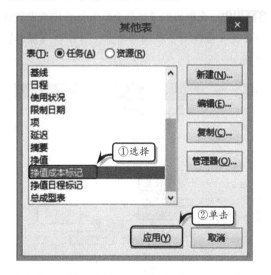

STEP|07 在展开的【挣值】表中查看项目的计划值、挣值、AC、BAC 等信息。

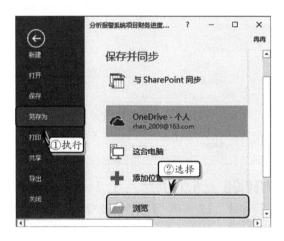

	CV	CV%	CPI	BAC	EAC	VAC
1	256,985.00	0%	0	¥0.00	¥755,223.33	¥755,223.33
2	246,440.00	0%	0	¥0.00	¥246,440.00	¥246,440.00
3	¥10,545.00	0%	0	¥0.00	¥52,330.00	¥52,330.00
4	¥10,545.00	0%	0	¥0.00	¥14,060.00	-¥14,060.00
5	¥0.00	0%	0	¥0.00	¥32,100.00	-¥32,100.00
6	¥0.00	0%	0	¥0.00	¥6,170.00	-¥6,170.00
7	¥0.00	0%	0	¥0.00	¥47,333.33	-¥47,333.33
8	¥0.00	0%	0	¥0.00	¥13,200.00	-¥13,200.00

STEP|08 分析项目信息。将视图切换到【甘特图】视图中的【挣值】表中，执行【文件】|【另存为】命令，在展开的列表中选择【浏览】选项。

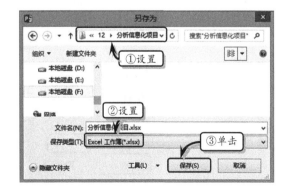

STEP|09 在弹出的【另存为】对话框中，设置保存位置、保存类型和保存名称，并单击【保存】按钮。

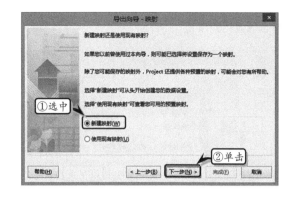

STEP|11 在【导出向导-映射选项】对话框中，启用【选择要导出数据的类型】列表中的【任务】复选框，并单击【下一步】按钮。

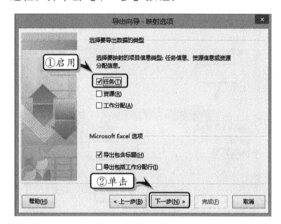

STEP|12 在弹出的【导出向导-任务映射】对话框中单击【根据表】按钮，在弹出的对话框中选择【挣值】选项，单击【确定】按钮。

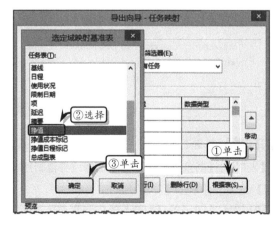

STEP|10 在弹出的【导出向导-映射】对话框中，单击【下一步】按钮。然后，选中【新建映射】选项，并单击【下一步】按钮。

STEP|13 单击【下一步】按钮，在弹出的对话框

中单击【完成】按钮。

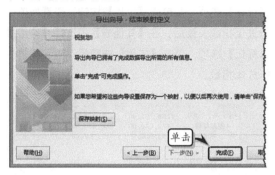

STEP|14 打开 Excel 工作簿，选择单元格 C1，将其内容更改为"PV"。使用同样的方法，更改其他单元格中的内容。

STEP|15 选择所有的数字数据，单击【智能标记】按钮，在弹出的快捷菜单中执行【转换为数字】命令。

STEP|16 同时选择单元格区域 B1:J1、B3:J3 和 B5:J7，执行【插入】|【图表】|【插入柱形图或条形图】|【簇状柱形图】命令。

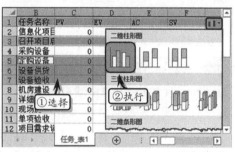

STEP|17 执行【设计】|【类型】|【更改图表类型】命令，激活【XY（散点图）】选项卡，选择【带平滑线和数据标记的散点图】选项。

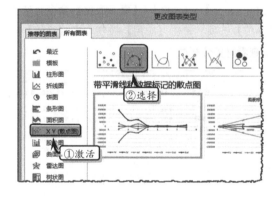

Project

12.7 新手训练营

练习 1：图表分析外墙施工项目数据

⬤ downloads\12\新手训练营\图表外墙施工项目数据

提示：在本练习中，首先在【甘特图】视图中的【挣值】表中，执行【文件】|【另存为】命令，在弹出的【另存为】对话框中，将【保存类型】设置为"Excel 工作簿"，单击【保存】按钮。在弹出的【导出向导】对话框中，根据提示内容依次进行操作，将挣值表数据导出到 Excel 工作表中。然后，更改工作表中的数据，同时选择相应的列，执行【插入】|【图表】|【插入柱形图】|【簇状柱形图】命令。最后，执行【设计】|【类型】|【更改图表类型】命令，激活【散点图】选项卡，选择【带平滑线和数据标记的散点图】选项。

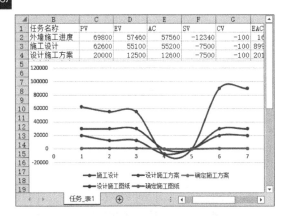

练习 2：分析开办新业务项目成本

downloads\12\新手训练营\重设开办新业务项
目资源成本

提示：在本练习中，首先在【甘特图】视图中，选择所有的任务，执行【任务】|【属性】|【信息】命令。在【高级】选项卡中，将【挣值方法】设置为"实际完成百分比"选项。然后，在【跟踪】表中设置任务的实际完成百分比值。最后，执行【视图】|【数据】|【表格】|【更多表格】命令，选择【挣值】选项，单击【应用】按钮，在【挣值】表中查看财务分析数据。

	任务名称	计划值 – PV (BCWS)	挣值 – EV (BCWP)	AC (ACWP)	SV
0	管理开办新业务项目任务	¥88,420.00	¥7,023.75	¥7,425.00	1,3
1	开办新业务	¥88,420.00	¥7,023.75	¥7,425.00	,39
2	第一阶段	¥22,580.00	¥7,023.75	¥7,425.00	,55
3	自我评估	¥200.00	¥200.00	¥200.00	
4	定义业	¥200.00	¥200.00	¥200.00	
5	确定可供使	¥0.00	¥0.00	¥0.00	
6	决定是	¥0.00	¥0.00	¥0.00	
7	定义机会	¥4,000.00	¥4,000.00	¥4,000.00	
8	进行市	¥1,000.00	¥1,000.00	¥1,000.00	
9	拜访类	¥0.00	¥0.00	¥0.00	
10	确定所	¥3,000.00	¥3,000.00	¥3,000.00	
11	确定经	¥0.00	¥0.00	¥0.00	
12	评估开展	¥5,400.00	¥2,823.75	¥3,225.00	,57
13	定义对	¥1,200.00	¥900.00	¥900.00	-¥3
14	确定未	¥1,800.00	¥843.75	¥1,125.00	-¥9
15	研究特		¥540.00		-¥6
16	总结开	¥1,200.00	¥540.00	¥600.00	-¥6
17	评估潜力	¥10,580.00	¥0.00		

练习 3：衡量新产品上市项目绩效

downloads\12\新手训练营\衡量新产品上市项
目绩效

提示：在本练习中，首先执行【项目】|【属性】|【项目信息】命令，设置项目的状态日期。然后，在【甘特图】视图中，执行【视图】|【数

据】|【表格】|【更多表格】命令，选择【挣值日程标记】选项，并单击【应用】按钮。查看挣值分析进度指数。最后，在【其他表】中选择【挣值成本标记】选项，单击【应用】按钮后，查看挣值分析成本指数。

	任务名称	计划值 – PV (BCWS)	挣值 – EV (BCWP)	CV	CV%
1	新产品上市准备	¥188,200.00	¥78,640.00	¥0.00	
2	策划阶段	¥72,040.00	¥68,440.00	¥0.00	
3	确定产品上市工作组	¥27,840.00	¥27,840.00	¥0.00	
4	确定销售目标	¥14,400.00	¥14,400.00	¥0.00	
5	确定产品上市目标（产品上市时间安排和宣传目标）	¥4,800.00	¥4,800.00	¥0.00	
6	确定合作伙伴（如果需要）	¥10,600.00	¥10,600.00	¥0.00	
7	确定渠道合作伙伴	¥3,400.00	¥3,400.00	¥0.00	
8	确定零售合作伙	¥4,800.00	¥4,800.00	¥0.00	

练习 4：数据透视表分析购房计划项目数据

downloads\12\新手训练营\数据透视表分析购
房计划项目数据

提示：在本练习中，首先执行【文件】|【另存为】命令，将【保存类型】设置为"Excel 97-2003工作簿"，单击【保存】按钮。在弹出的【导出向导-映射】对话框中，选中【使用现有映射】选项，同时选择【任务与资源数据透视表报表】选项，单击【完成】按钮即可。然后，打开导出项目数据的工作表，选择【资源】选项卡。执行【插入】|【表格】|【数据透视表】命令，设置创建选项，创建资源类数据透视表。最后，将【数据透视表字段列表】中的字段分别拖到数据透视图中，详细查看与分析项目资源信息。

练习 5：衡量软件开发项目绩效

downloads\12\新手训练营\衡量软件开发项目绩效

提示：在本练习中，首先执行【项目】|【属性】|【项目信息】命令，设置项目的状态日期。然后，在【甘特图】视图中，执行【视图】|【数据】|【表格】|【更多表格】命令，选择【挣值日程标记】选项，并单击【应用】按钮。查看挣值分析进度指数。最后，在【其他表】中选择【挣值成本标记】选项，单击【应用】按钮后，查看挣值分析成本指数。

	任务名称	计划值 - PV (BCWS)	挣值 - EV (BCWP)	CV	CV%
1	◢软件开发	¥0.00	¥0.00	¥219.00	0
2	◢项目范围规划	¥0.00	¥0.00	¥219.00	0
3	确定项目范围	¥0.00	¥0.00	¥0.00	0
4	获得项目所需	¥0.00	¥0.00	-¥219.00	0
5	定义预备资源	¥0.00	¥0.00	¥0.00	0
6	获得核心资源	¥0.00	¥0.00	¥0.00	0
7	完成项目范围	¥0.00	¥0.00	¥0.00	0
8	◢分析/软件需求	¥0.00	¥0.00	¥0.00	0
9	行为需求分析	¥0.00	¥0.00	¥0.00	0
10	起草初步的软件	¥0.00	¥0.00	¥0.00	0
11	制定初步预算	¥0.00	¥0.00	¥0.00	0
12	工作组共同审查	¥0.00	¥0.00	¥0.00	0
13	根据反	¥0.00	¥0.00	¥0.00	0

练习 6：图表分析焦炉管道安装项目数据

downloads\12\新手训练营\图表分析焦炉管道安装项目数据

提示：在本练习中，首先在【甘特图】视图中的【挣值】表中，执行【文件】|【另存为】命令，在弹出的【另存为】对话框中，将【保存类型】设置为"Excel 工作簿"，单击【保存】按钮。在弹出的【导出向导】对话框中，根据提示内容依次进行操作，将挣值表数据导出到 Excel 工作表中。然后，更改工作表中的数据，同时选择相应的，执行【插入】|【图表】|【插入柱形图】|【簇状柱形图】命令。最后，执行【设计】|【类型】|【更改图表类型】命令，激活【XY（散点图）】选项卡，选择【带平滑线和数据标记的散点图】选项。

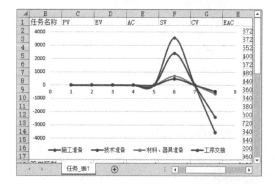

第 13 章

自定义项目

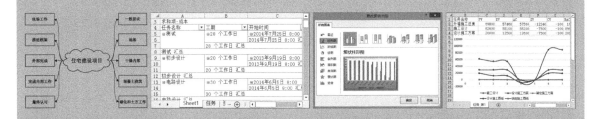

在使用 Project 2016 时，用户会发现所使用的视图与界面、计算方式、日历格式、保存位置等都是系统默认的。为了使项目在遵守公司规范的情况下突出自身特点，也为了节省制作项目计划的步骤与时间，还需要利用 Project 2016 中的高级功能，自定义项目中的日程、保存、常规等选项。同时，为了提高工作效率，还需要根据用户的工作习惯自定义项目的视图、界面、表等项目元素。本章将详细介绍自定义视图、自定义表、自定义显示和选项等一些自定义项目的基础知识和操作方法。

Project

13.1 自定义视图

在 Project 2016 中，可以创建单一视图与复合视图。单一视图，是在屏幕上只显示一个图表、工作表或窗体。复合视图，是在屏幕上按照上下的排列显示两个视图。用户可在【其他视图】对话框中新建或复制现有视图。

13.1.1 自定义单一视图

首先，执行【视图】|【任务视图】|【其他视图】|【其他视图】命令，单击【新建】按钮。在弹出的【定义新视图】对话框中，选中【单一视图】选项，单击【确定】按钮。

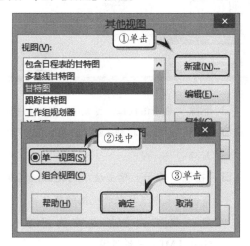

在【其他视图】对话框中，主要包括下列选项。

❑ **新建**　单击该按钮，可以自定义单一视图与复合视图。

❑ **编辑**　单击该按钮，可编辑已选中的视图。

❑ **复制**　单击该按钮，可复制已选中的视图，即在已存在视图的基础上，自定义新视图。

❑ **管理器**　单击该按钮，可在弹出的【管理器】对话框中，添加或删除当前项目中的视图。

❑ **应用**　单击该按钮，可应用已选中的视图。

然后，在弹出的对话框中，设置自定义视图的名称、屏幕视图、表等选项，单击【确定】按钮，即可自定义单一视图。

在该对话框中，主要包括下列选项。

❑ **名称**　用于输入自定义视图的名称。

❑ **屏幕**　用于设置自定义视图的视图类型，包括甘特图、关系图、资源工作表等常用的 16 种视图类型。

❑ **表**　用于设置自定义视图的表类型，包括差异、成本、工时、日程等常用的 17 种类型。

❑ **分组**　用于设置自定义视图的分组类型，包括工期、关键性、摘要等常用的 16 种类型。

❑ **筛选器**　用于设置自定义视图的筛选类型，包括关键、活动任务、进度落后等 30 多种类型。

❑ **突出显示筛选结果**　启用该选项，将在自定义视图中突出显示筛选结果。

❑ **显示在菜单中**　启用该选项，会将自定义视图显示在菜单中。

13.1.2 自定义组合视图

首先，执行【视图】|【任务视图】|【其他视

图】|【其他视图】命令，单击【新建】按钮。在弹出的【定义新视图】对话框中，选中【组合视图】选项，并单击【确定】按钮。

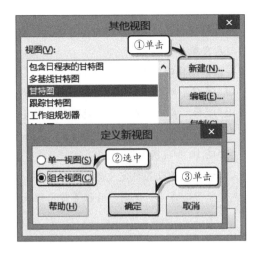

然后，在弹出的对话框中，设置自定义视图的名称、视图显示类型。

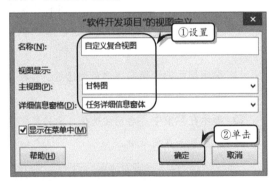

13.1.3　共享自定义视图

共享自定义视图，是将创建的视图复制到全局模版中，以便在其他项目中使用。

首先，执行【视图】|【任务视图】|【其他视图】|【其他视图】命令，单击【管理器】按钮。

在弹出的【管理器】对话框中，激活【视图】选项卡，选择自定义复合视图选项，单击【复制】按钮即可。

在【视图】选项卡中，还包括下列选项。

❑ **取消**　单击该按钮，可退出【管理器】对话框。

❑ **重命名**　单击该按钮，可为选中的视图重新命名。

❑ **删除**　单击该按钮，可删除已选中的视图。

❑ **帮助**　单击该按钮，可弹出【Project 帮助】窗口。

❑ "视图"位于　单击该下列按钮，可在其下拉列表中选择包含视图的项目文件。一般情况下，包括当前视图名称与 Global.MPT 模板视图。

> **技巧**
>
> 用户可通过执行【开发工具】|【管理】|【管理器】命令，快速打开【管理器】对话框。

13.2　自定义表

虽然 Project 2016 为用户提供了若干个表，但是这些表都只能显示一种功能，无法同时显示多种功能。因此，为了符合上述要求，需要自定义表。

通过自定义表，不仅可以同时显示多种功能，而且还可以将自定义域通过列的方式显示在表中。

13.2.1 创建自定义表

执行【视图】|【数据】|【表格】|【更多表格】命令，在【表】列表框中选择一种表格类型，单击【复制】按钮。

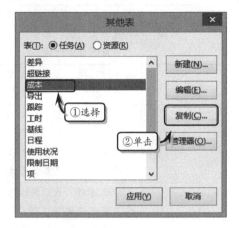

在【其他表】对话框中，主要包括下列选项。

- ❑ **任务** 选中该选项，可在【表】列表框中显示任务类的表选项，即应用于任务类视图中的表选项。
- ❑ **资源** 选中该选项，可在【表】列表框中显示资源类的表选项，即应用于资源类视图中的表选项。
- ❑ **新建** 单击该按钮，可创建新表。
- ❑ **编辑** 单击该按钮，可编辑所选表项。
- ❑ **管理器** 单击该按钮，可在弹出的【管理器】对话框中，删除或添加表选项。
- ❑ **应用** 单击该按钮，可打开在【表】列表框中所选择的表。

然后，在弹出的对话框中，设置新表名称、表内容、表格式等内容，单击【确定】按钮，即可创建自定义表。

在该对话框中，主要包括下列选项。

- ❑ **名称** 用于设置自定义表的名称。
- ❑ **显示在菜单中** 启用该复选框，可将表名称显示在菜单中。
- ❑ **剪切行** 单击该按钮，可剪切所选域名所在的行。
- ❑ **复制行** 单击该按钮，可复制所选域名所

在的行。

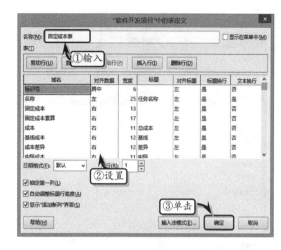

- ❑ **粘贴行** 单击该按钮，可在指定位置粘贴已剪切或复制的行。
- ❑ **插入行** 单击该按钮，可在所选域名的上方插入一个新行。
- ❑ **删除行** 单击该按钮，可删除所选域名所在的整行。
- ❑ **日期格式** 用于设置自定义表的日期显示格式。
- ❑ **行** 用于设置表的行高，以默认的标准行高为基准。
- ❑ **锁定第一列** 启用该复选框，将锁定表中的第一列。
- ❑ **自动调整标题行高度** 启用该复选框，可以根据标题自动调整标题行的高度。
- ❑ **显示"添加新列"界面** 启用该选项，将在自定义表中显示"添加新列"域。
- ❑ **输入法模式** 单击该按钮，可在弹出的【自定义输入法模式】对话框中，设置域的输入法模式。

> **注意**
>
> 在【其他表】对话框中，单击【新建】按钮，可在弹出的对话框中创建一个全新的表。

13.2.2 创建自定义域

执行【项目】|【属性】|【自定义字段】命令，

在弹出的【自定义域】对话框中，设置各项选项即可。

在该对话框中，主要包括下表中的选项。

选　项		说　明
域	任务	选中该选项，可以自定义任务域
	资源	选中该选项，可以自定义资源域
	项目	选中该选项，可以自定义项目域
	类型	当选中【任务】或【资源】域时，可以在该选项中设置域类型。所选择的类型决定了系统拾取列表所包括的值
	域	用来显示并选择不同类型中的域名称
	重命名	在【域】列表框中选择域选项，单击该按钮后，可在弹出的【重命名域】对话框中设置所选域的名称
	删除	选择【域】列表框中的重命名后的域名称，单击该按钮，可删除重命名域

续表

选　项		说　明
域	将域添加到企业	单击该按钮，可将所选域添加到企业服务器中
	导入域	单击该按钮，可在弹出的【导入自定义域】对话框中，导入当前项目中的域
自定义属性	无	选中该选项，表示无自定义属性
	查阅	选中该选项，表示将域的自定义属性设置为"查询"。单击【查阅】按钮，可在弹出的对话框中设置查阅选项
	公式	选中该选项，表示将域的自定义属性设置为"公式"。单击【公式】按钮，可在弹出的对话框中输入显示数值的公式
计算任务和分配摘要行	无	选中该选项，表示不设置域的计算任务和分组摘要行
	总成	选中该选项，可在其下拉列表中选择总成类型，包括最大值、平均值、综合等8种选项
	使用公式	选中该选项，将使用【公式】对话框中输入的计算公式
计算工作分配行	无	选中该选项，表示不设置域的计算工作分配行
	下滚…的内容	选中该选项，表示可将工作分配行下滚到手动输入项以外的内容
要显示的值	数据	选中该选项，表示在域中将显示普通的数据
	图形标记	表示在域中将显示所设置的图形标记，单击【图形标记】按钮，可根据测试条件与值设置相应的显示标记

创建自定义域之后，选择需要添加自定义域的位置，执行【格式】|【列】|【插入列】命令。

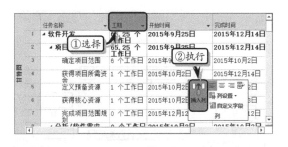

在弹出的下拉列表中，选择【WBS】选项，即可为视图添加自定义域。

技巧

在添加自定义域时，可直接单击视图中的【添加新列】域标题，在其列表中选择新定义的域。

13.3 自定义显示

在 Project 2016 中，除了可以自定义视图、表与域之外，还可以根据习惯，自定义快速访问工具栏与功能区。

13.3.1 自定义快速访问工具栏

快速访问工具栏是包括独立命令的一个工具栏，包含用户经常使用命令的工具栏，并确保始终可单击访问。用户可根据使用习惯自定义快速访问工具栏。

1. 设置显示位置

快速访问工具栏的位置主要显示在功能区上方与功能区下方两个位置。

单击【自定义快速访问工具栏】下拉按钮，在其下拉列表中执行【在功能区上方显示】命令，即可将快速访问工具栏显示在功能区的上方。

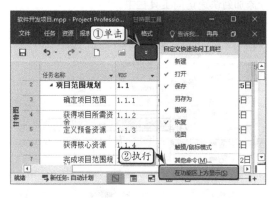

相反，单击【自定义快速访问工具栏】下拉按钮，在其下拉列表中执行【在功能区下方显示】命令，即可将快速访问工具栏显示在功能区的下方。

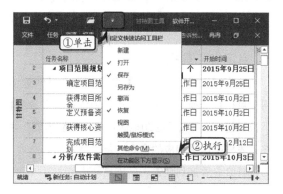

2. 添加命令

在 Project 2016 中，单击【自定义快速访问工具栏】下拉按钮，执行相应的命令，即可向快速访问工具栏中添加命令。

另外，在功能区上右击相应选项组中的命令，执行【添加到快速访问工具栏】命令，即可将该命令添加到快速访问工具栏中。

技巧

在快速访问工具栏中，右击命令执行【从快速访问工具栏删除】命令，即可删除该命令。

3. 自定义工具栏

执行【文件】|【选项】命令，激活【快速访问工具栏】选项卡。单击【从下列位置选择命令】下拉按钮，选择【不在功能区中的命令】选项，并在列表框中选择相应的命令，单击【添加】选项，即可将命令添加到快速访问工具栏中。

然后，在【自定义快速访问工具栏】列表框中选择【方案统计信息】选项，单击【删除】按钮，即可删除快速访问工具栏中的命令。

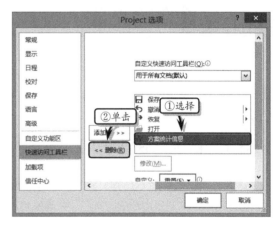

另外，执行【自定义快速访问工具栏】列表下方的【重置】|【仅重置快速访问工具栏】命令，即可取消自定义操作，恢复到自定义之前的状态。

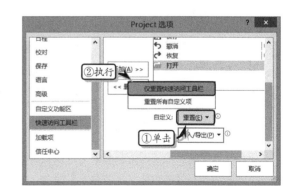

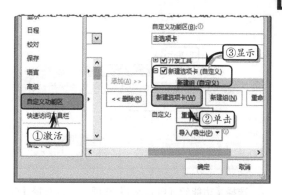

13.3.2　自定义功能区

Project 2016 中的功能区取代了 Project 2007 菜单中的命令，用户可通过下列方法，根据使用习惯自定义功能区。

1．加载【开发工具】选项卡

在 Project 2016 中，默认情况下不包含【开发工具】选项卡，该选项卡主要包括代码、管理与加载项等命令。

执行【文件】|【选项】命令，激活【自定义功能区】选项卡。然后，启用【自定义功能区】列表中的【开发工具】复选框即可。

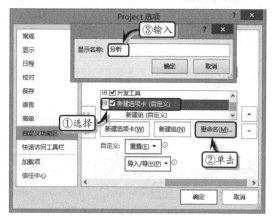

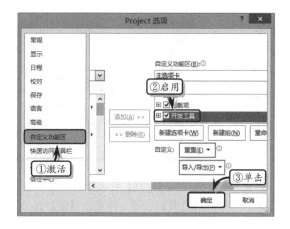

2．新建选项卡

在【Project 选项】对话框中，激活【自定义功能区】选项卡。单击【新建选项卡】按钮，即可在列表框中显示【新建选项卡（自定义）】选项。

选择【新建选项卡（自定义）】选项，单击【重命名】按钮，输入选项卡的名称，并【确定】选项。

选择【新建组（自定义）】选项，单击【重命名】按钮，输入新建组的名称，并设置自定义符号。

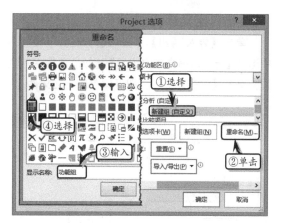

3．新建选项组

单击【新建组】按钮，然后单击【重命名】按钮，设置新建组的名称与自定义符号。

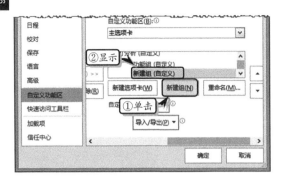

选择【功能组（自定义）】选项，然后选择【分配资源】选项，并单击【添加】按钮，将所选命令添加到新建组中。

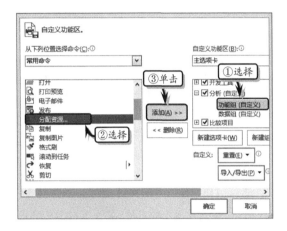

4．导出自定义选项

单击【导入/导出】下拉按钮，在其下拉列表中选择【导出所有自定义设置】选项。选择保存位置，单击【保存】选项，即可保存自定义文件。

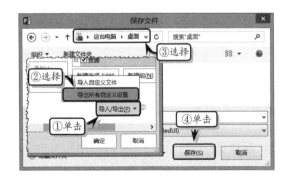

5．重置自定义选项

单击【重置】下拉按钮，在其下拉列表中选择

【重置所有自定义项】选项，单击【是】按钮后，将自动删除自定义设置，恢复到创建自定义选项之前的状态。

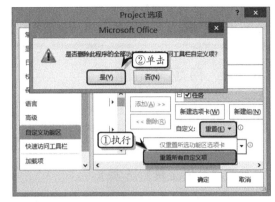

6．导入自定义选项

将自定义设置导出之后，即使用户删除了所有的自定义选项，只要将导出的自定义文件导入即可还原自定义设置。首先，在【Project 选项】对话框中，单击【导入/导出】下拉按钮，在其下拉列表中选择【导入自定义文件】选项。

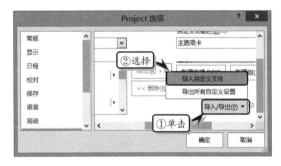

然后，在弹出的【打开】对话框中，选择自定义文件，单击【打开】按钮，并单击【是】选项。

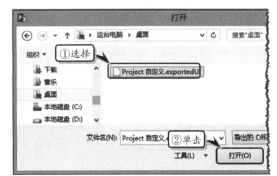

技巧

在【自定义功能区】选项卡中，选择自定义
选项卡，单击【删除】按钮，即可删除自定
义选项卡。

Project 13.4　自定义选项

Project 2016 中的计算方式、默认视图、标准
费率、界面显示等功能，可以通过自定义默认设置
来更改。

13.4.1　自定义常规选项

执行【文件】|【选项】命令，激活【常规】
选项卡，设置界面、视图与用户名等选项。

在【常规】选项卡中，主要包下列选项。

❏ **用户界面选项**　主要用来设置用户界面
的配色方案与屏幕提示样式。

❏ **Project 视图**　用来设置 Project 的默认视
图与日期格式。

❏ **对…设置**　用来设置 Project 文件所显示
的用户名与用户名缩写。

13.4.2　自定义显示选项

执行【文件】|【选项】命令，激活【显示】
选项卡，设置 Project 2016 中的日历、货币、标记

等选项。

在【显示】选项卡中，主要包括下列选项。

❏ **日历**　用于设置视图中的日历类型，系统
默认为公历。

❏ **该项目的货币选项**　用来设置货币的显
示符号、货币的位置、货币的小数位数与
货币类型。

❏ **为下列操作显示"标记"和"选项"按钮**
用来设置需要在视图中显示的标记与选
项类型。

❏ **显示以下元素**　启用【数据编辑栏】复选
框，可在视图中显示编辑栏，用以编辑项
目中的各项数据。

13.4.3　自定义保存选项

执行【文件】|【选项】命令，激活【保存】
选项卡，设置文件的保存位置、保存间隔等选项。

在【保存】选项卡中，主要包括下列选项。

❑ **以该格式保存文件** 用于设置项目文档的默认保存格式。

❑ **默认文件位置** 用于设置项目文档的默认保存位置，单击【浏览】按钮，可重新设置保存位置。

❑ **自动保存间隔** 启用该选项，可以启用项目的自动保存功能。并可根据具体情况设置自动保存的时间间隔、保存范围与保存提示。

❑ **默认用户模板位置** 用于设置项目模板的默认位置，单击【浏览】按钮，可更改默认位置。

❑ **缓存大小限制** 用于限制项目保存时的缓存大小值。

❑ **缓存位置** 用于设置缓存位置，单击【浏览】按钮，可指定缓存的保存位置。

❑ **查看缓存状态** 单击该按钮，可在弹出的对话框中查看缓存状态。

❑ **清理缓存** 单击该按钮，可清除所有的缓存。

13.4.4　自定义日程选项

执行【文件】|【选项】命令，激活【日程】选项卡，设置项目的日历、日程、计算选项等选项。

在【日程】选项卡中，主要包括下表中的选项。

选　项		说　明
该项目的"日历"选项	每周开始于	可以选择一周中任意一天作为开始日期
	财政年度开始于	可以将日历设置为会计年或日历年
	默认开始时间	可指定每日默认的开始时间
	默认结束时间	可指定每日默认的结束时间
	每日工时	可指定每日工作的总时间
	每周工时	可指定每周工作的总时间
	每月工作日	可指定每月工作的总时间
日程	显示日程排定信息	启用该选项，可以显示有关日程不一致的消息
	工作分配的单位显示为	用来设置任务分配的显示单位是百分比还是小数
该项目的日程排定选项	新任务创建于	用来设置新任务的创建方式，主要包括手动创建与自动创建两种方式
	自定计划任务排定日期	表示是否将任务的排定日期设置为项目的开始日期或当前日期

续表

选　项		说　明
该项目的日程排定选项	工期显示单位	用来设置工期的单位，包括天、分钟数、小时数、周或月数。一般情况下，工期的显示单位为"天"
	工时显示单位	用来设置工时的单位，包括小时数、分钟数、天、周或月数。一般情况下，工时的显示单位为"小时"
	默认任务类型	用于设置任务的默认类型，包括固定单位、固定工期与固定工时。设置该选项之后的所有新建项目文档，都将以新设置的任务类型为默认类型
	新任务为投入比导向	启用该选项，可以指定排定新任务日程，可使该任务工时在添加或删除工作分配时保持不变
	自动链接插入或移动的任务	启用该选项，可以在剪切、移动或插入任务时再次链接任务。否则，不会创建任务的相关性。另外，该选项只适用于连续-开始任务关系
	拆分正在进行的任务	启用该选项，在任务进度落后或报告进度提前时，允许重新排定剩余工期和工时
	在编辑链接时更新手动计划任务	启用该选项，可以在编辑任务链接时，自动更新手动计划任务
	任务将始终接受其限制日期	启用该选项，可以指定 Project 根据任务的限制日期排定任务日程。禁用该选项时，可宽限时间为负的任务限制日期根据其与其他任务的链接移动，而不是根据其限制日期排定日程
	显示有估计工期的计划任务	启用该选项，可以在具有估计工期的任何任务的工期单位后显示问号（？）
	有估计工期的新计划任务	启用该选项，可以显示有估计工期的新的计划任务
	更改为"自动计划"模式时使任务保持在最接近的工作日	启用该选项，将任务更改为"自动计划"模式时，其任务将保持在最接近的工作日
日程警报选项	显示任务日程警告	启用该复选框，可以显示任务日程方面的警告信息
	显示任务日程建议	启用该复选框，可以显示任务日程方面的建议信息
计算	打开	选中该选项，在每次编辑项目后都计算项目
	关闭	选中该选项，在每次编辑项目后不对其进行计算
该项目的计算选项	资源状态随任务更新而更新	启用该复选框，表示资源状态会随着任务的更新而自动更新
	将插入的项目作为摘要任务计算	启用该复选框，表示将新插入的项目按照摘要任务进行计算
	Project 自动计算实际成本	启用该复选框，表示 Project 将自动计算项目的实际成本
	默认固定成本累算	用来设置固定成本的累算方式，包括按比例、开始与结束

13.4.5 自定义高级选项

执行【文件】|【选项】命令，激活【高级】
选项卡，设置项目的日历、日程、计算选项等选项。

在【高级】选项卡中，主要包括下表中的选项。

选　项	说　明
常规 新项目设为打开自动筛选	启用该复选框，表示在创建新项目时，系统将自动打开筛选功能
创建新项目时提供项目信息	启用该复选框，表示在创建新项目时，系统将自动弹出提示信息
显示加载项用户界面错误	启用该复选框，当出现加载项界面错误时，将弹出提示信息
打开启动阶段的最后一个文件	启用该复选框，启动项目文档后将自动启动阶段中的最后一个文件
撤销级别	用于设置撤销命令的级别（次数）
允许工作组成员重新分配任务	启用该复选框，工作组成员可对任务进行重新分配
规划向导 规划向导提示	启用该复选框，可显示规划向导提示信息
Project 使用方法提示	启用该复选框，表示使用 Project 方法提示
日程提示	启用该复选框，可使用日程提示
错误提示	启用该复选框，可使用错误提示
该项目的常规选项 自动添加新资源与任务	启用该选项，可自动在项目中添加新资源与任务
默认标准费率	用于设置资源默认标准费率
默认加班费率	用于设置资源默认加班费率
编辑 使用单元格拖放功能	启用该复选框，可以显示单元格的拖放功能
按 Enter 后，移动选定范围	启用该复选框，按下 Enter 键后，将自动选择下一个单元格
提示自动更新链接	启用该复选框，系统会自动显示更新链接提示信息
直接在单元格中编辑	启用该复选框，可直接在单元格中编辑数据信息
显示 显示该数量的最近文档	用于设置最近所用文档的显示数量
显示状态栏	启用该复选框，可在视图中显示状态栏
显示任务栏中的窗口	启用该复选框，可在任务栏中显示窗口
显示滚动条	启用该复选框，可在视图中显示滚动条
显示 OLE 链接标记	启用该复选框，可显示 OLE 链接标记
三维显示甘特图视图中的条形图和形状	启用该复选框，甘特图视图中的条形图与形状将以三维样式进行显示
在项目间…管理器项	启用该复选框，可以使用每个元素的内部 ID 匹配管理器中的项目元素。另外，项目会忽略物理元素名称

续表

选　　项		说　　明
该项目的显示选项	将新的视图…全部签入	启用该复选框，可自动向全局项目模板添加项目，以使其可用于所有项目而不仅是在其中创建的项目
	分钟数	用于设置分钟数的显示方式，包括 m、min、minute 与分钟工时 4 种方式
	小时数	用于设置小时数的显示方式，包括 h、hr、hour 与工时 4 种方式
	天数	用于设置天数的显示方式，包括 d、dy、day 与个工作日 4 种方式
	周数	用于设置周数的显示方式，包括 w、wk、week 与周工时 4 种方式
	月数	用于设置月数的显示方式，包括 m、mo、month 与月工时 4 种方式
	年数	用于设置年数的显示方式，包括 y、yr、year 与年工时 4 种方式
	标签前加空格	启用该复选框，可在标签前添加空格
	显示项目摘要任务	启用该复选框，可在项目中显示项目的摘要任务
	超链接带有下划线	启用该复选框，可在超链接对象下方添加下划线
	超链接颜色	单击该下拉按钮，可在展开的列表中选择超链接的显示颜色
	后续超链接颜色	单击该下拉按钮，可在展开的列表中选择后续超链接的显示颜色
该项目的项目间链接选项	显示外部后续任务	启用该复选框，可以显示外部的后续链接任务
	打开时显示…对话框	启用该复选框，可在打开具有外部链接的项目文档时，显示【项目之间的链接】对话框
	自动接收新的外部数据	启用该复选框，可自动接收新的外部数据。只要禁用【打开时显示"项目之间的链接"对话框】复选框，该选项才可用
该项目的挣值选项	默认的任务挣值方法	用来设置任务的默认挣值计算方法，包括完成百分比与实际完成百分比两种方法
	挣值计算的比较基准	用来设置挣值计算的比较基准选项
该项目的计算选项	将状态日期…状态日期	启用该复选框，表示将已完成部分的结束时间移到状态日期处
	并将…状态日期	启用该复选框，表示将已完成部分的结束时间移到状态日期处时，同时将剩余部分的开始时间移回到状态日期处
	将状态日期…状态日期	启用该复选框，可以将处于状体日期前的剩余部分的开始时间前移到状态日期处
	并将…状态日期	启用该复选框，表示在将状态日期前的剩余部分的开始时间前移到状态日期处时，同时将已完成部分的开始日期一同前移到状态日期处
	将新输入…状态日期	启用该复选框，表示将总完成百分比的更改平均分配到截止到项目状态日期的日程中。禁用该复选框，表示将任务完成百分比更改分配到任务的实际工期结束时
	计算多重关键路径	启用该复选框，计算并显示项目中每个独立的任务网络的关键路径。另外，启用该复选框时，没有后续任务或约束的任务的最晚完成时间将设置为其最早完成时间，从而使这些任务变得关键
	关键任务…等于	用于定义任务可宽延时间少于或等于的默认值

13.5 使用宏

Project 与 Office 其他组件一样，也为用户提供了宏功能。通过宏功能不仅可以录制周期性的操作，而且还可以在 Visual Basic 编辑器中设置界面与组件。本小节主要讲解宏的基础知识，主要包括宏的概述、录制宏、运行宏等内容。

13.5.1 宏的概述

在使用宏进行一系列的操作之前，用户还需要先了解一下宏的基础知识和安全性。

1．什么是宏

宏，是存储在模块中的一系列的命令与函数。主要用于执行命令的操作，可以将 Project 中的命令组合在一起，实现操作的自动化。例如，在 Project 中经常使用【成本】类中的【预算】报表分析项目数据，此时，可以将该操作录制成宏，在分析项目数据之前执行宏即可。

Project 为用户提供了录制新宏与 Visual Basic 编辑器两种创建宏的方法，录制宏适用于不太了解宏命令的用户，而 Visual Basic 编辑器则适用于创建更多功能的用户。但是，对于一些无法录制的命令，使用 Visual Basic 编辑器是唯一的选择。

使用宏，除了具有提高工作效率，节省工作时间的功能之外，还具有操作方便的特性。用户可以创建快捷键、快速工具栏、按钮、图形及启动文件自动运行等运行宏的方法。

2．宏的安全性

宏的安全性直接关系到录制和编辑宏，以及保存宏的操作。默认情况下，Project 2016 会禁用所有宏。用户只需执行【开发工具】|【代码】|【宏安全性】命令，选择相应的选项即可。

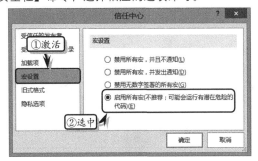

在【宏设置】选项卡中，主要包括下列选项。

- ❏ **禁用…不通知**　选中该选项，表示在禁用所有的宏时，不显示通知消息。
- ❏ **禁用…通知**　选择该选项，表示在禁用所用宏时，显示通知消息。
- ❏ **禁用…所有宏**　选择该选项，表示禁用无数字签署的所用宏。
- ❏ **启用…的代码**　选中该选项，表示启用所有宏。但是，选中该选项会允许运行潜在的危险代码。

13.5.2 录制宏

执行【开发工具】|【代码】|【录制宏】命令，在【宏名称】文本框中输入宏名称，在【宏保存于】下拉列表框中选择保存项目。单击【确定】按钮，开始录制宏。

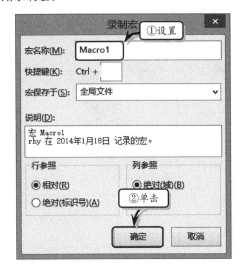

在【录制宏】对话框中，主要包括下列选项。

- ❏ **宏名称**　用于输入将要录制宏的名称。
- ❏ **快捷键**　用于设置运行宏的快捷键。
- ❏ **宏保存于**　用于设置宏的保存范围，包括全局文件与此项目两种选项。
- ❏ **说明**　用于显示宏的录制信息，包括宏名、录制时间、录制用户等信息。

- ❑ **行参照** 用于设置行的参照标准，是相对还是绝对参照。其中，绝对参照是依据标识号进行的。
- ❑ **列参照** 用于设置列的参照标准，是相对还是绝对参照。其中，绝对参照是依据域进行的。

13.5.3 运行宏

录制宏之后，执行【开发工具】|【代码】|【查看宏】命令，选择宏名称，单击【运行】按钮即可。

在【宏】对话框中，主要包括下列选项。

- ❑ **宏名称** 用于显示所选宏的名称，也可以直接输入新宏的名称。
- ❑ **运行** 单击该按钮，可运行选择的宏。
- ❑ **取消** 单击该按钮，可关闭该对话框。
- ❑ **单步运行** 单击该按钮，可在弹出的 Visual Basic 窗口中运行宏。
- ❑ **编辑** 单击该按钮，可在弹出的 Visual Basic 窗口中编辑宏代码。
- ❑ **创建** 在【宏名称】文本框中输入新宏的名称，单击该按钮即可创建新的宏。
- ❑ **删除** 单击该按钮，可删除所选宏。
- ❑ **选项** 单击该按钮，可在弹出的【宏选项】

对话框中，查看宏信息并指定快捷键。

- ❑ **宏位于** 用于显示不同范围内的宏，包括所有打开的项目、全局模板、此项目与当前项目。

13.5.4 编辑宏

创建宏之后，用户可对宏进行一系列的编辑操作，包括编辑代码、添加快捷键等。

1. 编辑宏代码

执行【开发工具】|【代码】|【查看宏】命令，在弹出的【宏】对话框中，选择宏名称，单击【编辑】按钮。此时，系统将自动弹出 Visual Basic 窗口，在该代码窗口中，修改相应的代码即可。

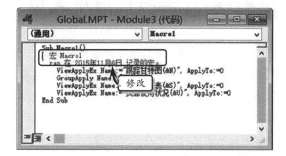

2. 添加快捷键

在【宏】对话框中，选择宏名称，单击【选项】按钮，可在弹出的【宏选项】对话框中，设置宏的快捷键。

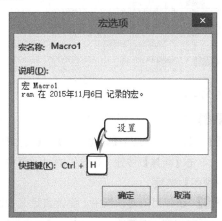

3. 删除宏

在【宏】对话框中，选择宏名称，单击【删除】按钮，即可删除所选的宏。

Project

13.6 练习：自定义报警系统项目

作为项目经理，不仅需要能够根据收集的项目信息，来构思、规划项目计划，而且还需要根据公司特点及项目的实用性，利用 Project 2016 中的高级功能自定义项目。从而使项目计划更具有规律性、可观性以及独特性。本练习将以"报警系统"项目为基准，详细介绍自定义项目的操作方法与技巧。

练习要点

- 自定义单一视图
- 自定义表
- 自定义域
- 添加自定义域
- 设置自动保存功能
- 设置配色方案
- 设置日程的计算方式
- 设置项目的显示元素

	任务名称	开始时间	完成时间	最晚开始时间	最晚完成时间	可用可宽延时	可宽延的总时间	当前日期
1	▲报警系统	5年4月23日	年12月28日	2015年4月23日	2015年12月28日	0 个工作日	0 个工作日	2015年11
2	▲自动报警	5年4月23日	5年8月14日	2015年4月23日	2015年8月14日	0 个工作日	0 个工作日	2015年11
3	电线管敷设检查、完善	2015年4月23日	2015年5月20日	2015年4月23日	2015年5月20日	0 个工作日	0 个工作日	2015年11
4	管内穿线	5年5月21日	15年7月1日	2015年5月21日	2015年7月1日	0 个工作日	0 个工作日	2015年11
5	绝缘测试	15年7月2日	5年7月15日	2015年7月2日	2015年7月15日	0 个工作日	0 个工作日	2015年11
6	订购报警设备	2015年7月2日	2015年7月15日	2015年7月2日	2015年7月15日	0 个工作日	0 个工作日	2015年11
7	探头、收报安装	2015年7月16日	2015年7月24日	2015年7月16日	2015年7月24日	0 个工作日	0 个工作日	2015年11
8	警铃、模块安装	2015年7月27日	2015年7月31日	2015年7月27日	2015年7月31日	0 个工作日	0 个工作日	2015年11
9	报警控制器安装	2015年8月3日	2015年8月14日	2015年8月3日	2015年8月14日	0 个工作日	0 个工作日	2015年11
10	▲气体灭火	5年8月17日	5年12月7日	2015年8月17日	2015年12月7日	0 个工作日	0 个工作日	2015年11
11	高压管道	2015年8月17日	2015年9月	2015年8月	2015年9月4日	0 个工作日	0 个工作日	2015年11

操作步骤 ▶▶▶▶

STEP|01 自定义单一视图。打开项目文档，执行【视图】|【任务视图】|【其他视图】|【其他视图】命令，单击【新建】按钮，在弹出的对话框中选中【单一视图】选项。

STEP|02 在弹出的对话框中，设置自定义视图的名称、屏幕视图、表等选项，并单击【确定】按钮，即可自定义单一视图。

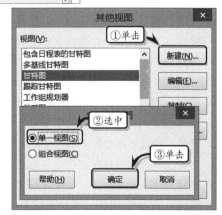

STEP|03 自定义表。将视图切换到【甘特图】视图中，执行【视图】|【数据】|【表格】|【更多表格】命令，选择一种表格类型，单击【复制】按钮。

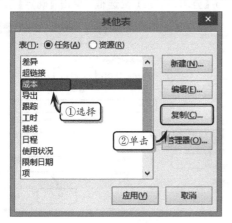

STEP|04 在弹出的对话框中，设置新表名称、表内容、表格式等内容，单击【确定】按钮，创建自定义表。

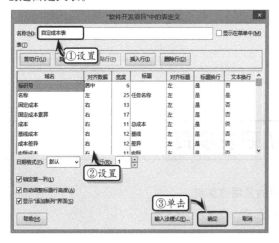

STEP|05 自定义域。执行【格式】|【列】|【自定义字段】命令，在弹出的【自定义域】对话框中，将【类型】设置为"日期"，并选择【日期 1】选项。

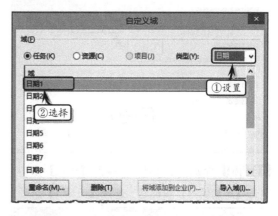

STEP|06 选中【公式】选项，在弹出的提示框中单击【确定】按钮，同时单击【公式】按钮。

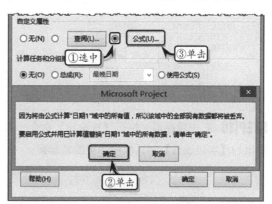

STEP|07 在弹出的【"日期 1"的公式】对话框中，输入公式，单击【确定】按钮，并在弹出的提示对话框中单击【确定】按钮。

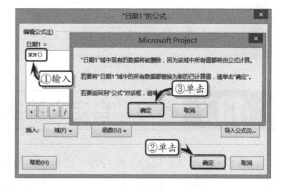

STEP|08 选中【使用公式】选项，单击【确定】按钮，完成自定义域的操作。

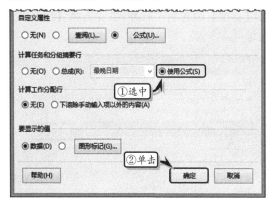

STEP|09 添加自定义域。切换到【日程】表中，单击【添加新列】域标题，选择【日期1】选项。

STEP|10 右击域标题，执行【域设定】命令，在弹出的【字段设置】对话框中，更改域标题。

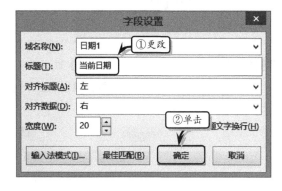

STEP|11 设置计算方式与显示元素。行【文件】|【选项】命令，激活【日程】选项卡，启用【将新输入的实际总成本一直分布到状态日期】复选框。

STEP|12 激活【高级】选项卡，禁用【显示状态栏】与【显示滚动条】复选框，单击【确定】按钮。

13.7 练习：自定义洗衣机研发项目

为了满足项目经理的工作习惯，也为了使项目中的各项信息更具有条理性，需要自定义项目的视图、表、显示等项目元素。本练习将详细介绍自定义"软件开发"项目的具体内容。

操作步骤 ▶▶▶▶

STEP|01 自定义复合视图。执行【视图】|【任务视图】|【其他视图】|【其他视图】命令，单击【新建】按钮，选中【组合视图】选项，单击【确定】按钮。

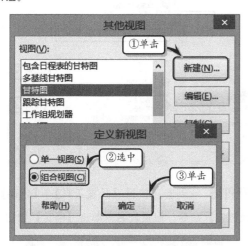

STEP|02 在弹出的对话框中，设置自定义视图的名称、视图显示类型，单击【确定】按钮。

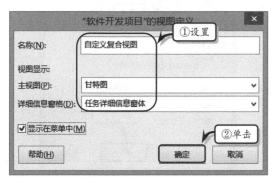

STEP|03 自定义功能区。执行【文件】|【选项】命令，激活【自定义功能区】选项卡，启用【自定义功能区】列表中的【开发工具】复选框。

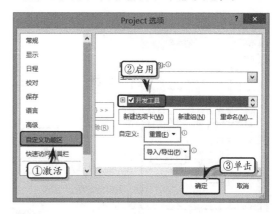

STEP|04 激活【自定义功能区】选项卡，单击【新建选项卡】按钮，新建选项卡。

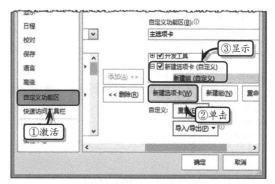

STEP|05 选择【新建选项卡（自定义）】选项，单击【重命名】按钮，输入选项卡的名称，【确定】选项。

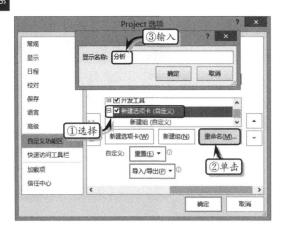

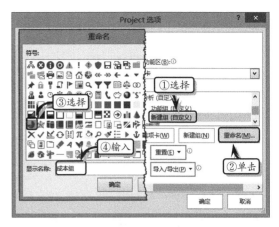

STEP|06 选择【新建组（自定义）】选项，单击
【重命名】按钮，输入新建组的名称，并设置自定
义符号。

STEP|09 在右侧列表框中选择【排序】选项，并
单击【添加】按钮，将所选命令添加到新建组中。
使用同样的方法，添加其他命令。

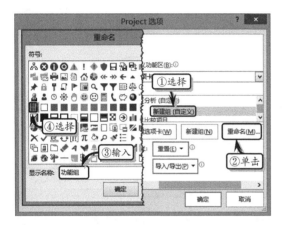

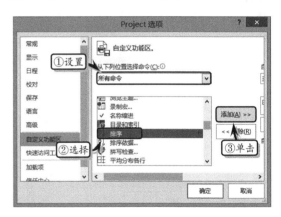

STEP|07 在【Project 选项】对话框中，单击【新
建组】按钮，新建一个组。

STEP|10 录制宏。执行【开发工具】|【代码】|
【录制宏】命令，设置宏名，单击【确定】按钮。

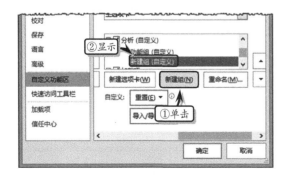

STEP|08 选择新建组，单击【重命名】按钮，设
置新建组的名称与自定义符号。

STEP|11 在【甘特图】视图中的【项】表中，选择任务4，执行【任务】|【日程】|【25%】命令。

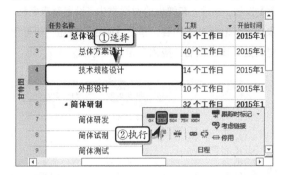

STEP|12 右击【全选】按钮，执行【成本】命令，切换到成本表中。

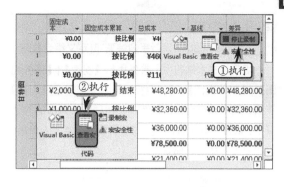

STEP|13 运行宏。执行【开发工具】|【代码】|【停止录制】命令，同时执行【查看宏】命令。

STEP|14 在弹出的【宏】对话框中，选择宏，单击【运行】按钮，运行宏。

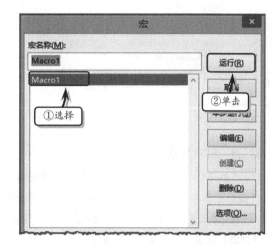

新手训练营

练习1：自定义单一视图

⊙downloads\13\新手训练营\自定义单一视图

提示：在本练习中，首先执行【视图】|【任务视图】|【其他视图】|【其他视图】命令，单击【新建】按钮，选中【单一视图】选项，单击【确定】按钮。然后，在弹出的对话框中，设置自定义视图的名称、屏幕视图、表等选项，单击【确定】按钮，自定义单一视图。最后，应用自定义单一视图。

练习 2：自定义组合视图

downloads\13\新手训练营\自定义组合视图

提示：在本练习中，首先执行【视图】|【任务视图】|【其他视图】|【其他视图】命令，单击【新建】按钮，选中【组合视图】选项。然后，在弹出的对话框中，设置自定义视图的名称、视图显示类型。最后，应用自定义组合视图。

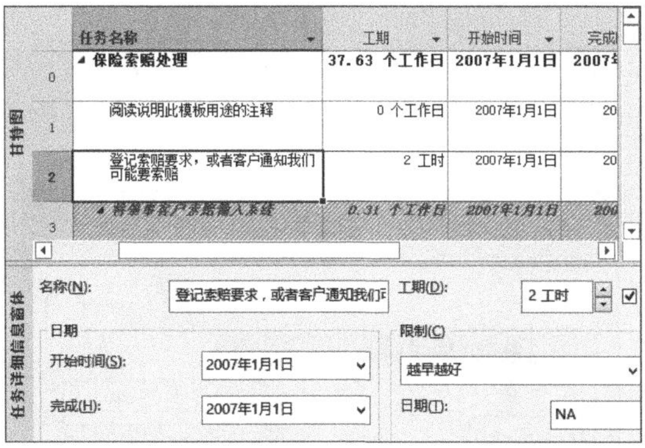

练习 3：自定义任务表

downloads\13\新手训练营\自定义任务表

提示：在本练习中，首先执行【视图】|【数据】|【表格】|【更多表格】命令，在【表】列表框中选择【挣值】选项，单击【复制】按钮。然后，在弹出的对话框中，设置新表名称、表内容、表格式等内容，单击【确定】按钮即可。

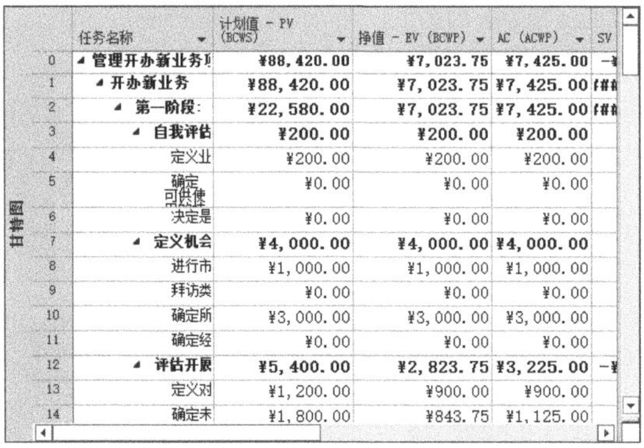

练习 4：自定义资源表

downloads\13\新手训练营\自定义资源表

提示：在本练习中，首先在【资源工作表】视图

中，执行【视图】|【数据】|【表格】|【更多表格】命令，在【表】列表框中选择【挣值】选项，单击【复制】按钮。然后，在弹出的对话框中，设置新表名称、表内容、表格式等内容，单击【确定】按钮，即可创建自定义表。最后，应用自定义任务表。

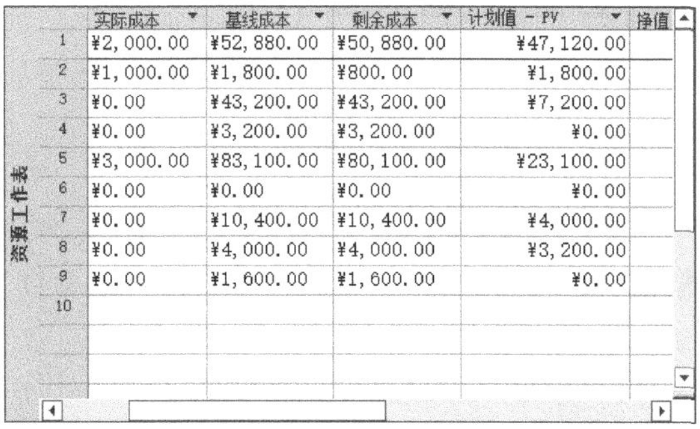

练习 4：自定义域

downloads\13\新手训练营\自定义域

提示：在本练习中，首先执行【格式】|【列】|【自定义字段】命令，在弹出的【自定义域】对话框中，将【类型】设置为"日期"，并选择【日期1】选项。选中【公式】选项，单击【公式】按钮，输入公式。然后，选中【使用公式】选项，单击【确定】按钮。最后，切换到【日程】表中，单击【添加新列】域标题，选择【日期1】选项。右击域标题，执行【域设定】命令，在弹出的【字段设置】对话框中，更改域标题。

练习 5：使用宏

提示：在本练习中，首先执行【开发工具】|【代

码】|【录制宏】命令，设置宏名，单击【确定】按钮。然后，在【甘特图】视图中的【项】表中，进行一系列的操作。然后，执行【开发工具】|【代码】|【停止录制】命令，停止录制宏。

然后，执行【查看宏】命令，在弹出的【宏】对话框中，选择宏，单击【运行】按钮，运行宏。

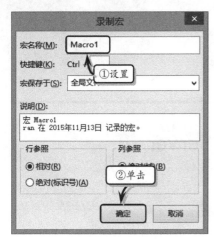

第 **14** 章

安装 Project Server

　　微软在研发 Project 2016 时，同时为该软件配备了 Project Server 2016 软件，通过安装该软件，可以将 Project 2016 软件中的数据上传到 Server 服务中心，从而实现数据共享。在安装 Project Server 2016 之前，用户需要配置本地计算机系统。然后，才能安装 Project Server 2016 软件并配置 SharePoint。

　　通过安装与配置 Project Server 2016，可以实现项目经理与项目干系人之间的协同工作，即相互交流项目信息、跟踪项目进度、提出项目风险、解决项目问题等。通过本章的学习，希望用户能掌握安装与配置 Project Server 2016 的内容及操作技巧。

Project

14.1 安装前的准备工作

Project Server 2016 属于 Project 2016 软件的服务器，在安装 Project Server 2016 之前需要根据该软件的系统要求，安装与配置系统及其必备软件。

14.1.1 配置基础系统

基础系统是在安装 SQL Server 系统之前的一些最基础的系统调试和安装，包括配置 IE ESC 和设置应用程序服务器等内容。

1. 系统要求

为了有效地工作，也为了顺利安装与配置 Project Server 2016，需要依赖于下表中的系统要求。

组件	服务器配置	Project 2016 配置
处理器	64 位的双处理器	700MHz 以上
RAM	4GB 以上	512MB 以上
硬盘	80GB 以上可用空间	1.5GB 以上
操作系统	64 位的 Windows Server 2012 以上版本，不支持 Windows Server 2012 R2 的服务器核心版	
服务器	64 位的 Microsoft SQL Server 2012 以上版本	

2. 配置 IE ESC

由于 Server 版本的系统会自动拦截 Internet 地址，所以为了保证 Project Server 2016 的顺利安装，需要取消该项功能。"配置 IE ESC"其实就是配置老版本中的"Internet Explorer 增强安全性"。

单击屏幕左下角的【服务器管理器】按钮，在左侧列表中选择【本地服务器】选项，同时选择右侧【IE 增强的安全配置】选项。

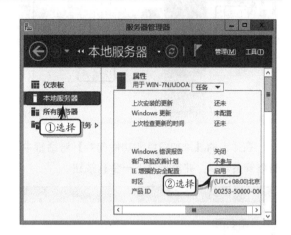

在弹出的【Internet Explorer 增强的安全配置】对话框中，选中【管理员】与【用户】列表中的【禁用】选项，单击【确定】按钮即可。

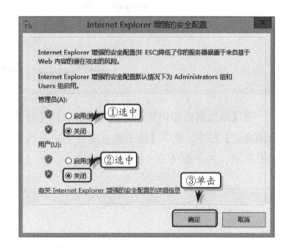

3. 设置应用程序服务器

设置应用程序服务器是安装 SharePoint Server 2016 与 Project Server 2016 的必备步骤。在【服务器管理器】对话框中的左侧列表中选择【仪表板】选项，同时选择右侧列表中的【添加角色和功能】选项。

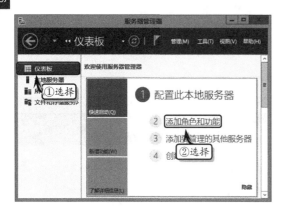

在弹出的【添加角色和功能向导】对话框中，查看安装需求，并单击【下一步】按钮。

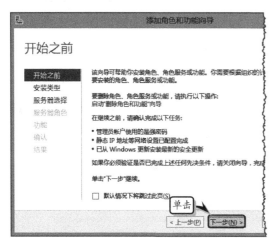

在【添加角色和功能向导】对话框中的【选择安装类型】栏中，选中【基于角色或基于功能的安装】选项，并单击【下一步】按钮。

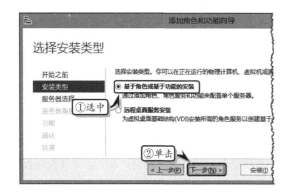

在【添加角色和功能向导】对话框中的【选择目标服务器】栏中，选中【从服务器池中选择服务

器】选项，在【服务器池】列表框中选择服务器。并单击【下一步】按钮。

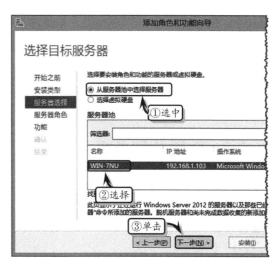

在【选择服务器角色】栏中的【角色】列表框，启用【应用程序服务器】选项，单击【下一步】按钮。

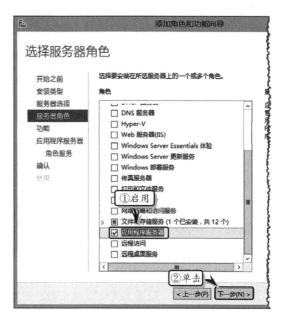

在【选择功能】栏中的【为应用程序服务器安装的角色服务】列表框中，选择需要安装的选项，并单击【下一步】按钮。

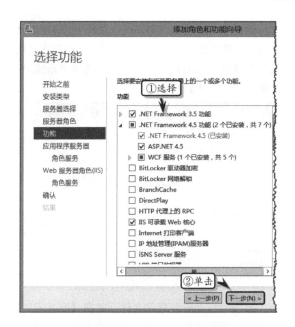

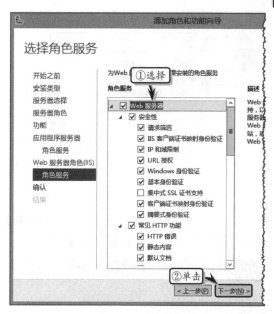

在【应用程序服务器】栏中查看注意事项，直接单击【下一步】按钮。然后，在【选择角色服务】栏中的【角色服务】列表框中，选择需要安装的选项，并单击【下一步】按钮。

最后，在【确认安装所选内容】栏中，查看安装选项，单击【安装】按钮即可安装应用程序服务器所选内容。

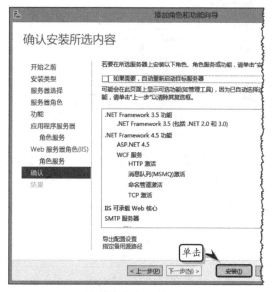

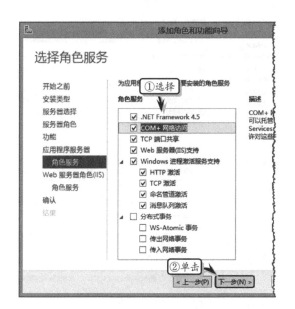

14.1.2　安装 SQL Server 2014

在【Web 服务器角色（IIS）】栏中查看注意事项，直接单击【下一步】按钮。然后在【选择角色服务】栏中的【角色服务】列表框中选择需要安装的选项，并单击【下一步】按钮。

在启用 SQL Server 2014 安装程序之前，需要等待系统自检并自动安装准备工具。然后，选择【安装】选项卡中的【全新 SQL Server 独立安装或向现有安装添加功能】选项。

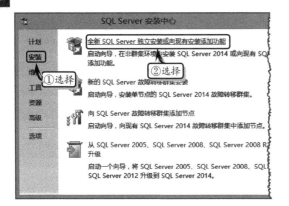

在【产品密钥】栏中，选中【输入产品密钥】选项，输入产品密钥并单击【下一步】按钮。

在弹出的【许可条款】对话框中，启用【接受许可条款】复选框，并单击【下一步】按钮。

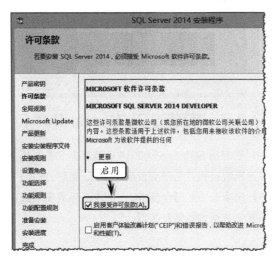

此时，系统会自动安装程序文件。安装程序文件之后，系统会再次弹出安装对话框，检测安装规则。在【Microsoft Update】栏中，选择更新情况，并单击【下一步】按钮。

系统会自动安装程序文件，并在【安装规则】栏中显示安装结果，在此对出现的 Windows 防火墙的警告不予处理，继续单击【下一步】按钮。

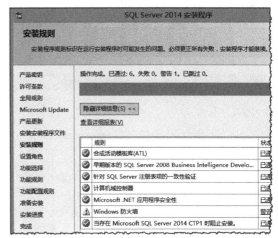

在【设置角色】栏中，选中【SQL Server 功能安装】选项，并单击【下一步】按钮。

在【功能选择】栏中，单击【全选】按钮，保持默认安装设置，并单击【下一步】按钮。

在【实例配置】栏中，选中【默认实例】选项，保持默认设置，并单击【下一步】按钮。

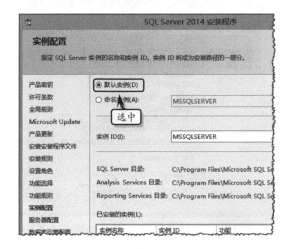

在【服务器配置】栏中，将显示 SQL 的服务器信息，保持默认设置，单击【下一步】按钮。然后，在【数据库引擎配置】栏中，选中【混合模式（SQL Server 身份验证和 Windows 身份验证）】选项，输入密码，单击【添加当前用户】按钮，并单击【下一步】按钮。

在【Analysis Services 配置】栏中，选中【多维和数据挖掘模式】选项，单击【添加当前用户】按钮，并单击【下一步】按钮。

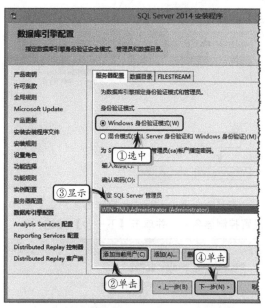

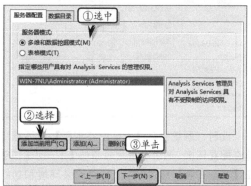

在【Reporting Services 配置】栏中，选中【安装和配置】和【仅安装】选项，并单击【下一步】按钮。

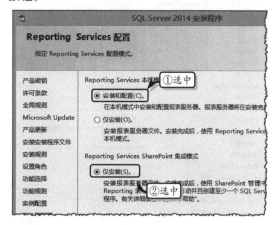

在【Distributed Replay 控制器】栏中，单击【添加当前用户】按钮，添加当前用户，并单击【下一

步】按钮。

在【Distributed Replay 控制器客户端】栏中，设置控制器名称，并单击【下一步】按钮。

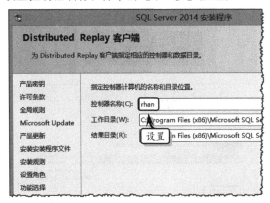

此时，系统会在【安装配置规则】对话框中，检查配置环境，通过检查之后单击【下一步】按钮。在【准备安装】对话框中，检查安装环境和功能，单击【安装】按钮，开始安装 SQL Server 2014。

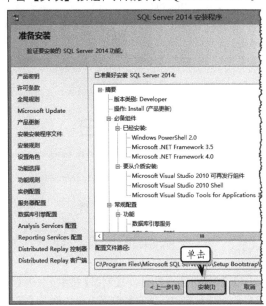

14.1.3 安装 Active Directory 域服务

在【服务器管理器】对话框中的左侧列表中选择【仪表板】选项，同时选择右侧列表中的【添加角色和功能】选项。

在弹出的【添加角色和功能向导】对话框中，查看安装需求，并单击【下一步】按钮。

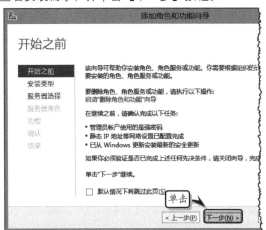

在【添加角色和功能向导】对话框中的【选择安装类型】栏中，选中【基于角色或基于功能的安装】选项，并单击【下一步】按钮。

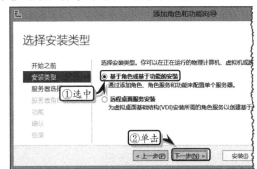

在【添加角色和功能向导】对话框中的【选择目标服务器】栏中，选中【从服务器池中选择服务器】选项，在【服务器池】列表框中选择服务器。并单击【下一步】按钮。

在【选择服务器角色】栏中的【角色】列表框中，启用【Active Directory 域服务】复选框。

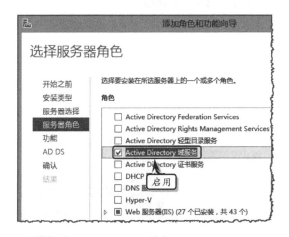

此时，系统将自动弹出的【添加角色和功能向导】对话框，单击【添加功能】按钮，返回到【添加角色和功能向导】对话框中，并单击【下一步】按钮。

在【选择功能】栏中，选择相应的选项，并单击【下一步】按钮。

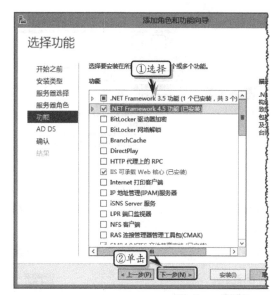

在【Active Directory 域服务】栏中，查看注意事项，并单击【下一步】按钮。最后，在【确认安装所选内容】栏中，查看安装内容，单击【安装】按钮，开始安装 Active Directory 域服务功能。

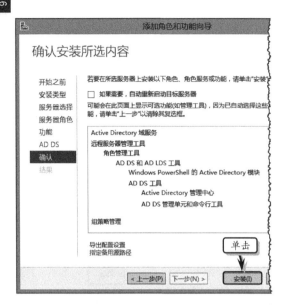

安装完毕之后，在【安装进度】栏中，选择【将此服务器提升为域控制器】选项。

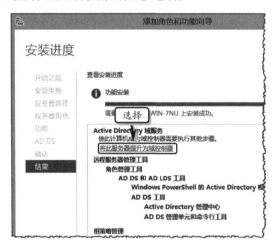

在弹出的【Active Directory 域服务配置向导】对话框中，选中【添加新林】选项，在【根域名】文本框中输入域名，并单击【下一步】按钮。

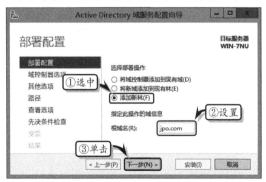

在【域控制器选项】栏中，系统会自动选择新林和根域的功能级别，此时在【密码】和【确认密码】文本框中输入密码，并单击【下一步】按钮。

在【其他选项】栏中，直接单击【下一步】按钮。在【路径】栏中，直接单击【下一步】按钮。

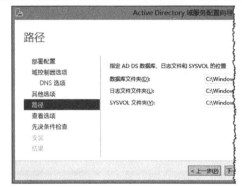

在【查看选项】栏中查看安装选项，并单击【下一步】按钮。在【先决条件检查】栏中，验证先决条件并单击【安装】按钮。

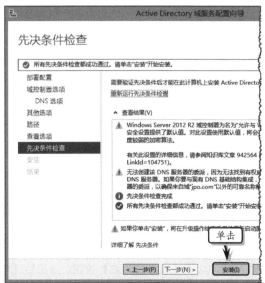

14.1.4　设置 SQL Server 2014

执行【开始】|【所有程序】|【Microsoft SQL Server 2012】|【SQL Server 配置管理器】命令。在弹出的对话框中，双击【SQL Server】服务器。

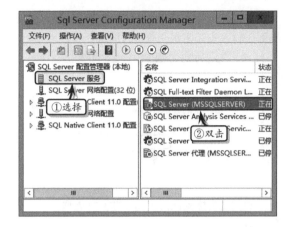

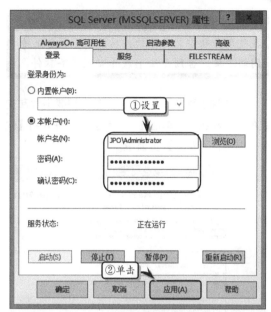

在弹出的【SQL Server（MSSQLSERVER）属性】对话框中，选中【本账户】选项，输入账户名与密码，单击【应用】按钮，重启服务器。

另外，执行【开始】|【所有程序】|【Microsoft SQL Server 2014】|【SQL Server Management Studio】命令。在弹出的【连接到服务器】对话框中，输入服务器名称，单击【连接】按钮，测试是否能连接到数据库。

14.2　安装与配置 SharePoint Server 2016

SharePoint Server 2016 是一种新型的服务器应用程序，通过该程序不仅可以简化协作、提供内容管理功能、实施业务流程、访问组织目标和流程，而且还可以跨多个 Internet 浏览器工作。通过使用 SharePoint Server 2016 中的网站模板和其他功能，可以快速有效地创建支持特定内容发布、管理、记录管理或组织商务智能的网站。

14.2.1　安装 SharePoint Server 2016

SharePoint Server 2016 为用户提供了安装必备软件的功能，运用该功能可以自动安装必备软件。首先，启用 SharePoint Server 2016 安装程序，

选择【安装必备软件】选项。

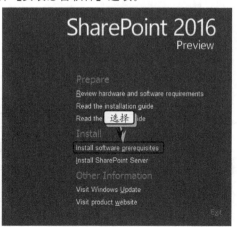

注意

在使用自动安装必备软件功能时，需要保持网络连接，否则无法下载并安装必备软件。

在欢迎页面中，系统会自动给出需要下载和安装的软件和组件，单击【下一步】按钮进入到【软件产品的许可条款】页面中。

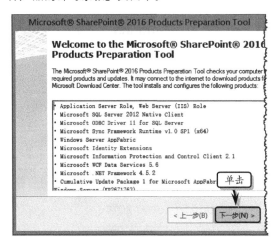

启用【我接受许可协议的条款】复选框，并单击【下一步】按钮。

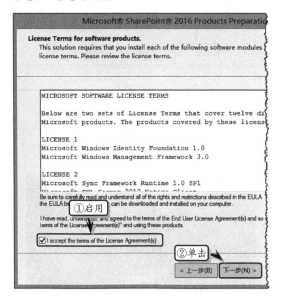

此时，系统会自动连接网络下载和安装必要的软件和组件，单击【完成】按钮之后，系统会自动重启，直到所有的组件和软件安装完毕。

注意

在安装 SharePoint Server 2016 之前，或在安装之后尚未配置之前，需要安装 Active Directory 域控制器。

安装完软件和组件之后，系统会自动进入安装界面。输入安装密钥，单击【继续】按钮。

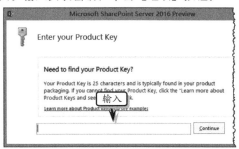

启用【我接受此协议的条款】复选框，并单击【继续】按钮。

在展开的列表中设置文件的保存路径，一般情况下选择默认位置，单击【立即安装】按钮开始安装。

完成安装之后，在【运行配置向导】对话框中，启用【立即运行 SharePoint 产品配置向导】复选框，并单击【关闭】按钮。

14.2.2　配置 SharePoint Server 2016

在弹出的【SharePoint 产品配置向导】对话框中，单击【下一步】按钮，单击【是】按钮。

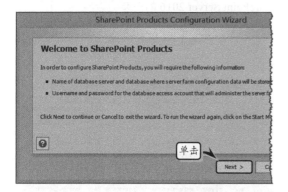

此时，系统会弹出提示对话框，提示重新启动服务，包括 IIS、SharePoint Administration 和 Timer 服务，在此单击【是】按钮。

在【连接到服务器场】列表中，选中【创建新的服务器场】选项，单击【下一步】按钮。

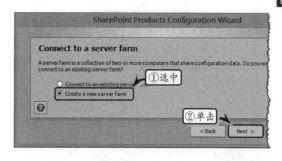

在【指定配置数据库设置】列表中，输入数据库服务器与数据库名称，及数据库访问账户的用户名与密码，并单击【下一步】按钮。

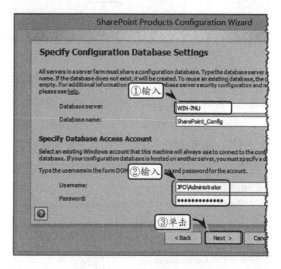

在【指定服务器场安全设置】列表中，设置 SharePoint 产品服务器场的新密码。该密码是用于保护场配置数据及加入该场的各个服务器的必要条件。

在【指定服务器角色】列表中，选择服务器角色，并单击【下一步】按钮。

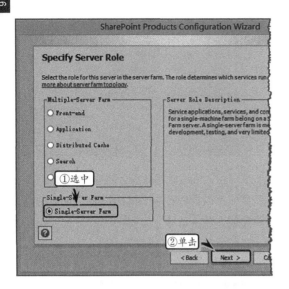

在【配置成功】列表中，再次查看配置数据库服务器、配置数据库名称、管理中心 URL 以及验证提供程序。单击【完成】按钮后，即可完成 SharePoint Server 2016 的安装。

在【配置 SharePoint 管理中心 Web 应用程序】列表中，指定 Web 应用程序的端口号，该号码介于 1~65535 之间。一般情况下，可以使用默认端口号。另外，还需要配置 Web 应用程序的安装设置。

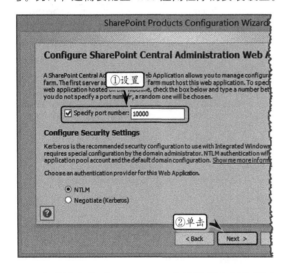

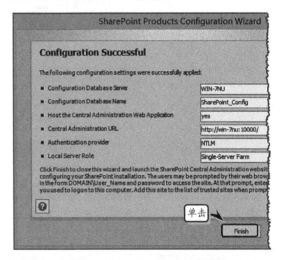

在【正在完成 SharePoint 产品配置向导】列表中，可以查看配置数据库服务器、配置数据库名称、管理中心 URL 以及验证提供程序。

注意

完成 SharePoint Server 2016 的安装之后，系统会自动弹出【初始场配置向导】网页。用户可以在安装 Project Server 之后再配置 SharePoint 场。

14.3 创建 PWA 网站

由于 Project Server 2016 已被完全整合到 　 SharePoint Server 2016 中了，Project Server 2016 变

成了 SharePoint Server 2016 中的一个服务。因此，安装 SharePoint Server 2016 后，通过一定的配置便可以在 SharePoint 管理中心网站中创建 PWA 网站。

14.3.1　使用配置向导

在【SharePoint 2016 管理中心】网页中，选择【配置向导】选项。在【初始场配置向导】网页中，选择是否参加客户体验改善计划，单击【确定】按钮，并单击【启动向导】按钮，开始初始配置。

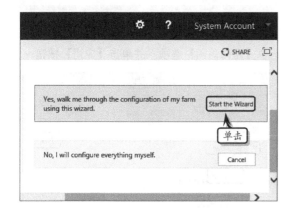

在页面中，选中【使用现有管理账户】选项。另外，还可以选中【新建管理账户】选项，在【用户名】与【密码】文本框中输入用户名与密码，新建管理账户。最后，单击【下一步】按钮。

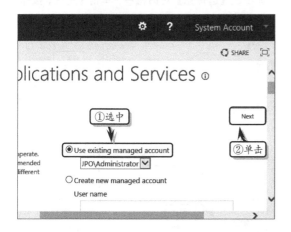

在下一页中单击【跳过】按钮，然后单击【完成】按钮，完成 SharePoint 场的配置操作，系统将自动切换到【SharePoint 2016 管理中心】网页中。

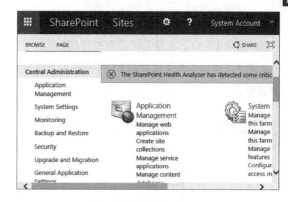

14.3.2　创建域账户

注册管理账户是配置 SharePoint Server 2016 的首要步骤，但在注册账户之前用户还需要先创建一个域账户。

1．添加用户

执行【开始】|【管理工具】|【Active Directory 用户和计算机】命令，展开【jpo.com】节点，右击【Users】选项，执行【新建】|【用户】命令。

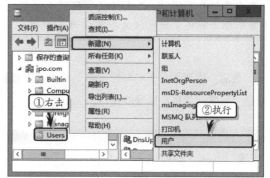

在【新建对象-用户】对话框中的【姓】与【用户登录名】文本框中，输入"rhan"，单击【下一步】按钮。

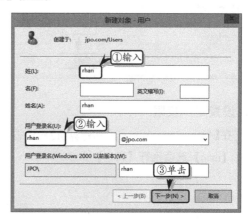

在【密码】与【确认密码】文本框中分别输入密码，禁用【用户下次登录时须更改密码】复选框，同时启用【用户不能更改密码】与【密码永不过期】复选框。

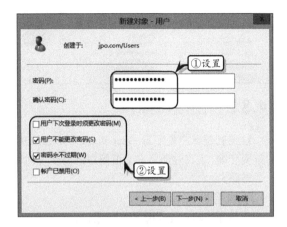

在【rhan 属性】对话框，激活【拨入】选项卡，选中【允许访问】选项，并单击【应用】按钮。

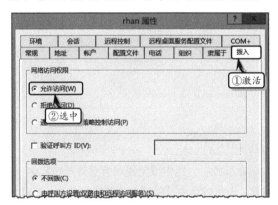

注意

在设置用户密码时，必需保证密码的长度与复杂性，密码最好包括大小写字母与数字。

最后，查看用户全名与登录名，单击【完成】按钮，完成创建用户账号的操作。

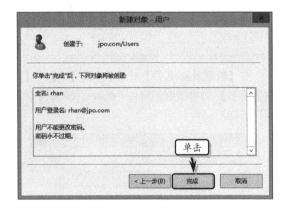

激活【隶属于】选项卡，单击【添加】按钮。在弹出的【选择组】对话框中，单击【高级】按钮。

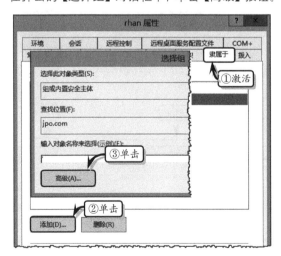

2. 设置用户权限

在【Active Directory 用户和计算机】对话框中，右击【rhan】选项执行【属性】命令。

单击【立即查找】按钮，在【搜索结果】列表框中选择【Administrators】选项，并单击【确定】

按钮。

14.3.3 创建应用程序

创建网站集包括检查服务应用程序、创建 Web 应用程序和创建 PWA 网站等内容，但在创建网站集之前还需要先注册一个管理账户。

1. 注册管理账户

在【SharePoint 2016 管理中心】网页中，选择【安全性】选项。然后，选择【配置管理账户】选项。

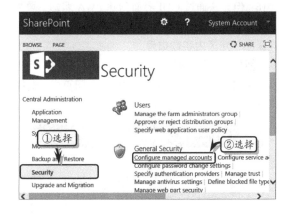

单击【注册管理账户】按钮，在【服务账户凭据】列表中，输入用户名与密码，单击【确定】按钮即可。

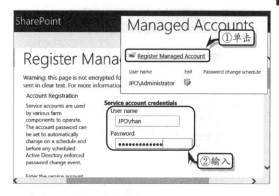

2. 检查服务应用程序

在【SharePoint 2016 管理中心】网页中，选择【系统设置】选项，同时选择【管理服务器上的服务】选项。

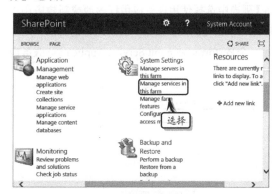

在展开的页面中查看应用服务程序的具体状况，确保 PerformancePoint Service 与 Project Server 应用程序服务已启用。

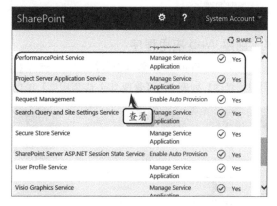

3. 创建服务应用程序

在【SharePoint 2016 管理中心】网页中，选择【管理服务应用程序】选项。

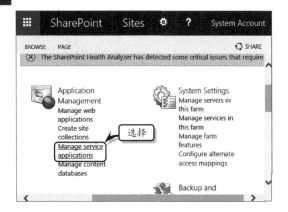

执行【新建】|【Project Server Service Application】命令，在【Project Web App 服务应用程序名称】文本框中输入程序名称，在【应用程序池】列表中选择使用现有应用程序池或新建应用程序池，单击【确定】按钮。使用同样的方法，再创建一个 Performancepoint Service Application 服务应用程序。

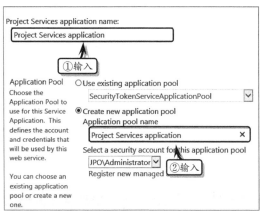

4．创建 Web 应用程序

在【SharePoint 2016 管理中心】网页中，选择【应用程序管理】列表中的【管理 Web 应用程序】选项。

在【管理中心：Web 应用程序】网页中，单击【新建】按钮。

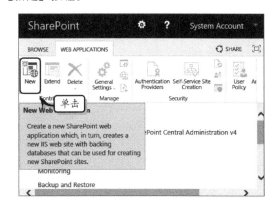

保持默认设置，单击【确定】按钮后，系统会自动配置 Web 网站。使用同样的方法，创建第二个 Web 网站，以备后用。

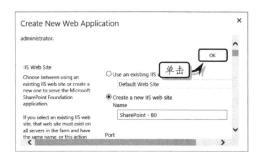

14.3.4　创建 PWA 网页

虽然 SharePoint 2016 整合了 Project Server 2016，但无法通过 GUI 界面创建 PWA 网站，需要通过 Powershell 命令来创建。但在创建之前，需要确保已创建了内容数据库。

1．创建内容数据库

在【SharePoint 2016 管理中心】网页中，选择【管理内容数据库】选项。

在弹出的页面中，查看页面中是否已创建了内容数据库。如果没有创建内容数据库，则需要单击【添加内容数据库】按钮。

在弹出的页面中，设置内容数据库的名称，单击【确定】按钮即可。

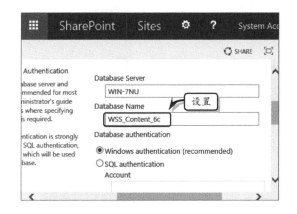

2. 创建 PWA 网站

首先，执行【开始】|【Microsoft SharePoint 2016】|【SharePoint 2016 Management Shell】命令，打开命令提示符对话框。在该对话框中，先输入创建 PWA 网站的代码，如下所示。

```
New-SPSite -ContentDatabase PWA 内
容数据库名字 -URL PWAURL 名字 -Template
pwa#0
```

按下 Enter 键之后，系统将自动创建并要求用户输入参数提供值。用户输入域名和用户名，按下 Enter 键后系统会自动显示创建结果。

创建 PWA 首页之后，需要激活 PWA 首页。此时，用户需要在命令提示符对话框中，继续输入下列激活代码，并按下 Enter 键。

```
Enable-SPFeature   Pwasite   -URL
PWAURL 名字
```

创建 PWA 网站的最后一步是切换到 Project Server 权限模式中。在命令提示符对话框中，继续输入下列代码，并按下 Enter 键。

```
Set-SPPro. jectPermissionMode -
URL PWAURL 名字-Mode ProjectServer
```

创建 PWA 网页之后，在 IE 地址栏中输入 PWA 网页地址，即可进入 Project Web App 网页中。

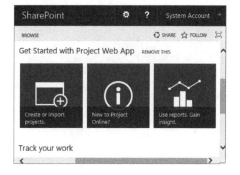

6．设置 Project 2016

启动 Project 2016，执行【文件】|【信息】命令，在展开的列表中单击【管理账户】按钮。

在弹出的【Project Web App 账户】对话框中，单击【添加】按钮，在【账户名】文本框中输入"JPO"，在【Project Server URL】文本框中话输入PWA 网站地址，启用【设为默认账户】复选项。

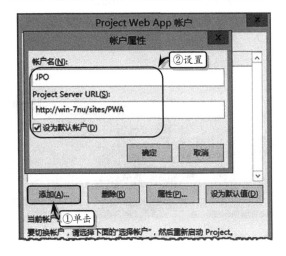

单击【确定】按钮，完成设置 Project 账户的操作。此时，在【可用账户】列表框中，将显示新添加的链接。

第 **15** 章

设置 Project Server 服务器

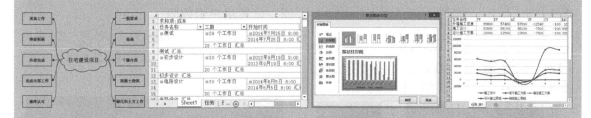

　　在项目实施的过程中，项目经理、员工及项目干系人之间需要进行协同工作，包括相互交流项目信息、跟踪项目进度、分析项目成本、分析项目预算等工作。为了解决各级工作人员之间的协作问题，也为了使 Project 发挥最大优势，微软公司在 Project 软件中配置了 Project Server 2016 软件。

　　配置完 Project Server 2016 之后，为适应协同工作的需要，还需要设置 Project Server 2016 的应用程序、外观、时间列表、任务的显示方式、操作策略及共享文档。通过本章的学习，希望用户可以熟练掌握管理 Project Server 2016 的操作知识与技巧。

Project 15.1 设置用户和权限

虽然在前面的小节已经创建了 Project Server 2016，但是到目前为止还不能使用 Project Server 2016 共享数据。为了确保项目干系人都可以登录 Office Project Web Access 网页，还需要设置人员和组、网站权限、网站集管理员和网站应用程序权限等内容。

15.1.1 设置人员和组

默认情况下，Project Web App 网站中只显示系统默认的管理用户，为便于协作与沟通管理，还需要在网站中设置人员和组。

1. 添加网站用户

登录到 Project Web App 网站后，执行【设置】|【网站设置】命令，切换到【网站设置】页面，在【用户和权限】列中，选择【人员和组】选项。

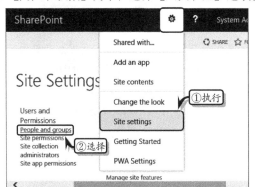

在弹出的页面中，选择左侧导航栏中的【Project Web App 的工作组成员组】选项，查看当前用户信息，并单击【新建】按钮。

在【共享‘Project Web App’】页面中的【将用户添加到 Project Web App 的工作组成员组】文本框中输入需要显示的名称，单击【共享】按钮。

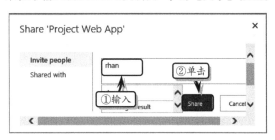

2. 设置用户组权限

此时，在列表中将显示新增加的用户名。在列表中选中新增加的用户，执行【设置】|【组设置】命令。

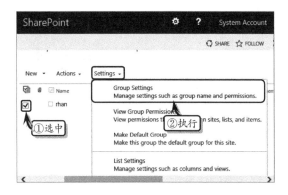

在【人员和组:更改用户组设置】页面中，设置名称、所有者、用户组设置和成员身份请求等信息，并单击【确定】按钮。

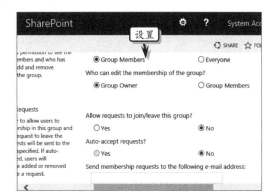

3．删除组中的用户

在【人员和组：Project Web App 的工作组成员】页面中，选中用户，执行【操作】|【从用户组中删除用户】命令。

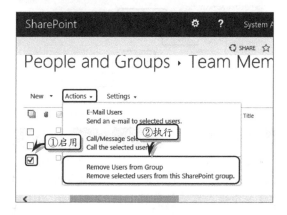

然后，在弹出的【来自网页的消息】对话框中，单击【确定】按钮，即可删除用户。

4．设置网站管理员

在【人员和组：Project Web App 的工作组成员】页面中左侧的【组】导航页中，选中【Project Web App 的管理员】选项，并单击【新建】按钮。

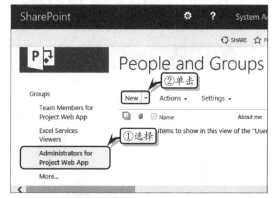

在【共享 ′Project Web App′】页面中的【将用户添加到 Project Web App 的管理员组】文本框

中输入需要显示的名称，单击【共享】按钮。

15.1.2　设置网站权限

在【网站设置】页面中，选中【网站权限】选项。在该页面中，可以为网站成员授予权限，还可以修改当前网站用户或组的管理权限。

1．修改用户权限

在【网站权限】页面列表中，选择管理员组，执行【修改】|【编辑用户权限】命令。

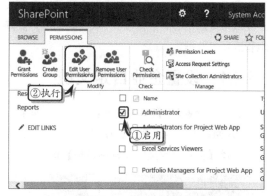

在弹出的【权限：编辑权限】页面中，启用相应的权限复选框，单击【确定】按钮即可。

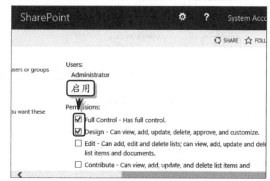

2．为用户授权

在【网站权限】页面中，执行【授予】|【授予权限】命令。在弹出的【共享'Project Web App'】对话框中的文本框中，输入用户名称，单击【共享】按钮。

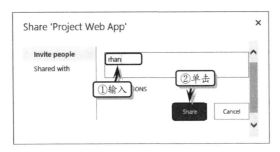

3．设置网站集管理员

在【网站设置】页面中，选中【网站集管理员】选项。在弹出的【权限：网站集管理员】页面中，输入网站集管理员的名称，并单击【确定】按钮。

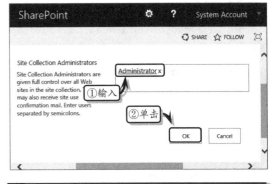

> **注意**
>
> Project Web App 网站中的设置用户、设置组、设置管理类别和设置安全模式等有关设置安全性内容，请参阅 Project Server 2010 中的操作。

15.2 设置企业数据

在 Project Server 2016 中，用户还可以自定义企业域与资源中心等数据模式，从而帮助用户更好地管理项目数据。

15.2.1 设置企业自定义域

执行【设置】|【PWA 设置】命令，切换到针对 PWA 网站设置的页面中。在【企业数据】列表中，选择【企业自定义域和查询表格】选项。

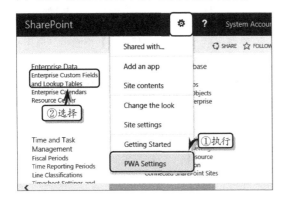

在展开的【企业自定义域和查阅表格】页面中，单击【新建域】按钮。

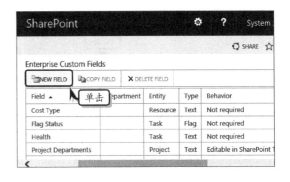

在【新建自定义域】页面中的【名称】文本框中，输入"盈余分析"，单击【保存】按钮即可。

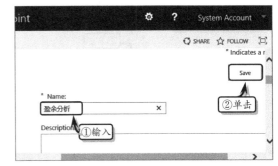

15.2.2　设置资源中心

返回到 PWA 设置主页面中，在【企业数据】列表中选择【资源中心】选项。由于当前资源中心为空，所以需要执行【新建】命令，来创建资源。

在展开的【新建资源】页面中，设置资源的类型并输入资源名称，单击【保存】按钮。

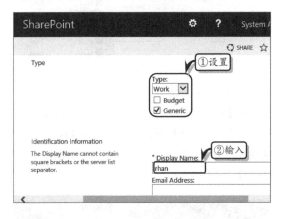

此时，在资源列表中将显示新创建的资源名称。选择"rhan"资源，执行【编辑】命令。

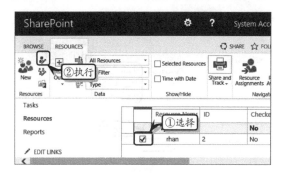

在【工作分配】列表框中，设置资源的标准费率、加班费率、每次使用成本等信息。最后，单击【保存】按钮，完成设置资源中心的操作。

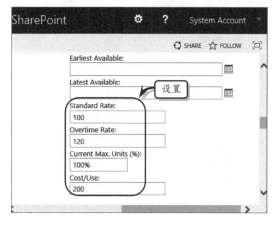

Project 15.3　设置外观

在 Project Server 2016 中，用户可以根据工作习惯与项目特点，自定义视图的外观。另外，还可以通过【快速启动】的功能，在导航栏中添加经常使用的网站地址。

15.3.1　新建视图

在 Project Web App 网站中，执行【设置】|【PWA设置】命令。在【外观】列表中，选择【管理视图】选项。然后，单击【新建视图】按钮。

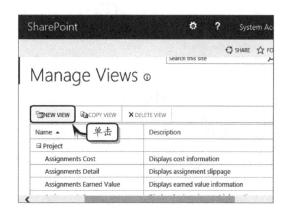

在【名称】文本框中输入"项目成本",在【说明】文本框中输入"查看项目成本",在【表】选项组中选中【任务】选项。

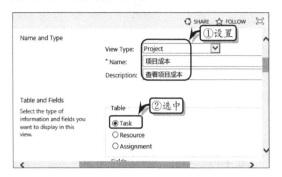

在【域】选项组中的【可用域】列表框中,选择【成本】选项,并单击【添加】按钮。使用同样的方法,分别添加"固定成本"、"实际成本"与"预算成本"选项。

在【甘特图格式】下拉列表中,选择【详细甘特图(视图)】选项。在【分组主要依据】下拉列表中,选择【实际成本】选项。在【次要依据】下拉列表中,选择【完成】选项。

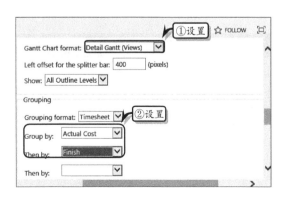

15.3.2 设置视图格式

设置视图格式包括设置分组格式、设置甘特图格式和设置快速启动3部分内容,其具体操作如下所述。

1. 设置分组格式

在【外观】列表中,选择【分组格式】选项。然后,单击【单元格颜色】下拉按钮,在其列表中选中相应的颜色。使用同样的方法,分别设置其他颜色。最后,单击【保存】按钮。

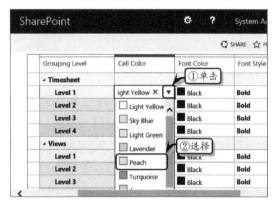

2. 设置甘特图格式

在【外观】列表中,选择【甘特图格式】选项。然后,在【甘特图】下拉列表中选择【详细甘特图(视图)】选项,禁用【基线】复选框。最后,单击【保存】按钮即可。

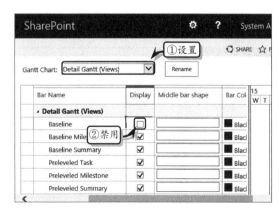

3. 设置快速启动

在【外观】列表中,选择【快速启动】选项。然后,执行【新建链接】命令。

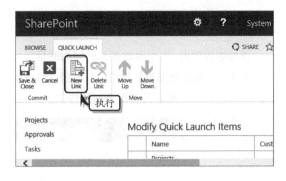

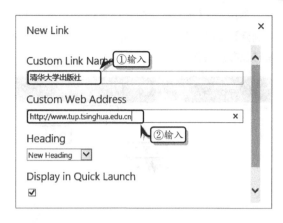

在【新建链接】文本框中输入"清华大学出版社"，在【自定义 Web 地址】文本框中输入"http://www.tup.tsinghua.edu.cn"，单击【确定】按钮。

15.4 设置时间和任务

在 Project Web APP 主页中，还具有管理时间与任务功能。通过设置时间与任务，可以帮助用户根据公司财务规范与项目自身特点，设置准确的财务时间与阶段。

15.4.1 设置财政周期

在 Project Web App 网站中，执行【设置】|【PWA 设置】命令。在【时间和任务管理】列表中，选择【财政周期】选项。然后，在【财政周期】网页中，单击【定义】按钮。

将【财政年度的开始日期】设置为"1/1/2015"，选中【标准日历年】选项。最后，单击【创建并保存】按钮。在【财政周期】页面中，单击【保存】按钮，完成设置财务周期的操作。

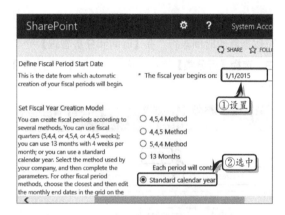

15.4.2 设置时间报告阶段

在【时间和任务管理】列表中，选择【时间和报告阶段】选项。然后，在弹出的【时间和报告阶段】页面中，将【第一时间段的开始日期】设置为"11/20/2015"。

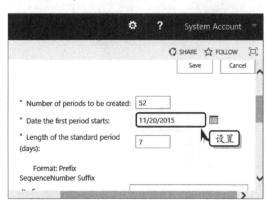

然后，在【定义批量命名约定】列中，单击【批量创建】按钮，批量创建时间报告阶段。最后，单击【保存】按钮即可。

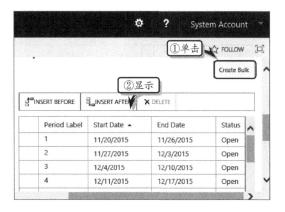

15.4.3　设置行分类

行分类是为了业务目的或记账需要而建立的，可以重复的时间表行。在【时间和任务管理】列表中，选择【行分类】选项。然后，单击【新建分类】按钮。

在【名称】单元格中输入分类名称，然后在【说明】单元格中输入分类说明。

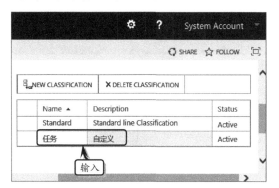

15.4.4　管理时间

通过管理时间，可以跟踪例外时间与非项目时间。在【时间和任务管理】列表中，选择【管理时间】选项。然后，单击【新建类别】按钮。

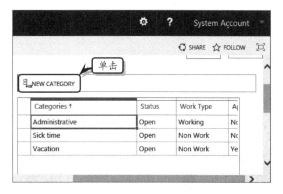

然后，在【类别】单元格中输入"加班"，同时启用【总是显示】复选框。最后，单击【保存】按钮。

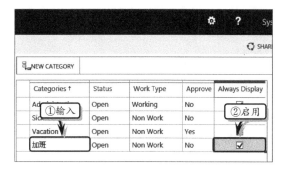

15.4.5　任务设置和显示

在【时间和任务管理】列表中，选择【任务设置和显示】选项。然后，在【跟踪方法】列中，选中【实际完成工时与剩余工时】选项。

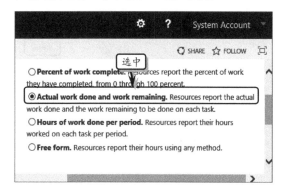

然后，在【报告显示】列中，选中【资源必须报告每周工时数】选项。同时，将【每周开始于】设置为"Monday"。

最后，在【保护用户更新】列中，启用【允许用户定义任务更新的自定义工期】复选框，并单击【保存】按钮。

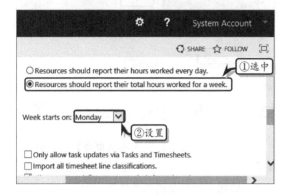

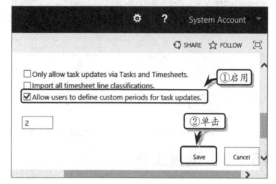

15.5　设置工作流与项目信息

Project Web App 网站除了具有 Project Server 2016 中心网站中的功能之外，还具有设置工作流与项目详细信息页面的功能。

15.5.1　设置企业项目类型

在 Project Web App 网站中，执行【设置】|【PWA 设置】命令。在【工作流和项目详细信息页面】列表中，选择【企业项目类型】选项。然后，单击【新建企业项目类型】按钮。

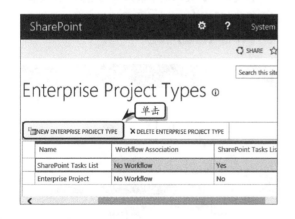

在【名称】文本框中输入企业项目类型的名称，然后，设置各项选项，并单击【保存】按钮。

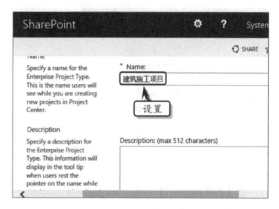

15.5.2　设置工作流阶段

在【工作流和项目详细信息页面】列表中，选择【工作流阶段】选项。然后，单击【新建工作流阶段】按钮。

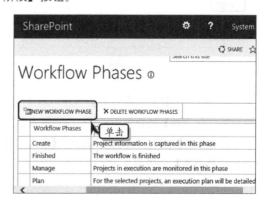

在【添加工作流阶段】页面中，输入工作流的名称，单击【保存】按钮即可。

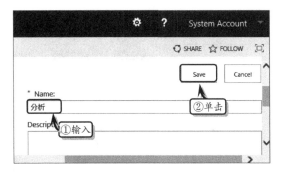

15.5.3　设置工作流容器

在【工作流和项目详细信息页面】列表中，选择【工作流容器】选项。然后，单击【新建工作流容器】按钮。

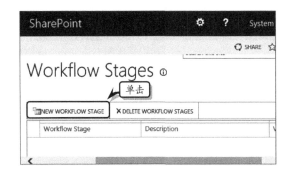

在【名称和说明】列表中的【名称】文本框中，输入工作流容器的名称。

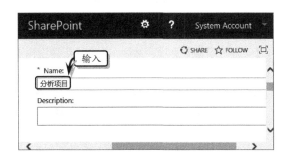

在【可见项目详细信息页面】列表中的【可用项目详细信息页面】列表框中，同时选择所有的选项，单击【添加】按钮，将选项添加到【所选的项目详细信息页面】列表框中。

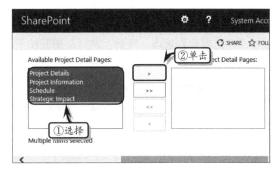

15.5.4　设置项目详细信息页面

在【工作流和项目详细信息页面】列表中，选择【项目详细信息页面】选项，可在弹出的页面中创建、编辑于管理文档与库信息。

1．新建文档

首先，在【项目详细信息页面】页面中，执行【文件】|【新建】|【新建文档】命令。

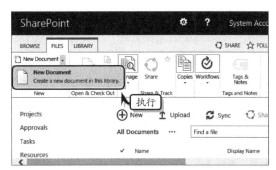

在【名称】文本框中输入文档名称，在【请选择布局模板】列表框中，选择需要设置的布局类型。然后，单击【创建】按钮。

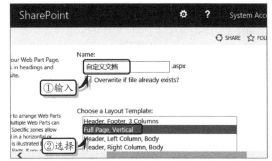

在弹出的【自定义文档】页面中，单击【添加Web 部件】链接。

在展开的【类别】列表框中选择【应用程序】
选项，然后再【部件】列表框中选择【表单模板】
选项。最后，单击【添加】按钮。

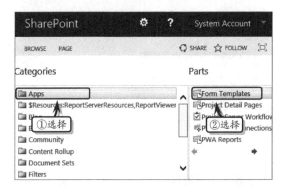

使用同样的方法，分别添加页面左栏、中间栏、
右栏以及页脚中的 Web 部件。

2．上载单个文档

在【项目详细信息页面】页面中，执行【文件】
|【新建】|【上载文档】命令。

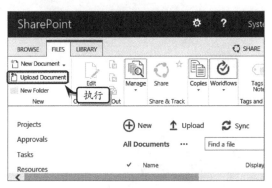

然后，在弹出的【上载文档】对话框中，单击
【浏览】按钮。

在弹出的【选择要加载的文件】对话框中，选
择需要上载的文件，单击【打开】按钮。然后，在
网页中单击【确定】按钮。

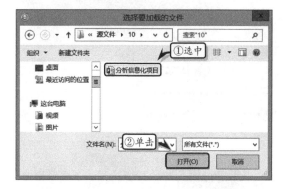

最后，在【项目详细信息页面】网页中，查看
上载文档的名称与类型，单击【保存】按钮即可。

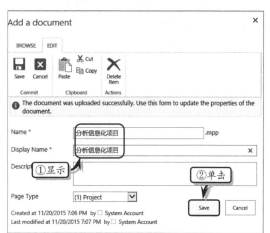

第 16 章

沟通与协作管理

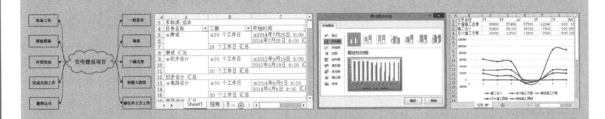

安装 Project Server 2016 之后，项目经理便可以进行协作与沟通管理了。协作与沟通管理，主要是在项目规划与执行时，项目干系人之间相互共享项目信息，或将项目文档上传到 Project Server 2016 网页中，从而实现协商、分析与解决项目问题与风险的功能。

在进行协作与沟通项目之前，项目干系人需要将各自的项目文档上传到 Project Server 中。然后，在 Project Server 中进行规划与管理项目与网页数据的工作。通过本章的学习，希望用户能熟练掌握上传项目、管理 Project Server 2016 项目中的风险与问题。

16.1 发布项目

发布项目是将项目保存或导入到 Project Server 中，从而方便项目干系人之间的协作。另外，项目干系人之间，还可以利用电子邮箱或 Exchange 文件夹，共享全部或部分项目信息。

16.1.1 创建 Project Server 项目

创建 PWA 网站之后，便可以将本地项目保存到 Project Server 中了，除了保存之外还可以将项目的进度情况随时发布到 Project Server 中。

1. 将项目保存到 Project Server 中

打开需要保存的项目文档，执行【文件】|【另存为】命令。在【Project Web App】列表中，选择【JPO】选项，并单击【保存】按钮。

注意

用户也可以启用【使用导入向导】复选框，以向导模式将项目保存到 Project Web App 网站。

在弹出的【保存到 Project Server】对话框中的【名称】文本框中输入"共享项目"，单击【保存】按钮，即可将项目上传到 Project Server 中。

在【保存到 Project Server】对话框中，主要包括下列选项。

❑ **名称** 用于设置保存到 Project Server 项目中的名称。

❑ **类型** 用来设置保存项目的类型，包括项目与模板两种类型。

❑ **日历** 用于设置保存项目的日历格式，默认格式为标准格式。

❑ **部门** 用来设置保存项目的所属部门，该部门为在 Project Server 中设置的部门。

❑ **自定义域** 用来显示保存项目的示例内容。

❑ **保存** 单击该按钮，表示将该项目保存到 Project Server 中。

❑ **另存为文件** 单击该按钮，可在弹出的【另存为文件】对话框中，单击【确定】按钮，即可将项目文件保存到当前计算机中。

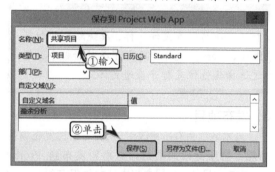

2. 打开 Project Server 项目

将项目保存到 Project Server 中后，用户可通过文档名称直接打开已上传的项目文档。执行【文件】|【打开】命令，在【Project Web App】列表中，选择【jpo】选项，并单击【浏览】按钮。

在弹出的【打开】对话框中，系统默认显示【企业项目】列表框，选择"创建信息化项目"选项。在【模式】选项组中，选择打开与保存模式并单击【打开】按钮。

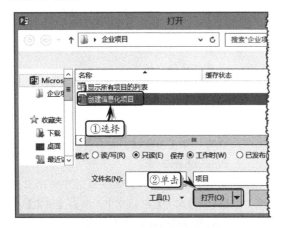

注意

打开文件与保存文件一样，系统默认为打开 Project Server 文件。用户可在对话框中，通过选择其他位置打开普通文件。

3．发布项目

当本地项目有所更改时，用户可通过发布项目功能，将所更改的项目信息重新发布到 Project Server 中。另外，当用户将本地文件保存到 Project Server 中后，系统才会在【信息】列表中显示【发布】按钮。

执行【文件】|【信息】命令，在展开的列表中单击【发布】按钮，即可将项目发布到 Project Server 中。

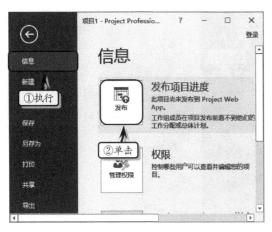

16.1.2　导入资源到 Project Server 中

导入资源到 Project Server 中，即将资源添加到 Project Server 中，使该服务器中的其他项目可以使用该资源。执行【资源】|【添加资源】|【将资源引入企业】命令。

在弹出的【导入资源向导】任务窗格中，单击【继续执行第 2 步】按钮。然后，在弹出的【确认资源】任务窗格中，单击【保存并完成】按钮，将资源导入到 Project Server 中。

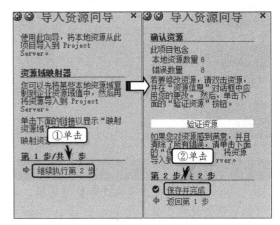

16.1.3　发送项目信息

发送项目信息，是项目干系人之间利用 Outlook 与 SharePoint 服务器共享项目信息。

在 Project 2016 中，用户可以通过 Outlook 分享项目信息。首先，执行【文件】|【共享】命令，在展开的列表中选择【电子邮件】选项，并单击【作为附件发送】按钮。

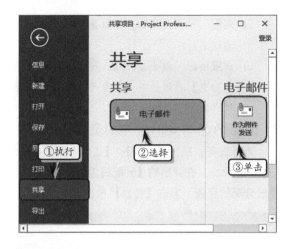

然后，在弹出的 Outlook 中输入收件人地址、主题与内容，单击【发送】按钮即可。

16.2　使用 Project Server 规划工作

使用 Project Server 规划工作是利用 Project Server 中企业模版规划项目工作，也就是为新建项目分配 Project Server 中的资源，并将项目发布到 Project Server 中。

16.2.1　新建项目规划

新建项目规划是配置 Project Server 资源的前提操作，它与新建项目的操作方法相同。

执行【文件】|【新建】命令，在展开的列表中，选择【敏捷项目管理】选项。

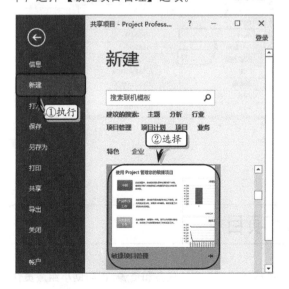

在弹出的对话框中，预览报表内容，单击【创建】按钮，根据模板新建项目规划。

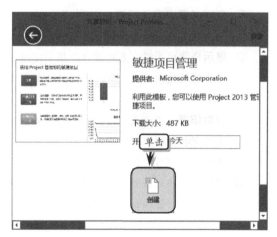

16.2.2　为项目配置资源

新建项目规划之后，便可以为项目配备 Project Server 中的资源了。

1．引入 Project Server 中的资源

执行【资源】|【添加资源】|【自企业建立工作组】命令，在【企业资源】列表框中，选择"rhan"选项，单击【添加】按钮，将 Project Server 资源添加到当前项目中。

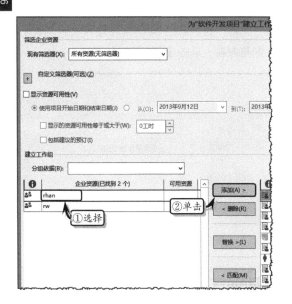

在该对话框中，还包括下列选项。

❑ **现有筛选器** 用于设置资源类的筛选器，包括过度分配的资源、已完成工作等 24 种筛选器。

❑ **自定义筛选器（可选）** 可在展开的列表中，创建自定义筛选器。

❑ **显示资源可用性** 启用该复选框，可以设置资源的使用日期、资源的可用性与预定情况。

❑ **分组依据** 用于设置分组的条件依据，单击其下拉按钮，在展开的下拉列表中选择分组依据即可。

❑ **添加** 单击该按钮，可将【企业资源】列表框中的资源添加到【项目资源】列表框中。

❑ **删除** 单击该按钮，可删除【项目资源】列表框中所选的资源。

❑ **替换** 单击该按钮，可用【企业资源】列表框中的资源替换【项目资源】列表框中所选的资源。

❑ **匹配** 单击该按钮，可以查找相匹配的资源信息。

❑ **详细信息** 单击该按钮，可在弹出的【资源信息】对话框中，查看或编辑企业资源信息。

2．分配 Project Server 中的资源

选择任务，执行【资源】|【工作分配】|【分配资源】命令，在弹出的【分配资源】对话框中选择已分配的资源，单击【替换】按钮。

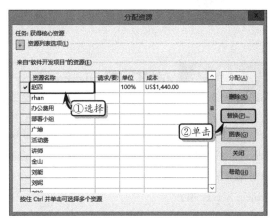

在弹出的【替换资源】对话框中，选择新添加的企业资源，单击【确定】按钮即可。

Project 16.3 管理 Project Server 项目

在 Project Server 中，可以像在 Project 2016 中那样管理项目中的任务和资源，以帮助小组成员快

速了解、解决和调整项目中的任务和资源。

16.3.1 查看项目状态

单击导航栏中的【项目】链接，弹出【项目中心】页面。然后，单击项目名称，展开项目信息。

在展开的项目信息中，选择某项任务，执行【任务】|【缩放】|【滚动到任务】命令，查看该任务的条形图。

另外，执行【选项】|【显示/隐藏】|【项目摘要任务】命令，在项目信息列表中显示项目的摘要任务。

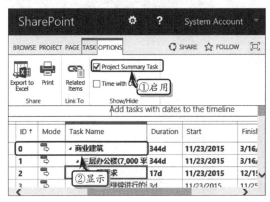

16.3.2 管理 Project Server 中的任务

在 Project Server 中管理项目任务，主要是查看、更新与委派任务。通过管理 Project Server 中的任务，可以帮助项目经理快速解决、调整各分项目中的任务安排情况。

1. 查看任务

启动 Project Web App 主页，单击导航栏中的【任务】选项，在弹出的【任务】页面中查看任务的分配情况。

	❶	任务名称
		◢ **规划时间: 当前周期正在进行**
		◢ **项目名称: 报警系统项目**
☐		高压管道安装⚙新
☐		高压管道安装⚙新
☐		直观、喷头安装⚙新
☐		直观、喷头安装⚙新
☐		直观、喷头安装⚙新
☐		直观、喷头安装⚙新
☐		系统试压⚙新
☐		系统试压⚙新

2. 提交任务

在【任务】页面中，启用【管道色标】复选框，执行【任务】|【提交】|【发送状态】|【选定任务】命令。此时，在该任务的【进程状态】单元格中将显示"等待批准"字样。

2013/4/18	30h	75%	120h	90h
2013/4/18	50.25	75%	201	150.75
2013/5/1	18h	75%	72h	54h
2013/5/1	18h	75%	72h	54h
2013/5/1	18h	75%	72h	54h
2013/5/1	18h	75%	72h	54h
2013/5/8	10h	75%	40h	30h
2013/5/8	10h	75%	40h	30h
2013/5/17	11.2h	80%	56h	44.8h	等待批准
2013/6/3	10h	75%	40h	30h

显示

16.3.3 管理 Project Server 中的资源

在 Project Server 中，也可以像在 Project 2016

中那样自由地新建、编辑与分配项目资源。另外，还可以以图形的方式显示资源的可用性情况，以及利用筛选与分组功能，详细查看不同状态下的资源数据。

1．新建资源

单击导航栏中的【资源】选项，弹出【资源中心】页面。执行【资源】|【新建】命令，将【类型】设置为"工时"，在【显示名称】文本框中输入资源的名称。

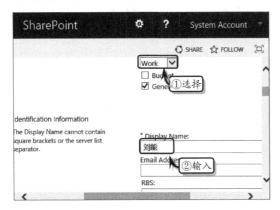

然后，设置【最早可用资源】与【最晚可用资源】选项，以及【标准费率】与【当前最大单位】值。最后，单击【保存】按钮即可。

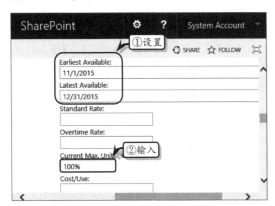

注意

在【任务】页面中，执行【任务】|【编辑】|【编辑资源】命令，即可在弹出的页面中编辑所选资源信息。

2．分析资源数据

在 Project Server 中，可以根据不同的需求显示资源信息。在【资源中心】网页中，执行【资源】|【数据】|【查看】|【工时资源】命令，查看工时资源。

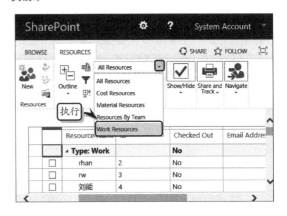

另外，执行【资源】|【数据】|【分组依据】|【签出】命令，查看资源的签出情况。

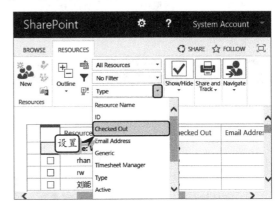

3．查看资源可用性

Project Server 为用户提供了资源可用性图表，通过图表可以更详细地查看资源的可用性状况。首先，在【资源中心】网页中启用【安装员 A】复选框。

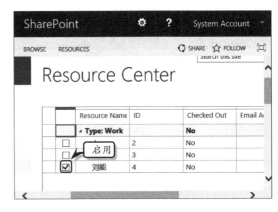

然后，执行【资源】|【导航】|【资源可用性】命令。在弹出的【资源可用性】页面中，查看资源的工时分配状况。

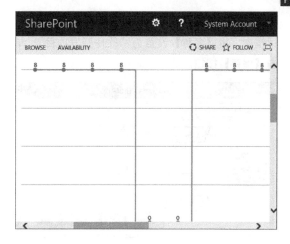

16.4 练习：管理软件开发项目

由于整体项目工程庞大，往往需要在项目中应用 Project Server，以帮助项目经理监视、更新与拒绝任务，以及显示项目中的更新情况。本练习将通过"软件开发"项目，详细介绍应用 Project Server 的具体方法与技巧。

练习要点

- 保存项目到 Project Server 中
- 导入资源到 Project Server 中
- 发送项目信息
- 发布项目
- 管理 Project Server 中的任务
- 管理 Project Server 中的资源

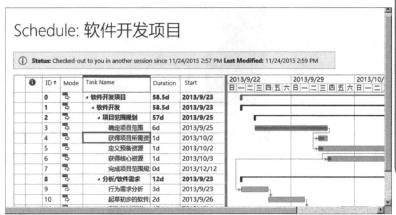

操作步骤 >>>>

STEP|01 保存项目。打开"软件开发"项目文档，执行【文件】|【另存为】命令。在【Project Web App】列表中选择【JPO】选项，然后，选择【保存】按钮。

STEP|02 在弹出的【保存到 Project Web App】对话框中，将【名称】设置为"软件开发项目"，单击【保存】按钮。

STEP|03 导入资源。执行【资源】|【添加资源】|【将资源引入企业】命令。单击【继续执行第 2步】按钮，单击【保存并完成】按钮即可。

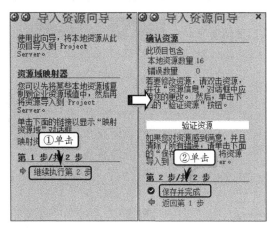

STEP|04 共享项目。执行【文件】|【共享】命令，选择【电子邮件】选项，并单击【作为附件发送】按钮。

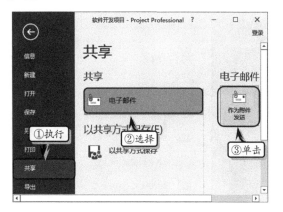

STEP|05 在弹出的 Outlook 中，输入收件人地址、主题与内容，单击【发送】按钮即可。

STEP|06 发布项目。执行【文件】|【信息】命令，单击【发布】按钮。单击【发布】按钮，将项目发布到 Project Server 中。

STEP|07 管理 Project Server 中的任务。启动 Project Web App 主页，单击导航栏中的【任务】链接，在弹出的【任务】页面中查看任务的分配情况。

		规划时间: 不久的将来 - 接下来的 2 个周	201
		项目名称: 共享项目	201
	☐	行为需求分析 新	201
	☐	起草初步的软件规范 新	201
	☐	制定初步预算 新	201
	☐	工作组共同审阅软件规范/预算	201
	☐	工作组共同审阅软件规范/预算 新	201
		规划时间: 遥远的将来	201
		项目名称: 共享项目	201
	☐	根据反馈修改软件规范 新	201
	☐	制定交付期限 新	201
	☐	获得开展后续工作的批准(概念、期限	201
	☐	获得开展后续工作的批准(概念、期限	201

STEP|08 管理 Project Server 中的资源。单击导航

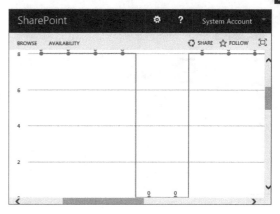

栏中的【资源】链接，执行【资源】|【编辑】|【新建】命令，将【类型】设置为"工时"，在【显示名称】文本框中输入资源的名称。

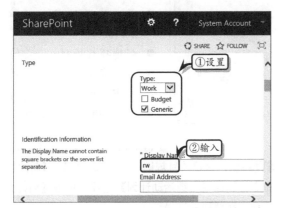

STEP|09 设置【最早可用资源】与【最晚可用资源】选项，以及【标准费率】与【当前最大单位】值。最后单击【保存】按钮即可。

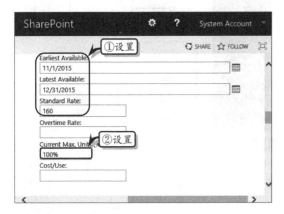

STEP|10 在【资源中心】网页中启用【rw】复选框，执行【资源】|【导航】|【资源可用性】命令，查看资源的工时分配状况。

STEP|11 在【资源中心】网页中，执行【资源】|【显示/隐藏】|【时间和日期】命令，查看所有资源的时间表管理员、上次修改时间等信息。

Generic	Timesheet Mana	Default Assignm	Last Mod
否			
否	rw	rw	2013/9/
否	安装员A	安装员A	2013/9/
否	安装员B	安装员B	2013/9/
否			2013/9/
否			2013/9/
否	部署小组	部署小组	2013/9/
否	采购人员	采购人员	2013/9/
否	测试员A	测试员A	2013/9/
否	穿线工A	穿线工A	2013/9/
否	穿线工B	穿线工B	2013/9/
否			2013/9/
否	管理人员	管理人员	2013/9/

16.7 练习：规划报警系统项目

在"报警系统"项目中，虽然项目工程不是很大。但是，为了完善项目中的各种问题，也为了保证项目的顺利进行，需要将项目保存到 Project Server 中，并利用 Project Server 中的各项功能，管理项目任务与资源。本练习将以"报警系统"项目为基础，详细介绍应用 Project Server 规划项目的操作方法与技巧。

操作步骤 >>>>

STEP|01 保存项目到 Project Server 中。打开"报警系统"项目文档,执行【文件】|【另存为】命令。在【名称】文本框中输入"报警系统项目",并单击【保存】按钮。

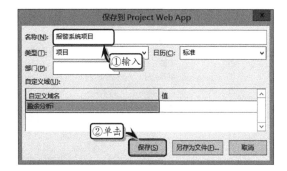

STEP|02 导入资源到 Project Server 中。执行【资源】|【添加资源】|【将资源引入企业】命令。单击【继续执行第 2 步】按钮,并单击【保存并完成】按钮。

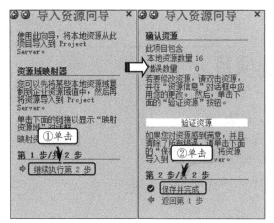

STEP|03 新建项目规则。执行【文件】|【新建】命令,选择【营销活动计划】选项,单击【创建】按钮,新建项目文档。

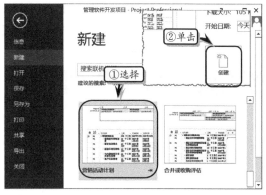

STEP|04 分配资源。执行【资源】|【添加资源】|【自企业建立工作组】命令,在【企业资源】列表框中,选择"rw"选项,并单击【添加】按钮。

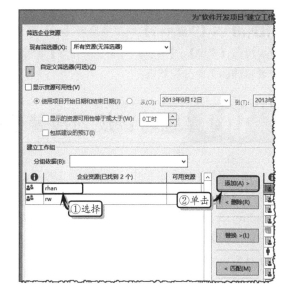

STEP|05 选择任务，执行【资源】|【工作分配】|【分配资源】命令，选择已分配的资源，单击【替换】按钮。

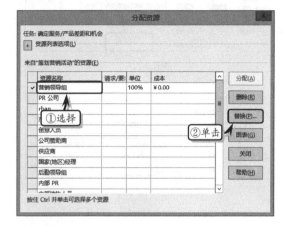

STEP|06 在弹出的【替换资源】对话框中，选择"rhan"资源，并单击【替换】按钮。

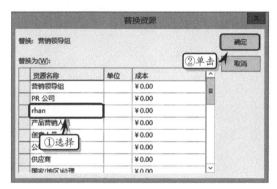

STEP|07 发布项目。执行【文件】|【信息】命令，单击【发布】按钮，将项目发布到 Project Server 中。

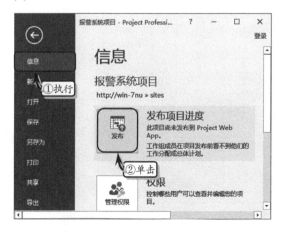

STEP|08 管理 Project Server 中的项目。在 Project Web App 网站中，单击导航栏中的【项目】链接。然后，单击【报警系统项目】名称，展开项目信息。

STEP|09 在展开的【项目详细信息:报警系统项目】页面中，查看项目的基本信息。

STEP|10 选择某项任务，执行【任务】|【缩放】|【滚动到任务】命令，查看该任务的条形图。

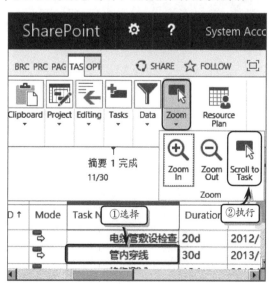

STEP|11 执行【选项】|【显示/隐藏】|【项目摘要任务】命令，在项目信息列表中显示项目的摘要任务。

第 **17** 章

新产品研发案例分析

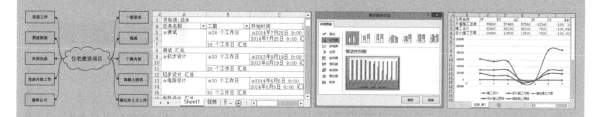

通过对前面章节的学习，用户已经了解项目管理的具体内容。为了贯穿前面章节中的知识，从本章开始主要讲解综合实例的方法，详细介绍项目管理的具体操作。通过对综合实例的学习，可使用户将所学的 Project 2016 的操作知识完全融合在实际项目之中。

本章主要通过讲解"新产品研发"实例，详细介绍运用 Project 2016 管理项目的方法。内容主要包括任务分解、创建项目、管理项目资源、管理项目成本、跟踪项目进度等内容。通过本章的学习，希望用户能完全掌握运用 Project 2016 制作项目规划的操作方法与技巧。

17.1 案例分析

随着社会的发展，Project 软件也越来越被重视，目前 Project 软件已经覆盖了多个领域，其中就包括各类新产品的开发领域。随着计算机、通信技术的飞速发展，家庭对自动化的需求越来越高，而家用电子产品已向智能化方向发展。为了适应社会的急速发展，大型公司需要研发专用于家庭的通信产品。

在研发家庭专用通信产品之前，研发公司需要进行市场调研，并根据调研结果制订研发方案。通过研发方案，确定研发的总目标是以电力线作为传输媒介，实现家用电器之间的关联性。研发方案主要包括以下 3 个方面。

- ❏ 研发成果为以电力线为载体的家庭网络系统。

- ❏ 研发工期为一年，时间从 2013 年 8 月 1 日至 2014 年 9 月 31 日。

- ❏ 研发成本为 80 万人民币。

通过上述介绍，用户大体已了解案例背景，具体案例的规划情况，如下图所示。

练习要点

- ● 创建项目计划
- ● 管理项目任务
- ● 管理项目资源
- ● 管理项目成本
- ● 跟踪项目进度
- ● 调整项目
- ● 美化项目
- ● 分析财务进度
- ● 生成项目报表

17.2 任务分解

在利用 Project 2016 管理"新产品研发"项目之前，用户需要制订项目实施的大体步骤，并根据项目施工的实际情况制订项目主要及次要任务，即进行任务分解。在本案例中，主要任务（摘要任务）主要包括总体设计、通信模块、控制模块、电路设计、调试等。下面便利用图形来显示本项目任务分解的具体情况。

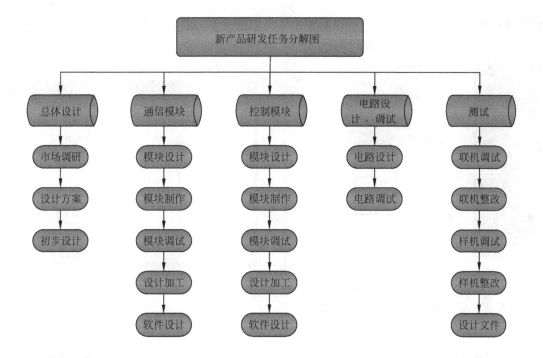

在管理项目之前，首先需要创建一个项目计划，即创建项目的开始时间、项目信息等内容。

STEP|01 启动 Project 2016 组件，执行【项目】|【属性】|【项目信息】命令，设置项目的开始日期。

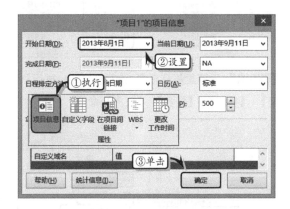

STEP|02 执行【文件】|【选项】命令，激活【日程】选项卡，将【新任务创建于】设置为"自动计划"。

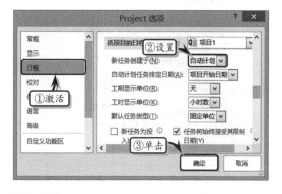

STEP|03 输入项目任务。在【任务名称】域标题中输入任务名称，按下 Enter 键继续输入下一个任务。使用同样的方法，输入其他任务。

	❶	任务模式	任务名称	工期
1			通讯产品开发	1 个工
2			总体设计	1 个工
3			市场调研	1 个工
4			制作设计方案	1 个工
5			初步设计	1 个工
6			通讯模块	1 个工
7			模块设计	1 个工
8			模块制作	1 个工
9			模块调试	1 个工
10			结构设计加工	1 个工
11				

STEP|04 保存项目文件。执行【文件】|【另存为】命令，在展开的列表中选择【浏览】选项。

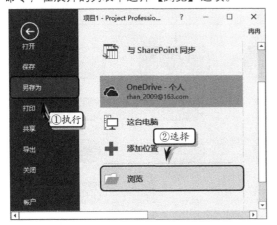

STEP|05 在弹出的【另存为】对话框中，设置项目文件的名称与保存位置，单击【保存】按钮，保存项目文档。

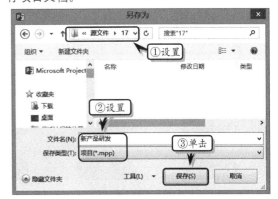

Project 17.4 管理项目任务

由于任务是项目最基本的元素，所以管理项目的第一步便是设置任务。

STEP|01 降级任务。选择任务 2~31，执行【任务】|【日程】|【降级任务】命令。

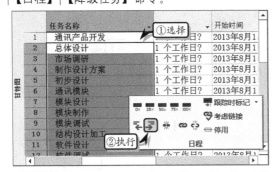

STEP|02 选择任务 3~5，执行【任务】|【日程】|【降级任务】命令。使用同样的方法，分别设置其他任务的级别。

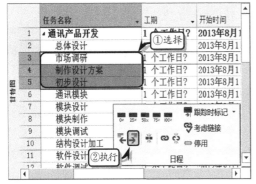

STEP|03 输入任务工期。选择第 3 个任务对应的【工期】单元格，输入数字"20"并按下 Enter 键。使用同样的方法，分别为设置其他任务的工期。

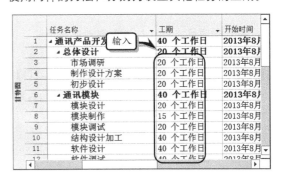

STEP|04 设置里程碑任务。选择任务 13，执行【任务】|【插入】|【任务】|【任务】命令。

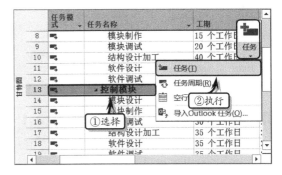

STEP|05 输入任务名称，并将任务工期设置为

"0"。使用同样的方法，设置其他里程碑任务。

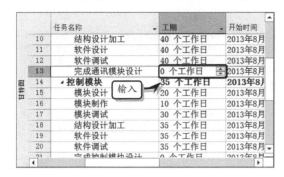

STEP|06 创建工期大于零的里程碑任务。双击任务 31，激活【高级】选项卡，启用【标记为里程碑】复选框，将已存在的非里程碑任务转化为里程碑任务。

STEP|07 链接任务。同时选择任务 3~5，以及任务 7~13，执行【任务】|【日程】|【链接任务】命令，链接所选任务。

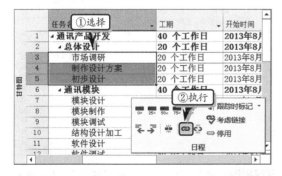

STEP|08 选择剩余的所有子任务，执行【任务】|【日程】|【链接任务】命令，链接剩余任务。

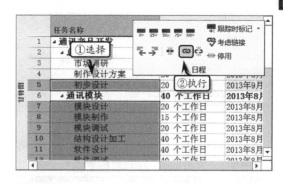

STEP|09 双击任务 15，激活【前置任务】选项卡。输入该任务的前置任务，并将【类型】设置为"开始-开始（SS）"。

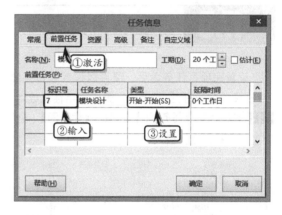

STEP|10 重叠链接任务。双击任务 5，激活【前置任务】选项卡，在【延隔时间】微调框中输入"-10个工作日"。

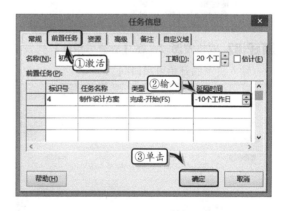

STEP|11 记录任务。双击任务3，激活【备注】选项卡，在【备注】文本框中输入备注内容。

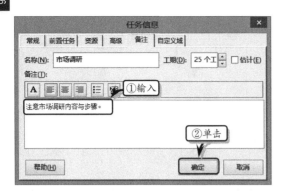

将显示备注内容。

STEP|12 单击【确定】按钮后，在【标记】域标题列中将显示备注标记📎，将鼠标移至该标记上，

Project 2016

Project 17.5 管理项目资源

设置完项目任务之后，便可以设置项目资源了。在设置资源时，主要考虑资源的可用性及成本。

STEP|01 执行【任务】|【视图】|【甘特图】|【资源工作表】命令，输入资源信息。

	资源名称	类型	材料标签	缩写
1	总设计师	工时		总
2	总助A	工时		总
3	通讯模块设计师A	工时		通
4	通讯模块设计师B	工时		通
5	总助B	工时		总
6	控制模块设计师A	工时		控
7	控制模块设计师B	工时		控
8	电路调试员A	工时		电
9	电路调试员B	工时		电
10	测试员A	工时		测
11	测试员B	工时		测
12	测试员C	工时		测
13	通讯模块设计师C	工时		通

STEP|02 双击资源 2，在【资源可用性】列表框中，输入资源的开始可用时间。

STEP|03 双击资源 5，激活【备注】选项卡。在【备注】文本框中输入备注内容。

STEP|04 选择资源 1，在【标准费率】单元格中输入数值 "100"，按下 Enter 键完成资源费率的输入。使用同样的方法，分别设置其他资源的标准费率。

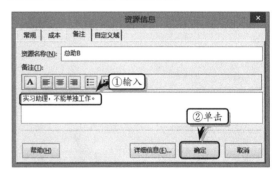

	标准费率	加班费率	每次使用	成本累算	基
1	¥100.00/工时	¥0.00/工时	¥0.00	按比例	标
2	¥24.00/工时	¥0.00/工时	¥0.00	按比例	标
3	¥60.00/工时	¥0.00/工时	¥0.00	按比例	标
4	¥60.00/工时	¥0.00/工时	¥0.00	按比例	标
5	¥30.00/工时	¥0.00/工时	¥0.00	按比例	标
6	¥60.00/工时	¥0.00/工时	¥0.00	按比例	标
7	¥60.00/工时	¥0.00/工时	¥0.00	按比例	标
8	¥50.00/工时	¥0.00/工时	¥0.00	按比例	标
9	¥50.00/工时	¥0.00/工时	¥0.00	按比例	标
10	¥40.00/工时	¥0.00/工时	¥0.00	按比例	标
11	¥40.00/工时	¥0.00/工时	¥0.00	按比例	标
12	¥40.00/工时	¥0.00/工时	¥0.00	按比例	标
13	¥60.00/工时	¥0.00/工时	¥0.00	按比例	标

STEP|05 选择资源 2，执行【资源】|【属性】|【信息】命令。激活【成本】选项卡，在【成本费率表】列表框中，输入 B 时间段内的标准费率。

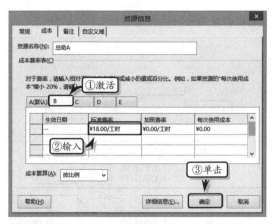

STEP|06 分配资源。切换到【甘特图】视图中，选择任务 3，执行【资源】|【工作分配】|【分配资源】命令。

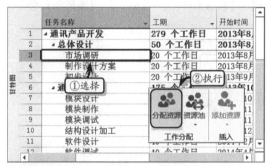

STEP|07 首先，选择资源"总助 A"，然后按住 Ctrl 键的同时选择资源"总助 B"，单击【分配】按钮。使用同样的方法，分配其他资源。

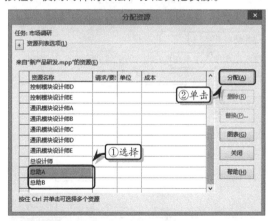

STEP|08 设置不同的成本费率。执行【任务】|【视图】|【任务分配状况】命令，选择任务 3 中的"总助 A"资源。

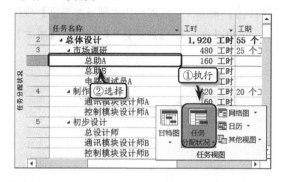

STEP|09 执行【格式】|【分配】|【信息】命令，在弹出的【工作分配信息】对话框中，将【成本费率表】设置为"B"。使用同样的方法，设置任务 5 中"总设计师"资源的成本费率。

Project 17.6 管理项目成本

为控制任务所需要的实际成本，也为了控制任务资源的使用情况，需要设置项目的固定成本、实际成本，以及监测资源成本，以便于更好地预测和控制项目成本，确保项目在预算的约束条件下完成。

STEP|01 输入固定成本。切换到【甘特图】视图中，执行【视图】|【数据】|【表格】|【成本】命令。

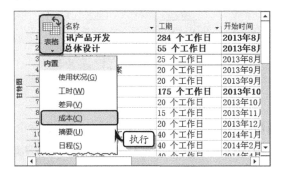

STEP|02 在任务 3 对应的【固定成本】域中，输入固定成本值。使用同样的方法，输入其他任务的固定成本值。

STEP|03 选择任务 3，单击该任务对应的【固定成本累算】下拉按钮，在其下拉列表中选择【开始时间】选项。

STEP|04 设置实际成本。执行【视图】|【数据】|【表格】|【跟踪】命令。输入任务 3 的完成百分

比值，并更改任务的实际成本值。

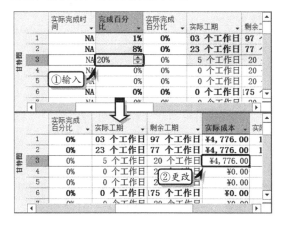

STEP|05 显示成本值。选择所有的任务，执行【格式】|【条形图样式】|【格式】|【条形图】命令。

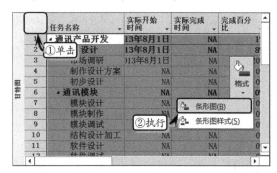

STEP|06 激活【条形图文本】选项卡，将【上方】设置为"资源名称"，将【下方】设置为"成本"。

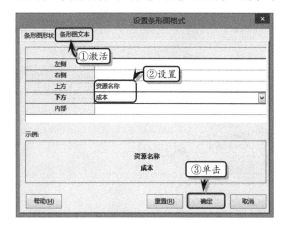

STEP|07 查看资源成本。执行【视图】|【资源视图】|【资源工作表】命令，同时执行【视图】|【数据】|【表格】|【成本】命令，在"成本"表中查看资源的成本信息。

STEP|08 查看任务成本。将视图切换到【任务分配状况】视图中，右击【详细信息】列，执行【成本】命令，在成本表中查看任务的成本信息。

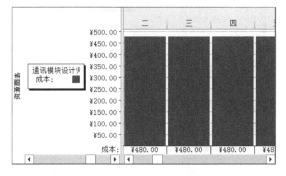

STEP|09 使用资源图表。执行【视图】|【资源视图】|【其他视图】|【资源图表】命令，然后执行【格式】|【数据】|【图表】命令，在其列表中选择【成本】选项。

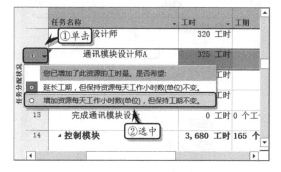

STEP|10 调整工时资源成本。将视图切换到【任

务分配状况】视图中，选择任务 12 中的"通信模块设计师 A"资源。

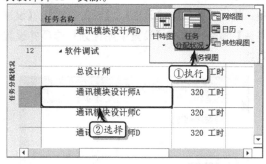

STEP|11 执行【格式】|【分配】|【信息】命令。激活【常规】选项卡，更改资源的工时值。

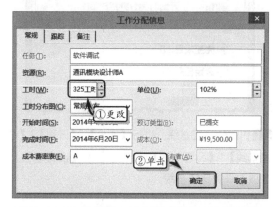

STEP|12 单击【确定】按钮之后，单击【智能标记】按钮，通过增加资源的工作时间，达到调整工时资源成本的目的。

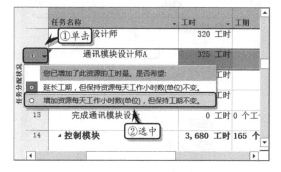

17.7　跟踪项目进度

对于一个项目来讲，完成新建项目计划、设置任务、设置资源及分配资源等工作之后，便可以实施项目计划了。为了确保项目计划能顺利进行，需要时刻掌握项目的运作状态，也就是跟踪项目的

进度。

STEP|01 设置中期计划。切换到【甘特图】视图中，执行【项目】|【日程】|【设置基线】|【设置基线】命令，选中【设置中期计划】选项并设置基线。

STEP|02 设置基线。执行【项目】|【日程】|【设置基线】|【设置基线】命令，选中【设置基线】选项并设置比较基线。

STEP|03 更新任务。在【甘特图】视图中的【项】表中，选择任务 3，执行【任务】|【日程】|【跟踪时标记】|【更新任务】命令。

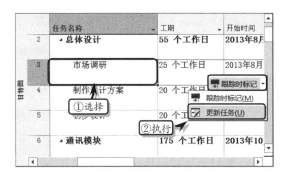

STEP|04 在弹出的【更新任务】对话框中，设置【完成百分比】值。使用同样的方法，分别更新其他任务。

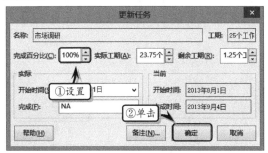

STEP|05 跟踪日程。执行【任务】|【视图】|【甘特图】|【跟踪甘特图】命令，在【跟踪甘特图】视图中，查看项目的跟踪状态。

STEP|06 切换到【甘特图】视图中，执行【视图】|【数据】|【表格】|【日程】命令。在【日程】表中，查看日程中的具体时间。

STEP|07 执行【视图】|【任务视图】|【任务分配状况】命令，同时启用【格式】|【详细信息】组中的【比较基准工时】、【实际工时】与【累计工时】复选框，在视图中查看项目的工时信息。

详细信息	三	四	五	六	2013年日
工时	72h	56h	56h		
成本	¥7,640.00	¥6,180.00	¥6,180.00		
比较基准	72h	56h	56h		
实际工时					
累计工时	1,360h	1,416h	1,472h	1,472h	1,
工时	72h	56h	56h		
成本	¥7,640.00	¥6,180.00	¥6,180.00		
比较基准	72h	56h	56h		
实际工时					
累计工时	1,360h	1,416h	1,472h	1,472h	1,
工时					
成本					

STEP|08 跟踪成本。切换到【甘特图】视图中，执行【视图】|【数据】|【表格】|【成本】命令，查看项目的固定成本、总成本、实际与剩余等信息。

	总成本	基线	差异	实际	剩余
1	72,372.00	372,372.00	¥0.00	16,680.00	55,692.
2	59,480.00	169,480.00	¥0.00	16,680.00	52,800.
3	¥16,680.00	¥16,680.00	¥0.00	¥16,680.00	¥0.
4	¥29,200.00	¥29,200.00	¥0.00	¥0.00	¥29,200.
5	123,600.00	123,600.00	¥0.00	¥0.00	123,600.
6	21,100.00	21,100.00	¥0.00	¥0.00	21,100.
7	¥31,800.00	¥31,800.00	¥0.00	¥0.00	¥31,800.
8	¥36,600.00	¥36,600.00	¥0.00	¥0.00	¥36,600.
9	¥38,800.00	¥38,800.00	¥0.00	¥0.00	¥38,800.
10	¥64,400.00	¥64,400.00	¥0.00	¥0.00	¥64,400.
11	¥58,600.00	¥58,600.00	¥0.00	¥0.00	¥58,600.
12			¥0.00		

STEP|09 设置项目的状态日期。执行【项目】|【属性】|【项目信息】命令，在弹出的对话框中设置项目的状态日期。

STEP|10 使用进度线。切换到【甘特图】视图中

的【项】表中，执行【格式】|【格式】|【网格线】|【进度线】命令。激活【日期与间隔】选项卡，启用【显示】复选框。

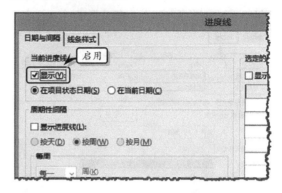

STEP|11 激活【线条样式】选项卡，选择进度线的类型，单击【进度点形状】下拉按钮，在其下拉列表中选择相应的选项。

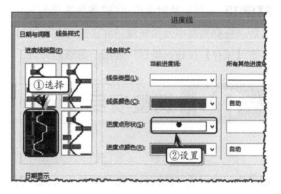

STEP|12 使用分组监视项目进度。执行【视图】|【数据】|【分组依据】|【其他组】命令，选择【状态】选项，单击【复制】按钮。

STEP|13 设置分组的名称与依据，以及分组状态设置等选项，单击【保存】按钮，即可应用创建的多条件分组依据。

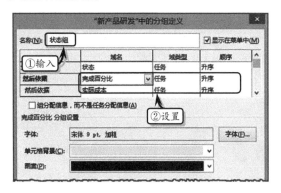

STEP|14 使用筛选器查看项目进度。执行【视图】|【数据】|【筛选器】|【其他筛选器】命令，选择【已完成的任务】选项，并单击【复制】按钮。

STEP|15 在弹出的对话框中，设置筛选器的名称。然后，在列表框中添加新域，并设置域条件与值，单击【保存】按钮。最后，应用新筛选器即可。

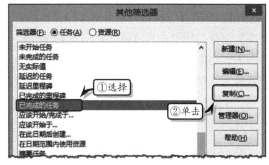

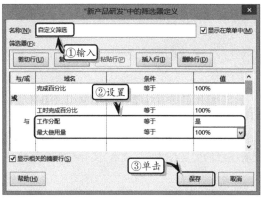

Project 17.8 调整项目

对于一个项目来讲，虽然已经完成项目规划，但是为了确保项目能按照规划准确地完工，还需要在项目实施的过程中调整项目。

STEP|01 查看资源情况。撤销筛选结果。切换到【甘特图】视图中，执行【视图】|【任务视图】|【任务分配状况】命令，查看包含资源过度分配的任务与被过渡分配的资源。

STEP|02 切换到【资源工作表】视图中，查看被过度分配的资源信息。

	资源名称	成本	基线成本	差异
1	总设计师	¥53,600.00	¥53,600.00	
2	总助A	¥4,032.00	¥4,032.00	
3	通讯模块设计师A	¥75,660.00	¥75,660.00	
4	通讯模块设计师B	¥50,400.00	¥50,400.00	
5	总助B	¥7,200.00	¥7,200.00	
6	控制模块设计师A	¥40,800.00	¥40,800.00	
7	控制模块设计师B	¥78,240.00	¥78,240.00	
8	电路调试员A	¥20,000.00	¥20,000.00	
9	电路调试员B	¥5,200.00	¥5,200.00	
10	测试员A	¥2,240.00	¥2,240.00	
11	测试员B	¥5,440.00	¥5,440.00	
12	测试员C	¥3,200.00	¥3,200.00	
13	通讯模块设计师C	¥98,880.00	¥98,880.00	

STEP|03 调配资源。执行【资源】|【级别】|【调配资源】命令，选择资源名称，单击【开始调配】按钮。

STEP|04 设置工时分布。将视图切换到【任务分配状况】视图中，选择任务 12 中的"通信模块设计师 A"资源，执行【格式】|【分配】|【信息】命令。

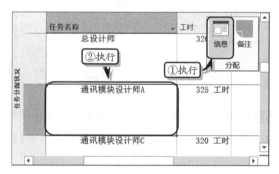

STEP|05 在【工作分配信息】对话框中，将【工时分布图】设置为"双峰分布"，并单击【确定】按钮。

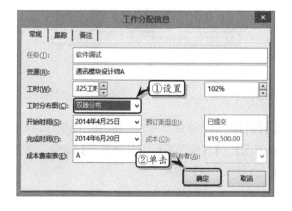

STEP|06 调整资源值。执行【视图】|【任务视图】|【其他视图】|【其他视图】命令，选择【资源分配】选项，并单击【应用】按钮。

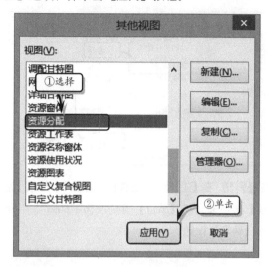

STEP|07 在【资源使用状况】视图中选择"通信模块设计师 A"资源，在【调配甘特图】视图中选择标记过度分配符号的"电路设计"任务。

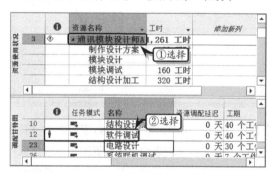

STEP|08 执行【任务】|【属性】|【信息】命令，激活【高级】选项卡。然后，将【任务类型】更改为"固定工期"，并单击【确定】按钮。

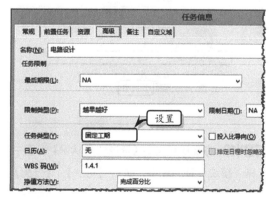

STEP|09 在【资源使用状况】视图中，选择"电路设计"任务，执行【格式】|【分配】|【信息】命令。

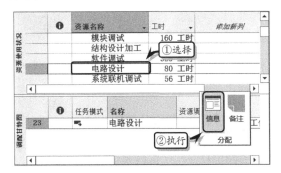

STEP|10 在【工作分配信息】对话框中，激活【常规】选项卡。将【单位】值更改为"50%"，并单击【确定】按钮。

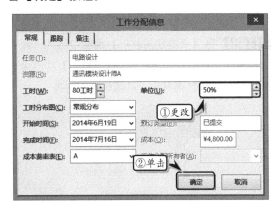

STEP|11 在视图中，单击任务名称前面的【智能标记】按钮，在其列表中选中【更改工时量但保持工期不变】选项。使用同样的方法，更改其他任务的工时量。

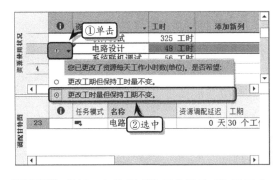

STEP|12 将视图切换到【资源使用状况】视图中，选择"模块设计"任务，执行【格式】|【分配】|

【信息】命令。

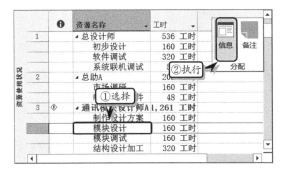

STEP|13 在【工作分配信息】对话框中，激活【常规】选项卡。将【单位】值更改为"60%"，并单击【确定】按钮。

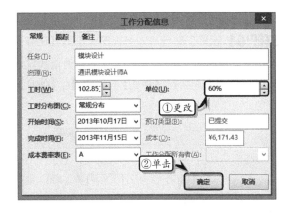

STEP|14 在【资源使用状况】视图中，单击任务名称前面的【智能标记】按钮，在其列表中选中【更改工时量但保持工期不变】选项。

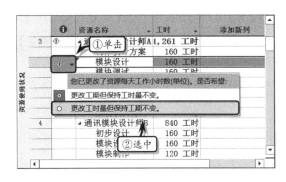

STEP|15 解决进度落后的问题。执行【视图】|【任务视图】|【其他视图】|【其他视图】命令，选择【任务数据编辑】选项。

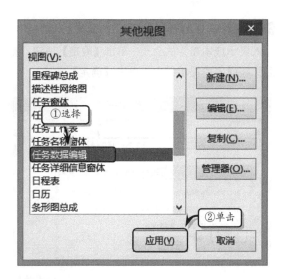

STEP|16 选择【任务窗体】视图，执行【格式】|【详细信息】|【工时】命令。

STEP|17 在【甘特图】视图中选择任务 23，在【任务窗体】视图中选择"电路调试员 A"资源，在其对应的【加班时间】单元格中输入加班时间，并单击【确定】按钮。使用同样的方法，设置其他资源的加班时间。

STEP|18 切换到【甘特图】视图中，执行【项目】|【属性】|【项目信息】命令，单击【统计信息】

按钮，查看项目的进度情况。

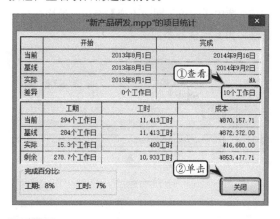

STEP|19 执行【视图】|【数据】|【筛选器】|【其他筛选器】命令，选择【进度落后的任务】选项，单击【应用】按钮。

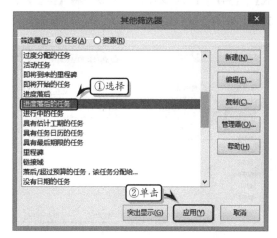

STEP|20 选择任务 7，执行【资源】|【工作分配】|【分配资源】命令，为该任务添加资源。

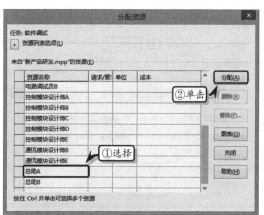

STEP|21 在视图中,单击任务前面的【智能标记】按钮,选中【缩短工期…不变】选项。使用同样的方法,为其他任务添加资源。

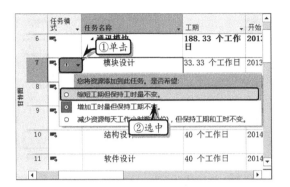

STEP|22 切换到【任务工作表】视图中,执行【格式】|【列】|【自定义字段】命令,将【类型】设置为"数字"。

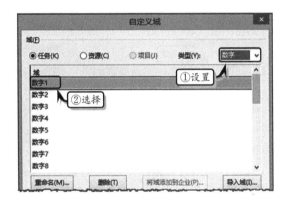

STEP|23 选中【公式】选项,单击【确定】按钮。然后,单击【公式】按钮。

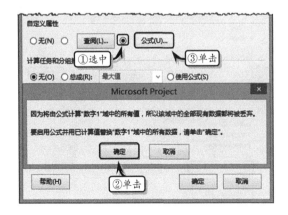

STEP|24 在弹出的【"数字 1"的公式】对话框中,输入显示成本差异的公式,单击【确定】按钮。然后,在弹出的提示框中,单击【确定】按钮。

STEP|25 选中【使用公式】选项,同时选中【图形标记】选项,并单击【图形标记】按钮。

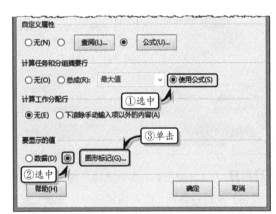

STEP|26 在弹出的对话框中,设置图形标记的规则与测试条件,单击【确定】按钮即可。

STEP|27 在视图中，切换到【成本】表中。右击【实际】域标题，执行【插入列】命令，插入【数字1】域。

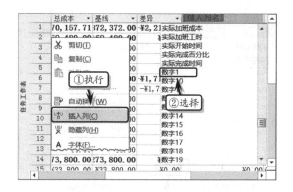

STEP|28 右击【数字1】域标题，执行【域设定】命令，更改域的标题名称。

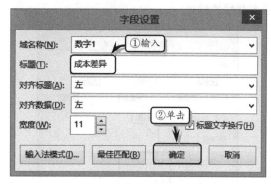

Project **17.9** 美化项目

为了使项目文档更加美观，也为了方便用户查阅、分析项目信息，需要对项目文档进行美化。

STEP|01 设置甘特图样式。切换到【甘特图】视图中，执行【格式】|【甘特图样式】命令，单击【其他】下拉按钮，在其下拉列表中选择条形图样式即可。

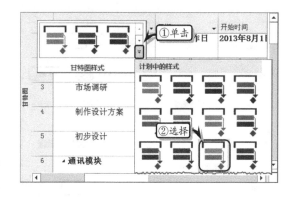

STEP|02 设置条形图样式。执行【格式】|【条形图样式】|【格式】|【条形图样式】命令，选择【任务】名称，在【条形图】选项卡中设置条形图的样式。

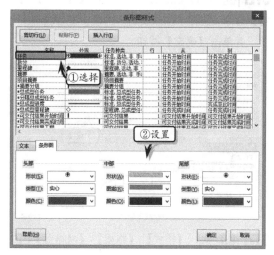

STEP|03 激活【文本】选项卡，设置条形图上的显示内容，并单击【确定】按钮。

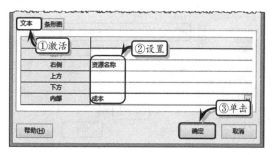

STEP|04 设置甘特图版式。执行【格式】|【格式】|【版式】命令，设置条形图的日期格式、高度以及链接线的样式。

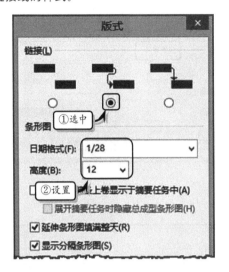

STEP|05 执行【格式】|【格式】|【网格线】|【网格】命令，选择"工作表行"选项，设置其标准格式，并单击【确定】按钮。

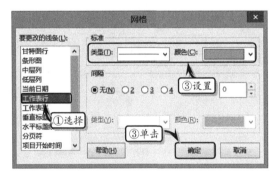

STEP|06 执行【格式】|【格式】|【网格线】|【网格】命令，选择"工作表列"选项，设置其标准格式，并单击【确定】按钮。

STEP|07 格式化网络图。切换到【网络图】视图中，执行【格式】|【格式】|【方框样式】命令。选择方框类型，并设置方框的【数据模板】与【边框样式】。

STEP|08 执行【格式】|【格式】|【版式】命令，启用【在链接线上显示标签】复选框。

STEP|09 格式化日历视图。执行【任务】|【视图】|【甘特图】|【日历】命令，即可切换到【日历】视图中。执行【格式】|【格式】|【条形图样式】命令，在弹出的对话框中，设置不同任务类型的条形图样式。

Project **17.10** 分析财务进度

在实施项目规划之后，项目经理可以使用 Project 2016 中的挣值分析（盈余分析），全面了解项目在时间和成本方面的绩效趋势。

STEP|01 设置挣值的计算方式。切换到【甘特图】视图中，选择所有任务，执行【任务】|【属性】|【信息】命令。

STEP|02 激活【高级】选项卡，将【挣值方法】设置为"实际完成百分比"，并单击【确定】按钮。

STEP|03 使用【挣值】表。执行【视图】|【数据】|【表格】|【更多表格】命令，选择【挣值】选项，在【挣值】表中查看项目信息。

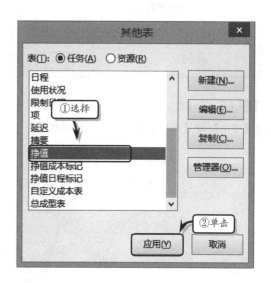

STEP|04 查看进度指数。执行【视图】|【数据】|【表格】|【更多表格】命令，选择【挣值日程标记】选项，并单击【应用】按钮，查看具体信息。

	任务名称	计划值 - PV (BCWS)	挣值 - EV (BCWP)	SV
1	通讯产品开发	¥144,760.00	¥0.00	14.
2	总体设计	¥144,760.00	¥0.00	14.
3	市场调研	¥16,680.00	¥0.00	16
4	制作设计方案	¥29,200.00	¥0.00	29
5	初步设计	¥98,880.00	¥0.00	98

STEP|05 使用盈余分析可视报表。执行【报表】|【导出】|【可视报表】命令，选择【随时间变化的盈余分析报表】选项，单击【查看】按钮。

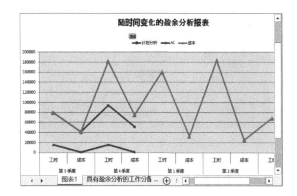

STEP|06 在【数据透视表字段列表】窗格中，启用【成本】与【类型】复选框，添加其数据。

STEP|07 分析项目信息。将视图切换到【甘特图】视图中的【挣值】表中，执行【文件】|【另存为】命令，选择【浏览】选项。

STEP|08 在弹出的【另存为】对话框中，将【保存类型】设置为"Excel 工作簿"，单击【保存】按钮。

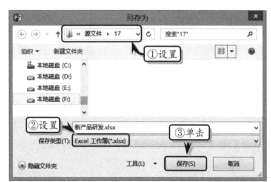

STEP|09 在弹出的【导出向导】对话框中，单击【下一步】按钮，选中【选择的数据】选项，并单击【下一步】按钮。

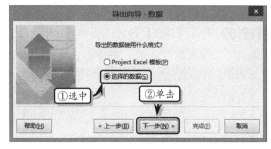

STEP|10 在【导出向导-映射】对话框中，选中【新建映射】选项，并单击【下一步】按钮。

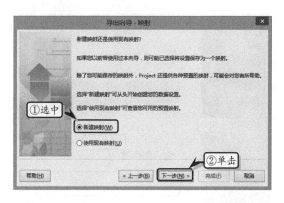

STEP|11 在【导出向导-映射选项】对话框中，启用【任务】复选框，并单击【下一步】按钮。

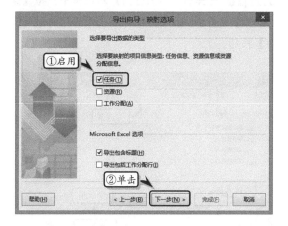

STEP|12 在弹出的【导出向导-任务映射】对话框中，单击【根据表】按钮，在弹出的对话框中选择【挣值】选项，单击【确定】按钮。然后，单击【完成】按钮。

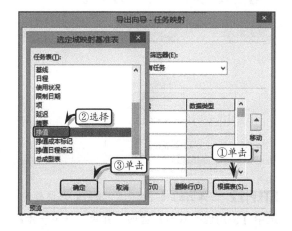

STEP|13 打开 Excel 工作簿，选择所有的数字数

据，单击【智能标记】按钮，在弹出的快捷菜单种执行【转换为数字】命令。

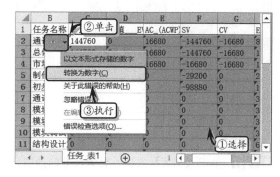

STEP|14 选择单元格 D1，在编辑栏中将数据的列标题更改为"EV"。使用同样的方法，更改其他数据的列标题。

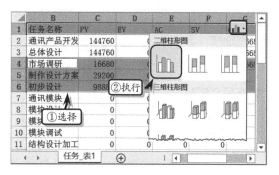

STEP|15 同时选择单元格区域 B1:J1 与 B4:J6，执行【插入】|【图表】|【插入柱形图或条形图】|【簇状柱形图】命令。

STEP|16 执行【设计】|【类型】|【更改图表类型】命令，激活【XY（散点图）】选项卡，选择【带平滑线和数据标记的散点图】选项。

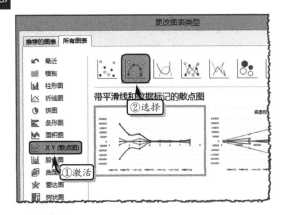

STEP|17 单击【确定】之后，查看任务的挣值分析数据。

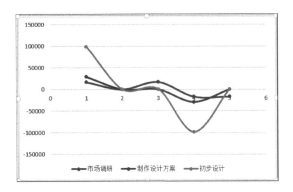

STEP|18 用数据透视表分析项目数据。执行【文件】|【选项】命令，激活【信任中心】选项卡。单击【信任中心设置】按钮，设置允许保存旧版本文件。

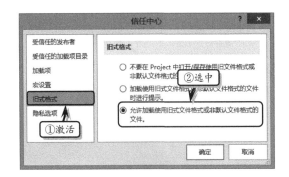

STEP|19 执行【文件】|【另存为】命令，选择【计算机】选项，单击【浏览】按钮。

STEP|20 在弹出的【另存为】对话框中，将【保存类型】设置为"Excel 97-2003 工作簿"，单击【保存】按钮。

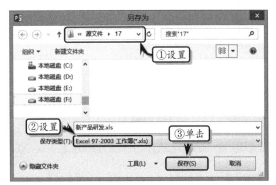

STEP|21 在弹出的【导出向导】对话框中，单击【下一步】按钮。在弹出的对话框中选中【选择的数据】选项，并单击【下一步】按钮。

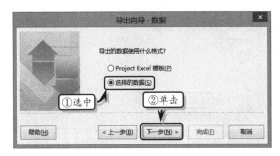

STEP|22 在弹出的【导出向导-映射】对话框中，选中【使用现有映射】选项，并单击【下一步】按钮。

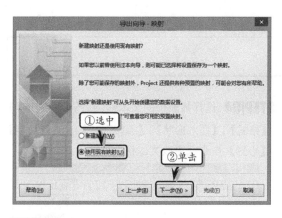

STEP|23 在弹出的对话框中选择【任务与资源数据透视表报表】选项，并单击【完成】按钮。

STEP|24 打开导出项目数据的工作表，选择【任务】工作表。执行【插入】|【表格】|【数据透视表】命令。

STEP|25 在弹出的对话框中选中【选择一个表或区域】选项，同时选中【新工作表】选项，并单击【确定】按钮。

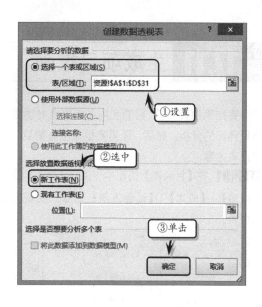

STEP|26 在【数据透视表字段列表】窗格中，依次启用【任务名称】、【工期】、【开始时间】、【完成时间】与【成本】字段。

STEP|27 选择【资源】工作表，使用上述方法，创建任务数据透视表。

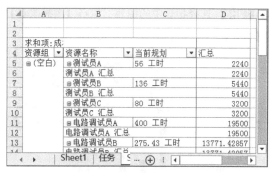

17.11 生成项目报表

在结束项目之前,需要利用各类报表对项目进行更详细的分析。然后,还需要根据工作需要,打印报表内容。

STEP|01 在【甘特图】视图中,执行【报表】|【查看报表】|【成本】|【现金流量】命令,生成预定义报表。

STEP|02 选择报表中的表格,执行【表格工具】|【表格样式】|【中度样式 2-强调 6】命令,设置其样式。

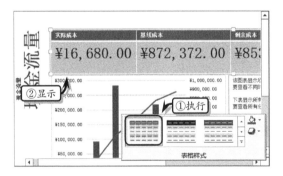

STEP|03 选择报表中的图表,执行【图表工具】|【格式】|【彩色轮廓-绿色,强调颜色 6】命令。

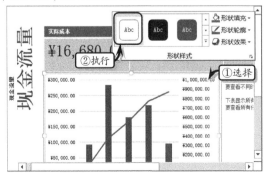

STEP|04 选择报表中的文本框,执行【绘图工具】|【格式】|【插入形状】|【编辑形状】|【更改形状】|【心形】命令,更改文本框的形状。

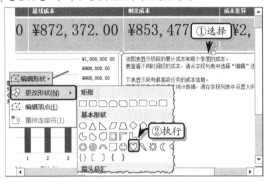

STEP|05 执行【绘图工具】|【格式】|【形状样式】|【形状轮廓】|【红色】命令,同时执行【粗细】|【1.5 磅】命令。

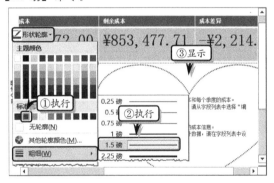

STEP|06 执行【文件】|【打印】命令,在展开的列表中选择【页面设置】选项。

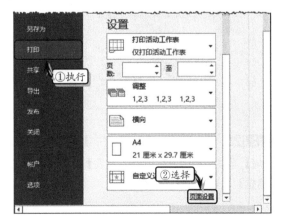

STEP|07 在【页面设置-跟踪甘特图】对话框中，激活【页面】选项，选中【横向】选项，将【纸张大小】设置为"A4"。

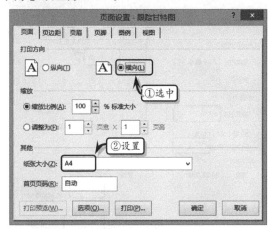

STEP|08 激活【页眉】选项卡，激活【左】选项卡，单击【插入当前日期】按钮。

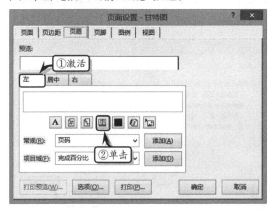

STEP|09 激活【右】选项卡，单击【插入当前时间】按钮，同时单击【确定】按钮。

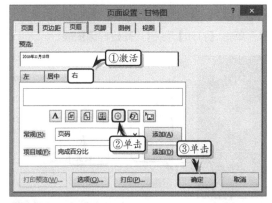

STEP|10 在【份数】微调框中输入或设置打印份数，单击【打印】按钮，即可打印视图。

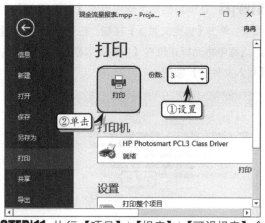

STEP|11 执行【项目】|【报表】|【可视报表】命令，激活【工作分配使用状况】选项卡，选择【预算成本报表】选项，单击【查看】按钮。

STEP|12 打印可视报表。打开 Excel 报表文件，执行【文件】|【打印】命令，选择【页面设置】选项。

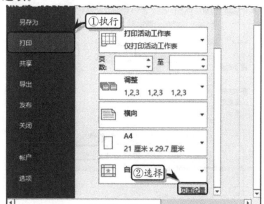

STEP|13 在弹出的对话框中激活【页眉/页脚】选项卡，单击【自定义页眉】按钮。在弹出的【页眉】对话框中将光标定位在【中】文本框中，同时单击【插入文件名】按钮。

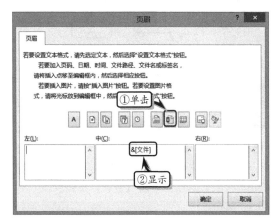

STEP|14 将光标定位在【左】文本框中，单击【插入图片】按钮。在弹出的【插入图片】页面中，选择【来自文件】选项对应的【浏览】选项。

STEP|15 在弹出的【插入图片】对话框中，选择图片文件，并单击【插入】按钮。

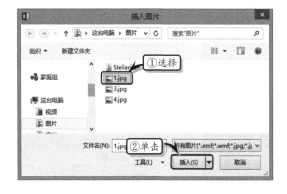

STEP|16 单击【设置图片格式】按钮，将【高度】设置为"10%"，单击【确定】按钮。

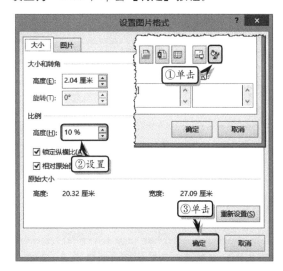

STEP|17 单击【自定义页脚】按钮，将光标定位在【右】文本框中，同时单击【插入页数】按钮。

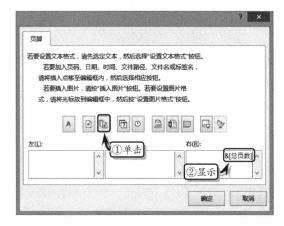

STEP|18 在【份数】微调框中输入打印份数。同时，单击【打印】按钮，开始打印图表。

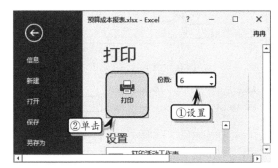

第 18 章

策划营销项目分析

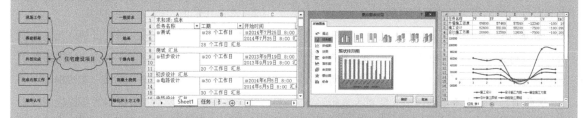

　　到目前为止，用户已经完全掌握 Project 2016 的基础知识，并且可以利用所学知识创建简单的项目计划了。但是，在实际操作中，项目经理所面临的往往是比较复杂而庞大的项目。因此，项目经理还需要运用 Project 2016 中多重项目管理的功能，连贯项目各阶段的规划，并将完整的项目规划打印输出，便于进行交流与分析。

　　本章将通过讲解"策划营销项目"实例，详细介绍运用 Project Server 2016 管理项目的操作过程。其中，主要包括任务分解、创建项目、跟踪项目、调配项目、多重项目管理、美化及优化项目等内容。通过本章的学习，希望用户可以熟练掌握应用 Project 2016 规划项目的操作方法与技巧。

18.1 案例分析

随着社会的发展，市场竞争越来越激烈，为了促销企业产品，也为占有更多的市场份额，企业需要根据企业内部环境与市场环境，借助科学的方法与创新思维，在有效运用经营资源的基础上，对一定时间内的企业营销活动的行为方针、目标、战略以及实施方案进行设计与计划。另外，对于需要策划大型营销活动的公司来讲，需要将营销活动的计划制订与监督实施交付于专门进行营销策划的咨询公司，以达到借助于制定专业的策划营销活动，节省公司自身的资源与费用的目的。

在本项目中，笔者主要讲解了某公司委托咨询公司，进行策划营销计划的制订与实施。其中，策划营销项目主要包括策划项目、营销制定两个项目。这两项目分别由不同的两个人负责人进行设计与策划，设计完之后由主项目的负责人，负责合并、调整与记录项目。本案例主要以"策划营销项目"为基础，进行创建项目计划、设置任务、设置资源、合并项目等操作。在项目中，主要包括甲方与乙方。

1）甲方

在本案例中，甲方为委托咨询公司制定策划营销方案的公司，也是项目管理者、项目负责人等一系列项目干系人。在项目开始之前，甲方需要提供营销的主体计划、项目的开始与完成时间。然后，与乙方共同商量每个任务的具体工期。在项目的实施过程中，甲方需要监督与跟进乙方的实施进度。同时，甲方还有拥有项目制定与执行的建议、履行、实施等权利。最重要的一点，是甲方还需要与不同项目负责人之间协调工作，以确保能准确地监督、跟踪项目的实际进度及成本情况。

2）乙方（咨询公司）

在本案例中，咨询公司主要负责制订与实施项目计划。在制订项目计划之前，咨询公司需要与甲方沟通项目的实施标准、开始时间、完成时间、项目总体成本等事项。然后，根据甲方所提供的要求与实际情况，制订详细的项目方案。另外，在实施项目的过程中，还需要与甲方沟通成本与资源问题，并制定项目成本预算。

通过上述讲解，用户大体已了解案例背景，案例的具体规划情况，如下图所示。

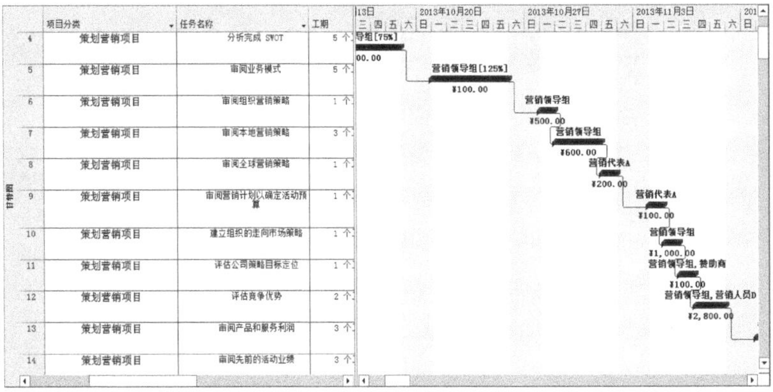

练习要点

- 创建项目计划
- 管理项目任务
- 管理项目资源
- 管理项目成本
- 合并项目
- 跟踪项目进度
- 调整项目
- 美化项目
- 记录项目信息
- 分析财务进度
- 生成项目报表

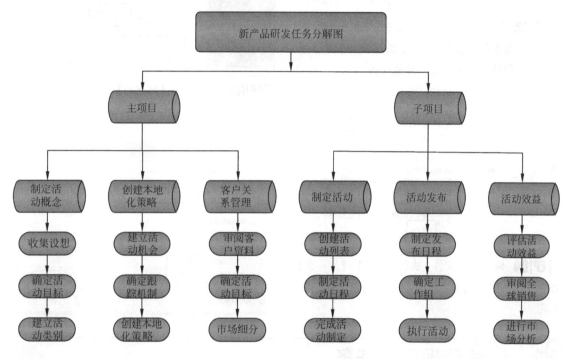

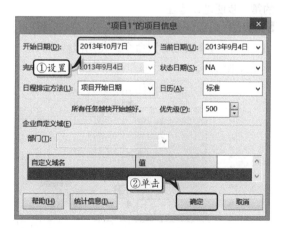

Project 18.2　任务分解

在利用 Project 管理"策划营销"项目之前，用户需要制定项目实施的大体步骤，并根据项目施工的实际情况制定项目主要及次要任务，也就是进行任务分解。在本案例中主要任务（摘要任务）主要包括制定活动概念、创建本地化策略、客户关系管理、制定活动等。下面便利用图形显示本项目任务分解的具体情况。

Project 18.3　创建项目计划

在进行管理项目之前，首先需要创建一个项目计划，即创建项目的开始时间、项目信息等内容。

STEP|01 启动 Project 组件，执行【项目】|【属性】|【项目信息】命令，设置项目的开始日期。

STEP|02 执行【文件】|【选项】命令，激活【日程】选项卡，将【新任务创建于】设置为"自动计划"。

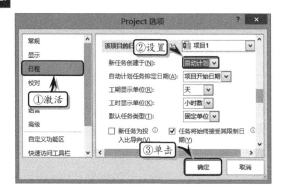

STEP|03 输入项目任务。在【任务名称】域标题中输入任务名称，按下 Enter 键继续输入下一个任务。使用同样的方法，输入其他任务。

	❶	任务模式	任务名称	工期
1			策划项目	1 个工作日?
2			审阅业务策略前景	1 个工作日?
3			确定服务/产品差距和机会	1 个工作日?
4			分析完成 SWOT	1 个工作日?
5			审阅业务模式	1 个工作日?
6			审阅组织营销策略	1 个工作日?
7			审阅本地营销策略	1 个工作日?
8			审阅全球营销策略	1 个工作日?
9			审阅营销计划以确定活动预算	1 个工作日?

STEP|04 保存项目文件。执行【文件】|【另存为】命令，在展开的【另存为】列表中选择【浏览】选项。

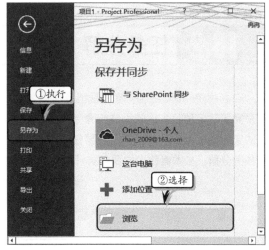

STEP|05 在弹出的【另存为】对话框中，设置项目文件的名称与保存位置，单击【保存】按钮，保存项目文档。

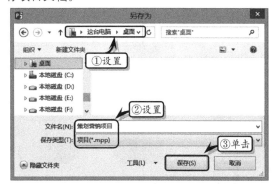

Project 18.4 管理项目任务

由于任务是项目最基本的元素，所以管理项目的第一步便是设置任务。

STEP|01 降级任务。选择任务 2~73，执行【任务】|【日程】|【降级任务】命令。使用同样的方法，降级其他任务。

STEP|02 输入任务工期。选择第 3 个任务对应的【工期】单元格，输入数字"5"并按下 Enter 键。使用同样的方法，分别设置其他任务的工期。

	任务名称	工期	开
1	▲策划项目	1 个工作日?	20
2	▲审阅业务策略前景	1 个工作日?	20
3	确定服务/产品差距和机会	5	20
4	分析完成 SWOT	1 个工作日?	20
5	审阅业务模式	1 个工作日?	20
6	审阅组织营销策略	1 个工作日?	20
7	审阅本地营销策略	1 个工作日?	20
8	审阅全球营销策略	1 个工作日?	20
9	审阅营销计划以确定活动预算	1 个工作日?	20
10	建立组织的走向市场策略	1 个工作日?	20
11	进往公司销售目标定位	1 个工作日?	20

STEP|03 设置里程碑任务。选择任务 16，将任务工期设置为"0"。使用同样的方法，设置其他里程碑任务。

STEP|04 链接任务。选择所有的子任务，执行【任务】|【日程】|【链接任务】命令，链接所选任务。使用同样的方法，链接摘要任务。

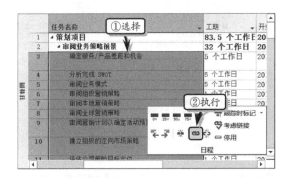

STEP|05 双击任务 34，激活【前置任务】选项卡。输入该任务的前置任务，并单击【确定】按钮。使用同样的方法，分别链接其他任务。

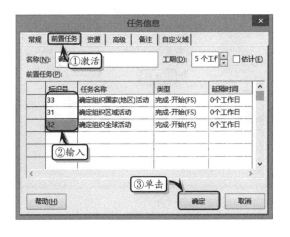

STEP|06 双击任务 35，激活【前置任务】选项卡。输入该任务的前置任务，并单击【确定】按钮。使用同样的方法，分别链接其他任务。

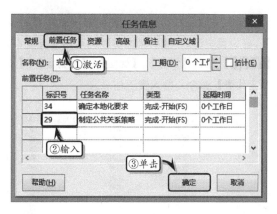

STEP|07 记录任务。双击任务 4，激活【备注】选项卡，在【备注】文本框中输入备注内容。

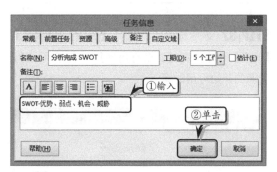

STEP|08 单击【确定】按钮后，在【标记】域标题列中将显示备注标记，将鼠标移至该标记上，将显示备注内容。

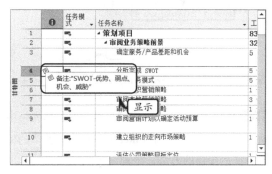

Project 2016

Project 18.5 管理项目资源

设置完项目任务之后，便可以设置项目资源了。在设置资源时，主要考虑资源的可用性及成本。

STEP|01 执行【任务】|【视图】|【甘特图】|【资源工作表】命令，输入资源信息。

STEP|02 选择资源 2，执行【资源】|【属性】|【信息】命令。在【资源可用性】列表框中，输入资源的开始可用时间。

STEP|03 选择资源 1，在【标准费率】单元格中输入数值"100"，按下 Enter 键完成资源费率的输入。使用同样的方法，分别设置其他资源的标准费率。

STEP|04 分配资源。切换到【甘特图】视图中，选择任务 3，执行【资源】|【工作分配】|【分配资源】命令。

STEP|05 在弹出的【分配资源】对话框中选择资源"营销领导组"，单击【分配】按钮。使用同样的方法，分配其他资源。

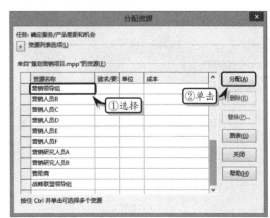

Project 18.6 管理项目成本

为控制任务所需要的实际项目成本,也为了控制任务资源的使用情况,需要设置项目的固定成本、实际成本,以及监测资源成本,以便于更好地预测和控制项目成本,确保项目在预算的约束条件下完成。

STEP|01 输入固定成本。切换到【甘特图】视图中,执行【视图】|【数据】|【表格】|【成本】命令。

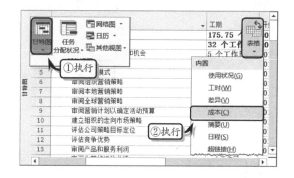

STEP|02 在任务 10 对应的【固定成本】域中,输入固定成本值。使用同样的方法,输入其他任务的固定成本值。

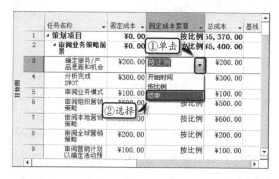

STEP|03 选择任务 3,单击该任务对应的【固定成本累算】下拉按钮,在其下拉列表中选择【结束】选项。

STEP|04 设置实际成本。执行【视图】|【数据】|【表格】|【跟踪】命令。输入任务 3 的实际完成百分比值,并查看任务的实际成本值。

STEP|05 显示成本值。选择所有的任务,执行【格式】|【条形图样式】|【格式】|【条形图】命令。

STEP|06 在弹出的对话框中激活【条形图文本】选项卡,将【上方】设置为"资源名称",将【下方】设置为"成本"。

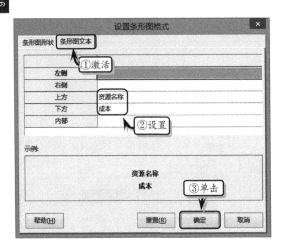

STEP|07 查看资源成本。执行【视图】|【资源视图】|【资源工作表】命令,同时执行【视图】|【数据】|【表格】|【成本】命令,查看资源的成本信息。

	资源名称	成本	基线成本	差异
1	后勤领导组	¥3,200.00	¥3,200.00	¥0.00
2	营销领导组	¥0.00	¥0.00	¥0.00
3	赞助商	¥0.00	¥0.00	¥0.00
4	营销研究人员A	¥0.00	¥0.00	¥0.00
5	营销人员A	¥0.00	¥0.00	¥0.00
6	区域总经理	¥2,400.00	¥2,400.00	¥0.00
7	战略联盟领导组	¥1,600.00	¥1,600.00	¥0.00
8	营销代表A	¥0.00	¥0.00	¥0.00
9	内部 PR A	¥0.00	¥0.00	¥0.00
10	营销研究人员B	¥1,200.00	¥1,200.00	¥0.00
11	营销代表B	¥800.00	¥800.00	¥0.00
12	营销代表C	¥400.00	¥400.00	¥0.00
13	营销代表D	¥400.00	¥400.00	¥0.00
14	营销人员B	¥1,200.00	¥1,200.00	¥0.00

STEP|08 查看任务成本。将视图切换到【任务分配状况】视图中,右击【详细信息】列,执行【成本】命令,在成本表中查看任务的成本信息。

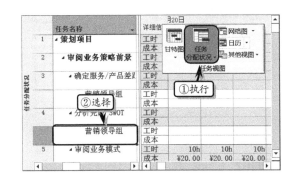

STEP|09 使用资源图表。执行【视图】|【资源视图】|【其他视图】|【资源图表】命令,然后执行

【格式】|【数据】|【图表】命令,在其列表中选择【成本】选项。

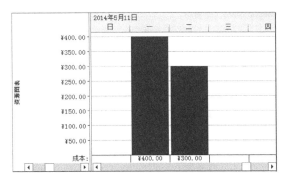

STEP|10 调整工时资源成本。将视图切换到【任务分配状况】视图中,选择任务 4 中的"营销领导组"资源。

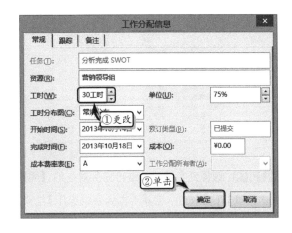

STEP|11 执行【格式】|【分配】|【信息】命令。在弹出的对话框中激活【常规】选项卡,更改资源的工时值。

STEP|12 单击【确定】按钮之后,单击【智能标

记】按钮，通过增加资源的工作时间，达到调整工时资源成本的目的。

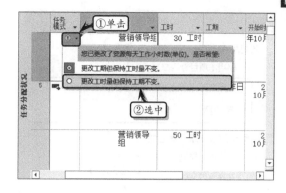

18.7　合并项目

为了便于跟踪与记录项目进度，需要将分项目合并到主项目中，并为子项目计划创建项目间的依赖关系，从而帮助项目经理解决项目之间的各种协调问题。

STEP|01 创建资源库文档。同时打开"策划营销"与"营销制定"项目文档，执行【文件】|【新建】命令，新建一个空白文档。

STEP|02 执行【视图】|【资源视图】|【资源工作表】命令，设置保存位置，并将【文件名】设置为"共享资源"，单击【保存】按钮。

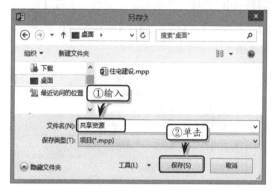

STEP|03 执行【视图】|【窗口】|【全部重排】命令，将所有的项目文档排列在一个窗口中。

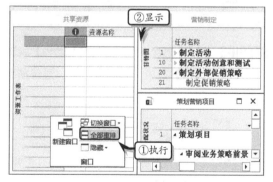

STEP|04 激活"策划营销项目"文档，执行【资源】|【工作分配】|【资源池】|【共享资源】命令，设置资源库，并单击【确定】按钮。

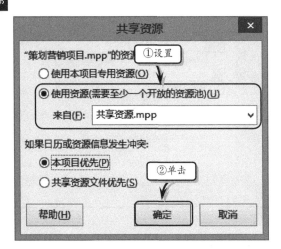

STEP|05 选择"营销制定"文档，执行【资源】|【工作分配】|【资源池】|【共享资源】命令，共享本项目中的资源。

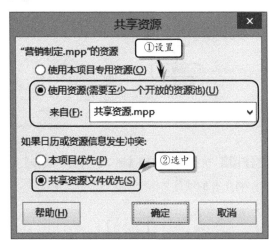

STEP|06 在"策划营销"项目的【甘特图】视图中，切换到【项】表中，折叠子任务，显示摘要任务。

STEP|07 选择最后一个摘要任务下的单元格，执

行【项目】|【插入】|【子项目】命令。选择项目文件，单击【插入】按钮，即可在指定位置插入子项目。

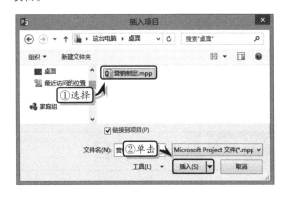

STEP|08 右击【任务名称】列标题，执行【插入列】命令，选择【项目】选项。

STEP|09 右击【项目】域，执行【域设定】命令。将【标题】设置为"项目分类"，单击【确定】按钮，即可显示新插入的"项目"域。

STEP|10 同时选中主项目中的最后一个子任务与子项目中的第一个子任务，执行【任务】|【日常】|【链接任务】命令，链接主项目与子项目。

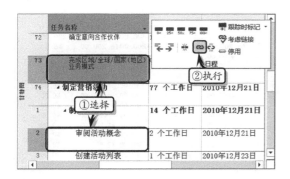

Project 18.8 跟踪项目进度

对于一个项目来讲，完成新建项目计划、设置任务、设置资源及分配资源等工作之后，便可以实施项目计划了。为了确保项目计划能顺利进行，需要时刻掌握项目的运作状态，也就是跟踪项目的进度。

STEP|01 设置中期计划。切换到【甘特图】视图中，执行【项目】|【日程】|【设置基线】|【设置基线】命令，选中【设置中期计划】选项并设置基线选项。

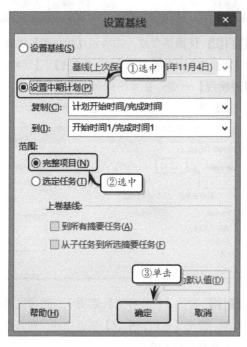

选项并设置基线选项。

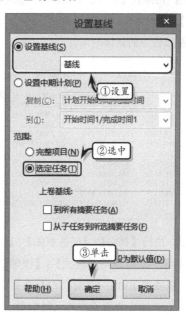

STEP|03 更新项目。在【甘特图】视图中，执行【项目】|【状态】|【更新项目】命令。在弹出的对话框中设置更新日期，单击【确定】按钮即可。

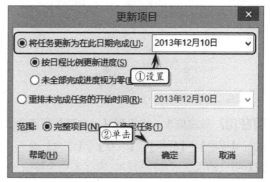

STEP|02 设置基线。执行【项目】|【日程】|【设置基线】|【设置基线】命令，选中【设置基线】

STEP|04 跟踪日程。执行【任务】|【视图】|【甘特图】|【跟踪甘特图】命令，在【跟踪甘特图】视图中，查看项目的跟踪状态。

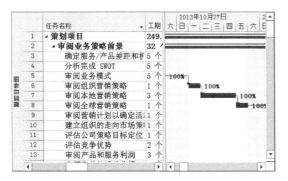

STEP|05 切换到【甘特图】视图中，执行【视图】|【数据】|【表格】|【日程】命令。在【日程】表中，查看日程中的具体时间。

STEP|06 执行【视图】|【任务视图】|【任务分配状况】命令，同时启用【格式】|【详细信息】组中的【比较基准工时】、【实际工时】与【累计工时】复选框，在视图中查看项目的工时信息。

STEP|07 跟踪成本。切换到【甘特图】视图中，执行【视图】|【数据】|【表格】|【成本】命令，查看项目的固定成本、总成本、实际与剩余等信息。

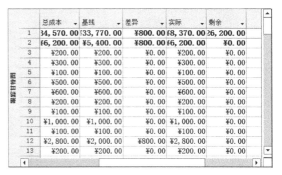

STEP|08 设置项目的状态日期。执行【项目】|【属性】|【项目信息】命令，在弹出的对话框中设置项目的状态日期。

STEP|09 使用进度线。切换到【甘特图】视图中的【项】表中，执行【格式】|【格式】|【网格线】|【进度线】命令。在弹出的对话框中激活【日期与间隔】选项卡，启用【显示】复选框。

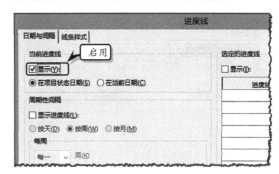

STEP|10 激活【线条样式】选项卡，选择进度线的类型，单击【进度点形状】下列按钮，在其下拉列表中选择相应的选项。

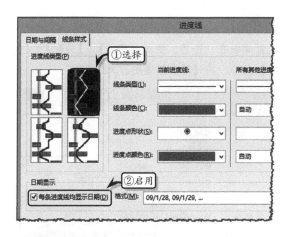

Project 18.9 调整项目

对于一个项目来讲，虽然已经完成项目规划，但是为了确保项目能按照规划准确完工，还需要在项目实施的过程中调整项目。

STEP|01 查看资源情况。切换到【甘特图】视图中，执行【视图】|【任务视图】|【任务分配状况】命令，查看包含资源过度分配的任务与被过度分配的资源。

STEP|02 切换到【资源工作表】视图中，查看被过度分配的资源信息。

	资源名称	成本	基线成本	差异
13	营销人员B	¥1,200.00	¥1,200.00	¥0.00
14	营销人员C	¥1,200.00	¥1,200.00	¥0.00
15	营销人员D	¥800.00	¥0.00	¥800.00
16	营销人员E	¥0.00	¥0.00	¥0.00
17	营销人员F	¥0.00	¥0.00	¥0.00
1	公司赞助商	¥0.00	¥0.00	¥0.00
2	PR 公司	¥0.00	¥0.00	¥0.00
3	供应商	¥0.00	¥0.00	¥0.00
4	内部 PR B	¥0.00	¥0.00	¥0.00
5	内部 PR C	¥0.00	¥0.00	¥0.00
6	内部 PR D	¥0.00	¥0.00	¥0.00

STEP|03 调配资源。执行【资源】|【级别】|【调配资源】命令，选择资源名称，单击【开始调配】按钮。

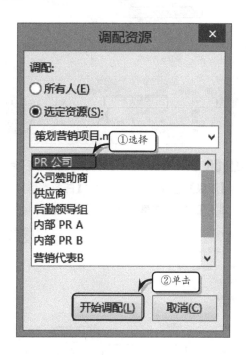

STEP|04 调整资源值。执行【视图】|【任务视图】|【其他视图】|【其他视图】命令，选择【资源分配】选项，并单击【应用】按钮。

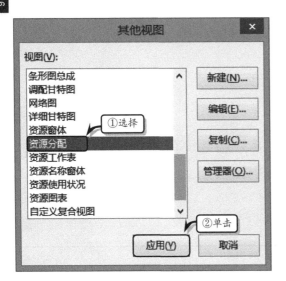

STEP|05 在【资源使用状况】视图中选择"PR公司"资源，在【调配甘特图】视图中选择标记过度分配符号的任务。

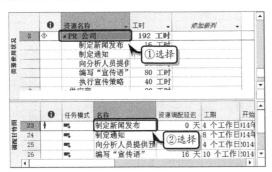

STEP|06 执行【任务】|【属性】|【信息】命令，激活【高级】选项卡。然后，将【任务类型】设置为"固定工期"，并单击【确定】按钮。

STEP|07 在【资源使用状况】视图中，选择"制定新闻发布"任务。执行【格式】|【分配】|【信息】命令，将【单位】值更改为"30%"。

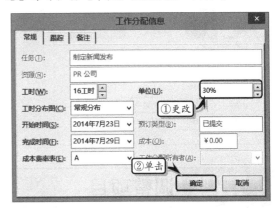

STEP|08 在视图中，单击任务名称前面的【智能标记】按钮，在其列表中选中相应的选项即可。使用同样的方法，更改其他任务的工期。

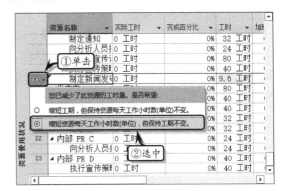

STEP|09 解决进度落后的问题。执行【视图】|【任务视图】|【其他视图】|【其他视图】命令。切换到【任务数据编辑】视图中。

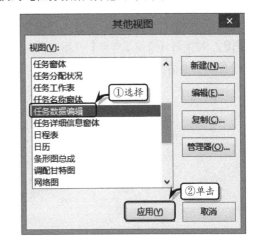

STEP|10 选择【任务窗体】视图,执行【格式】|【详细信息】|【工时】命令。

STEP|11 在【甘特图】视图中选择任务 29,在【任务窗体】视图中设置资源的加班时间。使用同样的方法,设置其他资源的加班时间。

18.10 美化项目

为了使项目文档更加美观,也为了方便用户查阅、分析项目信息,需要对项目文档进行美化。

STEP|01 设置甘特图样式。切换到【甘特图】视图中,执行【格式】|【甘特图样式】命令,单击【其他】下拉按钮,在其下拉列表中选择条形图样式即可。

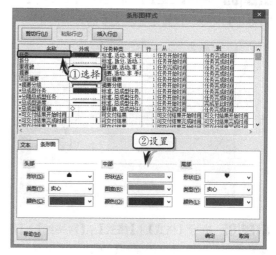

STEP|02 设置条形图样式。执行【格式】|【条形图样式】|【格式】|【条形图样式】命令,选择【任务】名称,在【条形图】选项卡中设置条形图的样式。

STEP|03 激活【文本】选项卡,设置条形图上的显示内容。单击【确定】按钮后,在视图的图表部分将显示设置后的条形图样式。

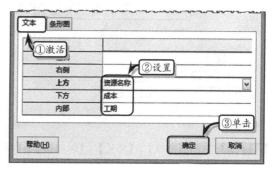

STEP|04 设置甘特图版式。执行【格式】|【格式】|【版式】命令，设置条形图的日期格式、高度以及链接线的样式。

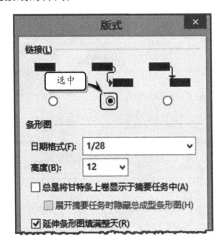

STEP|05 单击【全选】按钮，执行【格式】|【列】|【居中】命令，设置工作表文本的居中格式。

STEP|06 执行【格式】|【格式】|【网格线】|【网格】命令，选择【工作表行】选项，设置其标准格式。

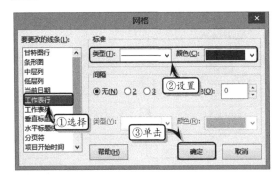

STEP|07 执行【格式】|【格式】|【网格线】|【网

格】命令，选择【工作表列】选项，设置其标准格式。

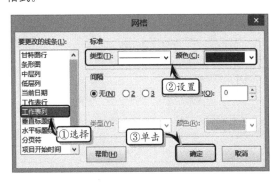

STEP|08 格式化网络图。切换到【网络图】视图中，执行【格式】|【格式】|【方框样式】命令。设置方框的【数据模板】与【边框样式】。

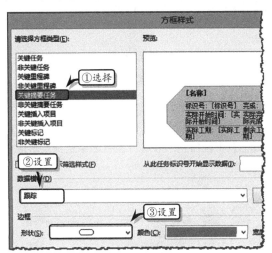

STEP|09 执行【格式】|【格式】|【版式】命令，在弹出的【版式】对话框中，启用【在链接线上显示标签】复选框，并单击【确定】按钮。

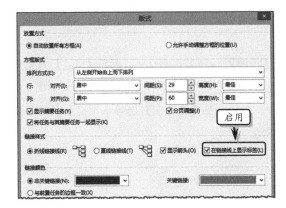

STEP|10 格式化日历视图。切换到【日历】视图中，执行【格式】|【格式】|【条形图样式】命令，在弹出的对话框中，设置不同任务类型的条形图样式。

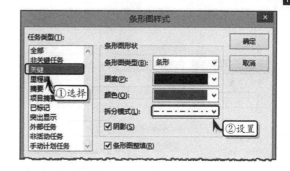

Project 18.11 记录项目信息

在项目的执行过程中，可以运用 Project 2016 记录项目完成任务所使用的时间，以及项目在实际操作中的任务成本信息等项目实际情况。

STEP|01 设置实际日程。拆分【甘特图】视图，组合成一个【甘特图】与【任务窗体】的复合视图。

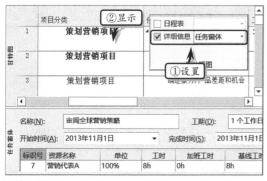

STEP|02 选择【任务窗体】视图，执行【视图】|【拆分视图】|【详细信息视图】命令，选择【其他视图】命令，将视图切换到【任务详细信息窗体】视图中。

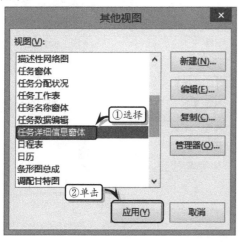

STEP|03 在【甘特图】视图中，选择任务 23。在【任务详细信息窗体】视图中，选中【实际】选项，并设置任务的实际开始日期。

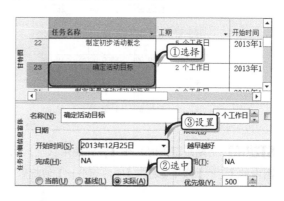

STEP|04 记录实际工期。执行【任务】|【日程】|【跟踪时标记】|【更新任务】命令，设置完成百分百值，并单击【确定】按钮。

STEP|05 记录任务成本表。执行【文件】|【选项】命令，在【Project 选项】对话框中，确定已经启用了自动计算实际成本的功能。

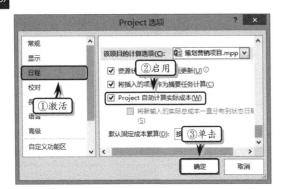

STEP|06 在【甘特图】视图中，切换到【成本】表中，查看任务的总成本、基线成本、成本差异、实际成本与剩余成本等成本信息。

	固定成本累算	总成本	基线	差异	实际
4	按比例	¥300.00	¥300.00	¥0.00	
5	按比例	¥100.00	¥100.00	¥0.00	
6	按比例	¥500.00	¥500.00	¥0.00	
7	按比例	¥600.00	¥600.00	¥0.00	
8	按比例	¥200.00	¥200.00	¥0.00	
9	按比例	¥100.00	¥100.00	¥0.00	

STEP|07 定期跟踪工时。在【资源使用状况】视图中的【工时】表中，右击【完成百分比】域标题，

执行【插入列】命令，为视图插入一个【实际工时】域。

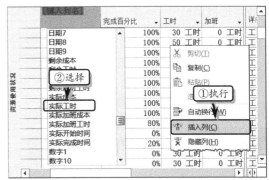

STEP|08 查看项目进度。切换到【资源使用状况】视图中的【工时】表中，查看每个资源每天的工时值，以及分配给任务的总工时。

资源名称	实际工时	完成百分比	工时
分析完成 SWOT	30 工时	100%	30
审阅业务模式	50 工时	100%	50
审阅组织营销策略	8 工时	100%	8
审阅本地营销策略	24 工时	100%	24
建立组织的走向市场策略	8 工时	100%	8
评估公司策略目标定位	8 工时	100%	8
评估竞争优势	16 工时	100%	16
审阅产品和服务利润	24 工时	100%	24
审阅先前的活动业绩	24 工时	100%	24

Project 18.12 分析财务进度

实施项目规划之后，项目经理可以使用 Project 2016 中的挣值分析（盈余分析），全面了解项目在时间和成本方面的绩效趋势。

STEP|01 使用【挣值】表。在【甘特图】视图中，执行【视图】|【数据】|【表格】|【更多表格】命令，选择【挣值】选项，在【挣值】表中查看项目信息。

STEP|02 查看进度指数。执行【视图】|【数据】|【表格】|【更多表格】命令，选择【挣值日程标记】选项，并单击【应用】按钮，查看项目数据。

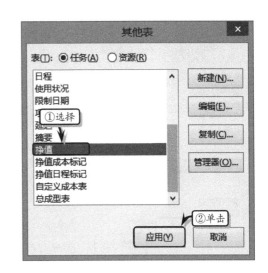

STEP|03 使用盈余分析可视报表。执行【报表】|【导出】|【可视报表】命令，选择【随时间变化的盈余分析表】选项，单击【查看】按钮。

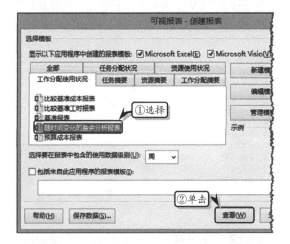

STEP|04 在【数据透视表字段列表】窗格中，禁用所有字段，启用【成本】和【累计成本】复选框，添加其数据并在图片中查看数据的发展趋势。

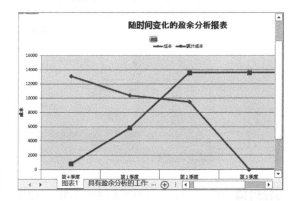

STEP|05 分析项目信息。将视图切换到【甘特图】视图中的【挣值】表中，执行【文件】|【另存为】命令，选择【浏览】选项。

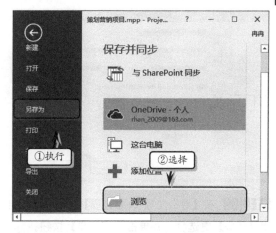

STEP|06 在弹出的【另存为】对话框中，设置保存位置，并将【保存类型】设置为"Excel 工作簿"，单击【保存】按钮。

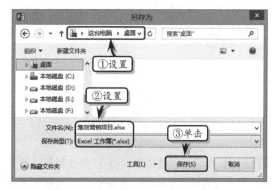

STEP|07 在弹出的【导出向导】对话框中，单击【下一步】按钮，在弹出的对话框中选中【选择的数据】选项，并单击【下一步】按钮。

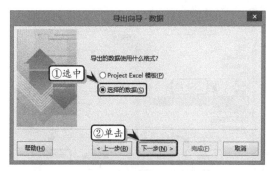

STEP|08 在【导出向导-映射】对话框中，选中【新建映射】选项，并单击【下一步】按钮。

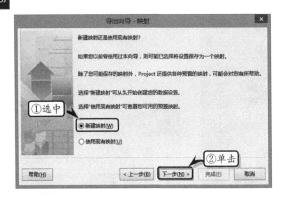

STEP|09 在【导出向导-映射选项】对话框中，启用【任务】复选框，并单击【下一步】按钮。

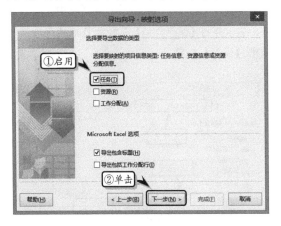

STEP|10 在弹出的【导出向导-任务映射】对话框中，单击【根据表】按钮，在弹出的对话框中选择【挣值】选项，单击【确定】按钮，然后，单击【完成】按钮。

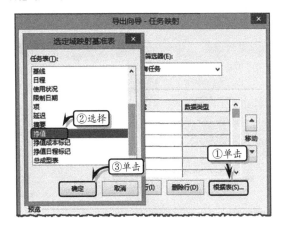

STEP|11 打开 Excel 工作簿，选择所有的数字数据，单击【智能标记】按钮，在弹出的快捷菜单中

执行【转换为数字】命令。

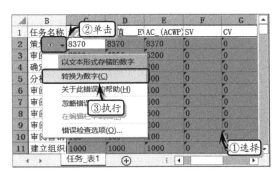

STEP|12 选择单元格 D1，在编辑栏中将数据的列标题更改为"EV"。使用同样的方法，更改其他数据的列标题。

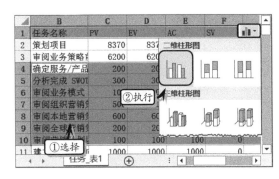

STEP|13 同时选择单元格区域 B1:I1 与 B4:I10，执行【插入】|【图表】|【插入柱形图或条形图】|【簇状柱形图】命令。

STEP|14 执行【设计】|【类型】|【更改图表类型】命令，在弹出的对话框中激活【XY（散点图）】选项卡，选择【带平滑线和数据标记的散点图】选项。

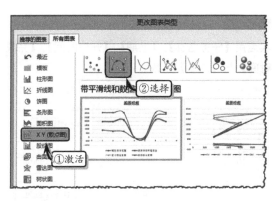

STEP|15 单击【确定】按钮之后，查看任务的挣值分析数据。

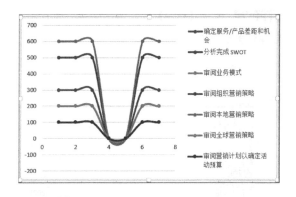

STEP|16 用数据透视表分析项目数据。执行【文件】|【选项】命令，激活【信任中心】选项卡。单击【信任中心设置】按钮，设置允许保存旧版本文件。

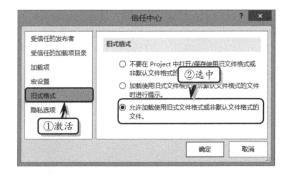

STEP|17 执行【文件】|【另存为】命令，将【保存类型】设置为"Excel 97-2003 工作簿"，单击【保存】按钮。

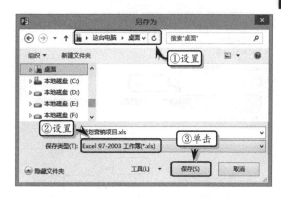

STEP|18 在弹出的【导出向导】对话框中，单击【下一步】按钮。在弹出的对话框中选中【选择的数据】选项，并单击【下一步】按钮。

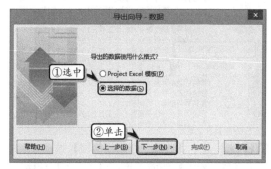

STEP|19 在【导出向导-映射】对话框中，选中【使用现有映射】选项，并单击【下一步】按钮。

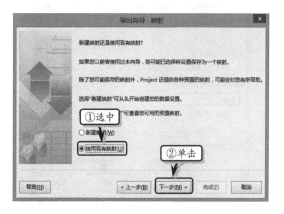

STEP|20 选择【任务与资源数据透视表报表】选项，并单击【完成】按钮。

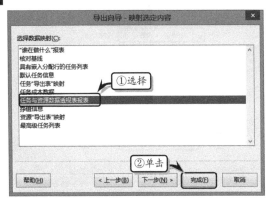

STEP|21 打开导出项目数据的工作表，选择【任务】工作表，执行【插入】|【表格】|【数据透视表】命令。

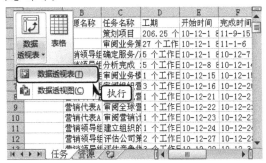

STEP|22 选中【选择一个表或区域】选项，同时选中【新工作表】选项，并单击【确定】按钮。

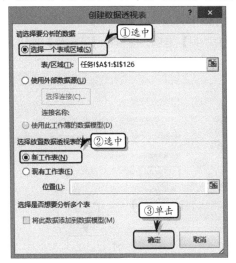

STEP|23 在【数据透视表字段列表】窗格中，依次启用【任务名称】、【工期】、【开始时间】、【完成时间】与【成本】字段。

STEP|24 选择【资源】工作表，使用上述方法，创建任务数据透视表。

	A	B	C
1			
2			
3	求和项:成本		
4	资源名称	当前规划	汇总
5	⊟PR 公司	152 工时	0
6	PR 公司 汇总		0
7	⊟创意人员	104 工时	5200
8	创意人员 汇总		5200
9	⊟公司赞助商	40 工时	0
10	公司赞助商 汇总		0
11	⊟供应商	80 工时	0
12	供应商 汇总		0
13	⊟后勤领导组	32 工时	3200
14	后勤领导组 汇总		3200
15	⊟中部 PR	24 工时	

Sheet1 / 任务 / Sheet2 / 资源

18.13 结束项目

在结束项目之前，需要利用各类报表对项目进　　行更详细的分析。然后，还需要根据工作需要，打印报表内容。

STEP|01 创建预定义报表。执行【报表】|【查看报表】|【报表】|【仪表板】|【成本概述】命令，创建预定义报表。

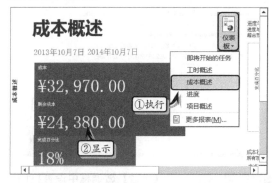

STEP|02 设置图表格式。选择报表中的第一个图表，执行【图表工具】|【格式】|【形状样式】|【其他】|【细微效果-绿色,强调颜色 6】命令，设置图表的形状样式。

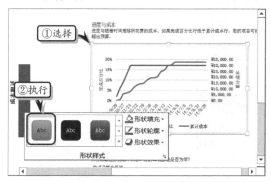

STEP|03 设置表格格式。选择表格，执行【表格工具】|【设计】|【表格样式】|【浅色颜色 2-强调 6】命令。

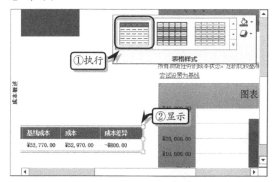

STEP|04 创建可视报表。执行【报表】|【导出】|【可视报表】命令，激活【任务分配状况】选项

卡，选择【现金流报表】选项，单击【查看】按钮。

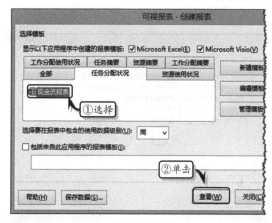

STEP|05 打印可视报表。执行【文件】|【打印】命令，选择【页面设置】选项。

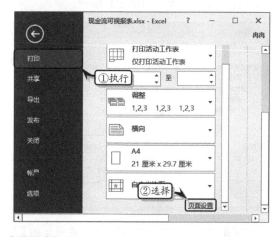

STEP|06 激活【页眉/页脚】选项卡，单击【自定义页眉】按钮。在弹出的【页眉】对话框中将光标定位在【中】文本框中，同时单击【插入文件名】按钮。

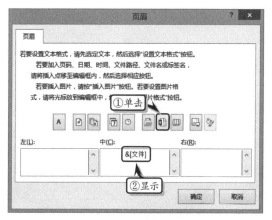

STEP|07 将光标定位在【左】文本框中，单击【插入日期】按钮。

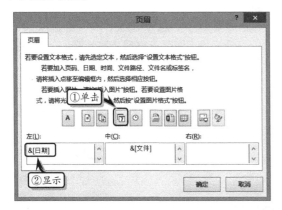

STEP|08 将光标定位在【右】文本框中，单击【插入时间】按钮，并单击【确定】按钮。

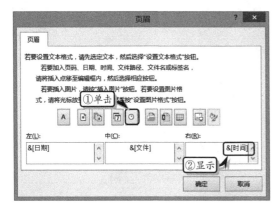

STEP|09 单击【自定义页脚】按钮，在弹出的【页

脚】对话框中将光标定位在【右】文本框中，同时单击【插入页数】按钮。

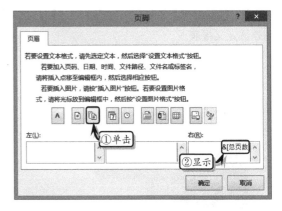

STEP|10 最后，在【份数】微调框中设置打印份数。同时，单击【打印】按钮，开始打印图表。

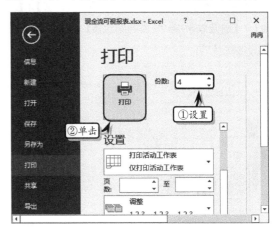